行水云课数字教材

环境生态水文学

主编　李家科　宋进喜　赵长森

中国水利水电出版社
www.waterpub.com.cn
·北京·

内 容 提 要

本书较全面地介绍了环境水文学、生态水文学方面的知识。全书共 9 章，首先，分析了环境水文学、生态水文学的发展历程及任务，阐述了水文学基本原理；其次，介绍了水文与环境生态的相互作用和影响，包括降雨径流污染及预测控制、河流水体污染、湖泊水库水温水质预测、河道生态基流的基础理论及其调控研究、河流生态环境需水量理论及应用；再次，对生态水文模型与应用，以及水生态健康保护进行了介绍；最后，阐述了其他环境生态水文学问题。

本书强调环境意识，贯穿可持续发展思想，符合课程改革要求。既可作为环境科学、环境工程、水资源管理、水文地质、土壤科学、农田水利、流域管理、农业生态学等专业的高年级本科生及研究生教材，也可供相关专业科研、教学、工程技术人员参考。

图书在版编目（ＣＩＰ）数据

环境生态水文学 ／ 李家科，宋进喜，赵长森主编
. -- 北京 ：中国水利水电出版社，2024.4
ISBN 978-7-5226-2038-1

Ⅰ．①环⋯ Ⅱ．①李⋯ ②宋⋯ ③赵⋯ Ⅲ．①环境生态学－水文学－高等学校－教材 Ⅳ．①P33

中国国家版本馆CIP数据核字(2024)第005909号

书　　名	**环境生态水文学** HUANJING SHENGTAI SHUIWENXUE
作　　者	主编 李家科　宋进喜　赵长森
出版发行	中国水利水电出版社 （北京市海淀区玉渊潭南路 1 号 D 座　100038） 网址：www. waterpub. com. cn E - mail：sales@mwr. gov. cn 电话：(010) 68545888（营销中心）
经　　售	北京科水图书销售有限公司 电话：(010) 68545874、63202643 全国各地新华书店和相关出版物销售网点
排　　版	中国水利水电出版社微机排版中心
印　　刷	清淞永业（天津）印刷有限公司
规　　格	184mm×260mm　16 开本　20.5 印张　525 千字
版　　次	2024 年 4 月第 1 版　2024 年 4 月第 1 次印刷
印　　数	0001—2000 册
定　　价	**76.00 元**

前　言

　　水是所有生物赖以生存和发展的基础资源，也是环境、生态和社会等系统结构和功能的重要组成部分。在环境、生态系统中，水是最重要的驱动力和制约因素；在区域水文系统中，环境、生态过程是主要的边界条件。环境-生态-水文过程的交叉问题是亟待解决的课题。在此背景下，逐渐形成了一门多学科相交叉的新兴学科——环境生态水文学。

　　环境生态水文学是水文学、环境科学、生态学等交叉的一个学科，在继承传统水文学基本特点的基础上，重点突出水文系统（如流域、水系、水体）与自然环境、人类活动、生态系统之间的交互响应；在环境水文学的基础上着重考虑生态-水文之间的响应关系，以保证环境、生态可持续发展为原则，探讨水资源保护与合理利用、水污染预测与控制、水生态保护和调控、水环境灾害预防及控制等内容。

　　环境生态水文学是环境科学、生态科学及其相关专业的专业基础课程，着重培养学生运用系统科学的观点分析水文、环境、生态与人类活动之间关系的能力，使学生了解水文现象产生的机理，并能运用正确的社会、经济、环境、生态协同发展的观点来研究并解决水环境灾害预防与控制、水生态保护与调控等相关问题。本书在参考环境水文学、生态水文学以及水文学研究的最新理论与学科前沿的基础上，根据西安理工大学校内讲义与近年来的实际应用情况进行书稿的编写。编写过程中，编者集思广益，大量征求广大师生与专业同行的意见，参阅大量有关环境、生态、水文学等方面的专著、文献以及最新研究成果，力求在保证论述学科基本知识与理论的同时，能够反映学科的研究前沿。

　　全书共分为 9 章，按照 32 学时的教学课时编写。本书的主要内容包括水文学原理、降雨径流污染及预测控制、河流水体污染、湖泊水库水温水质预测、河道生态基流的基础理论及其调控研究、河流生态环境需水量理论与应用、生态水文模型与应用、水生态健康保护等环境生态水文学前沿。全书在参考大量学科发展前沿的基础上，凝练和筛选了环境生态水文学科主体内容，取材丰富、体系完整，章节编排合理，适用于水利类、环境类以及生态类的高年级本科生及研究生教学，也可供相关工程技术人员参考。

本书由西安理工大学李家科、西北大学宋进喜、北京师范大学赵长森主编。第1~4章由李家科编写；第5章由成波、杨涛编写；第6章由宋进喜编写；第7章由赵长森、李宾编写；第8章由赵长森、和春华编写；第9章由李家科编写。全书由李家科统稿，彭凯、解伟峰、高佳玉、张珂等研究生参与了书稿的整理与校正工作。

本书由西安理工大学李怀恩教授主审。主审人对书稿进行了认真审校，并提出许多建设性的修改意见，提高了本书的质量，编者对此深表谢意。

环境生态水文学目前缺乏供本科生和研究生使用的教材，为了适应水科学发展和教学改革的需求，编写有一本环境生态水文学教材势在必行。本书是编者对环境生态水文学研究进展以及自身教学经验的总结，书中难免存在一些不足和谬误，恳请读者批评指正。

编者

2023 年 4 月

目 录

第1章 绪 论

受人类活动影响，水循环、水生态、水环境过程发生深刻变化，内涝、干旱、水环境污染、水生态退化事件频繁发生，人水关系愈发复杂，原有水生态、水环境、水文过程发生一定的变化，仅靠单一学科已经无法全面科学地解释环境-生态-水文伴生过程。在此背景下，环境、生态与水文之间的内在联系逐渐被人们所认识，从而一门环境学、生态学和水文学相交叉的新兴学科——环境生态水文学应运而生。

本章首先介绍了水资源现状、水文学的发展概况以及水文学学科体系及发展趋势，为后续水环境与水生态的研究提供背景支撑；其次，阐述了环境水文学、生态水文学的产生、兴起，并重点介绍了研究内容及其研究任务；最后，对水文学基本原理以及水文循环过程进行了介绍，为环境生态水文学的研究提供理论支持。

1.1 水资源现状与水生态环境问题

1.1.1 全球水资源现状与水生态环境问题

1. 全球水资源现状

水是自然资源的重要组成部分，是所有生命生存的重要资源。从全球范围讲，水是连接所有生态系统的纽带，自然生态系统既能控制水的流动又能不断促使水的净化和循环。因此水在自然环境中，对于生物和人类的生存具有决定性的意义。

地球上的水以固相、液相、气相三种状态出现，且全部分布在海洋、大气和陆地的储存库中。以不同的形态存在于自然界并循环不息，其水质也受多种因素的影响。从广义上来说，水资源是指水圈内水量的总体，包括地表水和地下水。从狭义上来说，水资源是指逐年可以恢复和更新的淡水量。按水质划分，水资源可划分为淡水资源和咸水资源。咸水资源主要包括海水以及咸水湖湖水，不能直接饮用或是进行生产活动。我们通常所说的水资源主要是指陆地上的淡水资源，如河流水、湖泊水、地下水和冰川等。

(1) 水资源短缺。近年来，由于世界人口增长和社会经济发展，需水量增长速度惊人，加上用水的浪费和水资源的污染，优质水资源日益短缺。据联合国估计，到2100年，需水量将增加到8万亿 m^3/a，其中以亚洲用水量最多，达3.2万亿 m^3/a，其次为北美洲、欧洲、南美洲等。到2100年，中国全国需水量预计可达8814亿 m^3，其中最多为长江流域，达2166亿 m^3，其次为黄河流域和珠江流域。2020年，全球80多个国家的约15亿人口面临淡水不足的问题，其中26个国家的3亿人口完全生活在缺水状态。预计到2025年，全世界将有30亿人口缺水，涉及的国家和地区达40多个。21世纪，水资源正在变成一种宝贵的稀缺资源，水资源问题已不仅仅是资源问题，更成为关系国家经济、社会可持续发展和长治久安的重大战略问题（许正中等，2020）。

(2) 水资源分布极不平衡。全球淡水资源不仅短缺，而且地区分布极不平衡。水资源在全球各地分布极不均匀，加上浪费和污染，使各地区和各国可以利用的水资源差别很大。按地区分布，巴西、俄罗斯、加拿大、中国、美国、印度尼西亚、印度、哥伦比亚和刚果等 9 个国家的淡水资源占了世界淡水资源的 60%，约占世界人口总数 40% 的 80 个国家和地区严重缺水。受人口增长、污染以及气候变化等因素影响，全球水资源短缺压力不断增大。据统计，过去 20 年间，全球人均淡水供给量减少 20% 以上（叶琦，2020）。

2. 全球水生态环境问题

（1）水质恶化问题依然突出。在水资源短缺越发突出的同时，人们仍在大规模污染水源，导致水质恶化。水资源污染主要来自人类生产活动。人们生活模式粗犷，大量生产生活垃圾被排入天然水域，造成大量水体污染。虽然近年来水污染问题受到广泛关注，污水治理取得一定成效，但水污染问题依然存在，如北美、印度、伊拉克因水污染问题缺乏干净的饮水。全世界每年排放污水约为 0.426 万亿 t，造成 5.5 万亿 m^3 的水体受到污染，约占全球径流量的 14% 以上。另据联合国调查统计，全球河流的稳定流量的 40% 左右已被污染。

（2）水生态环境遭受破坏。地球生命力指数显示，全球范围内观测的野生动物的种群规模平均下降了 69%，且这一趋势并没有放缓的迹象，部分种群规模下降幅度更大，其中包括许多淡水种群。在这些淡水生物中，体型较大的物种更容易受到威胁，像一些重量超过 30kg 的鲟鱼、长江江豚、水獭等生物，因为人类过度开发导致种群数量急剧下降。2000—2015 年，湄公河中 78% 的物种捕获量均有所下滑，且中大型物种的下滑更为明显。截至 2020 年，超过 3/4 的海洋鲨鱼面临灭绝的危险。海洋白鳍鲨的数量在全球范围内减少了 95%。目前海洋白鳍鲨被世界保护联盟濒危物种红色名录（IUCN 红色名录）列为极度濒危物种。除此之外，2020 年 9 月，联合国秘书长古特雷斯在生物多样性峰会上表示，由于过度捕捞、破坏性做法和气候变化，世界上 60% 以上的珊瑚礁濒临灭绝，珊瑚礁是水生态系统遭受破坏最明显的例证（WWF，2022）。

（3）水生态环境风险依旧存在。近年来，随着人们环保意识的提高，很多废水经过处理达标后才排入河道，但大多只针对氮、磷等传统污染物进行处理，像抗生素、微塑料等新污染物仍大量排入河道系统。在过去几年里，每年有 800 万 t 塑料垃圾最终流入海洋，水生生物被塑料制品伤害甚至导致死亡的事情频频发生（WWF，2022）。水体中的抗生素在抑制或杀灭病原微生物的同时可能会抑制水生有益微生物，如乳酸杆菌、部分弧菌等，使水生动物体内外微生态平衡被打破，导致微生态环境恶化或消化吸收障碍而引起新的疾病。同时由于受气候变化以及人类活动的影响，海洋和淡水中的栖息地变得支离破碎，如善水的北极熊被淹死、海象无处安家、洄游生物白鳍豚灭绝等现象层出不穷，水生生物生存状况，不容乐观。

（4）治理体系不完善。随着全球经济以及城镇化的发展，人类对水的需求增加，导致生态缺水，同时工业、农业等领域废水排放持续增加，引发一系列水生态环境问题。近年来，水生态环境问题受到越来越多国家的关注，发达国家（如美国、德国、日本等）在水生态环境治理方面取得显著成绩；发展中国家对水生态环境保护刚刚起步，生态环境保护意识还比较薄弱，水生态环境治理能力不足，且治理体系不够完善。水生态环境的健康需要全世界每一个国家、每一位公民的努力，全球各国需要加强交流与协作，进一步健全流域水生态环境治理体系，携手共进构建水生态环境共同体。

1.1.2　我国水资源现状和水生态环境问题

我国目前有 16 个省（自治区、直辖市）人均水资源量（不包括过境水）低于严重缺水线，有 6 个省、自治区（宁夏、河北、山东、河南、山西、江苏）人均水资源量低于 $500m^3$，北方缺水地区持续枯水年份的出现，以及黄河、淮河、海河与汉江同时遭遇枯水年份等不利因素的影响，加剧了北方水资源供需失衡的矛盾。目前我国水资源现状和水生态环境如下（吴函纯，2019）。

1. 我国水资源现状

（1）总量丰富，但人均占有量低。中国是一个干旱缺水严重的国家。中国水资源总量丰富，约占全球水资源的 6%，仅次于巴西、俄罗斯、加拿大、美国、印度尼西亚，居世界第 6 位。但人均水资源只有 $2100m^3$，仅为世界平均水平的 1/4、美国的 1/5，在世界上名列 121 位，每亩耕地水量也只有世界平均值的 2/3，是全球 13 个人均水资源最贫乏的国家之一。中国用全球 6% 的水资源养活了占全球 21% 的人口（周望军，2010；周望军等，2003）。扣除难以利用的洪水径流和散布在偏远地区的地下水资源后，我国现实可利用的淡水资源量则更少，仅为 1.1 万亿 m^3 左右，人均可利用水资源量约为 $900m^3$，并且其分布极不均衡。到 20 世纪末，全国 600 多座城市中，已有 400 多个城市存在供水不足问题，其中比较严重的缺水城市达 110 个，全国城市缺水总量为 60 亿 m^3。

（2）时空分布不均。空间上：我国水资源分布严重不平衡（陈俊合等，2007）。降水东南多、西北少，山区多、平原少；水量大致由东南向西北递减。东南沿海正常年份降水量大于 1200mm，西北广大地区少于 250mm。黄河流域的年径流量只占全国年径流总量的约 2%，为长江水量的 6% 左右。黄河、淮河、海滦河、辽河四流域的人均水量分别仅为中国人均值的 26%、15%、11.5%、21%。按照年降水量以及径流深，将我国径流带划分为丰水带、多水带、过渡带、少水带、缺水带 5 个，详见表 1.1。

表 1.1　中国分区水资源数量表

径流带	年降水量/mm	径流量/mm	地　区
丰水带	1600	>900	福建、广东、台湾的大部分地区；江苏、湖南的山地；广西壮族自治区南部、云南省西南部、西藏自治区的东南部
多水带	800~1600	200~900	广西壮族自治区、四川、贵州、云南大部；秦岭—淮河以南的长江中下游地区
过渡带	400~800	50~200	黄河、淮海平原；山西、陕西大部；四川西北部和西藏自治区东部
少水带	200~400	10~50	东北西部、内蒙古自治区、宁夏回族自治区、甘肃、新疆维吾尔自治区西部和北部、西藏自治区西部
缺水带	<200	<10	内蒙古自治区西部地区和准噶尔、塔里木、柴达木三大盆地以及甘肃省北部的沙漠区

时间上：降水年内分配集中，年际变化大；连丰连枯年份比较突出。中国大部分地区冬春少雨，夏秋雨量充沛，降水量大都集中在 5—9 月，占全年水量的 70% 以上，且多暴雨。汛期雨量过于集中，利用难度很大；非汛期又往往缺乏水量。除此之外，降水量的年际变化

也大，丰水年与枯水年的水量相差悬殊，致使水、旱灾害频繁发生。例如，黄河和松花江等河，近 70 年来还出现连续 11～13 年的枯水年和 7～9 年的丰水年。

（3）水土分配比例不平衡。在中国，长江流域及其以南地区，水资源占全国的 82% 以上，耕地占 36%。长江以北地区，耕地占 64%，水资源不足 18%。粮食增产潜力最大的黄、淮、海流域，水资源不到全国的 5.7%，而耕地则占全国的 41.8%，总的来说，以长江流域为界，南方水多地少，北方水少地多。

2. 我国水生态环境问题

虽然我国的水生态环境治理取得了显著成效，但水生态环境保护面临的结构性、根源性、趋势性压力尚未根本缓解。我国水生态环境问题可概括为以下五方面（杨开忠等，2021）。

（1）地表水环境质量改善存在不平衡性和不协调性。工业和城市生活污染治理成效仍需巩固深化，全国城镇生活污水集中收集率仅为 60% 左右，农村生活污水治理率不足 30%；城乡环境基础设施欠账仍然较多，特别是老城区、城中村以及城郊接合部等区域，污水收集能力不足，管网质量不高，大量污水处理厂进水污染物浓度偏低，汛期污水直排环境现象普遍存在，城市雨水管网积聚大量污染物。受种植业、养殖业等农业面源污染影响，汛期特别是 6—8 月是全年水质相对较差的月份，长江流域、珠江流域、松花江流域和西南诸河氮、磷上升为首要污染物。城乡面源污染防治瓶颈亟待突破，城市黑臭水体尚未实现长治久清。

（2）水资源不均衡且高耗水发展方式尚未根本转变。我国人多水少，水资源时空分布不均，供需矛盾突出，部分河湖生态流量难以保障，河流断流、湖泊萎缩等问题依然严峻。黄河、海河、淮河和辽河等流域水资源开发利用率远超 40% 的生态警戒线，京津冀地区汛期超过 80% 的河流存在干涸断流现象，干涸河道长度占比约 1/4。全国 80% 的高耗水煤化工企业集中在黄河流域。2020 年，我国农田灌溉水有效利用系数为 0.565，万元国内生产总值用水量和万元工业增加值用水量分别为 57.2m³ 和 32.9m³，用水效率仍明显低于先进国家水平。

（3）水生态环境遭破坏现象较为普遍。全国各流域水生生物多样性降低趋势尚未得到有效遏制，长江上游受威胁鱼类种类较多，白鳍豚已功能性灭绝，江豚面临极危态势；黄河流域水生生物资源量减少，北方铜鱼、黄河雅罗鱼等常见经济鱼类分布范围急剧缩小，甚至成为濒危物种；2020 年国控网监测的重点湖库中处于富营养化的湖库个数为 32 个，较 2016 年上升 7 个，太湖、巢湖、滇池等湖库蓝藻水华发生面积及频次居高不下。

（4）水生态环境仍存在安全风险。大量化工企业临水而建，长江经济带 30% 的环境风险企业离饮用水水源地周边较近，存在饮水安全隐患；因安全生产、化学品运输等引发的突发环境事件频发。河湖滩涂底泥的重金属累积性风险不容忽视，长江和珠江上中游的重金属矿场采选、冶炼等产业集中地区存在安全隐患。环境激素、抗生素、微塑料等新污染物管控能力不足。

（5）治理体系和治理能力现代化水平与发展需求不匹配。随着我国新型工业化深入推进、城镇化率快速增长、粮食安全需全面保障，工业、生活、农业等领域污染物排放压力持续增加。生态文明改革还需进一步深化，地上地下、陆海统筹协同增效的水生态环境治理体系亟待完善。水生态保护修复刚刚起步，监测预警等能力有待加强。水生态环境保护相关法律法规、标准规范仍需进一步完善，流域水生态环境管控体系需进一步健全。经济政策、科技支撑、宣传教育、能力建设等还需进一步加强。

1.2 水文学的发展概况

"水文学"是人类在长期从事水活动过程中，不断地观测、研究水文现象及其规律性而逐步形成的一门科学。1962年美国联邦政府科技委员会把"水文学"定义为"一门关于地球上水的存在、循环、分布，水的物理、化学性质以及环境（包括与生活有关事物）反应的学科"。1987年《中国大百科全书》定义水文科学是关于地球上水的起源、存在、分布、循环运动等变化规律和运用这些规律为人类服务的知识体系。水文学的发展经历了一个由萌芽到成熟、由定性到定量、由经验到理论的发展过程（叶守泽等，2002）。一般将水文科学的发展历程分为三个阶段。

1.2.1 萌芽阶段（20世纪以前）

远古时代，人们开始对原始的水位、雨量观测和水流特性进行观察，并对水文现象进行了定性描述和推理解释。公元前3500—前3000年古埃及人在尼罗河上设置水位观测设备；公元前2300年中国人开始观测河水涨落，都江堰的"石人"、隋代的石刻水则、宋代的水则等均用于水位的观测。公元6世纪《水经注》定性描述了我国境内河流的概况，表明古代已有水文知识和水情记载。公元前450—前350年，柏拉图（Platon）和亚里士多德（Aristotle）提出了水循环的假说。15世纪，达·芬奇（Leonardo da Vinci）提出了浮标测流速的方法以及水流连续性原理。

15世纪以后，水文测量技术和设备有了显著的发展，自记雨量计（C.雷恩等，1663），蒸发器（E.哈雷，1687），流速仪（T.G.埃利斯，1870），以及伯努利测压管、毕托管等设备的发明，谢才公式（1775）、达西定律（1856）、圣维南方程（1871）、曼宁公式（1889）等的提出，为水文学科的发展奠定了基础。

1.2.2 兴起阶段（1900—1960年）

第一次世界大战（1914—1918年）后，为适应各国防洪、航运、发电、工农业需水等各种建设需要，应用水文学应运而生，在该阶段水文观测理论体系逐渐成熟，应用水文学进一步发展，水文学理论体系逐步完善。主要体现在以下几个方面。

（1）建立水文实验站，探索降雨径流变化规律，为生产建设提供水文数据。如苏联瓦尔达依、美国科威达水文实验站，新中国成立初期在长江、黄河等地建立水文实验站。

（2）设置水文站点，用于观测、调查、收集水文气象资料，为生产建设提供水文情报。

（3）为适应水工建筑物水文计算的要求，出现经验公式和参数估计方法。

（4）提出产汇流理论、计算公式，如谢尔曼单位线（1932）、马斯京根洪水演算法（1936）、耿贝尔机制分布（1941）等，改进了水文计算和预报的方法，提高了成果精度。

1.2.3 现代阶段（1960年至今）

20世纪60年代以来，全球性水资源、水环境问题日益突出，水文学面临着前所未有的机遇和挑战，水文学加快"现代化"步伐，加速进入现代水文学阶段。与此同时，计算机技术的飞速发展和遥感技术的应用［如地理信息系统（GIS）、遥感技术（RS）、全球定位系统技术（GPS）的出现与应用］为水文学研究提供了新的途径和手段，使水文学的"现代化"成为可能。国际水文学术活动频繁，国内及国外学者均开展了大量有关水文方面的研究工作，极大地丰富了水文学的研究内容和方法，促使水文科学的变革和发展，使水文学进入现代阶段。

从 20 世纪 60 年代起，联合国教科文组织（UNESCO）提出了水文十年（IHP，1965—1974 年）计划，主要研究工作在于全球水文基本资料收集和水量平衡研究。后发展成国际水文计划（IHP），1975 年至今，分为八个阶段进行。第一阶段（1975—1980 年）着重人类活动影响及水资源与自然环境之间关系的研究。第二阶段（1981—1983 年）着重于把研究领域扩大到各个特定的地理、气候区域，并向着综合利用水资源的水问题方向发展。第三阶段（1984—1989 年）定名为"为经济、社会发展合理管理水资源的水文学和科学基础"，除继续把水文科学作为重点外，把计划内容扩大到合理管理水资源。第四阶段（1990—1995 年）研究计划重点是大气-土壤-植被之间的水循环关系以及全球气候变化对陆地水文过程的影响。第五阶段（1996—2001 年）主题是"脆弱环境中的水文水资源开发"。第六阶段（2002—2007 年）主要研究水的交互作用处于风险和社会挑战中的体系，重点研究地表水与地下水、大气与陆地、淡水与咸水、全球变化与流域系统、质与量、水体和生态系统、科学与政治、水与文化等八个方面新的挑战问题。第七阶段（2008—2013 年）的主题为"面向可持续的生态水文学"。第八阶段（2014—2021 年）主题为"生态水文学——面向可持续世界的协调管理"，将生态水文学作为一个独立的专题来进行研究。

我国的环境水文研究虽然起步较晚，但成长很快。在理论上对污染物的输移、水环境预测、水污染系统控制规划等有独创的成果，在实际工作中也取得了一定的成效。

1.3 水文学学科体系及发展趋势

1.3.1 水文学的主要分支学科

近二三十年来，随着国民经济建设的需要和现代科学技术的发展以及边缘学科与水文学科领域的相互渗透，使水文科学相继出现许多新的研究方向或分支学科（左其亭，2019；夏军等，2018），分叙如下。

（1）水文学原理。研究自然界水文循环、水分运动和溶质输移转化机理，及水圈与大气圈、岩石圈和生物圈的相互作用的关系。主要内容包括不同尺度水文循环机理、土壤水分运动、下渗和蒸发机理、洪水波运动规律、山坡产流、汇流、产沙机理、水文循环中溶质输移转化机理等。

（2）河口海岸水文学。研究入海河口和海岸带水文现象基本规律、河口和海岸带的利用及灾害防治。河口和海岸带的水文现象主要包括：河口洪水波传播与扩散，潮波传播与变形，近岸海流，增、减水，河口盐淡水混合与盐水楔，河口过滤器效应。泥沙运动和泥沙也是河口海岸水文学研究的重要内容。

（3）地下水文学。研究地下水现象基本规律及地下水资源开发利用。地下水水文现象主要包括：地下水形成和储存条件，地下水运动，地下水水量、水位和水质的动态变化等。地下水开发利用引起的环境和生态问题也是地下水文学研究的重要内容。

（4）水资源学。研究水资源时空分布，供需平衡，以及水量、水能、水质的合理开发、利用、保护、管理的理论与方法。主要包括水资源供需分析、水资源系统分析、水资源经济分析和水资源管理等。

（5）城市水文学。研究城市化水文效应，为城市的给排水和防洪工程建设，以及生态环境质量改善提供水文依据。城市化水文效应主要包括"雨岛效应""热岛效应"、城市化对径流形成的机理和影响等。

（6）环境水文学。研究环境在水循环过程中的影响，以及水体水文情势的改变对环境的影响；水体中量和质的变化规律以及预测、预报的方法。

（7）生态水文学。研究生态格局及生态过程中的水文机理，以植物如何影响水文过程及水文过程如何影响植物生长和分布作为主要研究内容。研究对象涉及江河生态系统、湖泊生态系统、湿地生态系统、森林和疏林生态系统、干旱区生态系统等。

1.3.2 水文学研究的发展趋势

伴随着科学技术与社会需求的增长，水文研究将发挥越来越重要的作用，同时随着气候变化与人类活动影响的日益加剧，水文学研究也面临一系列重大挑战（杨大文等，2018）。

（1）继续加强无资料流域或资料缺乏流域的水文学方法及应用研究。有无"无/缺资料流域水文预测"（prediction in ungauged basin，PUB）研究，已经取得了很多研究成果。然而，由于该问题本身的复杂性和研究方法的局限性，在此方面的研究仍然艰巨。在今后一段时间内，PUB仍将是国际水文科学研究的热点问题之一，特别是无资料流域或资料缺乏流域的水文学方法及应用方面的研究。

（2）进一步开展水文不确定性、水文非线性和水文尺度问题的理论探索。水文不确定性、水文非线性和水文尺度问题是解决水文系统复杂性问题的三个难点，也是目前水文学需要解决的关键问题。这些问题的研究将对水文学的发展起到重要的推动作用。但由于这些问题本身一时难以解决，从理论方法方面仍需要进一步探索。水文不确定性问题、水文非线性问题和水文尺度问题仍是未来国际水文科学研究的热点问题。

（3）强调水文学与生态学、环境学、社会科学的交叉研究。随着社会经济发展和水问题的日益突出，水与社会、水与生态、水与环境之间的关系越来越复杂，解决自然变化和人类活动影响下的水问题必须加强水文学与生态学、环境学、社会科学的交叉研究。然而，目前关于这方面的研究还不能满足实际的需要。因此，迫切需要加强水文学与生态学、环境学、社会科学的交叉研究。这是研究自然和人类共同作用下水文学理论及服务社会的重要基础。

（4）加强自然变化和人类活动影响下的水文循环变化机制研究。国际地球科学关于水的前沿问题突出反映在水文循环的生物圈方面，自然变化和人类活动影响下的水资源演变规律，土地利用变化对水质的影响，城市化对地表和地下水质的影响，水与土地利用/覆被变化、社会经济发展之间的相互作用与影响，水资源可持续利用与水安全等。自然变化和人类活动影响下的水文循环变化机制研究是国际水文科学积极鼓励的创新前沿领域。

（5）强调社会-经济-水资源-生态耦合建模和协调发展的研究。目前水文模型多数是针对确定的下垫面条件，不能把社会经济变化、人类活动影响以及生态系统变化耦合起来建立水文模型。这就阻碍了水文模型作为基础模型对全球气候变化和人类活动影响的研究，以及水资源可持续利用的研究。因此，在水文模型方面，需要把社会-经济-水资源-生态耦合在一起，建立一个能反映社会经济系统变化、水资源系统变化、生态系统变化的耦合模型；在水资源可持续利用研究方面，需要综合考虑社会-经济-水资源-生态的作用，建立协调发展模型，促进社会经济协调发展。

（6）高新技术方法在水文学中的广泛应用，水文学得到长足发展。现代信息技术的应用，使复杂、困难的水文信息获取成为现实，原来不能得到或需要很大代价才能得到的水文信息，现在成为可能或很容易，为深入研究水文学问题提供了支持。同时，计算机技术的应用，使复杂的水文数学模型计算成为可能，并能模拟各种可能复杂情景。把高新技术应用到水文学中，针对水文学特点开展应用研究，是现代水文学研究的需要（夏军等，2002）。

1.4　环　境　水　文　学

1.4.1　环境水文学的概念

水文过程中的环境问题由来已久：自古以来，水被认为是人类生存不可或缺的自然资源。然而，随着人类活动的增加、社会经济的发展，排入环境的废气、废水等污染物迅速增加。伴随着水文过程的发展，污染物渗透到降水、地表与地下径流等各个环节，引发各式各样的环境问题。为研究污染物随水文过程的迁移演变规律，需要将环境科学与水文科学结合起来进行研究，因此，环境水文学应运而生。

环境水文学是以地球上的水为研究对象的，是研究与水有关的自然现象的一门科学。包括地球系统中水的存在、分布、运动规律及其质和量的变化，水圈与大气圈、岩石圈和生物圈的相互关系，全球环境变化和人类活动影响下的水文效应等内容，揭示变化环境下的水文现象规律，并努力使水文循环朝着有利于人类生存的方向发展。

环境水文学作为环境科学及其相关专业的一门重要的专业基础课，运用系统、科学的观点分析水文、环境与人类社会三大系统之间的关系。主要阐述以下方面的问题：①不同水文系统水文现象成因及变化规律；②水文系统和环境系统之间的交互关系，水文情势的变化对环境的影响，即水文要素变化引起的环境问题；环境变化对水循环过程的影响，即环境变化的水文效应；③阐述环境水、灾害水的成因及对人类社会的影响，运用正确的社会、经济、环境发展观来研究水资源的保护利用和水环境灾害预防控制等相关问题。

1.4.2　环境水文学的兴起

环境水文学是研究环境在水循环过程中的影响（人类活动及环境变化对水循环过程的影响），水体水文情势的改变对环境的影响，水体中量与质的变化规律及预测、预报方法的一门学科，是水文科学与环境密切结合、相互渗透的一门新兴学科。与普通水文学的不同之处在于，环境水文学将水量、水质有机结合起来，使读者对水体中量和质形成系统完整的认识（房明慧，2009）。

自 20 世纪 50 年代以来，社会生产力和科学技术突飞猛进，人类对环境的改造能力大大增强，环境的反作用日益明显，使得环境问题成为令人瞩目的重大问题之一。因此，环境科学迅速兴起，并在 70 年代成为继能源科学、空间科学、生命科学后的第四大学科。1971 年美国科学基金会提出报告《环境科学——70 年代的挑战》，指出环境科学应以生态系统为核心，对围绕人类的水、大气、陆地、生命和能量等所有系统进行研究。联合国于 1972 年在斯德哥尔摩召开了人类环境会议，并出版著名的环境科学绪论性著作《只有一个地球》，推动形成了空前繁荣的关于环境问题的科学探索。

以生态系统为核心是环境科学的一个重要特点，水是生态系统的关键因素，城市化、荒漠化、农牧化等环境问题均与水密切相关，故而随着环境科学的迅速兴起和传统水文学发展的迫切需求，在面临水资源与水环境等问题日益严峻的背景下，环境水文学作为一门新兴科学渐渐被提出。

1964 年，联合国教科文组织（UNESCO）实施了"国际水文十年"（1965—1974 年），首次深入研究了全球水量平衡，后发展为国际水文计划（IHP），其重点是应用水文研究成果，以解决水资源管理、水环境保护及经济社会可持续发展等问题，并逐渐形成了用于水文循环研究的资料库。该计划当前已进入第七阶段（2008—2013 年），主题为"面向可持续的生态水文学"，致力于通过加强科学认知，开发科研新角度，提出对策方法以缓解和扭转当前水资源变化趋势。此外，世界气象组织（WMO）于 1979 年实施了世界气候研究计划（WCRP），证实了能量与水分循环是影响全球及区域气候变化的主要因素，并开展了全球能量与水循环实验（global energy and water cycle experiment），旨在研究气候变化条件下陆地、大气与海洋间能量与水分的转换及对气候的反馈影响。水文循环的生物圈（Biospheric As-pects of the Hydrological Cycle）是国际地球生物圈计划（IGBP）的核心研究内容之一，其探究了地表植被在水循环中的作用，并发展为研究土壤-植被-大气系统（SPAC）影响下的全球水循环过程，标志着环境水文科学的重大进展。

我国环境科学自 20 世纪 60 年代成为正式学科只有 50 多年的历史，因此，环境水文学还处于开拓发展阶段。尽管如此，我国对环境水文问题十分重视，20 世纪 70 年代后期，从中央到地方及流域水利部门相继设立了主管环境保护的专门机构和研究所，部分高等学校设置了环境专业，原有的水利部门和水利院校，结合环境问题开展环境水文研究，在国家历届科技攻关计划中都列有环境水文的课题。1979 年国家提出开展"环境水利"研究，环境水文学也作为其基础学科被明确提出，并逐渐发展为指导水利工程建设、水污染防治与水资源管理等工作的基础理论。

特别是近 10 年来我国的环境水文研究工作有了很大的发展，都是从国情的实际出发，紧密结合工程的需要进行，出现不少学术论文和专著，推动了环境水文学科的兴起。

1.4.3　环境水文学的研究任务

人类对自然界的改造与资源的开发利用改变着环境，对水文情势会产生深远的影响。例如：人类生产生活排放到自然界的废弃物（废气、废水和废物），在水文循环作用下，对水体水质产生着直接或间接影响，如工厂、汽车排入大气中的二氧化硫等物质被雨水淋洗形成酸雨。砍伐森林，可造成水土流失，使洪涝灾害加剧。水利工程直接影响着工程周围地区地表与地下的水文情势，如在河流上建坝，使上游流速减缓，水深增大，水体自净能力减弱；库区水体增大后，水温结构发生变化，对水体密度、溶解氧、微生物和水生物都可产生影响；由自然的水文情势改变成人为控制的情势，使下游河道的径污比和鱼类繁殖条件发生变化；水库蓄水后可引起周围地区的地下水位上升，导致土壤盐渍化与沼泽化等。城市修筑大量建筑物与道路，改变了自然的水文循环过程，城市中不透水面积的扩大，使水的入渗量减少，径流总量与峰值增大，不利于下游防洪，并容易造成次生污染和非点源污染；地下水超采，改变地面生态环境，引起地面沉降等。其中，城市地区要研究的环境水文学问题有：城市化对降水的影响及酸雨污染的时空分布规律；地表土壤自然状态改变引起的特殊暴雨径流关系；水污染源与水文情势改变引起的水质变化及对环境生态的影响等。

为了适应水资源与国土资源的开发利用、水利水电工程建设、城镇化等的需要，环境水文学的研究任务主要包括以下四个方面。

（1）了解和掌握水循环过程中的水体污染特征和变化规律。

（2）为规划设计、水污染控制管理提供资料数据和环境水文计算模型。

（3）进行水体环境的水质预测、预报，供决策者应用和参考。

（4）对工程的环境影响进行评价。

1.4.4 环境水文学的研究方法

由于水文现象具有必然性和偶然性两个方面，这就可以从确定性规律和随机性规律入手去采取不同的研究途径。环境水文现象复杂，影响因素众多，需要进行实地观测、监测和调查，积累资料去分析研究。为了探讨水文过程的物理机制，还需要辅以野外或室内的实验。在有些地方实测资料不够充分，甚至缺乏，就要找出办法来估计。环境水文学的研究方法概括地讲主要有以下六种。

（1）成因分析方法。成因分析法以物理学原理为基础，研究水文现象的形成、演变过程，揭示水文现象的本质、成因及与各种影响因素之间的内在联系，确定其定性与定量的关系，通常建立起某种形式的数学模型。主要用于有确定性因果关系的情况，建立水文现象与影响因素之间的定量关系。这种关系也可以是多因子的，还可以把环境水文现象的复杂系统分解为若干子系统，进行影响因素的分析，加以综合。

（2）水文统计方法。由于水文现象在时间上具有随机性的特征，因此根据实测资料，运用数理统计频率分析方法求得水文现象特征系列的概率分布，进行频率分析，从而得出规划设计所需要的设计特征，也可外延使用，或对主要水文现象与其影响因素之间进行相关分析，求出经验关系。20 世纪 60 年代发展起来的随机水文科学主要运用随机分析方法，把水文现象确定性和不确定性结合在一起研究。

（3）数学模拟方法。数学模拟法用微分方程组来模拟水文现象内部各物理量之间的关系从而构成水文数学模型。这种模型按水文现象的固有性质，可以分为确定性和随机性两类。确定性水文数学模型又分为系统理论模型和概化模型两类：前者是指对流域内部的物理机制往往不能事先确定，而只能在"系统识别"过程的基础上求得结果的一种方法；后者则是指在流域结构内部，把水文现象的物理机制加以概括，用逻辑推理方法，对概括后的水文现象进行数学模拟。随机性水文数学模型是对随机水文过程的描述，以随机时间系列作为模拟对象，借助计算机把随机数学理论和实际的物理过程问题联系起来进行研究。随着系统科学的发展，模糊随机系统分析、灰色系统分析等方法也开始在环境水文研究中应用。

（4）水文实验与物理模型方法。水文学的研究必须建立在实测资料的基础上，根据水文现象的基本特性进行综合分析。研究水文规律所需的实测资料，通常是通过水文调查、水文观测和水文实验等途径获得的。水文实验包括布设水文站网进行观测实验、流域试验和室内试验等三种。1835 年，法国水力工程师达西通过对均匀沙粒的渗流试验得出描述重力地下水渗流运动的基本方程，这表明水文实验对于揭示水文规律具有重要意义。通过水文实验与物理模型方法可以研究水文现象物理过程，并在此基础上进行定量分析。在野外或室内使用系统的、有控制的观测进行深入研究。这种实验研究可以对所要研究的对象进行原型观测或在实验场进行人工模型体的对比试验，也可以在实验室以几何和力学相似原理做出比尺模型去试验。

（5）地理综合相似类比方法。地理综合相似类比方法根据一些要素，如气候、地貌、地形等区域性分布规律，可以研究受其影响的某些水文特征值地区分布规律，制作出等值线图或经验公式，用来对资料缺乏地区的水文特征值进行推求。也可以根据水体的特点及影响相似的情况，对影响结果进行类比分析。

（6）多学科交叉的研究方法。近代水文学研究的领域越来越广，研究的问题也越来越复杂，这就要求环境水文学不仅要结合同一门类的相邻学科，也要联合不同门类的相关学科，进行多学科的相互渗透和交叉研究，这样才能有效探索水文现象的复杂性和不确定性。例如，系统论和控制论的引入产生了系统水文学，计算机技术的应用产生了计算水文学。

以上方法，可以根据条件进行采用，有时也可以多种方法同时使用，相辅相成，互为补充。

1.4.5　环境水文学及其影响

环境水文学作为环境科学和水文科学之间相互联系、相互渗透的交叉学科，从水环境的角度研究污染物随水分循环前已扩散的过程，介绍江河、湖泊、水库、地下水等水体以及水量水质状况的评价，分析计算变化趋势的预测方法，为合理开发利用水资源、实施有效的环境保护提供依据。

1.5　生 态 水 文 学

1.5.1　生态水文学的产生和概念

生态水文学（Ecohydrology）是 20 世纪 90 年代兴起的一门边缘学科，在全球淡水资源短缺、水质恶化和生物多样性减少等背景下，1992 年在都柏林（Dublin）国际水与环境大会上作为一门独立的学科被提出来。随着联合国教科文组织主持的国际水文计划（IHP）等国际项目的实施，生态水文过程研究得到迅速的发展，并引起广泛的重视（穆民兴，2001）。

生态水文学是一门以生态过程和生态格局的水文机制为核心，以生态系统与水分关系为理论基础，研究对象涉及旱地、湿地、森林、草地、山地、湖泊、河流等生态系统的新学科。它提出在保持生物多样性、保证水资源的数量和质量的前提下，寻求对环境有利、经济可行和社会可接受的水资源持续管理的有效方式，为水资源可持续利用提供理论基础。

1.5.2　生态水文学的研究内容

1. 生态水文学的基础

（1）群落演替理论。生态水文学研究生物群落如何影响当地的水文过程，所以群落演替是其基础之一。群落演替理论主要包括的重要理论有：①促进作用理论。物种之所以相互取代是因为在演替的每一个阶段，物种都把环境改造得对自身越来越不利而对其他物种越来越适宜定居。因此，演替是一个有序的、有一定方向的和可以预见的过程。②抑制作用理论。演替具有很强的异源性，因为在任何一个地点的演替都取决于谁首先到达那里，物种取代不一定是有序的，因为每一个物种都试图排挤和压制任何新来的定居者，该理论认为没有一个物种会对其他物种占有竞争优势，首先定居的物种不管是谁，都将面临所有后来者的挑战。演替通常是由短命物种发展为长寿物种，但这不是一个有序的取代过程。该理论又称抑制作用理论。③忍耐作用理论。早期演替物种的存在并不重要，任何物种都可以开始演替。某些物种可能占有竞争优势，这些物种最终在顶极群落中有可能占有支配地位，较能忍受有限资源的物种将会取代其他物种，演替是靠这些物种的侵入或原来定居物种逐渐减少而进行的，主要决定于初始条件。

（2）生态平衡。生态平衡是一种动态平衡，即在一定时间内生态系统中的生物和环境之间、生物各个种群之间，通过能量流动、物质循环和信息传递，使它们相互之间达到高度适应、协调和统一的状态。生态平衡主要是指生态系统内两个方面的稳定：一方面是生物种类（即生物、植物、微生物）的组成和数量比例相对稳定；另一方面是非生物环境（包括空气、阳光、水、土壤等）保持相对稳定。也就是说，当生态系统处于平衡状态时，系统内各组成成分之间保持一定的比例关系，能量、物质的输入与输出在较长时间内趋于相等，结构和功能处于相对稳定状态，在受到外来干扰时，能通过自我调节恢复到初始的稳定状态。在生态系统内部，生产者、消费者、分解者和非生物环境之间，在一定时间内保持能量与物质输入、输出动态的相对稳定状态。

（3）水、热、能的平衡原理。生态水文学研究水文过程如何影响生态过程，离不开水、热、能的变化与平衡，包括水分收支与水量平衡、蒸散发及其物理机制、蒸发和蒸腾界面上的能量交换等平衡原理，这些平衡原理构成了生态水文学的基本理论基础（王慧亮等，2021）。

2. 生态水文学研究的生态类型

生态水文学以陆地和水生生态系统中植物与水的关系研究为基础，探讨一系列环境条件下的生态水文过程。根据陆地主要环境或生态系统类型分为湿地、干旱地区、森林、河流和湖泊等六种类型。

（1）湿地生态水文学。生态水文学源于湿地生态系统管理和恢复研究，已被湿地生态学家应用了 20 多年。1996 年 Wassen 等学者专门撰文将生态水文学定义为：旨在帮助更好地理解湿地生态系统自然发育以及帮助评价湿地生态系统价值、保护和恢复湿地生态系统的一门应用学科。由此可见，早期的生态水文学研究对象仅限于湿地生态系统。湿地因其水陆交替的地貌特征，而具有特殊的生态水文特征、最丰富的生物多样性和较高的生物生产力。除此之外，湿地对气候变化与人类活动影响异常敏感，是地球上生态系统演变最为剧烈的场所之一。国内外从湿地的生态过程、水系统与水过程等方面对湿地生态水文过程开展了大量研究。

（2）干旱区生态水文学。由于干旱区水文过程控制植被的生长发育，天然植被和人工植被又是水土流失和土地荒漠化的主要调控者，所以水文循环过程的改变影响干旱区所有生态环境，如水土流失和土地荒漠化的直接驱动力。因此，生态水文过程的机理是干旱区生态环境保护和恢复重建中必须面对的基础科学问题，对其深入研究不仅可以为维持天然生态系统的可持续，而且可以为恢复重建退化生态系统提供科学依据，可为我国广大干旱区经济、社会和生态环境协调可持续发展提供重要的生态水文学依据。

（3）森林生态水文过程。近年来，许多国家开始关注森林对暴雨径流过程和土壤侵蚀的影响，有力地促进了森林生态水文学的发展。由于水循环是森林生态系统物质传输的主要过程，因此，水文学的应用在一个生态系统中至关重要。

生态学家普遍重视生态系统中水的储存与运移过程，不仅从微观的个体植物生理水分与生长的关系，而且从区域水文循环过程对植被群落演替与生态过程的关系进行研究。森林与水的关系不仅受森林生态系统本身的影响，而且还受地形、地质、土壤类型、植被等的空间变异性以及气象通量（如降雨、入渗和蒸发等）时空变化性的影响，因此增加了定量描述森林流域径流形成机制和水文响应模式的难度。

（4）河流、湖泊生态水文学。近年来，将理论生态学应用于河流管理以保护沿河生物群栖息场所的研究，营养物在河道、洪泛平原和河岸区内迁移规律的研究，河流廊道对区域生物种群结构和空间生态结构的影响研究等都是十分重要的河流生态水文课题。

干旱区内陆河流的开发利用引起的生态环境效应始终是人们关注的焦点。在这方面的研究中，已将河流水文过程、区域生态与环境过程和流域社会与经济发展过程紧密相连，从流域系统角度建立目标决策模型，使生态、水文和经济相互耦合为统一的整体行为。

在干旱内陆河流域，植被、土壤等的生态特征以及自然水环境随流域水分分布呈现显著的空间三向分异规律（纬向地带性、经向地带性和垂直地带性），这种规律可能对流域生态与环境的保护起着重要作用。植物对湖泊水位的控制作用很大，因为湖边植被蒸发要数倍于空旷水域的蒸发，它超过湖泊其他形式的水分损失。湖泊水文状况（水位、水温、含盐量等）控制着湖岸植被类型、群落结构、空间分布以及演化过程，对沿湖分布的动物种群类型及其生活习性也起着决定性作用。

（5）山地生态水文学。在全球变化日益引起全社会广泛关注的情况下，由于山地（海拔在 500m 以上的高地）及其相连的流域集水盆地所具有的特殊生态与水文过程及其对全球变化的高度敏感性，山地生态系统日益成为关注的焦点。

国际地圈生物圈计划（IGBP）的核心项目水文循环的生物圈方面（BAHC）和全球变化与陆地生态系统计划（GCTE）于 1996 年开始着手山区生态系统的梯度分异及其相关的流域水文研究，其目的在于明确认识全球变化对区域生态和水文过程的影响。

（6）农田生态系统耗水机理。从影响生态水文的主导因素来划分，可分为自然影响和人类活动影响两大因素。人类活动影响引起的水文循环变化重点是土地利用变化对水文循环的影响。在我国由于农业发展的用水占到总水资源的 70% 以上，所以灌溉排水对生态水文循环至关重要。进入 21 世纪，变化环境下生态水文将面临来自人工侧支水循环影响研究新的挑战问题。

农田生态系统耗水机理的关键问题有：开展农田耗水过程的机理研究，即农田水热 CO_2 的传输、作物生长、产量形成过程；探讨农田生态系统"土壤-根系"界面、"土壤-大气"界面、"作物冠层-大气"界面的蒸散调控新的技术。

农田生态系统耗水问题，提出农业节水模式，即在保证产量的前提下，进行节水技术配套组装，通过降低农田耗水或提高作物产量，大幅度提高作物水分利用效率，形成技术上可靠、使用上可行的适合旱作农田、井灌农田、渠井灌农田的节水模式。在此基础上，进行不同作物农田节水潜力的估算与分析。

1.5.3 生态水文学研究的主要问题

1. 时间尺度

时间尺度划分为日尺度、季节尺度和年份尺度（孙宝刚，2010）。在日尺度上，研究土壤水分波动对植物的胁迫作用情况；在季节尺度上，研究降水和生长季节是否在同一时期及其植被类型、格局的变化等；在年份尺度上，分析年份间降水波动对生态系统结构和功能的影响。在不同的时间尺度上，径流受不同因素的影响。比如在事件尺度上（数小时或数日）洪水水文过程线的形状取决于降水事件和接受雨水流域的特征；在季节尺度上，径流状况主要受物理气候对降水量、融雪和蒸发量的制约影响；在长时间尺度上（数十年至数百年）径流受土地利用、气候和人为变化的影响。时间尺度的设定与研究者的目标相关，但在现实情况下，不同时间尺度上的主导因素是确定的。

2. 空间尺度

空间尺度一般包括局部尺度、流域尺度和大陆尺度。在局部尺度上，土壤的有效深度不同，对降雨将产生不同的响应，对植物产生水分胁迫的程度不同。地形对于土壤水的空间分布有很大的影响。另外，坡度和地貌也控制着当地的净辐射输入，因此也影响土壤水的变化。在流域尺度上，侧重于降雨、土壤水、流域几何学特征和植被之间的相互关系研究。在大陆尺度上，包括对气候、土壤、植被整个系统的研究。尺度不同生态水文学系统呈现出的复杂程度不同。影响水文过程的因素很多，这些因素在不同的时间尺度（短期、中期和长期）和空间尺度（小尺度、中尺度和大尺度）上的重要性不同。因此，在保留主导因素的基础上，需要对研究尺度上的信息进行适当的简化。

3. 生态系统和水的关系

生态水文学研究的核心在于生态系统和水的关系，即生态系统变化对水文过程的影响、水文过程对生态系统的影响等。

1.5.4　生态水文学研究展望

气候变化和人类经济发展是影响 21 世纪地球环境的主要影响因素，水生态环境原有的平衡和发展被打破，呈现出许多严重的问题，因此，对生态水文学的研究又提出进一步的要求（杨胜天等，2012）。

1. 多学科综合研究

水文学、土壤学、大气学、生态学等对了解生态水文过程至关重要，在今后的研究中应加强多学科的综合研究，加强相关学科的数据交融。

2. 生态水文学机理研究

野外试验研究不仅要考虑生态类型、植被盖度对水文过程的影响，同时还应考虑生态格局变化下水文过程的响应机制；另外，要加强水文事件及其过程对生态格局、植被类型等的影响研究，寻求不同时空尺度上影响生态水文过程的主导因素，以便建立更符合实际的生态水文机理模型。

3. 不同时空尺度信息的转换研究

尺度转换，特别是尺度放大问题是水文学和生态学研究的热点问题，也是难点问题。由于下垫面因素、水文参数等空间的变异性，不同尺度的生态水文规律存在差异，而且这种规律不是简单的线性外延或叠加。把小尺度的研究成果应用到大尺度上的理论依据及不同界面间的耦合研究也是下一步研究的重点。

4. 生态水文模型的建立

生态水文模型的建立是实现生态水文学纵深发展的关键所在。当前有代表性的生态水文模型系统主要是 MIKESHE 模型、SWAT 模型、DELFT 模型、SPLASH 模型、EcoHAT 模型（杨胜天）、GBEHM 模型（杨大文）等。传统的水文学和生态学具有强大的"模型库"，为生态水文模型的建立奠定较为坚实的基础，使得其在当前的生态水文学研究中异军突起。

虽然近些年来生态水文模型发展很快，但从建模的层次来看，大多数模型还处在对水文学模型和生态学模型的借鉴和综合运用上，尚未从生态水文过程的角度建立一些机理模型。

5. 基于生态水文过程的生态需水研究

生态需水的核算是进行流域、区域水资源有效调配的关键，而流域生态水文过程制约着生态需水的时空分异及其满足程度。最终目的是要在流域内进行合理的水资源配置,在进行流域生态过程综合评价的基础上,确立合理的时空研究尺度,分析流域生态需水的时间和空间分异特征,并将其与流域水资源的时空动态相对照,确立生态需水的管理对策与战略。

6. 农田生态系统耗水机理研究

研究的问题主要有农田生态系统耗水过程与机理、农田水分调控与节水技术、区域农田节水潜力。

1.6 环境生态水文学

环境生态水文学重点突出水文系统(如流域、水系、水体)与自然环境、人类活动、生态系统之间的交互响应;在环境水文学的基础上着重考虑生态-水文之间的响应关系,以保证环境、生态可持续发展为原则,探讨水资源保护与合理利用、水污染预测与控制、水生态保护和调控、水环境灾害预防及控制等内容,具体内容详见本书。

1.7 水文学基本原理

1.7.1 水文循环

水文循环(也称为水循环)是水文学中最基本的概念之一,在古代便有人提出这一概念。事实上,水文循环也是水资源管理中的基本概念(Maidment,1993)。关于水文循环存在着多种定义。一般来说,水文循环被定义为一个概念模型,用以描述水在生物圈、大气圈、岩石圈和水圈中的储存和流动。水可以储存于大气、海洋、湖泊、河道、溪流、土壤、冰川、雪原和地下水含水层中,并通过蒸散发、凝结、降水、入渗、渗漏、融雪和径流等过程在不同载体中流动,这些过程也是水文循环的组成部分(赵玲玲等,2016)。

1. 水文循环现象

地球是一个由岩石圈、水圈、大气圈和生物圈构成的巨大系统,水在这个系统中起着重要的作用。有了水,地球各圈层之间的相互关系就变得十分密切,水文循环则是这种密切关系的纽带。地球上的水在太阳能和大气运动的驱动下,不断地从水(江、河、湖海等)、陆面(土壤、岩石等)和植物的茎叶面,通过蒸发和散发,以水汽的形式进入大气圈,在适当的条件下,大气圈中的水汽凝结成水滴,在地心引力的作用下,以降水的形式降落到地球的表面,部分降水通过地面渗入地下;另一部分降水则在重力作用下流入江、河、湖泊,再汇入海洋;还有一部分降水通过蒸发和植物散发重新逸散到大气圈中,渗入地下的那部分水,或成为土壤水,再经蒸发和散发逸散到大气圈,或以地下水形式排入江、河、湖泊,再汇入海洋。水的这种既无明确开端,也无明确终了的永无休止的循环运动过程称为水文循环,又称水循环,如图1.1所示。

水文循环由一系列复杂的过程和路径组成,海洋表面蒸发的水汽,被气流带到大陆上空,在适当的条件下,以降水的形式降落到地面,其中一部分蒸发到空中,另一部分经过地表和地下径流又回到海洋,这种海陆之间的水分交换过程,称为大循环,也称海陆间循环。水仅在局部地区(海洋或陆地)内完成的循环过程称为小循环或内循环。小循环可分为海洋小循环和陆地小循环。海洋小循环就是从海洋表面蒸发的水汽,在空中凝结,以降水形式降

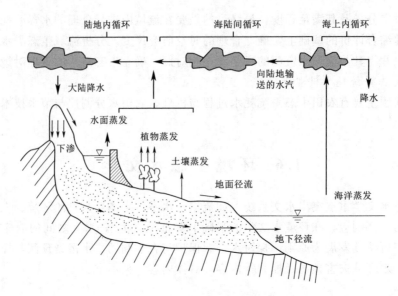

图 1.1　水文循环过程

落到海洋上的循环过程；陆地小循环，就是从陆地上蒸发的水汽，在空中凝结，以降水形式降落到陆地上的循环过程。一个地区的水文循环特点，主要取决于该地区的气候、地貌、地质、植被等自然地理条件。随着社会的发展，人类活动也影响天然水环境，进而影响全球或区域的水文循环。

2. 水文循环的尺度

水文循环具有全球水文循环、流域或区域水文循环和水-土（壤）-植（物）系统水文循环等三种不同的尺度。

全球水文循环是空间尺度最大的水文循环，也是最完整的水文循环，它涉及大气、海洋和陆地之间的相互作用，与全球的气候变化关系密切。1986 年美国水文学家伊格尔森将研究这一问题的学科称为全球尺度水文学或大尺度水文学。

流域或区域水文循环实际上就是流域的降水径流的形成过程。降落到流域上的雨水，首先满足截流、填洼和下渗的要求，剩余部分成为地面径流，汇入河网，再流达流域的出口断面。截流的水量最终耗于蒸发和散发，填洼的水量一部分将继续下渗，而另一部分也耗于蒸发。下渗到土壤中的水分，在满足土壤持水量需求后将形成壤中水径流或地下水径流，从地面以下汇集到流域出口断面。被土壤保持的那部分水分最终消耗于蒸发和散发。流域或区域水文循环的空间尺度一般为 $1 \sim 10000 km^2$，相对于全球水文循环而言，它是一种开放式的循环系统。

水-土-植系统是一个由土壤、植被和水分构成的相互作用的系统，是流域或区域水文循环的一部分，可以小到一个微分土块。因此，水-土-植系统水文循环是自然界空间尺度最小的水文循环。降水进入这个系统后将在太阳能、地球引力和土壤、植物根系产生的力场等作用下发生截流、填洼、下渗、蒸发、散发和径流现象，并且维持植物生命过程。水-土-植系统水文循环也是一个开放式的水文循环。

3. 水循环运动规律

水循环无始无终，包括许多过程。一般都要经过蒸发、大气水分输送、降水、下渗和径流（包括地面和地下径流）形成五个重要环节，并且有以下几个特点。

（1）海洋的蒸发大于降水量。储存在海洋上空大气中多余的水汽，通过气流输入到大陆上空。海洋因蒸发而消耗的水分，再由大陆上的径流和高空中由陆地输入海洋的水汽加以补偿。

（2）大陆降水量大于蒸发量。大陆上因为从空中得到了由海洋输送来的水分，使降水量大于蒸发量。大陆上多余的水分，再由地面及地下汇入海洋。

（3）大陆外流区输入水汽量与输出水量基本平衡。在大陆上的外流区内，由于通过地面及地下径流把陆地上多余的水量输送到海洋，高空中必然有等量的水分从海洋上空输送到大陆上空。

（4）大陆内流区降水量和蒸发量基本相等。在大陆上的内流区内，从长时间尺度来看，降水量基本上和蒸发量相等，成为一个独立的循环系统。它虽然不直接和海洋相通，但借助于大气环流运动，在高空进行水分输送，也可能有地下径流交换，所以仍有相对较少的水量参加了海陆间的内外循环运动。

以上对于水循环运动规律的简单介绍，可能让人认为水循环是以恒定的流量进行着稳定的运转。其实并非如此，在汛期大雨倾盆，江河横溢；在另一时期，循环则相对平静下来，几乎停止了运转。这些情况是由年内不同季节气象条件的变化所造成的，这种不稳定不仅表现在一年内的各季之间，在年际之间也十分明显。

4. 水量平衡

水量平衡（water balance）是水文、水资源研究的基本原理，是水文循环得以存在的支撑（于维忠，1988）。它是指长时间尺度下，全球范围的总蒸发量等于总降水量。地球上某一区域在某一时段内，收入的水量与支出的水量之差等于该区域内时段始末的蓄水变量。水量平衡的一般方程式为

$$Q_E = Q - q \tag{1.1}$$

式中：Q 为时段内收入的水量，m^3；q 为时段内支出的水量，m^3；Q_E 为某一区域内时段始末的蓄水变量，m^3。

Q_E 可正可负，为正值，表明系统内的蓄水量增加；反之，蓄水量减少。式（1.1）中，各收入项、支出项和蓄水变量在不同地区各不相同。

利用水量平衡方程式可以确定降水、蒸发、径流等水文要素间的数量关系，估计研究地区的水资源数量等。

（1）流域水量平衡方程。流域水量平衡方程也称通用水量平衡方程，是假定在陆地上任取某一平衡流域，设想沿流域的边界做一个垂直的柱体，则在计算时段内流域的水量平衡方程为

$$P + R_{上入} + R_{下入} = E + R_{下出} + R_{上出} + q + \Delta Q \tag{1.2}$$

式中：P 为流域内计算时段的降水量，m^3；$R_{上入}$、$R_{下入}$ 分别为计算时段内经地表、地下流入流域的径流量，m^3；E 为区域内计算时段的净蒸发量，m^3，等于蒸发量与凝结量的差值；$R_{上出}$、$R_{下出}$ 分别为计算时段内经地表、地下流出流域的径流量，m^3；q 为流域内计算时段内的总用水量，m^3；ΔQ 为流域内计算时段的蓄水增量，m^3。

水量平衡原理广泛用来对水文测验、资料整编、预报和计算的成果进行合理性检查分

析，并评价成果精度。不同流域的水量平衡如下。

1）闭合流域（没有外流域来水）水量平衡收入项为研究时段的总降水量，支出项为研究时段的流域总蒸发量和出口断面处的总径流量，即

$$\overline{P}_n = \overline{R}_n + \overline{E}_n \tag{1.3}$$

式中：$\overline{P}_n$ 为流域多年平均降水量，m^3；$\overline{R}_n$ 为流域多年平均径流量，m^3；$\overline{E}_n$ 为流域多年平均蒸发量，m^3。

2）一个湖泊的水量平衡中的收入项为湖面降水量、地表径流和地下径流入湖水量，支出项为湖面蒸发量、地表径流和地下径流出湖水量，湖泊的蓄水变量是研究时段始末湖水位的变化幅度和相应湖面平均面积的乘积。

3）沼泽水量平衡中的收入项为沼泽范围内的直接降水、从上游和邻近地区汇入的地表和地下径流，支出项为沼泽的水面蒸发量和植物散发量、地表水和地下水流出量，蓄水变量为研究时段始末沼泽地下水位变值乘以沼泽平均面积。

4）一个地区地下水水量平衡方程式的普遍形式为地下水储量变化等于总补给量与总排泄量之差。

（2）全球水量平衡方程。地球由陆地和海洋组成，它们的年水量平衡方程式可分别写为

$$E_c = P_c - R + \Delta Q_c \tag{1.4}$$

$$E_s = P_s + R + \Delta Q_s \tag{1.5}$$

式中：E_c、P_c 分别为年内陆地的蒸发量和降水量，m^3；E_s、P_s 分别为年内海洋的蒸发量和降水量，m^3；ΔQ_c、ΔQ_s 分别为年内陆地和海洋蓄水量的变化，m^3；R 为年内由陆地流入海洋的径流量，m^3。

若研究区时段长度为 n 年，当 $n \to \infty$ 时，即研究的时段无限长时，由于 ΔQ_c 和 ΔQ_s 的多年平均值趋于 0，故式（1.4）和式（1.5）将分别变为

$$\overline{E}_c = \overline{P}_c - \overline{R} \tag{1.6}$$

$$\overline{E}_s = \overline{P}_s + \overline{R} \tag{1.7}$$

式中：$\overline{E}_c$、$\overline{P}_c$ 为多年平均陆地蒸散发量和降水量，m^3；$\overline{E}_s$、$\overline{P}_s$ 为多年平均海洋蒸发量和降水量，m^3；$\overline{R}$ 为多年平均由陆地流入海洋的径流量，m^3。

将式（1.6）和式（1.7）相加得

$$\overline{E}_c + \overline{E}_s = \overline{P}_c + \overline{P}_s \tag{1.8}$$

即

$$E_0 = P_0 \tag{1.9}$$

式中：E_0 为多年平均全球蒸发量，m^3；P_0 为多年平均全球降水量，m^3。

式（1.9）为全球多年水量平衡方程式。它表明，对全球而言，多年平均降水量与多年平均蒸发量是相等的。

（3）研究水量平衡的意义。

1）通过水量平衡的研究，可对研究地区的自然地理特征进行评价。如式（1.3）的两边均除以 $\overline{P}_n$，则

$$\frac{\overline{P}_n}{\overline{P}_n} = \frac{\overline{R}_n}{\overline{P}_n} + \frac{\overline{E}_n}{\overline{P}_n} = 1 \tag{1.10}$$

式中：$\dfrac{\overline{E_n}}{P_n}$为多年平均蒸发系数；$\dfrac{\overline{R_n}}{P_n}$为多年平均径流系数，两者之和等于 1。这两个系数在不同的自然地理区域内是不同的，它综合地反映了一个地区的干湿度，干旱地区蒸发系数大，平均径流系数小；湿润地区蒸发系数小，平均径流系数大。

2）水量平衡分析是水资源研究的基础。通过水量平衡研究可了解各地区的水资源总量，为水资源的开发利用提供依据。

3）水量平衡法是环境水文学研究的基本理论之一。水量平衡分析是揭示自然界水文过程基本规律的主要方法。

4）水量平衡法是揭示人与环境之间相互影响关系的途径之一。通过水量平衡研究，可以定量地揭示水文循环过程对人类社会的影响，以及人类活动对水文循环过程的消极影响和积极控制过程。例如：全球变暖，使冰川加剧消融，冰川蓄水量减少；陆地上许多内陆湖泊蒸发旺盛，水位下降，蓄水量减少；地下水也因蒸发和不合理的开采而使蓄水量减少，这三方面减少的水量最后汇入海洋，促使海平面上升，而修建水库又可以减少入海的水量。

1.7.2 降水

降水是指大气中的水汽以液态水或固态水的形式从空中降落到地面的现象，是自然界所发生的雨、雪、露、霜、雹等现象的统称，其中降雨和降雪是其主要形式。降水是水循环过程最基本的环节和水量平衡最基本的要素，也是陆地上各种水体直接或间接地补给水源和人类用水的根本来源，降水时空分布的不均匀性和不稳定性是形成洪涝和干旱灾害的主要直接原因。因此，降水研究是揭示水文规律的基础，也是水资源开发利用与管理的依据，在洪水分析和水文预报中具有举足轻重的作用（芮孝芳，2006）。我国大部分地区，降水主要是雨水，雪只占降水的少部分，故以下着重介绍降雨。

1. 降水的成因

自海洋、河湖、水库、潮湿土壤及植物叶面等蒸散发出来的水汽进入大气后，由于分子本身的扩散和气流的传输作用分散于大气中。当气团上升到一定高度，温度降到其露点温度时，这团空气就达到饱和状态，再上升就会过饱和而发生凝结形成云滴。云滴在上升过程中不断凝聚，相互碰撞，合并增大。一旦云滴不能被上升气流所顶托时，在重力作用下降落到地面成为降水。

2. 降水的基本要素

表述降水特征的指标有多种，其中应用广泛的主要有以下四个。

（1）降水量。降水量是指一定时段内降落在某一面积上的总水量，通常用降水深度表示，以 mm 计。即该时段内降落在某一面积上的水层厚度，有日、月、季、年和次降水量之分。

（2）降水历时和降水时间。降水历时是指一次降水过程中从一时刻到另一时刻所经历的降水时间。特别地，从一次降水的开始至结束所经历的时间为次降水历时，一般以分（min）、小时（h）、日（d）计。降水时间是指对应于某一降水量的时间长度，如最大 1d 降水量，其中的 1d 即为降水时间。降水时间的长短是人为划定的，如 1h、3h、6h、12h 或 1d、5d、9d，降水时间内降水过程不一定连续。

（3）降水强度。降水强度是指单位时间内的降水量，一般以 mm/min 或 mm/d 计。降水强度一般有时段降水强度和瞬时降水强度之分。

时段降水强度的定义为

$$\bar{i} = \frac{\Delta p}{\Delta t} \tag{1.11}$$

式中：$\bar{i}$ 为时段平均降水强度；Δt 为降水时段长；Δp 为时段 Δt 内的降水量。

在式（1.11）中，若降水时段长 $\Delta t \to 0$，则其极限值为瞬时降水强度。

$$i = \lim_{\Delta t \to 0} \bar{i} = \lim_{\Delta t \to 0} \frac{\Delta p}{\Delta t} = \frac{dp}{dt} \tag{1.12}$$

式中：i 为瞬时降水强度；其余符号意义同前。

实际工作中通常根据降水强度的大小来划分降水的等级，详见表1.2。

（4）降水面积。降水所笼罩范围的水平投影面积为降水面积，一般以 km^2 计。

3. 区域平均降水量计算方法

径流是由流域面上的降雨形成的，在水文计算中，往往需要推求大面积或全流域的降雨量。流域降雨量用流域平均降雨深表示。因为实际降雨是不均匀的，且降

表 1.2 降水等级划分表

降水等级	12h 降水量/mm	24h 降水量/mm
小雨	0.2～5.0	<10
中雨	5～15	10～25
大雨	15～30	25～50
暴雨	30～70	50～100
大暴雨	70～140	100～200
特大暴雨	>140	>200

雨中心的位置具有随机性，故需要足够的雨量观测站，才能按其资料求得流域平均降雨量。计算基本原理和方法［详见数字资源 1（1.1）］。

1.7.3 截留

植被截留是指大气降水到达冠层后，部分降水被植被的冠层（树干和枝叶）截留并存储的现象，它对雨水具有在数量和时间上重新分配的功能，截留水量将以蒸发的形式返回大气中，并影响同期的蒸散发能力。我国学者对地跨我国南北不同气候带及相应的森林植被类型林冠截留率的分析研究表明，截留率变动范围为 11.4%～34.3%，变动系数为 6.68%～55.5%，可见林冠截留对水文过程的影响。林冠截留模型包括经验模型、半经验半理论模型以及理论模型，其中以 Rutter 模型和 Gash 解析模型较为完善且被广泛应用，但是模型的参数较难获取，因此，通常采用半经验半理论模型［详见数字资源 1（1.2）］。

1.7.4 下渗

下渗又称为入渗，是指水分从地表渗入到地下的运动过程。下渗是降雨径流形成过程的重要环节，直接决定地表径流、壤中流和地下径流的生成和大小，并影响土壤水和地下水的动态过程。下渗也是水文循环中最难定量的要素之一（芮孝芳，1995）。

1. 土壤水

当雨水降落到地面后，将有部分水渗入土壤中，其中被土壤颗粒吸收的那部分下渗水便成为土壤水，这部分水最终通过直接蒸发或植物散发返回大气土壤水的运动是径流形成的重要环节，它们的变化直接影响径流的形成。

（1）土壤水作用力。土壤中的水分主要受到分子力、毛管力和重力的作用。

1）分子力。分子力是土壤颗粒表面的分子对水分子的吸引力。紧挨土壤颗粒表面的水分子受到的分子力非常大，可达 10000 个大气压，但至几个水分子厚度处，就会迅速减小，而至几个分子厚度处，分子力就几乎不起作用了，土壤颗粒越小，单位体积总表面积越大，

单位体积上土壤颗粒对水分子的作用就越大，因此，土壤颗粒大小对水分子作用力的影响很大。

2）毛管力。毛管力是土壤中毛管现象引起的力，毛管现象是指水在细小管子中沿管壁上升的现象，液体表面的水分子受到液体内部的吸引力，形成了液体表面压力，它的存在就是产生毛管现象的物理原因，毛管现象在土壤颗粒太粗或太细时就不存在，土壤颗粒的排列十分复杂。毛管力可能具有任何方向。

3）重力。重力是土壤中水受到的地心引力，其作用力方向指向地心，近似地可认为垂直向下。

（2）土壤水类型。土壤水分主要来源于大气降水和灌溉水，此外，地下水上升和大气中水汽的凝结也是土壤水分的来源。水分由于在土壤中受到水分子引力、土粒表面分子引力、毛管引力、重力、各种力的作用，形成不同类型的水分并反映出不同的性质。按土壤所受力的不同，可将土壤水分为吸湿水、薄膜水、毛管水、重力水四种。

1）吸湿水。干土从空气中吸着水汽所保持的水，称为吸湿水。土壤吸湿水的含量主要决定于空气的相对湿度和土壤质地。空气的相对湿度越大，水汽越多，土壤吸湿水的含量也越多；土壤质地越黏重，表面积越大，吸湿水量越多。此外，腐殖质含量多的土壤，吸湿水量也较多。吸湿水受到土粒表面分子的引力很大，最内层可以达到 pF 值❶7.0，最外层为 pF 值 4.5。吸湿水只有在转变为气态水的先决条件下才能运动，一般情况下吸湿水不能移动，无溶解力，也不能被植物吸收，因此又称为紧束缚水，属于无效水分。其主要吸附力为分子引力和土壤胶体颗粒带有负电荷产生的强大的吸引力。

2）薄膜水。薄膜水指由土壤颗粒表面吸附所保持的水层，其厚度可达几十或几百个以上的水分子。薄膜水的含量决定于土壤质地、腐殖质含量等。土壤质地黏重，腐殖质含量高，薄膜水含量高，反之则低。薄膜水的最大值称为最大分子持水量。由于薄膜水受到的引力比吸湿水小，一般 pF 值为 4.5～3.8，所以能由水膜厚的土粒向水膜薄的土粒方向移动，但是移动的速度缓慢。薄膜水能被植物根系吸收，但数量少，不能及时补给植物的需求，对植物生长发育来说属于弱有效水分，又称为松束缚水分。吸附力为土粒剩余的引力。

3）毛管水。毛管水是靠土壤中毛管孔隙所产生的毛管引力所保持的水分，称为毛管水。土壤孔隙的毛管作用因毛管直径大小而不同：当土壤孔隙直径为 0.5mm 时，毛管水达到最大量；土壤孔隙在 0.1～0.001mm 范围内毛管作用最为明显；孔隙小于 0.001mm，则毛管中的水分为薄膜水所充满，不起毛管作用，故这种孔隙可称无效孔隙。毛管水又可以分为两种类型。

a. 毛管悬着水。土体中与地下水位无联系的毛管水称为毛管悬着水。在毛管系统发达的壤质土壤中，悬着水主要存在于持水孔隙中。在毛管系统不发达的砂质土壤，悬着水主要围绕着砂粒相互接触的地方，称为触点水。

b. 毛管支持水（毛管上升水）。土体中与地下水位有联系的毛管水称为毛管支持水。毛管支持水与地下水有密切联系，常随地下水位的变化而变化。其原因是地下水受毛细管作用（毛管现象）上升而形成的。其运动速度与毛细管半径有密切联系。

毛管水是土壤中最宝贵的水分，因为土壤对毛管水的吸引力 pF 值只有 2.0～3.8，接近

---

❶ pF-value，相当于土壤吸力的水柱高度厘米数的对数值。

于自然水，可以向各个方向移动，根系的吸水力大于土壤对毛管水的吸力，所以毛管水很容易被植物吸收。毛管水中溶解的养分也可以供植物利用。

4）重力水。当进入土壤的水分超过田间持水量后，一部分水沿着大孔隙受重力作用向下渗漏，这部分受重力作用的土壤水称为重力水。重力水下渗到下部的不透水层时，就会聚积成为地下水。所以重力水是地下水的重要来源。地下水的水面距地表的深度称为地下水位。地下水位要适当，不宜过高或过低。过低时，地下水不能通过毛管支持水方式供应植物；过高时，不但影响土壤通气性，而且有的土壤会产生盐渍化。若重力水在渗漏的过程中碰到质地黏重的不透水层或可透水性很弱的层，就形成临时性或季节性的饱和含水层，称为上层滞水。上层滞水的位置很高，特别是出现在犁底层以上会使植物受渍，通常把根系活动层范围的上层滞水称为潜水层，对植物生长影响较大。

重力水虽然能被植物吸收，但因为下渗速度很快，实际上被植物利用的机会很少。

上述各类型的水分在一定条件下可以相互转化，例如：超过薄膜水的水分即成为毛管水；超过毛管水的水分成为重力水；重力水下渗聚积成地下水；地下水上升又成为毛管支持水；当土壤水分大量蒸发，土壤中就只有吸湿水。

（3）土壤水分常数。土壤水分常数是依据土壤水所受的力及其与作物生长的关系，在规定条件下测得的土壤含水量。土壤水分常数也是土壤水分的特征值和土壤水性质的转折点，严格说来，这些特征值应是一个含水量的范围，是一定结构与性质的土壤保持水分的不同性质达到各种平衡阶段时的一系列最大土壤湿度百分率，如最大吸湿量、最大分子持水量、凋萎系数、毛管持水量、田间最大持水量、饱和含水量等。

1）最大吸湿量。室温（25℃）和大气相对湿度接近饱和（相对湿度 96％～98％）值，土壤吸湿水汽达到最高值时相应的土壤含水量为最大吸湿量。它是吸湿水和膜状水的分界点。这时的土壤水吸力约为 27.8～31 个大气压。

最大吸湿量取决于土壤的质地、黏粒矿物类型、泥炭、腐殖质和吸湿性盐类的含量以及代换性阳离子的组成。蒙脱石类黏粒矿物、泥炭、腐殖质、吸湿性盐类和代换性钠含量高的土壤，其值大。测定方法为：在室温 25℃ 和 1 个大气压下将风干土样置于盛有 10％ H_2SO_4 或 K_2SO_4 饱和溶液的密闭干燥器中，使之吸附水汽，达到平衡后所测得的土壤含水量即为最大吸湿量。

2）最大分子持水量。将湿润的土壤置于 1.8 万～2.0 万倍重力的离心力作用下，残留在土壤中的含水量即为最大分子持水量，它是土壤借分子吸附力所能保持的最大土壤含水量。它包括吸附水汽和液态水所形成的全部吸湿水和薄膜水。

3）凋萎系数。凋萎系数是指土壤吸水力与植物根系吸水力达到平衡时的最大土壤湿度百分率，是植物开始萎蔫的条件下，把它置于黑暗湿润的空气中过夜后，仍然出现萎蔫现象时相应的土壤含水量。此时，相应的土壤水吸力为 10～20 个大气压，平均为 15 个大气压。它包括全部吸湿水和部分薄膜水，是有效水的下限。不同植物的萎蔫点差别很小。凋萎系数难以实际测定，通常用测定的吸湿系数来折算萎蔫点的近似值，即凋萎系数等于吸湿系数除以 0.68。

4）毛管持水量。毛管持水量是指包气带土壤中所能保持的毛管上升水的最大可能值。

野外条件下，毛管持水量和土壤本身的孔径分布和地下水埋深有关。在室内把土样放在水面上任其吸水，待平衡后测得的土壤含水量，可代表紧靠地下水面处的毛管持水量。

5）田间最大持水量。在排水良好、没有表土蒸发的情况下，自由排水停止后土壤能稳定保持的最高含水量为田间最大持水量。此时的土壤水吸力约为 0.1～0.3 个大气压。其测定的是灌溉或降雨后的土壤，使其在一定深度范围内达到饱和，在表土蒸发的条件下，经 2～3d 自由排水，所测得的稳定的土壤含水量值。

田间最大持水量是指保持水的毛管悬着力与重力处于平衡时的最大土壤含水量。当土壤结构与性质不同时，田间最大持水量也有变动。

6）饱和含水量。土壤孔隙充满水时的土壤含水量为饱和含水量。此时的土壤水吸力等于 0，其容积含水量理论上应等于土的孔隙率。把土样置于密闭的容器中，加水至与土样表面齐平，用真空泵抽气，使容器内减压至 -1 个大气压，平衡后测定的含水量即为饱和含水量。

（4）土壤水分布特征。土壤水藏于包气带中，包气带按其水分布特点，可分为三个明显不同的水分带：毛管悬着水带、中间带和毛管上升水带，如图 1.2 所示。

1）毛管悬着水带。包气带上部靠近地表面的土壤，称为毛管悬着水带，简称悬着水带，具有吸附空气中的水汽和液态水分子的性能。它的特点之一是直接或间接与外界进行水分交换，在降水和下渗过程中，土壤在分子力作用下首先吸附水分，产生吸湿水和薄膜水，然后形成毛管悬着水，土壤孔隙中的毛管水在毛管力作用下可做垂直运动，当毛管悬着水达到饱和（即达到田间持水量）时，过剩的水分在重力作用下沿孔隙向下渗透。

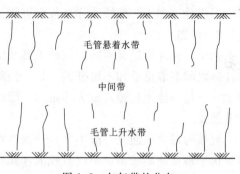

图 1.2 包气带的分布

2）中间带。中间带是处于悬着水带和毛管上升水带之间的水分过渡带，它本身不直接与外界进行水分交换，而是水分蓄存及输送带。它的水分随深度变化小，在时程上也具有相对稳定的性质。在地下水埋藏很深、年降水量较少的地区，中间带的含水量一般在毛细断裂含水量及最大分子持水量附近，在中等降水、透水性较好的土壤层，中间带的水分大致在毛管断裂含水量与田间持水量之间。当地下水面较浅时，中间带往往消失。

3）毛管上升水带。在地下水面以上，由于土壤毛管力的作用，一部分水分沿着土壤孔隙侵入地下水面以上的土壤中，形成一个水分带，称为毛管上升水带或支持毛管水带，简称毛管水带。毛管水带内的水分分布具有独有的特征：一般在毛管水带最大活动范围内，土壤含水量自下而上逐渐减小，由饱和含水量减至与中间包气带下端相衔接的含水量。对干旱的土壤则以最大分子持水量为下限。对给定的土壤层，这种分布具有相对稳定的性质。由于毛管上升水带下端与地下水面相接，有充分的水分来源，故分布较稳定，其位置随地下水位的升降而变化，由此决定了包气带的厚度。

2. 下渗过程

下渗水量是降雨径流损失的主要组成部分，下渗过程及其变化规律研究在降雨形成径流过程、径流预报研究和水文水资源分析计算中起着重要作用。降水和地表水渗入地表以下后，水分在土壤中的运动受到分子力、毛管力和重力的控制，其过程是水分在各种作用力的综合作用下寻求平衡的过程。根据下渗中作用力的组合变化及水分的运动特征，可将下渗过程划分为三个阶段。

（1）渗润阶段。降雨初期土壤比较干燥，下渗水主要受分子力作用被土粒所吸附形成吸湿水，进而形成薄膜水。当土壤含水量达到最大分子持水量时，分子力不再起作用，该阶段结束。

（2）渗漏阶段。随土壤含水量的不断增大，下渗水逐步充填土粒间的孔隙，在表面张力的作用下形成毛管力。此时在毛管力和重力的综合作用下渗水在土壤孔隙中做不稳定流动，直到土壤孔隙被充满基本达到饱和为止。

（3）渗透阶段。土壤孔隙被水充满达到饱和状态时，水分子只能在重力作用下稳定运动。渗润和渗漏两个阶段是非饱和水流运动，渗透阶段是饱和水流运动。上述三阶段没有明显的分界，尤其在较厚的土层，三阶段可能交错发生。

下渗分区和下渗曲线［详见数字资源 1（1.3）］。

1.7.5　填洼

由于对洼地的定义不同，流域上各洼陷部分的面积和深度常常差别很大。相邻不同大小的洼地之间有着重叠和不可分的关系。当降雨强度大于地面下渗能力时，超渗雨即开始填充洼地，当每一洼地达到其最大容量后，后续降雨就会产生洼地出流。填洼量最终消耗于下渗和蒸散发。

流域的最大填洼量一般不大，一次洪水的填洼量更小，通常可以忽略，但在平原及坡水区，由于地面洼陷较多，填洼量较大，此时不能忽视填洼量。

关于填洼分配曲线的介绍［详见数字资源 1（1.4）］。

1.7.6　蒸发与散发

1. 蒸发现象及其控制条件

蒸发与散发简称蒸散发，是指水在有水分子的物体表面上由液态或固态转化为气态向大气逸散的现象，这种具有水分子的物体表面称为蒸发面。在蒸发水面上，同时有两种水分子运动过程：一种是蒸发现象，即进入水体的热能导致水分子的能量增加，使水分子克服内聚力，突破水面由液态变为气态逸入大气的过程；另一种是凝结现象，即水面上的水汽分子受吸力作用或本身受冷的作用，由气态变为液态从空中返回水面的过程。因此蒸发和凝结是同时发生、具有相反物理过程的两种现象。蒸发必须消耗能量，单位水量从液态变为气态逸入空气中所需的能量称为蒸发潜热。凝结则要释放能量，单位水量从气态变为液态返回水面释放的能量称为凝结潜热。

在蒸发和凝结的水分子运动过程中，从水面跃出的水分子数量和返回水面的水分子数量之差为实际蒸发量 E，即有效蒸发量，通常用蒸发掉的水层厚度表示。单位时间内的蒸发量称为蒸发率。蒸发量或蒸发率是蒸发现象的定量描述指标。

蒸发率或蒸发量的大小取决于三个条件。

（1）供水条件。蒸发面上储存的水分多少，不同蒸发面的供水条件是不一样的。

（2）能量供给条件。指蒸发面上水分子获得的能量多少，水分子一旦获得足够的能量，就会脱离蒸发面向大气逸散。天然条件下的蒸发所需的能量主要来自太阳能。

（3）动力条件。蒸发面上空水汽输送的速度，是保证大气逸散的水分子数量大于从大气返回蒸发面的水分子数量的动力条件。其中，蒸发所需的动力条件一般有 3 个方面：①蒸发面上水汽分子的扩散作用,该作用力大小和方向取决于大气中水汽含量的梯度,一般情况下该扩散作用是不明显的;②上、下层空气之间的对流作用,这主要是由蒸发面和空中的温差所引起的,对流作用将近蒸发面的暖湿空气不断地输送到空中,而使上空的干冷空气下沉到近蒸发面,从而促进蒸发作用;③空气紊动扩散作用,这主要是由风引起的,刮风时空气会发生紊动,风速作用越大,紊动作用越强,紊动作用将使蒸发面上空的空气混合作用加快,冲淡空气中的水汽含量,从而促进蒸发作用。

控制蒸发大小的能量和动力条件均与气象因素(如日照时间、气温、饱和差、风速等)有关,故将能量条件和动力条件合称为气象条件。

自然界蒸发面类型多样,由此蒸发可区分为水面蒸发、土壤蒸发、植物散发(蒸腾)等。流域表面通常是由水面、土壤和植被组成,如果把流域表面作为一个蒸发面,则称为流域蒸发与散发。蒸发与散发是自然界水循环和水量平衡的要素和环节之一,在区域水文特征和水资源形成中起着重要作用。

2. 水面蒸发

水面蒸发是充分供水条件下的蒸发现象。因此,水面蒸发与水面蒸发能力完全相同。水面蒸发是目前研究较为成熟的一种蒸发现象。目前确定水面蒸发量的理论方法有水量平衡法、热量平衡法和空气动力学法[详见数字资源1(1.5)]。

3. 土壤蒸发

土壤蒸发是指土壤孔隙中的水分离开土壤表面向大气逸散的现象。湿润土壤在蒸发过程中逐渐干燥,含水量逐渐降低,供水条件越来越差,土壤蒸发量也随之降低。根据土壤供水条件差别及蒸发率的变化,土壤蒸发可分成三个阶段。

(1)定常蒸发率阶段。当土壤含水量大于田间持水量(土壤所能稳定保持的最高含水量或最大毛管悬着水量)时,水分充分供给的条件下,水分通过毛细管作用,被源源不断地输送到土壤表层供给蒸发。有多少水分从土壤表面逸散到大气中,就约有多少水分从土层内部输送到表面,水分蒸发快速进行,蒸发率相对稳定于恒定的常数,蒸发量近似等于相同气象条件下的水面蒸发,其大小主要受气象条件影响。

(2)蒸发率下降阶段。当土壤中水分由于蒸发逐渐减少至第一个临界点田间持水量以下时,土壤中毛细管的连续状态逐渐受到破坏,输送到土壤表面的水分逐渐减少,不能满足蒸发需要,蒸发率明显下降,土壤蒸发量随之减小,直至毛管断裂含水量。该阶段的蒸发量大小主要受土壤含水量的影响和控制,气象因素的影响逐渐变弱。

(3)蒸发率微弱阶段。当土壤含水量减少到第二个临界点、毛管断裂含水量以下时,土壤通过毛管作用向土壤表面输送水分的机制完全被破坏,土壤水只能靠分子扩散作用而运动,土壤蒸发十分微弱,数量极少且比较稳定。土壤蒸发与水面蒸发由于介质的不同而存在很大差异:①蒸发面性质不同,土壤蒸发是一个水土共存的界面;②供水条件不同,土壤蒸发在第一阶段是充分供水,在第二、三阶段水分供给不足,土壤蒸发是充分与不充分供水条件共存的过程;③水分子运动克服的阻力不同,水面蒸发时主要克服水分子内聚力,土壤蒸发时既要克服水分子内聚力,还要克服土壤颗粒对水分子的吸附力,消能更多。

4. 植物散发(蒸腾)

植物散发是植物根系从土壤中吸取水分并通过根、茎、叶、枝逸散到大气中的一种生理过程,是以植物为蒸发面的蒸发。植物根系从土壤中吸水后,经根、茎、叶柄和叶脉输送至叶面，其中约 0.01% 用于光合作用；不足 1% 成为植物的组成部分；近 99% 为叶肉细胞所吸收，在太阳能作用下汽化，然后通过气孔向大气中逸散。因此，植物散发既是物理过程，又是生理过程，是发生于土壤-植物-大气系统中的现象，与土壤环境、植物生理和大气环境之间存在着密切关系。

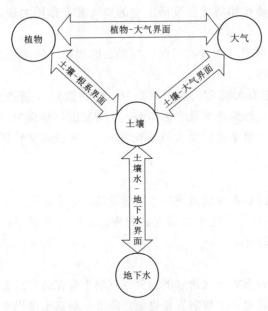

图 1.3 SAPC 系统示意图

SPAC（Soil-Plant-Atmosphere Continuum）即土壤植物大气连续体。水分经由土壤到达植物根系，被根系吸收，通过细胞传输，进入植物茎，由植物木质部分到达叶片，再由叶片气孔扩散到静空气层，最后参与大气湍流变换，形成一个统一的、动态的、互相反馈的连续系统，即 SAPC 系统，如图 1.3 所示。

5. 区域蒸散发

区域表面通常由裸露岩土、植被、水面、不透水面等组成，所以把区域上所有蒸发面的蒸散发综合称为区域蒸散发，亦称区域总蒸发。

如果气候条件一致，区域内各处的水面蒸发量大致相等。区域内水面面积所占比重通常较小，约为 1%，因此区域蒸散发量的大小主要取决于土壤蒸发与植物散发，也可把两者合称为陆面蒸发，其规律主要受土壤蒸发规律和植物散发规律所支配。理论上讲，确定区域蒸散发最直接、最合理的方法应是先分别确定各类蒸发面的蒸散发量，然后加和得出区域总蒸散发量。但是由于区域内的气象条件和下垫面条件十分复杂，土壤蒸发和植物散发的确定十分困难。因此，实际工作中一般是从区域综合的角度出发，将区域蒸散发作为整体来间接估算确定区域总蒸发量，其方法有水量平衡法、水热平衡法和经验公式法等［详见数字资源 1（1.6）］。

1.7.7 径流

1. 径流组成

对于一个流域而言，径流是降落在流域表面的降水，沿着地面与地下汇入到河川、湖泊、水库、洼地等，流出流域出口断面的水流。径流根据降水的形式可分为降雨径流和融雪径流（李伟等，2017；袁定波等，2022）。我国的河流以降雨径流为主，融雪径流只是在西部高山及高纬度地区河流的局部地段才发生。由降水到达地面时起，到水流流经出口断面的整个物理过程，称为径流形成过程。根据形成过程及径流途径不同，河川径流由地表径流、地下径流及壤中流（表层流）三种径流组成，如图 1.4 所示。

2. 径流形成过程

径流形成是一个极为复杂的物理过程，按照发生的时间前后，通常可以划分为降水、截留、流域蓄渗过程（坡面汇流、壤中流、地下水流）、河网汇流过程 4 个相互联系的子过程，如图 1.5 所示，其中流域蓄渗过程又称为产流过程，坡面汇流过程和河网汇流过程又称为汇流过程［详见数字资源 1（1.7）］。

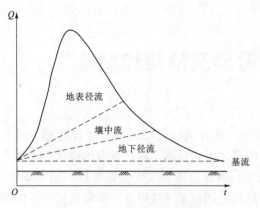

图 1.4 河川径流组成示意图

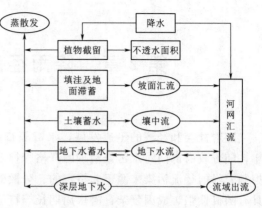

图 1.5 河川径流形成过程

思考题

1. 简述水环境面临的主要问题。

2. 简述环境水文学、生态水文学的概念和研究内容。

3. 请阐述水文循环的作用与意义。

4. 简述水量平衡原理。

5. 影响流域降雨的主要因素有哪些？

6. 蒸散发的控制条件有哪些？

7. 详细阐述下渗的物理过程。

8. 简述径流形成过程。

第 1 章 数字资源

第 2 章　降雨径流污染及预测控制

随着社会和经济的迅速发展，水资源日益匮乏，水环境污染已成为全球性问题。近些年，随着政府部门对水污染治理的严格管控及高质量工程措施的实施，点源污染得到了显著控制。降雨径流污染来源于非特定的、分散的地区，地理边界和发生位置难以识别和确定，具有随机性强、成因复杂、潜伏周期长等特征，已成为国际水环境研究工作者共同关注的话题。要解决非点源污染问题，需要系统深入学习和研究非点源污染。

本章首先介绍了非点源污染的研究背景和研究现状，其次阐述了非点源污染负荷的计算方法，最后介绍了非点源污染模拟及控制管理。

2.1　非点源污染研究背景

按照污染源的发生类型，把水环境污染分为点源污染（point source pollution）和非点源污染（non-point source pollution）。点源污染是指工业废水和城市污水的集中排放而对水体造成的污染。按美国清洁水法修正案定义，非点源污染为"污染物以广域的、分散的、微量的形式进入地表及地下水体"，包括大气干湿沉降、暴雨径流、底泥二次污染和生物污染等诸多方面引起的水体污染。通常意义（狭义）的非点源污染，是指降水过程伴随的地表径流污染，定义为溶解的或固体污染物从非特定的地点，在降水淋溶和径流冲刷作用下，通过径流过程而汇入受纳水体（如河流、湖泊、水库、海湾等）所引起的水体污染（Novotny et al.，1981；Novotny et al.，1993；李怀恩，1987）。其主要来源包括水土流失、农业化学品过量施用、城市径流、畜禽养殖和农业与农村废弃物等。非点源污染造成大量的泥沙、氮磷营养物、有毒有害物质进入江河、湖库，引起水体悬浮物浓度升高、有毒有害物质含量增加，溶解氧减少，水体出现富营养化和酸化趋势，不仅直接破坏水生生物的生存环境，导致水生生态系统失衡，而且还影响人类的生产和生活，威胁人体健康。水是人类社会得以存在和发展的基础和命脉，21 世纪是水的世纪，与地表水环境改善密切相关的非点源污染研究就显得更加重要。

非点源污染的产生是由自然过程引发、并在人类活动影响下得以强化的，它与流域降雨过程密切相关，受流域水文循环过程的影响和支配，其中降雨径流过程是造成流域非点源污染的最主要的自然原因，而人类的土地利用活动才是非点源污染的最根本原因。一方面，人类开垦土地、砍伐森林使其成为农田、牧场、旅游区、工业区等，从而改变了地表的植被覆盖，改变了土壤的质地、成分，改变了土地的渗透和蒸发特征，改变了影响径流汇集的地形特征，其结果就是改变了流域的水文和侵蚀过程，加剧了水土流失，对水体水质造成威胁；另一方面，人类在进行农业活动中，大量施用化肥、农药等农业化学品，这些化学品中只有很少的一部分被农作物吸收，其余大部分残留在土壤中，成为潜在的污染源。

非点源污染与点源污染相比，具有不同的污染特性，具体表现在（阮晓红等，2002）以下几点。

(1) 随机性：从非点源污染的起源和形成过程分析，非点源污染与区域的降水过程密切相关。此外，非点源污染的形成还受其他许多因素影响，如土壤结构、农作物类型、气候、地质地貌等。降水的随机性和其他影响因子的不确定性，决定了非点源污染的形成具有较大的随机性。

(2) 广泛性：随着世界经济的发展，人工生产的许多为自然环境所无法接受的化学物质逐年增多，在地球表层分布广泛，随着径流进入水体的污染物遍地可见，其所产生的生态环境影响更是深远而广泛。

(3) 滞后性：农田中农药和化肥的施用造成的污染，在很大程度上是由降雨和径流决定的，同时也与农药和化肥的施用量有关。当刚刚施用化肥后，若遇到降雨，造成的非点源污染将会十分严重。并且农药和化肥在农田存在的时间长短也将决定非点源污染形成的滞后性的长短。通常，一次农药或化肥的施用所造成的非点源污染将是长期的。

(4) 模糊性：影响非点源污染的因子复杂多样，由于缺乏明确固定的污染源，因此，在判断污染物的具体来源时存在一定的难度。以农业非点源污染为例，农药和化肥的施用是非点源污染的主要来源，但农药施用量、生长季节、农作物类型、使用方式、土壤性质和降水条件不同时，所导致的农药和养分的流失将会有巨大的差异，而不同因子之间又相互影响，因而使得非点源污染的形成机理具有较大的模糊性。

(5) 潜伏性：以农药、化肥施用为例，施用之后，在无降水或灌溉时，形成的非点源污染十分微弱，在更多的情况下，农业非点源污染直接起因于降水和灌溉的时间。城市地表径流污染也有同样的特点，在无降水条件下，散落在城市空间的许多固体污染物、垃圾对水体的危害十分有限，但在降水时，随着径流进入水体将会形成严重的非点源污染。

(6) 隐蔽性：由于点源活动是人类活动的直接产物，故一般情况下，点源负荷会随着人类活动的加剧而急剧增加，因此，点源负荷更容易引起人们的注意。而非点源污染并非单一的人类活动所致，其负荷随人类活动的变化也不像点源污染那样剧烈，所以，不易引起人类的重视。点源与非点源污染的特征比较见表 2.1。

表 2.1　　　　　　　　　　　　点源与非点源的特征比较

非 点 源 污 染	点 源 污 染
高度动力学的，且具有随机性、间歇性，变化范围常超过几个数量级	较稳定的水流和水质
最严重的影响是在暴雨之中或之后，即洪水时期	枯水期影响最严重
入水口一般不能测量，不能在发生之处进行监测，真正的源头难以或无法追踪	入水口可以测量，其影响可以直接评价
受雨量、雨强、降雨时间、降雨水质等水文参数影响，历时一般有限	与流域水文、气候关系不大，历时一般较长
受流域下垫面特征影响	与流域下垫面特征基本无关
几乎所有的水体受非点源污染的影响	一定范围的水体受到影响
污染物以扩散方式排放，时断时续	污染物以连续方式排放
污染物种类几乎包括所有的污染物	污染物的种类不如非点源污染广泛

非 点 源 污 染	点 源 污 染
污染发生在广阔的土地上，发生径流的地区即为发生非点源污染的地区	在连续使用的小单元土地上不断发生
污染物的迁移转化很复杂，与人类的活动有直接关系	污染物的迁移相对简单

非点源已成为水环境的第一大污染源或首要污染源。据美国、日本等国家的报道，即使点源污染全面控制之后，江河的水质达标率仅为 65%，湖泊的水质达标率为 42%，海域水质达标率为 78%。非点源污染控制不好，大部分的水体水质将无法达标（娄和震等，2020）。自 20 世纪 70 年代被提出和证实以来，非点源污染对水体污染所占比重随着对点源污染的大力治理呈大幅度上升趋势。美国环保局的调查结果表明，农业非点源污染是美国河流和湖泊污染的第一大污染源（USEPA，2018）。欧洲国家也得出相似的结论，荷兰农业非点源提供的总氮、总磷分别占水环境污染问题的 60% 和 40%~50%，德国一流域也因过量施用化肥导致河流中的磷浓度超过 0.2mg/L。我国也存在严重的非点源污染，湖泊、水库、海湾等水体的富营养化现象也日益突出。北京密云水库、天津于桥水库、安徽巢湖、云南洱海和滇池、上海淀山湖、太湖等水域，非点源污染比例均超过点源污染。例如，密云水库污染年总负荷量中，COD 的 70%、BOD_5 的 70%、NH_3-N 的 90%、TN 的 70%、TP 的 90% 来自非点源污染（黄生斌等，2008）；奶牛养殖、生猪养殖和大蒜种植是目前洱海流域内入湖 TN 污染的最重要农业污染源，占流域总污染负荷的 66.12%，对入湖 TN 污染贡献最大的 6 个村镇为江尾、右所、三营、玉湖、凤仪和喜洲，占流域总污染负荷的 63.41%（翟玥等，2012）。2010 年巢湖流域总氮产生量为 1900.3t，入河量为 846.5t；总磷为 244.1t，入河量为 76t；巢湖流域农业面源污染对氮素污染贡献最大，而水土流失则对磷面源污染贡献最大（王雪蕾等，2015）。在 2000 年年底全国完成"一控双达标"任务后，我国目前正处在污染构成快速转变时期，随着城市污水处理率的提高，我国的点源污染逐步得到控制，非点源污染的影响将日益突出。

2.2　非点源污染研究现状

几十年来，国内外在非点源污染的机理、模型与控制方面进行了大量的研究和实践，取得了长足的进展，国内外研究进展、发展趋势及存在的主要问题如下。

2.2.1　非点源污染机理研究

按非点源污染的来源，可以将其分为城市非点源和农业非点源。城市非点源污染包括城市地表径流污染、大气的干湿沉降、城市水土流失及河流底泥的二次污染，其中地表径流污染是城市非点源污染最主要的类型，主要包括城市垃圾和大气降尘中的各种污染物质在降雨形成的地表径流的作用下，进入受纳水体形成的污染。由于城市地表污染物在晴天时累积，在雨天随地表径流排放，所以表现出间歇式排放的特征。城市非透水性地面所占比例较大，加速了地表径流的形成，使得流量和污染物浓度峰值提高，降低了受纳水体水质；其次，城市的热岛效应使得大气中的污染物不易扩散，而且悬浮在大气中的颗粒物粒径较小，这些物质一旦进入水体不易沉降，危害较大。城市地表径流污染受土地利用类型、降雨量、降雨强度、降雨历时、两场降雨的时间间隔、气温、道路的交通强度和清扫方式等众多因素的影响，且各因素表现出很强的随机性，所以研究城市地表径流污染需要进行大量现场测试，对各种影响因素进行统计分析。

农业非点源污染是指在农业生产活动中，农田中的泥沙、营养盐、农药及其他污染物，在降水或灌溉过程中，通过农田地表径流、壤中流、农田排水和地下渗漏，进入水体而形成的非点源污染。这些污染物主要来源于农田施肥、农药、畜禽及水产养殖和农村居民。自20世纪80年代以来，随着国民经济的快速发展，人多地少的矛盾日益突出，农业化肥施用量一直以较快速度增长。而不同土壤条件、耕作制度和管理水平下的模拟和野外实验结果都证明土壤施肥量与径流中各种形态营养盐含量呈显著相关关系，可见，农业非点源污染将随化肥施用量的增加呈不断上升态势。因此，有关农业非点源污染物产生、转化和迁移的机理研究已成为国内外学者关注的焦点。

1. 城市非点源污染发生机理的研究

欧美等发达国家在20世纪70年代就对城市地表径流污染开展了大量的研究工作（Pitt et al.，1977；Browne，1978），主要集中在以下几个方面：①城市地表沉积物的污染特性；②城市地表径流水质特征；③城市地表沉积物累积冲刷规律；④城市地表径流污染负荷模型。

城市地表沉积物是城市地表径流污染物的主要来源。不同土地利用类型的地表沉积物的来源不同，主要包括固体废物、空气沉降物、车辆排放物等。国外早在20世纪70年代就开展了针对城市地表径流水质特征的分析和研究工作。在欧美进行的城市地表径流测试结果表明（Ellis et al.，1989），城市地表径流中COD和BOD等溶解性污染物的年平均浓度比城市生活污水低。美国和加拿大有关城市地表径流研究发现，城市地表径流的污染以SS为主，有机污染物、总氮和总磷含量均低于城市生活污水，且其浓度变幅很大，这与不同地区的地表污染状况和气象条件等因素密切相关（Stanley，1996）。我国从20世纪80年代开始对一些地表径流污染特性进行研究。如对北京、南京等城市进行地表沉积物累积量和污染物含量研究，并评价地表径流污染状况（夏青，1982；刘爱蓉等，1990）；分析报道了北京市大兴区近郊区6个不同功能区地表径流雨水中的挥发性有机物（VOCs）和半挥发性有机物（SVOCs）的污染水平（王幼殊，2018）。

城市地表污染物具有晴天积累、雨水随径流排放的特点，其排放规律的研究是地表径流污染定量化研究的重要方面。Whipple et al.（1977）首先提出了累积-冲刷模型用以描述地表径流的排污规律。众多研究者对污染物在不透水地表的累积速率进行了大量研究，结果表明流域内污染物在晴天的累积过程可以表示为时间的线形、幂指数或其他函数形式（Krein et al.，2000）。但某些研究数据表明地表污染物的累积与两场降雨的时间间隔无明显相关性，表现出随不同的气象条件和测试地点存在显著的变化（Sutherland et al.，1978；Deletic et al.，1997）。Metcalf et al.（1971）提出不透水地表的污染物和沉积物的冲刷速率与污染物质量和雨水径流量成正比。许多学者从这一思想出发，推导得出径流污染物浓度随累积径流量呈指数递减的公式，同时根据监测数据，采用回归分析方法，建立了污染物浓度与累积径流量的相关关系，取得了满意的效果（Barrett et al.，1998）。但是随着研究的深入，某些径流测试结果却表明，当降雨强度变化较大时，污染物浓度不随径流时间单调递减，Deletic et al.（1998）在分析其原因时指出，没有考虑降雨期间污染物的积累是原因之一，特别是对于主要由车辆产生的路面径流污染更是如此。

2. 农业非点源污染发生机理的研究

对非点源污染的产生、迁移及转化机理的研究主要采用如下几种方法：①选择代表性小流域进行小区实验。由于降雨-径流形成的非点源污染物来源于地表，各种地理特征及耕作制度都将影响污染物的流失过程，所以选择有代表性的实验小区，分析研究在自然降雨条件下非点源污染的产生、迁移及转化规律的方法已被广泛应用。②人工降雨模拟非点源污染物的产生、迁移及转化。在现场或实验室进行人工降雨条件下，研究污染物流失规律，这种方法多用于模拟暴雨条件下径流中污染物的流失规律。③研究受纳水体水质的变化。各种非点源污染物最终要汇入河流等天然水体，通过研究受纳水体的水质变化规律可以反映出非点源污染的影响。

农业非点源污染物来自土壤圈中的农业化学物质，因而，农业非点源污染的产生迁移转化过程实质上是污染物从土壤圈向其他圈层尤其是水圈扩散的过程。农业非点源污染本质上是一种扩散污染，对其机理的研究包括两个方面：①污染物在土壤圈中的行为；②污染物在外界条件下（降水、灌溉等）从土壤向水体扩散的过程。前者是研究的基础，后者是研究的重点和关键。近年来，许多学者从动态过程的角度对农业非点源污染进行了深入研究。作为一个连续的动态过程，农业非点源污染的形成，主要由以下几个过程组成，即降雨径流、土壤侵蚀、地表溶质溶出和土壤溶质渗漏，这四个过程相互联系、相互作用，是农业非点源污染的核心内容。

（1）降雨径流的研究。径流与非点源污染关系紧密，对径流的量化研究作为水文学的重要组成部分发展较早，理论及模型较成熟。无论是农业非点源引起的地下水污染还是地表水污染，都与土壤水文过程有着密切的关系。

一次降雨中，并非流域内的所有地区都能产生地表径流而带来非点源污染，因此许多学者从水文学、水动力学的角度出发，研究作为暴雨事件响应的径流动力形成的产汇流特性，重点是对其产流条件的空间差异性进行研究，有助于深刻揭示农业污染的形成。代表性的有早期美国水土保持局 20 世纪 50 年代提出的 SCS 法（1956），因其综合考虑影响径流形成的下垫面的空间差异性（土壤前期含水量、土地利用类型、土壤渗透性、降雨量大小）的特点，而广泛地用于非点源污染研究。CREAM（Knisel，1980）、AGNPS（Young et al.，1996）和 SWAT（Arnold et al.，1993）等模型都采用了 SCS 法。从 20 世纪 60 年代初期以来，我国学者还从我国的具体情况出发，提出了许多有特色的产流计算方法。其中代表性的模型有蓄满产流模型、流域平均下渗率流域分配曲线相结合的蓄满产流、超渗产流，以及综合产流等理论。由于适合我国国情，因而 SCS 法也被用于区域农业非点源污染计算（陈西平，1992），我国建立了著名的新安江模型，该模型随着近些年的开发，目前已应用到非点源污染的研究中。近些年，随着计算机技术的高速发展以及 "3S" 技术的逐渐应用，以模型模拟为首的研究方法不断进步，学者们不仅借助国外模型对流域内发生的复杂污染过程进行定量化的模拟，同时也自主开发适合我国实际情况的各类模型，如 EcoHAT 模型（王志伟等，2015）。

流域水文模型是 50 年代以后逐步发展起来的新的水文技术，它是计算机技术和系统理论发展中的产物，其主要特点是把流域降雨径流形成过程作为一个系统，降雨是它的输入，流域出流过程、实际蒸散发过程及土壤含水量过程是输出，这类模型在人类活动对水文影响等研究中，已逐步成为一个重要的工具。20 世纪 60 年代至今已涌现出了大量的流域水文模型。如著名的美国的 Stanford 模型（Crawford et al.，1996），它是 1966 年由 Stanford 大学开发的一种机理模型，该模型可模拟降雨、融雪、植物截流、入渗、蒸散发、坡面漫流、壤中流、地下径流、土壤蓄积、河槽流等一系列自然过程。Sacramento 模型可以用来模拟降雨后流域出口断面的径流形成过程，对产流部分的模拟是该模型的核心部分，由于模型运算所需的数据量较大，应用上还不是很广泛。（system hydrologique european，SHE）模型属于连续的分散机理模型。它可用于模拟融雪过程、蒸散发、地下水流和沟道水流、饱和及非饱和产流的地表径流，SHE 模型在欧洲应用相当广泛。我国学者也开始应用上述国外流域水文模型到非点源污染研究中去，如利用 Sacramento 模型建立的流域非点源污染负荷模型（郑丙辉，1997），现已应用到湖泊生态效应的研究中。嵌入式系统动力学模型（embedded system dynamics，ESD）（左其亭，2007），该模型主要把反映系统的专业模型的子模块（比如水文模型模块、水库调度模块、河道演进模块、水资源管理模块、优化调度模块）嵌入到嵌入式系统动力学模型中。

（2）土壤侵蚀的研究。土壤侵蚀过程是农业非点源研究的重要内容。土壤侵蚀的研究历史很久，但是真正从非点源污染角度出发的土壤侵蚀研究，首推 60 年代后期用于坡地侵蚀模拟估算长期平均土壤流失的美国通用土壤流失方程（universal soil loss equation，USLE）（Wischmeier et al.，1978），该方法综合考虑影响土壤侵蚀的五大因素（降雨因子、土壤侵蚀因子、地形因子、作物因子和管理因子），并被不断地修正和扩展为（revised universal soil loss equation，RUSLE）方程（Lane et al.，1992）。与 USLE 相比，RUSLE 方程模拟的精度和范围有了大幅度提高。由于并非所有侵蚀的泥沙都会进入受纳水体，国外学者采用"黑箱"方法，提出基于统计和经验基础上的泥沙传输比（DR）的概念。直到 80 年代后期，从机理上对土壤侵蚀、沉降过程的研究得到了较大的发展，开发出了（water erosion prediction project，WEPP）模型，WEPP 是一种基于物理过程的模型（Ascough et al.，1997），被称为"新一代土壤侵蚀预报模型"。

我国对土壤侵蚀的研究做了大量的工作，代表性的有黄土高原的水土保持研究工作，提出了较为实用的经验型区域性土壤侵蚀模型（Tang et al.，2019）。此外，还对 USLE 模型进行改进，如周来等（2018）通过对国内外 RUSLE 应用实践的总结和对比研究，分析其科学合理性，找出最为普遍应用的、准确的 RUSLE 各因子的单位，明确不同单位类型之间的转化系数。

（3）地表溶质溶出过程的研究。国内外学者均对地表土壤溶质随径流流失过程做了有益的探讨和研究，提出了一系列的概念和理论。最早提出的概念是有效混合深度（EDI），随后出现了等效迁移深度概念（王全九，1998），并建立了其确定方法。国外早期主要是关于农业非点源污染物氮、磷元素在农田中的径流流失量及对水体的影响。后期的研究主要是从减少污染输出的角度研究氮、磷元素从农田中的径流流失机理和规律。

化肥和农药是保证农业生产和提高农作物产量的短期内无法替代的物质，使用规模直接决定总氮、总磷、有毒有机物和无机物的产生量。对水环境非点源污染贡献较大的是氮肥和磷肥。耕作方式通过干扰水文系统对非点源污染产生作用。翻土耕作容易造成土壤结构破坏，表层土质疏松，从而使得水土流失现象严重。保土耕作，通过降低地表径流及能量来影响水土和农用化学物的流失，能有效控制水土流失，减少泥沙结合态磷的流失，但有可能增加生物有效磷和可溶性磷的流失。水肥管理的科学程度同样影响非点源污染，如污水灌溉、农田漫灌都可能在农田径流的过程中把污染物质转移汇入水体（易秀，2001）。在小流域不同土地利用下污染物流失方面，也有学者以红壤丘陵地区的典型小流域为例，实地对比观测了降雨条件下林地、农业种植用地（园地和耕地）和建设用地（村镇道路和屋顶）的主要下垫面非点源磷污染物输出过程后发现，典型降雨事件中五种主要下垫面总磷（TP）的场降雨平均浓度为：耕地（0.75mg/L）＞园地（0.59mg/L）＞村镇道路（0.38mg/L）＞林地（0.25mg/L）＞屋顶（0.08mg/L）；而 TP 输出强度依次为：村镇道路（0.07kg/hm²）＞耕地（0.06kg/hm²）＞园地（0.04kg/hm²）＞屋顶（0.021kg/hm²）＞林地（0.019kg/hm²）。下垫面类型影响着非点源磷的输出形态，建设用地溶解态磷占比最高（51%～71%），林地溶解态磷次之（44%），而种植用地溶解态磷占比最低（25%）（房志达等，2021）。

氮磷的流失受降雨的影响较大。很多研究显示，氮磷的大部分流失发生在少数几次大暴雨中，施用化肥到出现暴雨的时间间隔越短，流失量越大，其中氮的流失量可高达施用量的15%。如在于桥水库流域内，通过人工降雨试验发现，氮磷输出随降水强度的增大而增大，反映出强度大的降水侵蚀作用随水土流失的氮磷量也大，但氮磷的输出浓度随降雨径流过程减小。同时，氮磷流失的形态与地表径流的关系表现为大部分氮（8%～80%），磷（7%～30%）是以溶解态形式随地表径流流失（张铁钢，2016）。

（4）土壤溶质渗漏过程的研究。对土壤中溶质的下层渗漏过程的研究，是目前农业非点源污染研究中的又一热点。研究的对象主要是施入农田中的氮和磷，对氮的研究主要表现在对硝态氮淋失量的估算，影响其淋失的各种因素包括施肥量、生物固氮、氮肥形态、土壤种类、降水量和施肥技术等的研究。对磷素的研究主要集中在淋失的形态、影响因素、可能机理等。

影响硝态氮淋失的土壤性质主要是土壤的物理性质，如质地、孔性、结构性以及水分状况等。过量的氮很容易在砂质土壤上淋失，并且砂质土壤的通气性好，易发生氮素的矿化与硝化，而不易发生反硝化，积累的硝态氮以气态的形式损失较少。

氮肥施用量和土壤中硝酸盐的积累与淋失量密切相关，土壤中的硝酸盐累积量随着施氮量的增加而增加，秋季土壤中硝态氮积累和施氮量呈线性或非线性相关。但在正常合理的施肥水平下一般不会造成硝酸盐大量的积累，过量的或不当的施肥才导致硝酸盐在土壤中大量的积累进而淋失的现象积累是潜在的淋溶氮库，在土壤水分不受限制因子的地区，过量施肥能明显导致硝酸盐淋失。许多研究显示施肥量与氮素淋失率呈正相关关系。

耕作通过影响土壤矿化和水分运动而影响硝态氮的淋失。耕作增加硝态氮淋失的量达到21%（Wang，1995）。免耕和传统耕作相比，0～120cm 内硝态氮的累积量减少一半（Dou et al.，1995）。就淋失量来说，耕地休整＞豆科作物＞非豆科作物（Francis et al.，1994）。在大田条件下，很难区分单个因子还是多个因子共同作用的结果。不同施肥时期和耕作时期对硝态氮的影响是：秋施＞夏施＞春施，秋耕＞春耕（Djurhuus et al.，1997）。影响农田土壤磷素淋溶的因素很多，也很复杂，一般在细质的土壤上，磷吸附能力强，施用矿质肥料只有很小的磷移动发生。耕作可以增加土壤表面粗糙度，使土壤饱和导水率增大，从而增加磷素的淋溶损失量；但是，耕作能减小土壤容重，减少淋溶量。当然，耕作时农机轮子可以使土壤形成裂缝，容易形成优先流而促进淋溶。另外耕作还可以压实亚表层土壤而促进土壤磷素的亚表层径流（淋溶）等。

2.2.2 非点源污染模拟模型研究

1. 模型研究进展

（1）国外研究进展。从国外的非点源污染模型的发展历程看，大致可以分为以下三个阶段。

第一阶段，在 20 世纪 80 年代以前，是研究的探索期。这一阶段在污染源调查、非点源特性分析、非点源污染对水质的影响等方面取得了大量的成果，模型研究在此基础上得以蓬勃发展。这一时期主要以水文模型与土壤侵蚀模型为主，其代表有：Horton 入渗方程，Green - Ampt 入渗方程、SCS 曲线、Stanford 模型、日本的水箱模型。1940 年 A. W. Zing 提出了第一个土壤侵蚀模型，经过进一步完善，Wischmeier 和 D. Smith 在对美国东部地区 30 个州 10000 多个小区近 30 年的径流观测资料的分析的基础上，提出了著名的通用土壤流失方程。它们的出现为非点源污染定量计算奠定了基础。在 Stanford 模型的基础上开发出了农田径流管理模型（agricultural runoff management，ARM）、农药迁移和径流模型（pesticide transport and runoff model，PTR）等大型模型。城市暴雨管理模型（urban storm water management model，SWMM）也是在这一时期出现。

第二阶段，从 80 年代初至 90 年代初。这一时期非点源污染问题进一步受到重视。以非点源污染为主题的国际会议和各种专著大量出现。这一阶段的模型研究主要集中在把已有的模型用于非点源污染管理，开发含有经济评价和优化内容的非点源管理模型。提出的有代表性的模型如：流域非点源污染模拟模型（areal non-point source watershed environment response simulation，ANSWERS），农业非点源污染模型（agricultural non-point source pollution，AGNPS），这一时期在注重机理研究的同时也注意到了非点源污染的控制与管理措施，同时注意经济效益的分析，开发出了著名的农业管理系统中的化学污染物污染模型（chemical vesponse environment agriculture management systems，CREAMS）。为了提高模型土壤侵蚀部分模拟的简便性和准确性，美国农业工程师协会（ASAE）提出并逐步改进了农田尺度的水侵蚀预测模型（water erosion prediction project，WEPP）；另外，传统的土壤流失方程（USLE）也经过改进形成 RUSLE。同时，最佳管理措施（best management practices，BMPs）发展更加成熟，美国环保局、农业部水土保持局和各州政府都建立起了相应的实施细则和办法，模型分析技术被大量应用于评价 BMPs 的效果。这个时期，GIS 与一些简单经验统计模型［如美国通用土壤流失方程（USLE）］等集成计算土壤的侵蚀量，二者的集成也仅限于松散模式。该阶段的特点是：大都以水文数学模型为基础，能描述污染物迁移转化的机理，能模拟污染物在连续时间内的负荷，开始注意非点源控制管理与经济效益分析，模型主要应用于中、小流域，可以称为机理研究阶段。

第三阶段，从 90 年代初至今，随着大型化、实用化机理模型的建立，对现有非点源模型的进一步完善，以及桌面式 GIS 的栅格数据分析功能与空间处理能力的增强，非点源污染模型与地理信息系统（GIS）的集成成为主流。90 年代初期，一些机理模型如 AGNPS、WEPP 与支持栅格数据空间分析的 GIS 软件 GRASS、ARCI/INFO 进行紧密集成研究表明，与 GIS 相结合的模型应用更有效，比较有代表性的是 1995 年 Savabi 等将 GIS 技术与 WEPP 模型结合来进行流域水土流失的评价。但这些集成是在工作站环境下进行的，其应用受到一定的限制。90 年代后期，一些功能强大的超大型流域模型被开发研制出来，这些模型是集空间信息处理、数据库技术、数学计算、可视化表达等功能于一身的大型专业软件，其中比较著名的有美国国家环保局开发的（better assessment science integrating point and non-point sources，BASINS）（USEPA）、Arnold（1993）等开发的（soil and water assessment tool，SWAT）以及美国自然资源保护局和农业研究局联合开发的（annualized agricultural non-point source，AnnAGNPS）等。同时，随着网格数据分析和空间分析功能的扩展，一些桌面式 GIS 软件如 ArcView 与分布式参数模型 AGNPS、AnnAGNPS、SWAT、BASINS 进行了集成，集成后充分发挥了桌面系统强大的交互查询功能，广泛应用于模型研究区域降雨-径流、土壤侵蚀、溶质迁移的连续模拟，估算污染负荷，以明确主要的污染因子和关键源区，并与控制管理措施相结合。另外，这一阶段模型研究进一步由纯数学问题转向一种系统决策工具，以帮助预测非点源污染的程度并对各种水域管理措施进行评价。同时，把传统的非点源模型与专家系统或各种人工智能工具相结合，开发非点源模型系统平台，为非点源污染的研究和控制提供有力工具，也成为一个重要的研究方向。

（2）国内研究进展。我国非点源污染研究开始于 20 世纪 80 年代，80 年代开展的我国湖泊富营养化调查标志我国非点源污染研究的开始。1980—1990 年我国的非点源污染仅是农业非点源和城区径流污染的宏观特征与污染负荷定量计算模型的初步研究。基于受纳水体水质分析，计算汇水区农业非点源污染输出量的经验统计模型这一时期发展较快并广泛应用。城区径流污染负荷模拟模型主要从径流量与污染负荷相关、径流量与单位线、径流量与地表物质累积规律三个角度进行研究。通用土壤流失方程首次在我国用于非点源污染的危险区域识别研究（刘枫等，1988）。这一时期，开展的有代表性的工作主要有：①1983 年天津引滦入津工程环境影响评价中首次监测了 3 场暴雨洪水的水质水量同步过程资料，并建立了水质-水量关系；②国家“六五”攻关项目，在四川沱江设立小区进行监测，并进行了小区模拟；在苏州水网城市非点源污染监测中建立了单位线类模型；③“七五”攻关项目：云南滇池流域、巢湖、太湖的非点源污染研究，在监测的基础上，建立了统计类负荷模型，提出了初步控制措施与对策。

进入 90 年代，我国的非点源污染研究更加活跃。如，农药、化肥污染的宏观特征、影响因素研究和黑箱经验统计模式在农业非点源污染研究中占重要席位。分雨强计算城区污染负荷（施为光，1993）为城市径流污染负荷定量计算提供了新方法。将农业、城市非点源污染负荷模型与 3S 技术结合（陈西平，1993）、与水质模型对接（陈鸣剑，1993）用于流域水质管理成为农业、城市非点源污染研究的新生长点。这一时期流域暴雨径流污染响应模型具有代表性（李怀恩等，1996），它要求参数少、应用范围广，适合我国目前资料短缺的非点源污染研究现状，但该集总式模型不能解释非点源污染在流域内的空间分布。此期间，我国开展的非点源污染方面的研究工作较多，如在西安、天津、北京等大型城市地表饮用水源保护工作中，把非点源污染的模拟预测与控制管理作为重要内容，推动了我国非点源污染的研究和控制；在北京、南京、上海等城市也开展了一些城市非点源污染方面研究。近几年，有学者结合农业非点源污染的产生和迁移特点，将农业非点源污染整体模型划分为“源”“汇”模块并分别构建，组成了完整的农业非点源污染负荷模型；并将模型应用于青铜峡灌区，计算了该灌区 2008 年典型时段的农业非点源污染输出负荷。同时，根据农业非点源污染在“源”“汇”环节的不同特点，通过模型定量分析，提出了“源”“汇”环节不同的农业非点源污染控制措施（李强坤等，2011）。目前多模型方法已在非点源污染研究中得到应用，其中运用贝叶斯理论是较常用的方法，如基于贝叶斯理论进行多模型序列融合、构建组合预报模型及采用贝叶斯模型平均法得到多模型均值模拟序列等，还有以自适应神经模糊推理系统进行模型并行径流模拟的神经网络方法等，这些实例证明多模型融合比单一模型的应用效果更好（杜新忠等，2014；王慧亮等，2011）。大数据，是指从自然现象中获取的海量数据集，将客观规律用密集的数据呈现出来。传统的水文过程研究和模型构建主要是靠数学关系式概括真实发生的物理过程，这种模拟方式往往会造成一定的误差。大数据的出现给水文和水环境研究带来了新的研究思路，即通过密集的数据反映流域过程的时空分布（李媛媛等，2023；朱康文，2021）。

2. 现有主要模型

在长期的非点源污染防治过程中建立和积累了大量有效的模型，经过实践的检验和自身不断的发展，逐步形成了若干种较为完善的常用模拟工具。由于其模拟机理和适用范围不同，各模型间存在明显差别。常见的国内外非点源污染模型的参数形式、时空尺度、结构和主要研究对象见表2.2。

表 2.2　　　　　　　　　　　　常见非点源污染模型对比

模型名称	参数形式	时间尺度	空间尺度	模 型 结 构	主要研究对象
HSPF	集中参数	长期连续	流域	侵蚀模型考虑雨滴溅蚀，径流冲刷侵蚀和沉积作用；考虑复杂的污染物平衡	氮、磷和农药等
SWMM	集中参数	长期连续	暴雨径流区	径流过程、储水及水处理过程、污染物输运过程水量	降雨、降雪径流过程、固体颗粒、细菌
ANSWERS	分散参数	开始为单次暴雨，后来发展为长期连续	流域	水文模型考虑降雨初损、入渗、坡面流和蒸发；侵蚀模型考虑溅蚀、冲蚀和沉积；早期并不考虑污染物迁移，后补充了氮、磷子模型，复杂污染物平衡	营养盐、固定颗粒、重金属
ARM	集中参数	长期连续	流域	SWMM水文模型；改进通用土壤流失方程；污染物迁移过程属概念性模型	杀虫剂、氮、磷
CREAMS	集中参数	长期连续	农田小区	SCS水文模型，Green Ampt入渗模型，蒸发；侵蚀模型考虑溅蚀、冲蚀、河道侵蚀和沉积；氮、磷负荷，简单污染物平衡	农田径流量、泥沙、氮、磷、农药
GLEAMS	集中参数	长期连续	农田小区	水文和侵蚀子模型与CREAMS相同；污染物更多考虑农药地下迁移过程	水量、泥沙、氮、磷、农药
SWRRR	集中参数	长期连续	流域	SCS水文模型，入渗，蒸发，融雪；改进通用土壤流失方程；氮、磷负荷，复杂污染物平衡	天气、水文、庄稼增长、沉积物、氮、磷和农药的迁移
ROTO	集中参数	长期连续	大流域	河流水文和泥沙演算，水库水文和泥沙演算	农田径流量、泥沙
EPIC	集中参数	长期连续	农田小区	SCS水文模型，入渗，蒸发，融雪；改进通用土壤流失方程；氮、磷负荷，复杂污染物平衡	气候、水量、泥沙、氮、磷、农药

模型名称	参数形式	时间尺度	空间尺度	模　型　结　构	主要研究对象
SWAT	集中参数	长期连续	流域	SCS 水文模型，入渗，蒸发，融雪；改进通用土壤流失方程；氮、磷负荷，复杂污染物平衡	水量、泥沙、氮、磷、农药
AGNPS	分散参数	开始为单次暴雨，后来发展为长期连续	流域	SCS 水文模型通用土壤流失方程；氮、磷和 COD 负荷，不考虑污染物平衡	固体颗粒、氮、磷和 COD 负荷
LOAD	分散参数	长期连续	流域	产流系数法计算径流量；无侵蚀模型；统计模型计算 BOD、TN、TP 负荷	BOD、TP、TN 负荷
暴雨径流响应模型	集中参数	单次暴雨	流域	产流模型根据研究流域的水文特性选择，一般流域可优先选用综合产流模型；逆高斯分布瞬时单位线汇流模型；产污模型；污染物逆高斯分布迁移转化模型	水量、泥沙、氮、磷
LASCAM	集中参数	长期连续	流域	SCS 水文子模型；土壤侵蚀和泥沙输运子模型（USLE）（径流冲刷侵蚀、河岸河道侵蚀、沉积）；污染物迁移转化子模型	径流量、盐分、泥沙、氮、磷

　　对于特定的情况，选择模型是一件十分关键的事情。一些模型基于简单的经验关系，计算简单方便，而另一些模型则基于过程，数学要求十分高。简单的模型往往得不到想要的详细和精确的结果，而复杂的模型则在计算大面积流域时效率不高并且由于对数据和使用者要求过高而受到限制。在选择模型时要考虑到期望得到什么样的结果和模型对数据和用户自身的具体要求。STORM 对水量和水质的模拟比较简单，主要用于城市排水系统设计，尤其应用于评价控制方法储存、处理、溢流等之间关系，以选择最佳措施。SWMM 则是一个模拟城市径流非点源污染较好的模型，可以为正确评价排水系统和排水能力提供详细可靠的依据，是所有城市非点源污染模型中应用最广泛的模型。AGNPS、ANSWERS 是单次降雨事件模型，可以用来分析单次降雨事件产生的影响和流域管理措施（主要指结构布局管理上）。AnnAGNPS、ANSWERS - Continuous、HSPF、SWAT 是连续事件模型，可以用来分析因水文和流域管理措施（主要指农业措施上）变化而引起的长期变化。其中 SWAT 是一个模拟以农业流域占主导地位流域的比较有优势的连续模拟模型，HSPF 则是一个在模拟农业和城市混合流域的比较有优势的连续模拟模型。SWAT 与 HSPF 都被整合到 USEPA 的 BA-SINS 下，所以在美国和全世界气候地形等不同的许多国家得到了广泛的应用，模型比较成熟。

　　3. 有限资料条件下非点源污染负荷估算研究

　　非点源污染的发生与大气、土壤、植被、水文、地质、地貌、地形等环境因素及人类活动密切相关，具有在不确定时间内、通过不确定途径、排放不确定数量污染物的特性；另外，我国缺乏针对非点源污染的长系列数据资料，全面系统的监测分析少；基础调查只在个别城市、个别流域的个别监控点上展开过，代表性差；相关数据资料分别掌握在环保、农业、水文等多部门中，获取困难；国外开发的非点源模型软件输入数据的时间系列长，建模费用昂贵，常需多部门联合研究才能满足其建模要求，从我国国情出发，较难推广应用；现有的非点源模型软件涉及几十个参数，率定困难，且测试、统计和分析的误差相累计，影响使用。因此，在有限资料条件下，对非点源污染负荷进行估算（或预测），一直是环境治理工作的重点和难点。长期以来，国内学者进行了积极探索，主要提出了三类方法，包括：①断面实测总负荷减去统计的点源负荷；②单位负荷法，是根据单位人口或动物的废物排放量及人口或动物的总量来统计非点源负荷；③水文分割法等（陈友媛等，2003；陈吉宁等，2009）。近年来，西安理工大学较为系统地提出了一些方法，如：平均浓度法（李怀恩，2000）、水质水量相关法（洪小康等，2000）、非点源营养负荷-泥沙关系法（李怀恩等，2003）、土地利用关系法（张亚丽等，2009），改进的 Johnes 输出系数法（蔡明等，2004）、综合平均浓度法和综合输出系数法（Li et al.，2010）、基于 USLE 的估算方法与专家评判法、径流量差值法（胥彦玲，2007）、多沙河流非点源负荷估算方法（李强坤等，2008a，2008b）、基于单元分析的灌区农业非点源污染估算方法（李强坤等，2007）、基于现代分析技术的非点源负荷预测方法（李家科等，2006）等，这些方法都有各自所需的资料条件和一定的精确度。

2.2.3 非点源污染控制研究

美国是开展非点源污染控制研究最多的国家，20 世纪 70 年代末美国提出"最佳管理措施"BMPs，之后出台清洁水法案（CWA）、非点源污染实施计划－CWA319 条款、最大日负荷（TMDL）计划、国家河口实施计划等促进了非点源污染的控制与管理。欧盟自 1989 年出台首个农业污染治理法案起，把农业污染防治作为其水污染治理重点及现代农业和社会可持续发展的重大课题。加拿大、英国、澳大利亚、德国等也开展了大量工作；日本、瑞典、匈牙利、荷兰等国家也已开始重视。我国在非点源污染控制技术和管理方面，总的来说，开展的系统研究不多，实际推广应用的较少。主要是结合湖泊富营养化防治与大型城市地表饮用水源的保护等进行了一些研究，"十一五"期间水专项也开展了一些先导性研究，其中代表性研究有（尹澄清，2009）：云南滇池（村镇生活污水氮磷污染控制、暴雨径流与农田排水氮磷污染控制等）、云南洱海流域（农村与农田面源污染的区域性综合防治技术示范工程）、太湖苕溪流域（以水稻为主的农业面源污染综合整治工程示范）、安徽巢湖（多水塘系统等）、武汉汉阳（城市非点源污染控制技术示范）、城市地表饮用水源保护（植被过滤带、人口迁移、土地利用结构调整、保护区划分等多种措施）等。此外，近年来大面积实施的退耕还林还草等生态工程，以及水土保持措施等，也具有控制非点源污染的效果。

从非点源污染的形成过程与特点出发，其控制和治理包括源控制、传输过程控制，以及汇系统治理。在源控制方面，农业方面主要包括农业种植业主要农作物清洁生产与生态控制技术［化肥与农药减量高效利用技术，如控释/缓释肥技术、测土配方技术、节（污）水灌溉、膜技术、化肥深施技术、生态农业技术等；有机农业代替传统农业种植技术；根瘤菌固氮技术等］、农村生活污水控制技术、畜禽养殖等农村固体废物无害化处理技术等；城市方面，主要为著名的 LID 技术（尹澄清，2009）。低影响开发（low impact development，LID）技术于 1990 年发源于美国马里兰州，其主要是在源头采用各种分散式 BMP 措施将雨水就地消纳，尽可能减少径流的产生。LID 既适用于新城开发，又适用于旧城改造。据统计，LID 可以减少暴雨径流 30%～99% 并延迟暴雨径流的峰值 5～20min，从而减轻市政排水管网系统的压力；LID 还可以有效去除雨水径流中的磷、氮、油脂、重金属等污染物，可以节省雨水回用成本；渗入地下的雨水还可为河湖提供一定的地下水补给，对改善城市的生态环境具有重要作用和意义。对于不同类型的非点源污染有不同的控制技术，也有一些共性的控制技术（适应于农业与城市等不同类型的非点源污染），其中植被过滤带（河岸缓冲带）与人工湿地技术具有代表性。

2.3　非点源污染负荷计算方法

2.3.1　河流污染负荷计算方法

负荷计算时段为年，对于年负荷估算的各种方法的公式及物理意义见表 2.3。

从环境水力学角度对表 2.3 中的差别做一个简单的对比分析。将指定断面的流量及平均浓度表达为时间平均的形式：

$$Q(t) = \frac{1}{T} \int_T Q(t)\mathrm{d}t + Q''(t) = Q_a + Q''(t) \tag{2.1}$$

$$C(t) = \frac{1}{T} \int_T C(t)\mathrm{d}t + C''(t) = C_a + C''(t) \tag{2.2}$$

式中：Q 为时段平均流量，m^3；C_a 为时段平均浓度，$\mathrm{mg/L}$；T 为估算时段，s；Q''、C'' 为流量时均距平值与浓度时均距平值。时段负荷可用式（2.3）表达。

表 2.3　　　　　　　　　　　　　年 负 荷 的 估 算 方 法

方法	负荷估算方法	负荷估算方法要点	方法	负荷估算方法	负荷估算方法要点
A	$L_1 = K \sum\limits_{i=1}^{n} \dfrac{C_i}{n} \sum\limits_{i=1}^{n} \dfrac{Q_i}{n}$	瞬时浓度 C_i 平均值与瞬时流量 Q_i 平均值之积	E	$L_5 = K \sum\limits_{i=1}^{n-1} \left(C_i Q_i \dfrac{t_{i+1} - t_{i-1}}{2} \right)$	瞬时浓度与代表时段平均流量之积
B	$L_2 = K \sum\limits_{i=1}^{n} \dfrac{C_i Q_i}{n}$	瞬时通量 $C_i Q_i$ 平均值	F	$L_6 = K_d \sum\limits_{i=1}^{n} (C_i Q_i m_i)$	瞬时通量 $C_i Q_i$ 与当月天数 m_i 之积然后加和
C	$L_3 = K \dfrac{\sum\limits_{i=1}^{n} C_i Q_i}{\sum\limits_{i=1}^{n} Q_i} \overline{Q_y}$	时段通量平均浓度与时段平均流量之积	G	$L_7 = K \dfrac{\sum\limits_{i=1}^{n} C_i Q_i}{\sum\limits_{i=1}^{n} Q_i} \overline{Q_y}$	利用方法 C 计算丰平枯各季负荷然后求和
D	$L_4 = K \left(\sum\limits_{i=1}^{n} \dfrac{C_i}{n} \right) \overline{Q_y}$	瞬时浓度平均与时段平均流量之积	H	$L_8 = K \left(\sum\limits_{i=1}^{n} \dfrac{C_i}{n} \right) \overline{Q_y}$	利用方法 D 计算丰平枯各季负荷然后求和

$$L = \int_T F(t)\mathrm{d}t = \int_T Q(t)C(t)\mathrm{d}t = Q_a C_a T + \int_T Q''C''\mathrm{d}t$$

$$\approx \sum_{i=1}^{n} Q_i C_i \Delta t_i = Q_a C_a T + \sum_{i=1}^{n} Q''_i C''_i \Delta t_i \tag{2.3}$$

将表 2.3 中的各方法与式（2.3）进行对比，可以看到方法 A、D、H 实际上只包含了式（2.3）中的第 1 项对流项，而忽略了第 2 项时均离散项，三者的差别在于方法 A 采用的是离散的实测流量平均，方法 D、H 采用的是时段的平均流量；方法 B、C、E、F、G 这两项都包括，方法 B 与 E、F 的差别和方法 A 与 D、H 的差别类似，一个采用离散的流量平均，一个采用连续的流量平均。方法 E、G 采用了与断面通量平均浓度相同的方式表达时段通量平均浓度，然后与时段平均流量相乘得到时段负荷。显然，方法 A、D、H 仅适用于推流断面（断面流速均匀）年污染负荷的估算。

河流过流断面的污染物负荷是过流流量与污染物浓度的函数，污染物负荷的年内变化与降雨产流过程相关，污染物浓度与径流量的大小有关，污染物浓度与径流量变化的关系有三种：正相关、负相关、无关。对应这三种情况的极端情况可以这样考虑：①点源类型：断面上游流域内排放的某保守污染物质的数量年内为恒定值，该污染物无非点源来源，年内径流量的变化不会改变断面的污染物通量，只会改变污染物浓度，浓度多与流量呈负相关。②非点源类型：断面上游流域内点源排放的某保守污染物质为零，该污染物只有非点源来源，其产生量与径流量的大小成正比，因此，年内径流量的变化，会改变断面的污染物通量；而污染物浓度则会出现增加、减少、不变的多种可能性，浓度多与流量呈正相关。③点源、非点源混合类型：断面上游流域内排放的某保守污染物质的量年内为恒定值，该污染物也有非点源来源，因此，年内径流量的变化，会改变断面污染物通量，也会改变污染物浓度。浓度与流量较为复杂，可能呈正相关、负相关的情况。

显然，要估算年负荷，在年负荷的估算方法上就要对点源、非点源的处理有一个或多个经验方法的判断。表 2.4 为年负荷估算方法的应用取向分析。

表 2.4　　　　　　　　　　　**年负荷估算方法的应用取向分析**

方法	对流通量	离散通量	应　用　范　围
A	有	无	对流相远大于时均离散相的情况，弱化径流量的作用
B	有	有	弱化径流量的作用，较适合点源占优的情况
C	有	有	强调时段总径流量的作用，较适合非点源占优的情况
D	有	无	对流相远大于时均离散相的情况，强调径流量的作用
E	有	有	强调径流量的作用，较适合非点源占优的情况
F	有	有	强调径流量的作用，较适合非点源占优的情况
G	有	有	强调时段总径流量的作用，较适合非点源占优的情况
H	有	无	对流相远大于时均离散相的情况，强调径流量的作用

从以上分析可以看出，方法 A、B 较适合点源污染占优时的负荷估算。同时点源污染排放相对稳定，年内水质水量变化不大，负荷估算相对容易一点，问题主要集中在对非点源污染负荷的估计应该采用哪些不同的处理方式。对于像渭河及国内大多数河流，其许多指标年内数据较少且短期较难改变，保持定量大致准确的时段通量估算方法的选择就显得十分必要。

2.3.2　非点源污染负荷经验公式计算方法

1. 平均浓度法（李怀恩，2000）

（1）年径流量及其分割。当有长系列实测径流资料时，可直接统计出多年平均径流量，不同频率的年径流量可通过频率分析的方法得到。对于资料不足或无实测径流资料的流域，多年平均径流量和不同频率的年径流量可采用当地水文手册中的等值线图法等方法推求。

年径流量确定以后，为了分割地下径流和枯季径流，还需要确定年径流量的年内分配（既分配到各月），可采用典型年同倍比缩放法确定。由于非点源污染负荷主要是由汛期地表径流所携带的，因此，应将年径流过程划分为汛期地表径流量（暴雨径流）和枯季径流量（含汛期基流）这两部分。划分方法可采用水文学中的斜线分割法或统计法。

（2）平均浓度的推算。根据各次降雨径流过程的水量、水质同步监测资料，先计算出每次暴雨各种污染物非点源污染的平均浓度，再以各次暴雨产生的径流量为权重，求出加权平均浓度。一次暴雨径流过程非点源污染平均浓度的计算公式为

$$\overline{C}=\frac{W_L}{W_A} \tag{2.4}$$

其中：

$$W_L=\sum_{i=1}^n (Q_{Ti}C_i-Q_{Bi}C_{Bi})\Delta t_i \tag{2.5}$$

$$W_A=\sum_{i=1}^n (Q_{Ti}-Q_{Bi})\Delta t_i \tag{2.6}$$

$$\Delta t_i=(t_{i+1}-t_{i-1})/2 \tag{2.7}$$

式中：W_L 为该次暴雨携带的负荷量，g；W_A 为该次暴雨产生的径流量，m^3；Q_{Ti} 为 t_i 时刻的实测流量，m^3/s；C_i 为 t_i 时刻的实测污染物浓度，mg/L；Q_{Bi} 为 t_i 时刻的枯季流量，m^3/s（即非本次暴雨形成的流量）；C_{Bi} 为 t_i 时刻的基流浓度（枯季浓度），mg/L；i 为该次暴雨径流过程中流量与水质浓度的同步监测次数，$i=1,2,\cdots,n$；Δt_i 为 Q_{Ti} 和 C_i 的代表时间，s。

多次（如 m 次）暴雨非点源污染物的加权平均浓度为

$$C=\sum_{j=1}^m \overline{C}_j W_{Aj}/\sum_{i=1}^m W_{Aj} \tag{2.8}$$

式中：W_{Aj} 为第 j 次暴雨产生的径流量，m^3。

（3）负荷量估算。假定年地表径流的平均浓度近似等于上述多场暴雨的加权平均浓度，则非点源污染年负荷量（W_n）为

$$W_n=W_s C_{sM} \tag{2.9}$$

加上枯季径流携带的负荷量，可得到年总负荷量：

$$W_T=W_n+W_B C_{BM} \tag{2.10}$$

式中：C_{sM} 和 C_{BM} 分别为地表径流和地下径流的平均浓度，mg/L；W_s 和 W_B 分别为年地表径流和地下径流总量，m^3。

对于具有悬移质泥沙实测资料的流域，还可根据实测的多年平均输沙量或分析得到的不同频率年输沙量计算出修正系数，对计算的年总负荷量进行修正，以便得到更加符合实际的结果。

2. 水质水量相关法（洪小康和李怀恩，2000）

从降雨径流污染的形成过程可知，在降雨过程中，只有形成径流，才有可能产生降雨径

流污染，即非点源污染。因此，非点源污染负荷量与径流量密切相关。

首先根据典型流域的多场次暴雨水质水量同步监测资料建立水质水量相关关系：

$$W = aW_A + b \tag{2.11}$$

式中：W 为非点源污染物的次暴雨单位面积负荷量，kg/km^2；W_A 为单位面积次降雨径流量，$10^3 m^3/km^2$；a、b 为常数。

然后将年径流量分割为地表径流和枯季径流，并将式（2.11）应用于地表径流，估算出年非点源污染负荷。

最后再加上枯季径流污染负荷，代入式（2.10）就可求出不同代表年的总污染负荷量。

3. 泥沙关系法（李怀恩和蔡明，2003）

首先根据典型流域的多场次暴雨水质（包括泥沙）水量同步监测资料建立非点源营养负荷泥沙相关关系：

$$L = aL_A + b \tag{2.12}$$

式中：L 为非点源污染物的次暴雨的单位面积负荷量，kg/km^2；L_A 为单位面积的输沙量（即侵蚀模数），t/km^2；a、b 为常数。

然后将年地表输沙量代入式（2.12），即可计算出非点源负荷量。最后再加上枯季径流污染负荷，代入式（2.10）就可求出不同代表年的总污染负荷量。

4. 水文分割法（李家科等，2011）

根据泥沙在水环境中的影响，多沙河流中的污染总负荷（W_T）可以划分为水体中的溶解态污染负荷（W_W）和泥沙表面聚集的吸附态污染负荷（W_S）两部分，即

$$W_T = W_W + W_S = \int_0^t C(t)Q(t)\mathrm{d}t + \int_0^t C_s(t)Q_s(t)\mathrm{d}t \tag{2.13}$$

式中：$C(t)$、$C_s(t)$ 分别为水体中的溶解态和泥沙表面聚集的吸附态污染物浓度；$Q(t)$、$Q_s(t)$ 分别为河流流量和输沙率的变化过程。

依据平均浓度法原理，在时间尺度上取均值，根据黄河中游的降雨径流特点将年内变化过程划分为汛期和非汛期两个阶段。其中汛期降雨集中，占全年总量的 $70\% \sim 80\%$，河川径流以雨洪为主；而非汛期由于降雨量较少，径流以河川基流为主，相对比较稳定。基于此种认识，河流水体中的溶解态污染负荷也可以分为汛期溶解态污染负荷（W_{XW}）和非汛期溶解态污染负荷（W_{FW}）两部分：

$$W_W = W_{XW} + W_{FW} = \overline{C}_{XW}\overline{W}_{WXW} + \overline{C}_{FW}\overline{W}_{WFW} \tag{2.14}$$

式中：$\overline{C}_{XW}$、$\overline{C}_{FW}$ 分别为汛期和非汛期水体中的溶解态污染物浓度，mg/L；$\overline{W}_{WXW}$、$\overline{W}_{WFW}$ 分别为汛期和非汛期径流总量，m^3。

同样，泥沙吸附态污染负荷也可以分为汛期泥沙吸附态污染负荷（W_{XS}）和非汛期泥沙吸附态污染负荷（W_{FS}）两部分：

$$W_S = W_{XS} + W_{FS} = \overline{C}_{XS}\overline{W}_{SXS} + \overline{C}_{FS}\overline{W}_{SFS} \tag{2.15}$$

式中：$\overline{C}_{XS}$、$\overline{C}_{FS}$ 分别为汛期和非汛期泥沙所携带的吸附态污染物浓度，mg/kg；$\overline{W}_{SXS}$、$\overline{W}_{SFS}$ 分别为汛期和非汛期输沙总量，kg。

依据式（2.14）、式（2.15）可以分别计算出多沙河流汛期污染负荷（W_X）和非汛期污染负荷（W_F）：

$$W_X = W_{XW} + W_{XS} = \overline{C}_{XW}\,\overline{W}_{WXW} + \overline{C}_{XS}\,\overline{W}_{SXS} \tag{2.16}$$

$$W_F = W_{FW} + W_{FS} = \overline{C}_{FW}\,\overline{W}_{WFW} + \overline{C}_{FS}\,\overline{W}_{SFS} \tag{2.17}$$

汛期降雨径流的冲刷和淋溶是非点源污染形成和迁移的直接动力，因而非点源污染般多在降雨径流较大的汛期发生。而点源污染物，如工业、生活废污水的排放，则和降雨径流没有直接关系，且污染物排放量在一定时期内一般比较稳定。此外，构成河道基流的地下径流部分及其所携带的污染负荷由于变化过程较慢，在一定时期内也可视为相对稳定。因此，在假定河道降污能力一定的条件下（实际上，由于汛期、非汛期河道水力因素的变化，河道降污能力也相应改变）可近似认为水体中的非汛期污染是河道基流和点源污染共同形成的，而汛期污染则是非汛期污染和非点源污染共同作用的结果。因此，汛期污染负荷减去相应时段内的非汛期污染负荷即为非点源污染负荷（W_{NSP}）：

$$W_{NSP} = W_X - \alpha W_F = (\overline{C}_{XW}\,\overline{W}_{WXW} + \overline{C}_{XS}\,\overline{W}_{SXS}) - \alpha(\overline{C}_{FW}\,\overline{W}_{WFW} + \overline{C}_{FS}\,\overline{W}_{SFS}) \tag{2.18}$$

式中：α 为时间比例系数，即汛期时间与非汛期时间的比值；其他符号意义同上。

5. 输出系数法及其改进（蔡明等，2004）

20 世纪 70 年代初期，美国、加拿大在研究土地利用-营养负荷-湖泊富营养化关系的过程中，提出并应用了输出系数法（或称单位面积负荷法），计算公式为

$$L = \sum_{i=1}^{m} E_i A_i \tag{2.19}$$

式中：L 为各类土地某种污染物的总输出量，kg/a；m 为土地利用类型的数目；E_i 为第 i 种土地利用类型的该种污染物输出系数，$kg/(hm^2 \cdot a)$；A_i 为第 i 种土地利用类型的面积，hm^2。

这种方法为人们研究非点源污染提供了一种新的途径，至今仍得到广泛应用。但早期的输出系数模型也存在一些不足，如土地利用分类比较简单，不细分各类农业用地（不同作物类型等），对各种土地利用类型假定污染物输出量与该类土地的面积呈线性关系等。

Johnes 等学者对早期的输出系数法模型进行了改进与发展，对种植不同作物的耕地采用不同的输出系数；对不同种类牲畜根据其数量和分布采用不同的输出系数；对人口的输出系数则主要根据生活污水的排放和处理状况来选定；在总氮输入方面还考虑到了植物的固氮、氮的空气沉降等因素，计算公式为

$$L = \sum_{i=1}^{n} E_i A_i I_i + P \tag{2.20}$$

式中：L 为营养物的流失量；E_i 为第 i 种营养源的输出系数；A_i 为第 i 类土地利用类型的面积或第 i 种牲畜的数量或人口的数量；I_i 为第 i 种营养源的营养物输入量；P 为降雨输入的营养物数量。

输出系数 E_i 表示的是流域内不同土地利用类型各自不同的营养物质输出率。对于牲畜而言，输出系数表示的是牲畜排泄物所含营养物质直接进入排水系统的比例，这中间应考虑人类的收集还田和储存粪肥过程中氨的挥发等因素。对于人口因素，输出系数反映当地人群对含磷洗涤剂的使用状况、饮食营养状况和生活污水处理状况，并且可用下式计算：

$$E_h = 365 D_{ca} HMBR_S C \tag{2.21}$$

式中：E_h 为人口的氮、磷年输出，kg/a；D_{ca} 为每人的营养物日输出，kg/d；H 为流域内的人口数量；M 为污水处理过程中营养物的机械去除系数；B 为污水处理过程中营养物的生物去除系数；R_S 为过滤层的营养物滞留系数；C 为如有解吸发生时磷的去除系数。

营养源 A_i 包括流域内各种土地利用类型的面积、各类牲畜的数量和人口数量。对每个营养源（A_i）的营养物输入（I_i）包括：通过施肥和固氮而对每种土地利用类型（i）产生的氮、磷输入，以及由于牲畜排泄物、人的生活污水导致的营养物输入。

另外，降雨携带的营养物进入受纳水体的量 P 可由下式计算：

$$P = caQ \tag{2.22}$$

式中：c 为雨水本身的营养物浓度，g/m^3；a 为流域年降雨量，m^3；Q 为全年降雨形成径流量的比例，即径流系数。

Johnes 模型虽然对土地利用类型和营养物来源的分类较全面，但未考虑产生非点源污染的水文因素的年际变化对模型输出系数的影响，以及流域中污染物在输移过程中的损失，蔡明等（2004）提出了分别考虑降雨及流域损失的输出系数模型。

（1）考虑降雨影响的输出系数模型。从非点源污染（NSP）的成因来看，年 NSP 负荷与年降雨量之间存在一定关系：

$$M_i = f(P_i) \tag{2.23}$$

式中：M_i 为第 i 年流域 NSP 负荷量；P_i 为第 i 年流域年降雨量。

Johnes 模型是在不考虑土地利用状况发生年度变化的条件下，预测流域多年平均降雨条件下的非点源污染负荷：

$$\overline{M} = f(\overline{P}) \tag{2.24}$$

式中：$\overline{M}$ 为流域多年平均 NSP 负荷量；$\overline{P}$ 为流域多年平均降雨量。

综合式（2.23）和式（2.24），得降雨影响系数 α：

$$\alpha = M_i / \overline{M} \tag{2.25}$$

则考虑降雨影响的输出系数模型为

$$L = \alpha \sum_{i=1}^{n} E_i [A_i(I_i)] + P \tag{2.26}$$

（2）考虑流域损失的输出系数模型。一般来说，流域上产生的 NSP 污染物数量要大于到达流域出口断面污染负荷量，这是因为污染物是伴随着暴雨径流的产生与汇集过程向流域出口断面迁移的，在这个过程中会出现土壤和植被的截留、向地下水的渗透、各种生化反应、泥沙吸附、河流降解等作用，使得污染物不可能全部到达流域出口断面，即存在流域损失。特别是大流域，由于其产汇流时间长，流域地形、地貌、植被等情况复杂，土地利用类型多样等原因，其流域损失更为显著。

文献的研究表明，流域出口断面上 NSP 负荷量与流域污染物产生量之比 λ 与流域年径流模数之间存在良好的相关关系：

$$\lambda = 1/(1 + R_L) = 1/(1 + aq^b) \tag{2.27}$$

式中：λ 为流域损失系数；R_L 为标准化流域损失量；q 为流域年径流模数；a、b 为参数。

在式（2.27）的基础上，引入流域损失系数，即可得到考虑流域损失的输出系数模型：

$$L = \lambda \left\{ \alpha \sum_{i=1}^{n} E_i [A_i(I_i)] + P \right\} \tag{2.28}$$

6. 基于现代分析技术的预测方法（李家科等，2007）

偏最小二乘回归是一种新型的多元统计数据分析方法，它集多元线性回归分析、典型相关分析和主成分分析的基本功能于一体，能够在自变量存在严重相关性的条件下进行回归建模。

支持向量机模型方法是一种在学习样本数有限的情况下处理高度非线性问题的新的机器学习方法，其在解决小样本、非线性及高维模式识别问题中表现出许多特有的优势，将其用于对流域非点源污染负荷预测中，具有较高的预测精度和良好的推广能力。

自记忆性原理是确定论与不确定论的统一体，是两种方法论融合在数学上的实现，可将自记忆原理引入非点源污染负荷的预测研究中，并在一般形式的自记忆模型基础上进行改进。

灰色与神经网络组合模型有效地融合了灰色理论弱化数据序列波动性的特点和神经网络特有的非线性适应性信息处理能力，灰色神经网络模型能够在小样本、贫信息和波动数据序列等情况下，对监测数据进行比较准确的模拟和预报。

2.4　非点源污染模拟模型——以 SWAT 模型为例

2.4.1　SWAT 模型的发展

SWAT 模型（soil and water assessment tool）是由美国农业部（USDA）的农业研究局（ARS）Jeff Arnold 博士 1994 年开发的流域尺度模型，该模型开发的初衷是预测大流域在复杂多变的土壤类型、土地利用方式和管理措施条件下，土地管理对径流、泥沙和化学物质的长期影响。SWAT 模型是一种基于 GIS 基础之上的分布式流域水文模型，能够进行现需时间序列的模拟，近年来得到了快速的发展和应用，主要是利用遥感和地理信息系统提供的空间信息模拟多种不同的水文物理化学过程，如水量、水质，以及杀虫剂的输移与转化过程。

SWAT 模型的最直接前身是 SWRRB 模型。而 SWRRB 模型则起始于 20 世纪 70 年代美国农业部农业研究中心开发的（chemicals，runoff，and erosion from agricultural management systems，CREAMS）模型，该模型用来模拟土地利用措施对田间水分、泥沙、农业化学物质流失的影响。随后开发了主要模拟侵蚀对作物产量影响的（environmental impact policy climate，EPIC）模型、用于模拟地下水携带杀虫剂和营养物质的（groundwater loading effects on agricultural management systems，GLEAMS）模型（Leonard et al.，1987）。在这些研究基础上，1985 年修改 CREAMS 模型的日降雨水文模块，合并 GLEAMS 模型的杀虫剂模块和 EPIC 模型的作物生长模块，开发出时间步长为日的（simulator for water resources in rural basins，SWRRB）模型。模型可以把流域分为 10 个子流域，增加了气象发生器模块，对径流过程考虑更加详细。至此，SWRRB 模型已可模拟评价复杂农业管理措施下的小流域尺度非点源污染，但对较大尺度流域的模拟尚不可靠，最大仅能用于 $500 km^2$ 的流域范围内。

20 世纪 80 年代末，美国印第安人事务局（Bureau of Indian Affairs）急需一个适于数千平方公里的模型来评价亚利桑那州和新墨西哥州的印第安保留土地区的水资源管理措施对下游流域的影响。为在几千平方公里大流域内应用 SWRRB 模型，必须将该流域划分成若干个面积约为几百平方公里的子流域。然而 SWRRB 模型仅能将子流域划分为 10 个，且各子流域排出的径流量和泥沙量直接通过流域出口。由于 SWRRB 模型在模拟较大尺度的流域时存在的这些不足，又开发了 ROTO（routing output to outlet），该模型接受 SWRRB 模型的输出结果，通过河道和水库的汇流计算汇集到整个流域的出口，有效克服了 SWRRB 模型子流域数量的限制，但还存在输入输出文件量大烦琐、计算存储空间所需大等缺点。

20 世纪 90 年代，为解决上述问题，提高计算效率，在 Arnold 主持下，在 SWRRB 模型中加入了估计洪峰流速的 SCS 曲线方程和产沙公式，同时将 SWRRB 与 ROTO 整合在一起成为 SWAT 模型，实现了模型的统一。

随后，SWAT 不断增加新的模块成为新版本。

SWAT94.2：该版本添加了多水文响应单元（multy hydrologic response units），水文响应单元可使模型对不同的土壤类型和土地利用/植被覆盖进行蒸发、产流以及下渗等水文模拟，在一定程度上提高了径流等产出预测的精度。

SWAT96.2：将管理措施加入 SWAT 模型中，如自动灌溉和自动施肥；增加植物冠层的截留量计算；加入了二氧化碳部分以提高模拟气候变化带来的影响的精度；添加了壤中流方程和考虑营养成分的水质公式；添加了杀虫剂的迁移过程模拟公式等。

SWAT98.1：对融雪过程模块、河道水质模块以及营养物质循环模块进行改进，并添加了管理措施模块，如放牧和施肥等。SWAT 模型的适用范围也延伸到了南半球地区。

SWAT99.2：对营养物质的循环和水稻等模块进行了完善，针对城市污染物累计计算部分添加了新的模块。在气象数据输入方面，既可以将日辐射、风速和湿度等资料直接输入模型，也可以通过 SWAT 模型自带的天气发生器自动模拟产生。该版本对海拔带的处理方法也做了相应的改进。

SWAT2000：该版本新增了 Green&Ampt 计算方法、细菌的扩散模块，对天气发生器做出进一步改进；将 SWAT 模型整合到 ArcView GIS 中，成为 GIS 的一个拓展模块，拥有强大的空间分析功能、数据处理功能。

SWAT2005：该版本新增了天气预测情景模块、日尺度以下的降雨生成模块。对细菌扩展模块做了进一步的改进；新加了敏感性分析、自定校准以及不确定分析等模块。生成日尺度以下的降水量使 SWAT 模型短期预报有了模型基础，天气预测期的改进使研究者可以对研究区天气进行预测。

SWAT2009：该版本进一步完善了细菌的运移模块，改进了天气预测的情景模拟以及日尺度以下的降雨量生成器；改进了植被过滤带模型；添加了研究区污染系统的建模部分。

2.4.2　SWAT 模型的原理

SWAT 模型主要是对地表水和地下水的水文物理过程的进行模拟，主要分为两个部分：①水文循环陆面部分，包括产流、坡面汇流部分；②水循环水面部分，即河道汇流部分。前者对每一个子流域里面的每一个主河道的水流、泥沙、营养物质和化学物质等进行模拟，后者控制着水流、泥沙、营养物质和化学物质等随着河网转移到流域的出口。SWAT 模型的水文循环过程示意图见图 2.1。

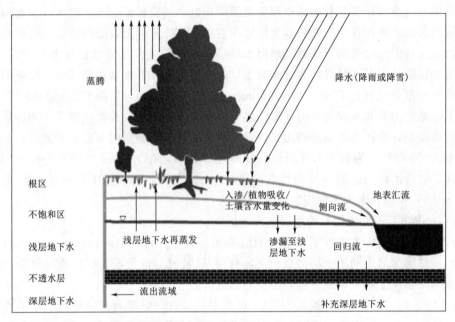

图 2.1　SWAT 模型的水文循环过程

SWAT 模型的主要功能模块和计算公式如下。

1. 平衡方程

从图 2.1 可以看出，水文过程包括降水、径流、下渗、蒸发和蒸腾等过程。模型所用的水量平衡方程为

$$SW_t = SW_0 + \sum_{i=1}^{t} (R_{day} - Q_{surf} - E_a - \omega_{seep} - Q_{gw})\tag{2.29}$$

式中：SW_t 为 t 时刻的土壤含水量，mm；SW_0 为初始土壤含水量，mm；R_{day} 为第 i 天的降雨量，mm；Q_{surf} 为第 i 天径流量，mm；E_a 为第 i 天蒸发量，mm；ω_{seep} 为第 i 天下渗量，mm；Q_{gw} 为第 i 天回归流量，mm；t 为计时时间，d。

2. 土地利用/植被模块

土地利用/植被生成影响着降水量的再次分配过程，对径流的形成有着直接、明显的影响，SWAT 模型中所有的植被覆盖类型可用某种植物生长模型进行替代。植物的生长模型可以模拟研究区的水分和养分从植物的根系层的一系列迁移、蒸发以及植物数量等水文过程和植物生长过程。

3. 气象和土壤温度

SWAT 模型需要输入的气象因素很多，既可以用模型自带的天气发生器生成，也可以输入以日为尺度的实测气象数据。如日最高气温、日最低气温、太阳辐射、风速、相对湿度等。土壤温度的公式为

$$t(z,d) = \bar{t} + \frac{AM}{2} \exp\left(\frac{-z}{DD}\right) \times \cos\left[\frac{2\pi}{365}(d-200) - \frac{z}{DD}\right]\tag{2.30}$$

式中：t 为日平均土壤温度；$\bar{t}$ 为年平均气温；AM 为日平均气温年波幅；z 为表层土壤的

深度；DD 为土壤的阻尼深度；d 为天数。

4. 地表径流计算公式

SWAT 的分布式水文模型中的地表径流部分可以由实测降雨量直接计算。径流量主要是利用修改的 SS 径流曲线方法进行计算。SCS 径流曲线于 20 世纪 50 年代得到了广泛的应用，美国土壤保护所开发的组件给出了可以代表每一种土被组合的水土保持能力的径流曲线数（modified SCS curve number），能够计算不同的土壤类型和土地利用结合的条件下，流域下垫面产生的径流量。具有输入参数少、受观测数据限制小的优势。

对于径流峰值率的预测，采用的方法为 rational formula 和 SCS TR-55，利用随机方法来计算降雨强度，利用曼宁公式计算坡面汇流和河道汇流的汇集时间。

$$Q_{surf} = \frac{(R_{day} - I_a)^2}{R_{day} - I_a + S} \tag{2.31}$$

其中：

$$S = 25.4 \times \left(\frac{1000}{CN} - 10\right) \tag{2.32}$$

式中：Q_{surf} 为地表径流量；R_{day} 为日降雨量；I_a 为初损值，包括产流前的降水的地表存储、截留和下渗；S 为持水系数，与土地利用、土壤类型、坡度与管理、土壤含水量有关；CN 为径流曲线系数。

通常 I_a 值的计算采用公式 $I_a = 0.2S$。代入式（2.32）后产流公式为

$$Q_{surf} = \frac{(R_{day} - 0.2S)^2}{R_{day} + 0.8S} \tag{2.33}$$

SCS 径流曲线将前期水分条件分为干旱（AMCI）、一般（AMCII）和湿润（AMCIII）3 种等级，其中干旱和湿润 CN 值计算公式如下：

$$CN_1 = CN_2 - \frac{20 \times (100 - CN_2)}{100 - CN_2 + \exp[2.533 - 0.0636 \times (100 - CN_2)]} \tag{2.34}$$

$$CN_3 = CN_2 \cdot \exp[0.00673 \times (100 - CN_2)] \tag{2.35}$$

式中：CN_1、CN_2、CN_3 分别为干旱、一般、湿润 3 种级别的 CN 值。

SCS 模型中的 CN 值是坡度为 5% 左右的，可用式（2.36）对 CN 值坡度修正：

$$CN_{2s} = \frac{CN_3 - CN_2}{3} \times [1 - 2\exp(-13.86SLP)] + CN_2 \tag{2.36}$$

式中：CN_{2s} 为坡度修正后的一般土壤水分条件下的 CN_2 值；SLP 为流域平均坡度，m/m。

5. 土壤水的计算

SWAT 模型对壤中流的模拟主要是利用动态存储模型（kinematics storage model）进行模拟计算，该模型主要考虑了水力传导、坡度以及土壤含水量。

$$Q_{sat} = 0.024 \times \left(\frac{2 \times SW_{ly,excess} \times K_{sat} \times SLP}{\Phi_d \times L_{hill}}\right) \tag{2.37}$$

式中：$SW_{ly,excess}$ 为土壤饱和区内日排出的水量，mm；K_{sat} 为土壤饱和水力传导率，mm/h；SLP 为流域平均坡度，m/m；Φ_d 为土壤可流出孔隙度，mm/mm；L_{hill} 为山坡坡长，m。

6. 地下径流

地下水被划分为浅层地下水和深层地下水两个层次进行模拟，浅层地下水的径流量汇入河流，深层地下水径流汇入到流域外的河流。

浅层地下水的计算公式：

$$aq_{sh,i} = aq_{sh,i-1} + w_{rchrg} - Q_{gw} - w_{revap} - w_{deep} - w_{pump,sh} \tag{2.38}$$

式中：$aq_{sh,i}$ 为第 i 天在浅蓄水层中的蓄水量，mm；$aq_{sh,i-1}$ 为第 $i-1$ 天在浅蓄水层中的蓄水量，mm；w_{rchrg} 为第 $i-1$ 天进入浅蓄水层的储水量，mm；Q_{gw} 为第 i 天进入河道的基流，mm；w_{revap} 为第 i 天土壤缺水进入土壤带的水量，mm；w_{deep} 为第 i 天进入深蓄水层的水量，mm；$w_{pump,sh}$ 为第 i 天浅蓄水层中泵出的水量，mm。

深层地下水的计算公式：

$$aq_{dp,i} = aq_{dp,i-1} + w_{deep} - w_{pump,dp} \tag{2.39}$$

式中：$aq_{dp,i}$ 为第 i 天深蓄水层中的蓄水量，mm；$aq_{dp,i-1}$ 为第 $i-1$ 天深蓄水层中的蓄水量，mm；w_{deep} 为第 i 天进入深蓄水层中的水量，mm；$w_{pump,dp}$ 为 i 天被吸出的水量，mm。

7. 蒸散发量计算

在 SWAT 模型中，蒸散发量的计算和水面蒸发量、地面蒸发量和植被蒸发量等很多水文模块的有关。蒸散发通常指所有地表水转化为水蒸气的过程。对于研究区来说，衡量所有地表水的蒸散发量对水资源量的计算非常重要。

(1) 潜在蒸散发。SWAT 模型对潜在蒸散发的计算有三种可供选择的方法：①根据潜在的蒸散发、叶面积指数公式模拟植被水分蒸腾作用的 Pemman-Monteith 方程；②根据潜在蒸散发、叶面积指数公式计算潜在的土壤水分蒸发量的 Hargreaves 方程；③利用土壤的深度、水分含量的指数公式来计算实际的土壤水分蒸发量的 Priestley-Taylor 方程。其中 Pemnan-Monteith 方程被联合国粮食及农业组织 FAO 认定为计算潜在蒸散发的最优方法。计算公式如下：

$$ET_0 = \frac{0.408\Delta \times (R_n - G) + \dfrac{900\gamma \times U_2 \times (e_s - e_d)}{T + 273}}{\Delta + \gamma \times (1 + 0.34U_2)} \tag{2.40}$$

式中：ET_0 为参考作物的蒸发、蒸腾量，mm/d；T 为时间步长内的平均气温，℃；Δ 为饱和水气压-温度曲线的斜率，kPa/℃；R_n 为太阳的净辐射量，MJ/(m² · d)；G 为土壤的热通量，MJ/(m² · d)；γ 为湿度计量常数，kPa/℃；e_s 为饱和状态时的水气压，kPa；e_d 为水气压，kPa；U_2 为距离地面高度为 2m 的风速平均值，m/s。

(2) 实际蒸发量。在总的潜在蒸散发已经确定的基础上，才能够计算实际的蒸散发量。SWAT 模型首先对植被的冠层截留进行蒸发计算，然后依次对最大蒸腾量、最大升华量、最大土壤水分蒸发量进行计算，最后得出实际升华和土壤蒸发量。当水文响应单元 HRU 中有雪时，会有升华量；没有雪时，会有土壤蒸发量。

(3) 冠层截留的蒸发量。SWAT 模型在计算实际的蒸散发量时，采用的计算方法是蒸散发冠层截留水分的最大可能量。

如果冠层截留的自由水量比潜在蒸散发大时：

$$E_a = E_0 = E_{can} \tag{2.41}$$

$$R_{INT(f)} = R_{INT(i)} - E_{can} \qquad (2.42)$$

式中：E_a 为研究区内某天实际的蒸散发量，mm；E_0 为研究区内某天潜在的蒸散发量，mm；E_{can} 为该天冠层中的自由水所产生的蒸发量，mm；$R_{INT(f)}$ 为该天结束时冠层中的自由水量，mm；$R_{INT(i)}$ 为该天开始时冠层中的自由水量，mm。

如果冠层中的自由水量比潜在蒸散发小时：

$$E_{can} = R_{INT(i)} \qquad (2.43)$$

$$R_{INT(f)} = 0 \qquad (2.44)$$

当冠层中截留的自由水分全部被蒸发掉以后，将继续蒸发植被、雪和土壤中的水分。

（4）土壤水分的蒸发量。在土壤水分蒸发的过程中，SWAT 模型会对土壤水分蒸发需求进行分析，对土壤进行分层处理，然后把蒸发需求合理分配到不同的土壤层中。土壤深度层次的划分取主要决于土壤能够承受的最大蒸发量。计算公式如下：

$$E_{soil,z} = \frac{z}{z + \exp(2.347 - 0.00713z)} \qquad (2.45)$$

式中：$E_{soil,z}$ 为 z 深度处的蒸发需求量，mm；z 为土壤深度，mm。

式（2.45）中的系数选取的主要依据为：在地表以下 10mm 处的土壤层蒸发需求量是 50%，当土壤深度超过 100mm 时，土壤层的蒸发需求量为 95%。

$$E_{soil,ly} = E_{soil,zl} - E_{soil,zu} \qquad (2.46)$$

式中：$E_{soil,ly}$ 为沙层蒸发的需求量，mm；$E_{soil,zl}$ 为某土壤层下边界蒸发的需求量，mm；$E_{soil,zu}$ 为某土壤层上边界蒸发的需求量，mm。

如果某一土壤层蒸发的需求量没有满足，SWAT 模型认为这一需求量不能由另一土壤层对该土壤层进行补偿。那么没有被补偿的土壤层会使水文响应单元中的实际蒸发量减少。为了使研究者更为便利地重新修改蒸发土壤层的深度分布，SWAT 模型在式（2.46）中添置了一个土壤蒸发补偿系数 $esco$。这个系数可以调节土壤毛管、裂隙等因素对不同土壤层对应的蒸发需求量产生的影响。添加系数之后，式（2.46）可写为

$$E''_{soil,ly} = E_{soil,zl} - E_{soil,zu} \cdot esco \qquad (2.47)$$

式中：$E''_{soil,ly}$ 为 ly 层土壤的蒸发量，mm。

随着土壤蒸发补偿系数 $esco$ 的减小，模型认为可从更深层的土壤中获取更多的水量用来供给蒸发。如果土壤层的含水量比田间持水量低时，蒸发所需要的水量也会对应地降低。蒸发所需水量表达式如下：

$$E''_{soil,ly} = \min[E'_{soil} \times 0.8 \times (SW_{ly} - WP_{ly})] \qquad (2.48)$$

式中：E'_{soil} 为土壤含水量，mm；SW_{ly} 为 ly 层的土壤含水量，mm；WP_{ly} 为 ly 层的输水量，mm。

8. 水面汇流模拟

SWAT 模型把河道划分为主河道和支流河道，河道的水流演算利用动态存储系数模型：

$$q_{out,2} = SC \cdot q_{in,ave} + (1 - SC) \cdot q_{out,1} \qquad (2.49)$$

式中：$q_{out,2}$ 为计算时段终结时刻的出流速度，m^3/s；SC 为储存系数；$q_{in,ave}$ 为计算时段内的入流速度的平均值，m^3/s；$q_{out,1}$ 为计算时段起始时刻的出流速度，m^3/s。

2.4.3　SWAT 模型的结构

非点源污染的主体是地表径流，因此地表径流的模拟情况是非点源污染中最关键的环节。非点源分布式参数模型 SWAT 的水文模型计算具体涉及地表径流、土壤水、地下水以及河道汇流。模型单元结构框图见图 2.2。

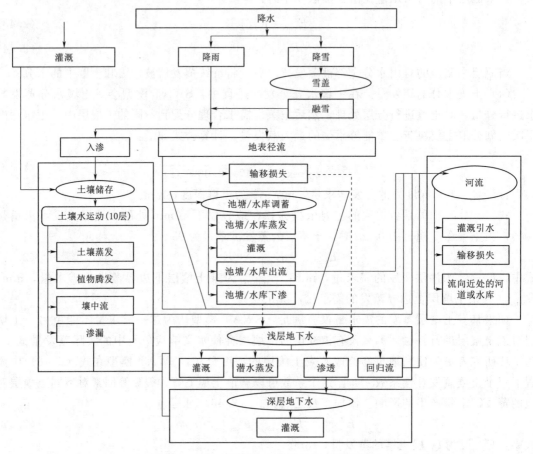

图 2.2　SWAT 模型水文模拟的单元结构框图

SWAT 进行控制水流的演算（图 2.3）。通过子流域命令，进行分布式产流计算；通过汇流演算命令，模拟河网与水质的汇流过程；通过叠加命令，把实测的数据和点源数据输入到模型中同模拟值进行比较；通过输入命令，接受其他模型的输出之值；通过转移命令，把某河段（或水库）的水转移到其他的河段（或水库）中，也可直接用作农业灌溉。SWAT 模型的命令代码能够根据需要进行扩展。

2.4.4　SWAT 模型的输入数据库的构建

SWAT 模型的模拟计算需要数字地形图、数字河道、土壤图和土地利用图等 GIS 图件；研究区内气象站点分布；实测的气象数据（如降水、气温、风速、太阳辐射量和相对湿度）；研究区内土壤属性数据；各种作物管理措施的有关参数；以及用于确定模型参数的水文数据，如实测流量、泥沙和水质等。

模型的参数率定过程是调整模型参数使得模型模拟的结果与实测数据相匹配的过程。当

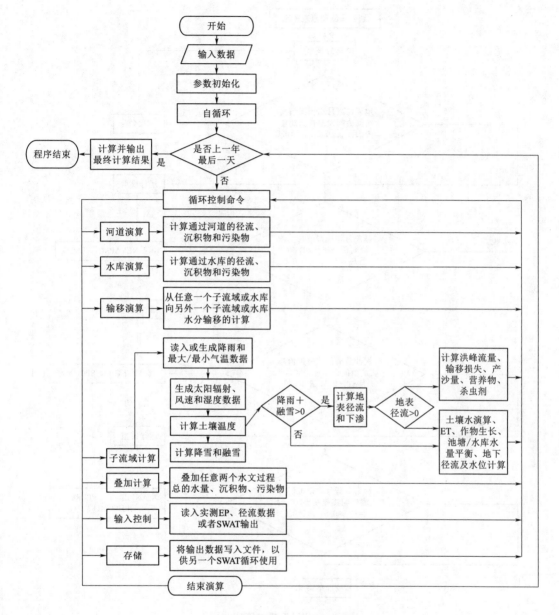

图 2.3　SWAT 模型流程图

模型的结构和输入参数初步确定后，就需要对模型进行率定和验证，通过模型的率定调参可以提高模型的精确度，让模型更适合研究区的实际情况。通常将使用的资料系列分为两部分，其中一部分用于模型的验证。SWAT 模型率定分为三个部分，包括水量、泥沙产量、水质部分的率定。

选用相对误差（RE）、决定系数（R^2）以及 Nash-Suttcliffe 模拟效率系数（E_{ns}）来评价模型适用性。所采用的模型率定步骤如图 2.4 所示。

2.4.5　SWAT 模型应用

详见数字资源 2（2.1）。

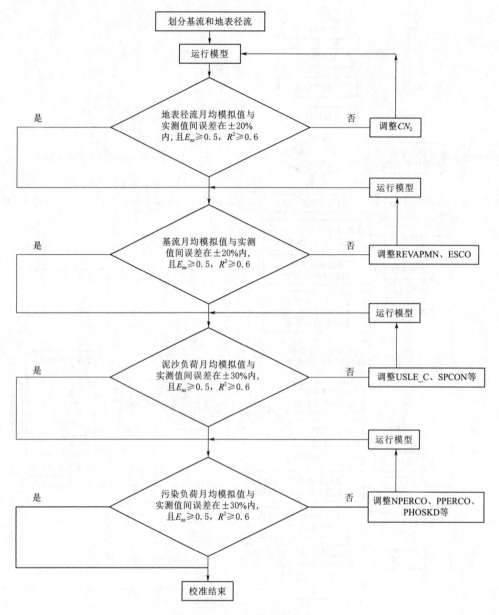

图 2.4　SWAT 模型率定步骤

2.5　流域非点源污染控制与管理

流域非点源污染控制规划的目的是使流域的经济、社会、生态能够协调发展。根据点源污染控制经验，在进行非点源污染控制规划时，将点源治理中的总量控制思想运用于非点源污染控制规划研究中。首先针对流域实际情况，提出不同的非点源污染控制措施（土地利用方式的改变、设置植被保护带、移民、措施组合等），并预测相应的非点源污染负荷。然后，在优化流域的土地利用方式时，将污染物环境容量（泥沙、总磷、总氮）、流域饲料、化肥、土地面积（森林、耕地、草地、荒地）等作为约束条件，以流域的经济收入最大为目标，运用多目标线性规划模型优化流域的土地利用。最后，对各种控制措施进行经济分析、评价，选出最优的非点源污染控制方案。其中考虑因素包括污染物去除率，投资回收期、效益费用比或经济效益，运用四种多目标决策公式，优选最优的非点源污染控制方案。国内，毛战坡（2000）以陕西黑河流域为例，根据流域实际情况，对非点源污染控制较早进行了研究。

2.5.1 流域非点源污染控制规划原则

流域非点源污染控制规划措施的设计如图 2.5 所示，目标应包括以下目标。

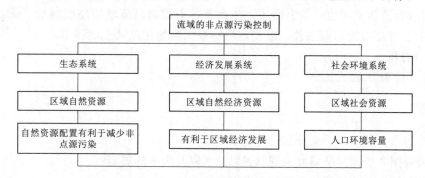

图 2.5　流域非点源污染控制规划措施的设计

（1）生态效益目标。有效的非点源污染控制措施，使各项控制措施的生态效益最大；实现土地的肥力平衡，用地与养地相结合。

（2）经济效益目标。整体经济收入最大；土地的生产潜力得到充分的挖掘。

（3）社会效益目标。满足流域环境质量标准的要求（非点源污染负荷在流域环境容量范围内）；满足流域人口的生活、经济需求（流域人口环境容量）。

2.5.2 流域非点源污染控制规划研究思路

各个流域的非点源污染研究重点与流域的实际情况密切相关，目前我国非点源污染的规划研究，主要侧重于流域的调查、分析、评价。成都、杭州、苏州、洱海和太湖流域等地区采用各种模型，结合本地的自然地理特征，都取得了较为满意的结果。然而总体来说，我国对非点源污染的防治和控制研究，特别是控制措施的研究尚处于起步阶段。

我国在点源污染研究中采用的总量控制方法，对水体污染的控制研究起到了积极的促进作用。根据流域环境规划，将总量控制的思想引入非点源污染的控制规划研究中，以期寻求一条非点源污染防治管理的新途径。非点源污染一般具有动态性、随机性，其空间位置和排放量都难以准确定量化，同时各种土地利用产生的污染负荷不同，不能按照点源的方法将污染负荷削减分配给污染源，治理和控制的困难性都很大。因此，将总量控制的研究方法引入非点源污染的控制中，必须寻求一条与点源污染总量控制有所不同的技术路线和方法。

（1）计算流域非点源污染负荷量和非点源污染物的环境容量，比较、评价流域的环境状况。

（2）根据流域的实际情况，确定非点源污染控制措施，包括单项控制措施如土地利用方式的改变、设置河岸植被保护带、控制流域的人口数量以及单项控制措施的组合等。

（3）通过流域的经济目标最优，满足环境容量及其他约束条件，优化流域的非点源污染控制措施。

（4）根据非点源污染控制措施，计算流域非点源污染负荷和削减率。

（5）优选流域非点源污染控制措施。根据非点源污染控制措施的多目标性，评价各种控制措施，选出最优的非点源污染控制措施（经济、技术）。

在流域非点源污染得到控制的同时，必须根据流域的实际情况，发展流域的农副业增加收入，也解决当代农民的生活、经济需求。由于流域内不能持续发展耕作种植业，因此需要依靠流域的自然资源，将荒地改为草地和水保林，退耕土地植草、种植水保林和经济林等，既可以发展流域的饲养业，又可以解决居民的燃料问题和经济问题。在流域内部实现肥料平衡，避免引入新的污染问题。综上所述，非点源污染控制以流域的环境容量（泥沙、总磷、总氮）、饲草、化肥等为约束条件，以经济目标最大来优化流域土地利用。

2.5.3　案例分析

详见数字资源 2（2.2）。

思考题

1. 点源污染、非点源污染分别是什么？

2. 目前我国非点源污染研究的现状是什么？以及未来的展望？

3. 非点源污染负荷的计算方法都有哪几种？

4. 除了 SWAT 模型，还有哪些模型可以模拟非点源污染？试举例说明。

5. 控制非点源污染的措施都有哪些？

第 2 章　数字资源

第3章 河流水体污染

在我国所面临的主要生态环境问题中，水资源匮乏与河流水体污染同时存在的问题极其突出。要解决河流水体污染问题，就需要深入研究水体污染的内涵。本章首先对河流、水系及流域等概念进行了详细的介绍；其次围绕水体污染综述、水环境质量度量与评价、污染物在水中的迁移转化三个方面对水体污染进行了阐述；最后重点介绍了河流水质模型以及相关运用。

3.1 河流、水系和流域

3.1.1 河流

河流是指降水或由地下涌出地表的水汇集在地面低洼处，在重力作用下经常地或周期地沿流水本身造成的洼地流动。河流一般是从地势高的源头沿地势向下流，一直流入像湖泊或海洋的终点。河流是地球上水文循环的重要路径，是泥沙、盐类和化学元素等进入湖泊、海洋的通道。我国著名的河流有长江、黄河、雅鲁藏布江、黑龙江、塔里木河等，世界著名的河流有亚马孙河、尼罗河、密西西比河等。

河流是陆地表面上经常或间歇有水流动的线形天然水道。河流在中国的称谓很多，较大的称江、河、川、水，较小的称溪、涧、沟、曲等。藏语称藏布，蒙古语称郭勒。每条河流都有河源和河口。河源是指河流的发源地，有的是泉水，有的是湖泊、沼泽或是冰川等，各河河源情况不尽相同。河口是河流的终点，即河流流入海洋、河流（如支流流入干流）、湖泊或沼泽的地方，在干旱的沙漠区，有些河流河水沿途消耗于渗漏和蒸发，最后消失在沙漠中，这种河流称为瞎尾河。

除河源和河口外，每一条河流根据水文和河谷地形特征分上、中、下游三段。上游比降大，流速大，冲刷占优势，河槽多为基岩或砾石。中游比降和流速减小，流量加大，冲刷、淤积都不严重，但河流侧蚀有所发展，河槽多为粗砂。下游比降平缓，流速较小，但流量大，淤积占优势，多浅滩或沙洲，河槽多细沙或淤泥。通常大江大河在入海处都会分多条入海，形成河口三角洲。

1. 河流的分类

河流的分类方法很多。按河流的归宿不同，可分为外流河和内陆河（或内流河）两大类。通常把流入海洋的河流称为外流河，补给外流河的流域范围称为外流流域。流入内陆湖泊或消失于沙漠之中的这类河流称为内流河，补给内流河的流域范围称为内流流域。中国外流流域面积占全国面积的 65.2%。

按河流所在地理位置，我国的河流有南方河流与北方河流之分。一般来说，南方河流水量丰沛，四季常流水；而北方河流，则水量相对贫乏，年际间、季际间水量相差很大，有些河流在每年的枯水季节可能断流，而成为季节性河流。按河水含沙量大小，可分为少沙河流与多沙河流。少沙河流河水"清澈"每立方米水中的泥沙含量常在几千克甚至不足 1kg；而多沙河流，每立方米水中的泥沙含量常在几十千克、几百千克甚至千余千克。

通常我们按河流是否受到人为干扰，可分为天然河流和非天然河流。天然河流纯属自然状态，其形态特征和演变过程完全处于自由发展之中；而非天然河流也称半天然河流，其形态和演变受限于人工干扰或约束，如在河道中修建丁坝、矶头、护岸工程、港口码头、桥梁、取水口和人工裁弯等。然而，自然界的河流，完全不受人为干扰影响的并不多见。

在河流动力学中，常将河流按其流经地区不同分为山区河流与平原河流两大类。山区河流流经地势高峻、地形复杂的山区，在漫长的历史过程中，由水流不断地纵向切割和横向拓宽而逐步发展形成。平原河流流经地势平坦、土质疏松的冲积平原。

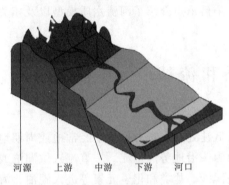

河源 上游 中游 下游 河口

图 3.1 河流分段示意图

2. 河流的分段

发育成熟的天然河流，一般可分为河源、上游、中游、下游和河口五段，如图 3.1 所示。

河源是河流的发源地，它可能是溪涧、泉水、冰川、湖泊或沼泽等。上游是紧接河源的河流上段，多位于深山峡谷，河槽窄深，流量小，落差大，水位变幅大，河谷下切强烈，多急流险滩和瀑布。中游即河流的中段，两岸多丘陵岗地，或部分处于平原地带，河谷较开阔，两岸见滩，河床纵坡降较平缓，流量较大，水位涨落幅度较小，河床善冲善淤。下游即指河流的下段，位处冲积平原，河槽宽浅，流量大，流速、比降小，水位涨落幅度小，洲滩众多，河床易冲易淤，河势易发生变化。河口是河流的终点，即河流流入海洋、湖泊或水库的地方。入海河流的河口，又称感潮河口，受径流、潮流和盐度三重影响。一般把潮汐影响所及之地作为河口区。

以长江、黄河为例。长江发源于青藏高原唐古拉山脉主峰格拉丹东雪山西南侧，河源至宜昌为上游，长 4504km；宜昌至湖口为中游，长 955km；湖口以下为下游，长 938km。黄河发源于青藏高原巴颜喀拉山北麓的约古宗列盆地，河源至内蒙古自治区托克托（河口镇）为上游，河长 3472km；从托克托至河南省桃花峪为中游，河长 1207km；桃花峪至黄河河口为下游，全长 768km。

3. 河流的落差与比降

河流落差指河流上、下游两地的高程差。河源与河口的高程差，即为河流的总落差。某一河段两端的高程差，称为河段落差。河流比降一般是指河流纵比降，即单位河长的落差，也称坡度。河流比降有水面比降与河床比降之分，两者不尽相等，但因河床地形起伏变化较大，故在实际工作中多以水面比降代表河流比降。

设某河段 i 的比降为 J_i，则

$$J_i = (Z_i - Z_{i-1})/L_i \qquad (3.1)$$

式中：J_i 为河段 i 的水面比降，% 或‰；Z_i、Z_{i-1} 分别为河段 i 的上、下游断面的水面高程，m；L_i 为河段 i 的长度，m。

因河流比降沿程各处可能不同，为了说明较长距离的河流比降情况，通常需求其平均比降 J，计算公式为

$$J = \frac{(Z_0+Z_1)L_1+(Z_1+Z_2)L_2+\cdots+(Z_{n-1}+Z_n)L_n-2Z_0L}{L^2} \tag{3.2}$$

式中：n 为河段数；L 为各河段长度之和，$L=\sum L_i$。

4. 河流的长度与宽度

从河源到河口的长度称为河流长度。河流长度可沿河道深泓线或中轴线在河道地形图上量取。河道中轴线是指在平面上沿河流各断面中点的平顺连接线。任意两断面间的河流长度称为河段长度。

河流宽度指河槽两岸间的距离，它随水位变化而变化。水位常有洪水、中水、枯水之分，因而河槽宽度相应有洪水河宽、中水河宽和枯水河宽。通常意义下的河宽多指中水河槽宽度，即河道两侧河漫滩滩唇间的距离，如图3.2所示。

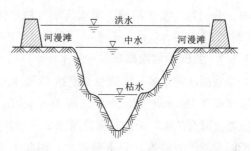

图 3.2 洪水、中水、枯水河槽示意图

5. 河流的深泓线和主流线

深泓线（或称溪线）是指沿流程各断面河床最深点的平面平顺连接线。在通航河道中，深泓线的位置往往就是航道的位置。

主流线为沿流程各断面最大垂线平均流速处的平面平顺连接线。围绕主流线两侧一定宽度内平均单宽流量较大的流带，称为主流带。在某些河流上，主流为带在洪水期往往呈现出浪花翻滚、水流湍急的现象，肉眼可以看得很清楚。主流线通常也称为水流动力轴线，具有"大水趋直，小水趋弯"的倾向。主流线与深泓线，两者在河段中的位置通常相近而不一定重合，但有的河段有时也可能相差很远。

6. 河流侵蚀基准面与侵蚀基点

河流侵蚀基准面的含义是指，河流在冲刷下切过程中其侵蚀深度并非无限度，往往受某

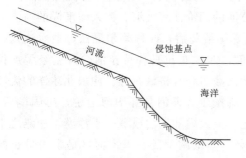

图 3.3 河流侵蚀基准面示意图

一基面所控制，河流下切到这一基面后侵蚀下切即停止，此平面称为河流侵蚀基准面。它可以是能控制河流出口水面高程的各种水面，如海面、湖面、河面等，也可以是能限制河流向纵深方向发展的抗冲岩层的相应水面。这些水面与河流水面的交点称为河流的侵蚀基点（图3.3）。河流的冲刷下切幅度受制于侵蚀基点。

应该说明，所谓侵蚀基点并不是说，在此点之上的床面不可能侵蚀到低于此点；而只是说，在此点之上的水面线和床面线都要受到此点高程的制约，在特定的来水来沙条件下，侵蚀基点的情况不同，河流纵剖面的形态、高程及其变化过程，可能有明显的差异。

上述侵蚀基准面，可进一步地分为终极侵蚀基准面和局部侵蚀基准面两类。地球上绝大多数的河流注入海洋，海平面是这些河流的共同侵蚀基准面；河流注入湖泊，湖面大致为该河流的侵蚀基准面。因此，海平面和大的湖泊水面，可认为是终极侵蚀基准面。支流汇入干流，汇合点处干流河床的高度是支流的侵蚀基准面；河流壅塞、山体崩塌、人工筑堤、坚硬

的岩石等形成的侵蚀基准面，不仅本身不断变化，而且存在的时间较短，影响也仅限于局部，可以统称为局部侵蚀基准面。

　　7. 河流的纵剖面与横断面

　　河流纵剖面可分为河床纵剖面和水流纵剖面两类。河床纵剖面是沿河床深泓线切取数据绘制的河床剖面，反映的是河床高程的沿程变化。水流纵剖面代表水面高程的沿程变化。河流横断面是指垂直于水流方向的剖面，可据实测河道地形高程数据绘出横断面图。水面与河床之间的区域为过水断面，相应的面积为过水断面面积。对应于洪水、中水、枯水水位的河槽，分别称为洪水河槽、中水河槽与枯水河槽。不同水位的河槽，相应的过水断面面积不同（图 3.2）。

3.1.2　我国的河流概况

　　我国江河众多，河流总长度达 43 万 km。流域面积在 $100km^2$ 以上的河流有 5 万多条，流域面积在 $1000km^2$ 以上的河流有 1500 多条。长度在 1000km 以上的河流有 20 多条，其中境内主要大河有 7 条。全国径流总量达 2.7 万多亿 m^3，相当于全球径流总量的 5.8%。由于主要河流多发源于青藏高原，落差很大，因此中国的水力资源非常丰富，蕴藏量达 6.8 亿 kW，居世界第一位。

　　受地形气候影响，我国的河流绝大多数呈西东流向，分布在东部气候湿润多雨的季风区。在我国外流河和内陆河（或内流河）两大类河流中，外流河流域面积较大，约占国土面积的 65.2%，内陆河流域面积较小，约占 34.8%。

　　此外还有注入海洋的外流河，是我国的主要河流类型，流域面积约占全国陆地总面积的 65.2%。向东流入太平洋的河流有长江、黄河、黑龙江、珠江、辽河、海河、淮河等；向东流出国境再向南注入印度洋的是西藏的雅鲁藏布江，这条河流上有长 504.6km、深 6009m 的世界第一大峡谷——雅鲁藏布大峡谷；新疆的额尔齐斯河则向北流出国境注入北冰洋。在我国的外流河中，注入太平洋的流域面积最大，约占国土面积的 58.2%。有流经俄罗斯入海的国境河流黑龙江，以及流出国外入海改称湄公河的澜沧江等大河。注入印度洋的河流流域面积占国土面积的 6.4%，主要有：怒江，流入邻国缅甸后，改称萨尔温江，最后注入印度洋的安达曼海；还有雅鲁藏布江由我国流入印度，改称布拉马普特拉河，再流经孟加拉国，最后注入印度洋的孟加拉湾；印度河上游的朗钦藏布和森格藏布等。注入北冰洋的流域面积最小，约占全国总面积的 0.6%，即唯一的河流额尔齐斯河是鄂毕河上游，出国境后，流经哈萨克斯坦、俄罗斯注入北冰洋的喀拉海。还有流入内陆湖泊或消失于沙漠、盐滩之中的内流河，流域面积约占全国陆地总面积的 34.8%。新疆南部的塔里木河，是中国最长的内流河，全长 2030km。我国主要江河的长度和流域面积见表 3.1。

表 3.1　　　　　　　　　　　　我国主要江河的长度和流域面积

河流名称	长度/km	流域面积/万 km^2	多年平均流量/(万 m^3/s)
长江	6300	180.7	3.05
黄河	5464	75.2	0.18
黑龙江	3474	88.4	0.86
珠江	2400	45.3	1.06

河流名称	长度/km	流域面积/万 km²	多年平均流量/(万 m³/s)
澜沧江	2179	16.5	0.24
塔里木河	2030	43.5	0.02
怒江	2013	13.8（中国境内）	0.22
雅鲁藏布江	1940	24.6	0.44
海河	1430	21.9	0.07
辽河	1050	31.8	0.04

注 流入邻国的河流流域面积算至国境线；黄河不含流域内闭流区的面积。

3.1.3 水系与流域

1. 水系

水系是河流的集合，是地表径流对地表土的漫长侵蚀以后，逐渐从面蚀到沟蚀、槽蚀，以至发展到由众多支流和干流所构成的复杂的河流网络系统。水系中的河流有干流、支流之分。干流一般是指水系中最长、水量最大的那一条河流。但有些河流的干流，既不是最长也非水量最大，而是根据历史习惯来决定的，例如美国的密西西比河比它的支流密苏里河短得多，但是人们习惯把它当作干流；还有我国的汉水和其支流褒水就是这种情况，在汉水与褒水的汇合点以上，褒水的长度比汉水长得多，按长度论，汉水的干流应该是褒水而不是汉水。美国的密西西比河比它的支流密苏里河短得多，但是人们习惯把它当作干流。流入干流的河流称为支流，而支流又有一级、二级、三级之分。在我国，通常采用的方法是，把直接汇入干流的河流称为一级支流，汇入一级支流的称为二级支流，其次类推。如黄河水系，直接入海的黄河为干流，直接汇入黄河的渭河为黄河的一级支流，流入渭河的北洛河为二级支流，注入北洛河的葫芦河为三级支流。

水系的命名，通常以干流的名称作为水系的名称，如长江水系、黄河水系、珠江水系等。但有些干流的某一河段，则可能有其他名字，如长江干流可划为若干河段：从源头到囊极巴陇，称为沱沱河；从囊极巴陇到玉树市的巴塘河口，称为通天河；从巴塘河口到四川宜宾市岷江口，称为金沙江；宜宾以下才称为长江。宜宾以下，又有地方性的称谓，如宜宾至湖北宜昌河段称为川江；湖北枝城至湖南城陵矶河段称为荆江；湖北广济龙坪镇至江西九江河段古称浔阳江域九江；江苏扬州以下旧称扬子江。

此外，也有用地理区域或把同一地理区域内河性相近的几条河综合命名，江西省赣江、抚河、信江、饶河、修水均汇入鄱阳湖，称为鄱阳湖水系；湖南省境内的湘、资、沅、澧四条河流共同注入洞庭湖，称为洞庭湖水系；海河、滦河、徒骇河及马颊河都各自入海，称为华北平原水系，等等。

水系的平面形态千奇百异，主要受地质构造、地理条件以及气候因素所影响。常见的水系形态可归纳为树枝状、平行状、放射状、环状、辐合状、羽毛状、格状、网状和混合状。

表示水系特征的各种计算参数称为特征参数，主要包括以下几种：①河系不均匀系数。干流左岸支流总长度和右岸支流总长度之比，表示河系不对称程度。不均匀系数越大，表明两岸汇入干流的水量越不平衡。②河系发育系数。各级支流总长度与干流长度之比。一级支流总长度与干流长度之比称为一级河网发育系数,二级支流总长度与干流长度之比称为二级河网发育系数,等等。河流的发育系数越大,表明支流长度超过干流长度越多,对径流的调节作用越有利。③河网密度。水系总长与水系分布面积之比,表示每平方公里面积上河流的长度。其大小与地区的气候、岩性、土壤、植被覆盖等自然环境以及人类改造自然的各种措施有关。在相似的自然条件下,河网密度越大,河水径流量也越大。④湖泊率和沼泽率。水系内湖泊面积或沼泽面积与水系分布面积(流域面积)之比。由于湖泊或沼泽能调节河水流量,促使河流水量随时间的变化趋平,减少洪水灾害和保证枯水季节用水。因此,湖泊率和沼泽率越大,对径流的调节作用越显著。

2. 流域

流域是指某一封闭的地形单元,该单元内有溪流(沟道)或河川排泄某一断面以上全部面积的径流。流域的周界称为分水线(或分水岭)。流域分水线通常是流域四周最高点的连线,亦是流域四周山脉的脊线(图 3.4)。流域的地面分水线和地下分水线不重合(图 3.5),对于这种情况,将有部分降水渗入地下流到相邻流域而流失,这种流域称为非闭合流域。若地面分水线和地下分水线重合,全部降水都通过地面径流与地下径流流向该流域出口,此流域称为闭合流域。通常情况下,可以把流域视为闭合流域。

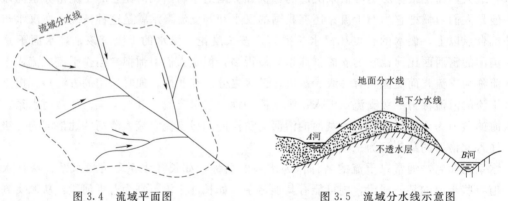

图 3.4　流域平面图　　　　　　　　　图 3.5　流域分水线示意图

流域的几何特征包括流域形态和流域面积两个方面。流域形态包括流域的长度、平均宽度、长宽比、对称性和平均坡度等。流域面积又称集水面积,它是河水出口断面以上流域分水线所包围的面积。

流域的自然地理特征主要包括流域的下垫面因素和气候因素两个方面。下垫面因素主要包括流域的地理位置、地形、植被、土壤及地质构造、湖泊沼泽等方面。流域的气候因素很多,其中决定流域径流形成和洪水特性的关键性因素是降水与蒸发,降水是地表水的主要来源,蒸发是气态水的主要来源。

3.2　水　体　污　染

3.2.1　水体污染综述

在水文循环中,各种各样的物质混入或溶入水中,发生物理、化学、生物等的变化。水体中存在着种类繁多的不同物质，当某些物质超过一定限度，危害人类生存和生态平衡，影响水的用途时，称水体受到了污染。水体中存在的可能造成污染的物质称作污染物。从水文循环的过程可知，水体的污染可以发生在水文循环的各个环节上。例如降水形成中，若 SO_4^{2-}、NO_3^- 等溶入过多，使 pH 值低于 5.6，则可导致酸雨；沿河流有大量的工厂废水和城镇生活污水排入，可能形成局部河段或整条河流污染；挟带过多的氮、磷等植物营养素的农田径流进入湖泊和水库，长期富集时，可能出现富营养化污染；地面污水大量渗入地下可使地下水污染（袁海英等，2021；黄文建等，2021）。

从水文循环中还可看到，引起水体污染的原因，基本上可分为两大类：一类是人为因素引起的，称人为污染；另一类是由于自然地理因素引起的，称自然污染。前者指由于人类活动造成的污染，如大量的工业废水不加处理而直接排放，农药、化肥随降雨径流进入水体等。后者指特殊的地质构造或其他自然条件使一个地区的某些化学元素富集（如存在铀矿、砷矿、汞矿等）；或天然植物在腐烂过程中产生某些有毒物质等，地面地下径流将这些物质大量带入河流、湖泊。二者相比，前者的影响是主要的，是水污染防治的主要对象。

污染物一方面在水文循环中进入水体并发生演变，另一方面在运动中自然地减少、消失或无害化，称自净（马一鸣等；2021）。水的污染浓度自然降低而恢复到较清洁的能力，称水的自净能力。当水体的自净能力大于污染物进入水体的强度时，水质将不断得到改善，趋于良好状态；反之，水质将恶化，严重者将导致污染。在满足水体规定的环境质量标准下，每年允许的最大纳污量，称环境容量。当水体每年接收的污染物超过这一数量时，将不造成污染，需对过量的排污予以处理。

水体自净是一个物理、化学、生物相互作用的极其复杂的过程。污染物在水体中混合、稀释、沉淀、吸附、凝聚、向大气挥发和病菌死亡等物理作用下使污染浓度降低的现象称为物理净化过程，例如，污水排入河流后，在下游测得的污染浓度会远远小于上游测得的浓度，其主要原因就是混合、稀释的结果。污染物在水中由于分解和化合、氧化与还原、酸碱反应等化学作用下使污染浓度降低或毒性丧失的现象称为化学净化作用，例如大气里的氧气不断溶入流动的水中，使铁锰等离子氧化成难溶的盐类而沉淀，从而减少了它们在水中的含量。污染物在水体内的微生物群分泌的各种酶的作用下发生分解和转化为无害物质的现象称为生物净化作用，例如，有机物在细菌作用下，一部分转化为菌体，另一部分转化为无机物；接着细菌又成为水中原生动物的食料，原生动物又成为后生动物、高等水生动物的食物，无机物被植物吸收，这样有机物便逐步转化为无机物和高等水生生物，达到无害化，从而起到净化作用（刘树根等，2021；何本茂等，2012）。污水处理厂，就是依据水体的自净规律，人为地在一个很小的范围内营造一套有利于水体自净的优良条件，使污水在很短的时间内得以净化。

1. 水体污染物分类与来源

进入水体的污染物种类繁多，危害各异，其分类方法有多种。按污染的属性进行分类，分为物理性污染、化学性污染和生物性污染，其主要污染物、污染标志及来源见表 3.2。按污染源的分布状况分类，可分为点源污染和非点源污染。点源污染主要指工业废水和城镇生活污水，它们均有固定的排放口；非点源污染主要指来自流域广大面积上的降雨径流污染，如农药、化肥污染，也常称面源污染。

表 3.2 主要污染物、污染标志及来源

污染类型		主要污染物	污染标志	废 水 来 源
物理性污染	热污染	热的冷却水	升温、缺氧或气体过饱和	火电、冶金、石油、化工等工业
	放射性污染	铀、钚、锶、铯等	放射性物质	核研究生产、实验、医疗、核电站
	表观污染 · 水的浑浊度	泥、沙渣、屑、漂浮物	浑浊	地表径流、农田排水、生活污水、大坝冲沙、工业废水
	表观污染 · 水色	腐殖质、色素、染料、铁、锰	染色	食品、印染、造纸、冶金等工业污水和农田排水
	表观污染 · 水臭	酚、氨、胺、硫、醇、硫化氢	恶臭	污水、食品、制革、炼油、化工、农肥
化学性污染	酸碱污染	无机或有机的酸、碱物质	pH 值异常	矿山、石油、化工、化肥、造纸、电镀、酸洗工业、酸雨
	重金属污染	汞、镉、铬、铜、铅、锌等	毒性	矿山、冶金、电镀、仪表、颜料等工业
	非金属污染	砷、氰、氟、硫、硒等	毒性	化工、火电站、农药、化肥等工业
	耗氧有机物污染	糖类、蛋白质、油脂、木质素等	耗氧，进而引起缺氧	食品、纺织、造纸、制革、化工等工业污水及生活污水、农田废水
	农药污染	有机氯农药、多氯联苯、有机磷农药	严重时水中生物大量死亡	农药、化工、炼油等工业污水及农田排水
	易分解有机物污染	酚类、苯、苯等	耗氧、异味、毒性	制革、炼油、化工、煤矿、化肥等工业污水及地面径流
	油类污染	石油及其制品	漂浮和乳化、增加水色、毒性	石油开采、炼油、游轮等
生物性污染	病原菌污染	病毒、虫卵	水体带菌、传染疾病	医院、屠宰、畜牧、制革等及生活污水、地面径流
	霉菌污染	霉菌毒素	毒性、致癌	制药、酿造、食品、制革等工业
	藻类污染	无机和有机氮、磷	富营养化、恶臭	化肥、化工、食品等工业污水及生活污水、农田排水

2. 水污染的危害

水污染物能造成水体物理性、化学性和生物性的危害。所谓物理性危害，指恶化感官性状，减弱浮游植物的光合作用，除此之外还有热污染、放射性污染带来的一系列不良影响；化学性危害是指化学物质降低水体自净能力，毒害动植物，破坏生态系统平衡，引起某些疾病和遗传变异，腐蚀工程设施等；生物性危害，主要指病原微生物随水传播，造成疾病蔓延。下面按水污染的危害特点做简要介绍。

（1）耗氧有机物污染。耗氧有机物主要指工业废水和生活污水中的碳水化合物、蛋白质、脂肪、木质素等在微生物作用下氧化分解为二氧化碳、水、硝氮等的过程中，不断消耗水中的溶解氧，故称耗氧有机物。这类物质绝大多数无毒，但消耗溶解氧过多时，将造成水体缺氧，致使鱼类等水生生物窒息而死亡（张玉群等，2020；韩新荣，2003）。一般鱼类生

存的溶解氧临界值为 34mg/L，水体的溶解氧低于此值时，就会危及鱼类的生存。当水体中的氧耗尽时，有机物将在厌氧微生物作用下分解，产生甲烷、氨、硫化氢等有毒物质，使水变黑发臭，令人厌恶。

有机物分解释放出的营养素氮、磷等，会引起湖泊水库等流速缓慢的水体富营养化，使藻类、水草等大量生长，并形成泡沫、浮垢，覆盖湖面，阻止水体复氧，引起水体浑浊、恶臭等。大量藻类、水草死亡后沉入湖底，久而久之，将导致湖泊的淤塞和沼泽化，破坏生态平衡。有的耗氧有机物，如苯、酚、醛等本身就有毒性。苯胺是重要化工原料，受苯胺污染的水和空气，对神经系统有刺激作用，长期接触可影响肝功能并易患膀胱、前列腺和尿道等疾病。酚污染的水有令人厌恶的药味，对神经系统危害较大，高浓度酚可引起急性中毒，以至昏迷而死亡，慢性中毒引起头昏、头痛等。酚可在鱼体富集，产生不良气味，并抑制鱼卵胚胎发育。甲醛污染的水和空气对黏膜有强烈的刺激作用，甲醛还是一种可疑的致癌物质。

(2) 可溶性盐类和酸、碱物质污染。碳酸盐类、硝酸盐类、磷酸盐类及硝酸盐类等存在于大部分的工业废水和天然水中，能使水变硬，在输水管道内结成水垢，输水能力大大降低；特别是容易产生锅垢，降低热效率，甚至造成锅炉炸裂。硬水会影响纺织品的染色、食品罐头及啤酒酿造产品质量。

受酸性物质污染的水有以下危害：可直接损害各种植物的叶面蜡质层，使大片的植物逐渐枯萎而死；可使土壤酸化，导致钙、镁、磷、钾等营养元素流失，陆生生态遭受破坏；使湖泊酸化，当 pH 值低于 4.5 时，将危及鱼类生存；腐蚀金属器具、文物和建筑物等。工厂排出的酸性废水，使水体酸化，影响游泳、划船等娱乐性活动，使水体失去灌溉、养殖价值。许多工业企业（如肥皂厂、染料厂、橡胶再制厂、造纸厂及皮革厂）排出的含氢氧化钠的废水，将影响水体的碱性和 pH 值。水中含氢氧化等物的量即使低于 25mg/L，也会使鱼死亡。长期应用 pH 值大于 9 的水灌溉，可使土壤板结、蔬菜死亡、水稻烂秧。其他如发酵速率、烘烤面包的质量、饮料的品味、啤酒酿造中的酵母菌活性等，都会因水的 pH 值而受影响。

(3) 重金属污染。比重达 4.0 以上的金属元素，常称之为重金属。工厂和矿山废水中常含有某些重金属，如汞、镉、铅、铬、铜、锌等。这些金属及其化合物非常稳定，极难降解，尽管在水中的浓度很低，也会因在食物链的传递中不断浓缩，而最终给人类带来严重疾病（蒋喜艳等，2021；丁隆真等，2021）。例如长期接触低浓度镉的化合物，容易引起肺气肿、肾病和骨痛病。日本著名的水俣病就是长期食用受甲基汞污染的鱼贝所引起的。镉在骨骼中蓄积，可使骨质疏松变形，导致骨痛病。铅中毒表现为多发性神经炎，头晕头痛、乏力，还可造成心肌损伤。重金属中有些是人们必需的微量元素，但摄入过量，又会引起严重疾病，例如铜是人体必不可少的，但长期饮用含铜高的水（>100mg/L）可引起肝硬化。无机汞可在生物体中转化为毒性很强的有机汞（甲基汞），损害人体细胞内的酶系统蛋白质的巯基，引起中枢神经系统障碍，中毒者出现小脑性运动神经失调、语言障碍、视野缩小等症状。

(4) 有毒化学品污染。有毒化学品包括有机的和无机的，它们即使在很低的浓度下，对鱼类和水中微生物也有很强的毒性，如当硫酸铜浓度为 0.1~0.2mg、氰化物（以 CN 计）浓度为 0.04~0.1mg/L 以上时即可使鱼致死。农药是非点源污染中最常遇到的一类有毒化学品。为防治农业病虫害，有些地方大量使用农药，如六六六、滴滴涕、内吸磷、对硫磷、砷化物等，许多农药化学性能比较稳定，不易分解消失，可长期残留在土壤和作物上，经雨水冲刷进入水体，危害水生生物的生长和生存（魏复盛，2001）。

（5）油类污染。油污染是水质污染的一个重要方面，近年来越来越引起人们的重视。污染水体的油主要来自油船、输油管和海上油井事故，船只的压舱水、洗舱水和船底废水，油厂、船厂等排放的废水，以及各种机械洒漏在地面上的油脂污水等。

石油中含有数千种化合物，主要是烷烃、烃和芳香烃等碳氢化合物。油品进入水体后，先成浮油，后成油膜和乳化油。油膜在水面上漂浮和扩展，有一定的毒性并产生难闻的气味，会阻碍水分蒸发和氧气溶入水体，危及鱼类及鸟类生存，破坏渔场、海产养殖场及鱼的繁殖场所，影响水资源利用价值，包括降低游览娱乐价值。石油在水体中可经过光化学氧化作用和生物氧化作用而分解，产生多种化合物，有一些甚至是致癌物质。

（6）悬浮固体。水中悬浮固体主要来自垦荒、农田、采矿、建筑引起的水土流失，以及工厂排放废水和生活污水等，它不仅淤塞河道，妨碍航运，造成洪水泛滥，而且妨碍水资源利用，污染水环境。悬浮物能够截断光线，妨碍水生植物的光合作用，并能伤害鱼鳃，浓度大时可使鱼类死亡。悬浮物沉积到水底，会将鱼的产卵场覆盖，妨碍鱼类繁殖。

（7）放射性污染。水体放射性污染物质，如放射性同位素铀-238（^{238}U）、锶-90（^{90}Sr）、铯-137（^{137}Cs）、镭-226（^{226}Ra）等，主要来自铀矿开采、选矿和精炼厂的废水、原子能工业和反应堆设施的废水、原子武器试验的沉降物、放射性同位素应用时产生的废水。放射性物质可在水中扩散、稀释，从一种环境介质转移到另一种环境介质，但不会因自然的物理、化学、生物作用而削减，只能按其固有的衰变速率随时间而衰减。衰变期往往很长，衰变过程中放出 α、β、γ 射线，引起生物体细胞、组织和体液中的原子、分子电离，直接破坏机体内某些大分子结构，如造成蛋白质分子链、核糖核酸分子链等的断裂，使某些生物酶失去活性，还可直接破坏机体细胞和组织，严重者可使人在几分钟至几小时内死亡。尤其可积蓄在人体内部造成长期危害，引起贫血、白内障、不育症、畸形、恶性肿瘤、发育不良等多种疾病。受放射性物质污染的水体，还会通过水生生物和灌溉的农作物，以食物链的方式危害人体（张坤等，2021；黄敏等，2020）。

（8）病原微生物污染。生物制品厂、制革厂、屠宰厂、洗毛厂、畜牧场、医院和生活污水中，常含有各种各样的病毒、病菌、寄生虫虫卵、原生动物，如肝炎病毒、霉菌毒素、霍乱杆菌、大肠杆菌、血吸虫虫卵、蛔虫卵等，人们饮用或接触受病原微生物污染的水体时，便会感染许多疾病，引起传染病蔓延。例如曾经发生过的上海甲肝大流行，和至今尚在江西、湖北等省广泛存在的血吸虫病，都是通过水体污染而流行的。

（9）热污染。热污染是一种能量污染。热电厂、核电厂、钢铁厂、焦化厂等的冷却水是热污染的主要来源（张珊等，2021）。这种温度升高的水排放到天然水体后，引起水体温度过高，形成热污染。水温过高可产生一些不良的影响和危害。

1）水温增高，会降低水的饱和溶解氧浓度，同时促使水中有机物加速分解，增加氧的消耗，从而使水体的溶解氧降低。

2）水温过高，会破坏生态平衡的温度环境条件，加速某些细菌、藻类、水草的繁殖，厌氧发酵，可能导致水体的恶臭现象。

3）不同地带分布的不同鱼类对水温有一个相应的适应范围，如热带鱼适于 15～32℃，温带鱼适于 10～22℃，寒带鱼适于 2～10℃。当受热污染的水体的温度超过相应的上限时，由于水质恶化，将妨碍鱼类生长和繁殖，甚至引起大量死亡。

4）加大水中某些毒物的毒性，如温度升高 10℃，氰化钾对鱼的毒性可增加一倍。

3.2.2 水环境质量的度量与评价

1. 水质指标及度量单位

环境质量概括起来有物理、化学和生物三方面的性质，可通过不同的指标定性定量地反映，这些指标称为水质指标。水中污染物多种多样，水质指标也多种多样，有的指标直接用某种污染物表示，如汞、镉、铁、酚等；有些则综合反映若干污染物共同的影响结果，如生化需氧量（BOD）、总氮（TN）、总磷（TP）、酸碱强度（pH 值）等。后者是综合性的水质指标，反映的是某类性质的污染物的多少，如 BOD 可反映水中可生化降解的有机物的浓度高低。为反映各种指标的大小，需要相应的度量单位。对于以重量表示的污染物浓度，度量单位通常以 mg/L 计，表示每升水中包含多少毫克的污染物；温度以℃或 K 计；细菌浓度以个/L 计；放射性污染浓度以 PCi/L 计等，不同性质的指标采用相应的度量单位。下面介绍几种常见的水质指标。

（1）溶解氧（DO）。溶解氧指溶解在水中的分子氧 O_2，其含量以每升水中溶解的分子氧的毫克数表示，即 mg/L，可采用温克勒氏法、溶解氧电极法和溶氧仪测定。水中溶解氧的多少是反映水质好坏的一个重要指标。DO 大，有利于水中动植物的正常繁衍生息，保持清洁的水环境状态；反之，将引起水质恶化。

（2）生化需氧量（BOD）。在有溶解氧的条件下，水中可分解的有机物由于好氧微生物的作用分解而无机化，这个过程所需要的氧量，称生化需氧量（BOD），以每升水中有机物生化降解消耗的氧的毫克数表示，即 mg/L。水中有机物完全经过生物氧化分解的过程需要很长时间，因此在实际工作中通常是用被检测的水体，在水温 20℃的有氧条件下经过 5 天消耗的溶解氧量来表示生化需氧量，称为五日生化需氧量（BOD_5）。BOD_5 是 BOD 的一部分，BOD_5 约为 BOD 的 70％～80％，常认为能相对地反映出水中的有机物含量，因此也是评价水中有机物含量的重要指标。

（3）化学需氧量（COD）。化学需氧量是指应用化学方法，通过强氧化剂（如重铬酸钾 $K_2Cr_2O_7$、高锰酸钾 $KMnO_2$）氧化水中有机物所需要的氧量，仍以氧接近的 mg/L 表示。化学需氧量测定快速，但所用强氧化剂的不同测得的结果将不同。当用高锰酸钾作强氧化剂时，测得的化学需氧量称锰法化学需氧量，记为 COD_{Mn}，习惯上称高锰酸盐指数或耗氧量；当用重铬酸钾作强氧化剂时，测得的化学需氧量称铬法化学需氧量，记为 COD_{Cr}，习惯上称化学需氧量 COD。

高锰酸钾法简便快速，但测得的数值不能代表水中有机物质可被氧化的全部含量。一般情况是，水中的含碳有机物在测定条件下易被高锰酸钾氧化，而含氮有机物就较难分解。重铬酸钾法氧化的实际上是水样中的还原性物质，既包括有机物，也包括无机性的还原物。因污水中有机物的含量大大多于无机性的还原物，因此测得的 COD 可认为是有机污染的指标。当还原性无机物的含量较多时，会因它们也能被重铬酸钾氧化而使测得的结果偏高。高锰酸钾法比重铬酸钾法简便快速，但测得的数值不能代表水中有机物质可被氧化的全部含量。一般情况是，水中的含碳有机物在测定条件下易被高锰酸钾氧化，而含氮有机物就较难分解。因此，同样的污水，COD_{Cr} 值将比 COD_{Mn} 值大得多，如汉江某些监测站分析，

COD_{Cr} 为 COD_{Mn} 的 3～4 倍。

（4）总有机碳（TOC）和总需氧量（TOD）。总有机碳是指水中有机物所含的碳元素总量，可由总有机碳测定仪简便迅速测定，结果以 C 的 mg/L 计。对于一般的生活污水，通常认为 BOD_5 与 TOC 在数值上大致相等，但也有些研究指出：$BOD_5 = (1.35～2.62)$ TOC，平均为 1.85TOC。TOD 对 TOC 的比例关系可以大致反映水中有机物的组分。对于含碳（不含氮）化合物，因为一个碳原子消耗二个氧原子，$O_2/C = 2.67$，因此理论上说，TOD = 2.67TOC。如果某水样的 TOD/TOC 接近于 2.67，可以认为水中有机物主要是含碳（不含氮）有机物；如果 TOD/TOC > 0.4，则应考虑水样中有较多的含 S、P 有机物存在；当 TOD/TOC < 2.6 时，应考虑水样中硝酸盐和亚硝酸盐含量较大的可能性。总需氧量是指水中的还原性物质（主要是有机物）在铂催化剂中酸于 900℃ 下燃烧，完全氧化时所需的氧量，结果以 O_2 的 mg/L 计。TOD 值能反映出几乎全部有机物质经燃烧后变成 CO_2、H_2O、NO、SO_2 时所需要的氧量。它比 BOD、COD 都更接近于理论的总需氧量。

（5）酸碱强度（pH 值）。水的 pH 值用来表示水的酸碱强度，它是最常用的水质指标之一。pH 值是溶液中氢离子浓度的负对数，可用比色测定法或电位测定法测量，是一个无单位数。pH = 7 时，水溶液为中性；pH < 7 为酸性；pH > 7 为碱性。水的用途不同，对 pH 值将有不同的要求。如饮用水的 pH 值必须为 6.5～8.5，锅炉给水的 pH 值需保持在 7.0～8.5 之间，等等。

（6）总磷（TP）。随着合成洗涤剂用量的增加，三聚磷酸盐作为合成洗涤剂的添加剂，使生活污水的含磷量比以往大大增加；有机磷农药和含磷化肥的大量使用，又使雨水径流中的含磷量提高。这些都使天然水体的含磷量有所增长，若磷的浓度超过一定限度，就会引起水体的富营养化，所以天然水和废水中磷浓度，也是一个非常重要的水质指标。

天然水和废水中的磷绝大多数以各种形式的磷酸盐存在，也有有机磷的化合物。从化学形式上可分为：①正磷酸盐，如 PO_4^{3-}、HPO_4^{2-}、$H_2PO_4^-$；②缩合磷酸盐，如 $P_2O_7^{4-}$、$P_2O_{10}^{5-}$；③有机磷化合物，如有机磷农药。根据它们能否通过 $0.45\mu m$ 的滤膜，可分为溶解性磷与悬浮性磷，二者含磷量之和就是总磷。水中的总磷浓度的测定通常分两步进行：第一步先将全部磷化合物变为溶解性的正磷酸盐；第二步再用氯化亚锡比色法或矾钼磷酸比色法测定，结果以 P 的 mg/L 表示。

（7）总氮（TN）。氮是仅次于碳、氢、氧的又一生物元素，尤其是形成蛋白质的重要元素，存在于几乎所有的动植物生命过程中。水中氮元素的多少对水环境状态具有非常重要的影响，因此常常被作为水环境评价的一项重要的综合指标。以有机化合物形式存在的氮，如蛋白质、基酸、肽、尿素、有机胺、硝基化合物等中的氮称作有机氮。有机氮在好氧微生物作用下，首先转化为 CO_2、H_2O、NH_3 或 NH_4^+，其中以 NH_3 或 NH_4^+ 形式存在的氮称作氨氮（$NH_4^+ - N$）；其次，氨氮在亚硝酸菌作用下氧化为 NO_2^- 形式存在的氮化物，称以该种形式存在的氮为亚硝酸盐氮（$NO_2^- - N$）；接着以 NO_2 形式存在的氮化物在硝酸菌作用下继续氧化，最终生成以 NO_3^- 形式存在的硝酸盐，这种形式存在的氮为硝酸盐氮（$NO_3^- - N$）。水中将同时存在这 4 种形式的氮，可通过不同的方法将它们分别测出，结果都以 N 的 mg/L 计。对水样同时测出的这四种含氮量的总和，即总氮（TN）、有机氮与氨氮的和则称凯氏氮。

2. 水质要求与评价

水是人类生活和生产所必需的重要资源,但出于自然的、社会的、经济的和历史等各种原因考虑,我们将不同的水域赋予了不同的功能,例如,有的水域被划为国家自然保护区,有的被明确规定为生活饮用水水源保护区,或鱼类保护区,或一般工业用水区,或灌溉水源区等。我们不能要求所有的水域都能满足各种用水功能,那样做将是非常不经济的,实际上也无必要。很显然,要求水体的功能越强,水质标准将越高,为此,用于水资源保护所付出的代价也越大。所以,在水环境保护规划时,首要的任务就是综合各种条件,合理确定各水体的功能。水体功能不同,要求的水质标准也不同。水质标准视实际相应的水体功能而定,如果水质达不到的标准,也就难以达到所要求的功能。许多国家根据本国的实际情况,针对水体功能要求,制定了一系列的水质标准。例如,我国制定的《地表水环境质量标准》《生活饮用水卫生标准》《渔业水质标准》《农田灌溉用水水质标准》等。

表 3.3～表 3.5 是我国在《地面水环境质量标准》(GB 3838—88)、《地表水环境质量标准》(GHZB 1—1999) 基础上制定的现行的《地表水环境质量标准》(GB 3838—2002)。该标准包括的水质评价指标项目有 109 项,其中表 3.3 为基本水质指标项目 24 项,是水质评价时必须要求的;表 3.4 为集中式生活饮用水地表水源地补充项目,是评价这类水质另外补充的项目;表 3.5 为集中式生活饮用水地表水源地特定项目 80 项,是评价这类水质时,根据实际情况从这些项目中特别指定的某些项目。按照地表水环境功能分类,规定了水环境质量应控制的项目及限值,以及水质评价、水质项目的分析方法和标准的实施与监督,该标准依据地表水水域环境功能,自高到低在表 3.3 中将水质依次划分为五类:Ⅰ类主要适用于源头水、国家自然保护区;Ⅱ类主要适用于集中式生活饮用水地表水源地一级保护区、珍稀水生生物栖息地、鱼虾产卵场等;Ⅲ类主要适用于集中式生活饮用水地表水源地二级保护区、鱼虾类越冬场、洄游通道、水产养殖区等渔业水域及游泳区;Ⅳ类主要适用于一般工业用水区及人体非直接接触的娱乐用水区;Ⅴ类主要适用于农业用水区及一般景观要求水域。对应地表水上述五类水域功能,将地表水环境质量标准基本标准值分为五类,不同功能类别分别执行相应类别的标准值。同一水域兼有多类使用功能的,执行最高功能类别对应的标准值。水质标准是水环境评价、规划、管理的依据,当实际水质达不到要求的水质标准时,就应采取适当的防治措施,如对排放的废水进行处理,保证水质达到用水要求。

表 3.3　　　　　　　　　　地表水环境质量标准基本水质指标项目

序号	分类 标准值 项目		Ⅰ类	Ⅱ类	Ⅲ类	Ⅳ类	Ⅴ类
1	水温/℃		人为造成的环境水温变化应限制在: 周平均最大温升≤1 周平均最大温降≤2				
2	pH 值（无量纲）		6～9				
3	溶解氧/(mg/L)	≥	饱和率90% (或7.5)	6	5	3	2
4	高锰酸盐指数/(mg/L)	≤	2	4	6	10	15

续表

序号	分类 标准值 项目		Ⅰ类	Ⅱ类	Ⅲ类	Ⅳ类	Ⅴ类
5	化学需氧量（COD）/ (mg/L)	≤	15	15	20	30	40
6	五日生化需氧量（BOD_5）/ (mg/L)	≤	3	3	4	6	10
7	氨氮（$NH_3 - N$)/(mg/L)	≤	0.15	0.5	1.0	1.5	2
8	总磷（以 P 计)/(mg/L)	≤	0.02（湖、 库 0.01）	0.1（湖、 库 0.025）	0.2（湖、 库 0.05）	0.3（湖、 库 0.1）	0.4（湖、 库 0.2）
9	总氮（湖、库以 N 计)/ (mg/L)	≤	0.2	0.5	1.0	1.5	2.0
10	铜/(mg/L)	≤	0.01	1.0	1.0	1.0	1.0
11	锌/(mg/L)	≤	0.05	1.0	1.0	2.0	2.0
12	氟化物（以 F^- 计)/(mg/L)	≤	1.0	1.0	1.0	1.5	1.5
13	硒/(mg/L)	≤	0.01	0.01	0.01	0.02	0.02
14	砷/(mg/L)	≤	0.05	0.05	0.05	0.05	0.01
15	汞/(mg/L)	≤	0.00005	0.00005	0.0001	0.001	0.001
16	镉/(mg/L)	≤	0.001	0.005	0.005	0.005	0.01
17	铬（六价)/(mg/L)	≤	0.01	0.05	0.05	0.05	0.1
18	铅/(mg/L)	≤	0.01	0.01	0.05	0.05	0.1
19	氰化物/(mg/L)	≤	0.005	0.05	0.02	0.2	0.2
20	挥发酚/(mg/L)	≤	0.002	0.002	0.005	0.01	0.1
21	石油类/(mg/L)	≤	0.05	0.05	0.05	0.5	1.0
22	阴离子表面活性剂/(mg/L)	≤	0.2	0.2	0.2	0.3	0.3
23	硫化物/(mg/L)	≤	0.05	0.1	0.2	0.5	1.0
24	粪大肠菌群/(个/L)	≤	200	2000	10000	20000	40000

表 3.4　　　　　　　　集中式生活饮用水地表水源地补充项目　　　　　　　单位：mg/L

序号	项　目	标　准　值
1	硫酸盐（以 SO_4^{2-} 计)	250
2	氯化物（以 Cl^- 计)	250
3	硝酸盐以（以 NO_3^- 计)	10
4	铁	0.3
5	锰	0.1

表 3.5   集中式生活饮用水地表水源地特定项目   单位：mg/L

序号	项 目	标准值	序号	项 目	标准值
1	三氯甲烷	0.06	37	2，4，6-三氯苯酚	0.2
2	四氯化碳	0.002	38	五氯酚	0.009
3	三溴甲烷	0.1	39	苯胺	0.1
4	二氯甲烷	0.02	40	联苯氨	0.0002
5	1，2-二氯乙烷	0.03	41	丙烯酰胺	0.0005
6	环氧氯丙烷	0.02	42	丙烯腈	0.1
7	氯乙烯	0.005	43	邻苯二甲酸二丁酯	0.003
8	1，1-二氯乙烯	0.03	44	邻苯二甲酸二酯	0.008
9	1，2-二氯乙烯	0.05	45	水合肼	0.01
10	三氯乙烯	0.07	46	四乙基铅	0.0001
11	四氯乙烯	0.04	47	吡啶	0.2
12	氯丁二烯	0.02	48	松节油	0.2
13	六氯丁二烯	0.006	49	苦味酸	0.5
14	苯乙烯	0.02	50	丁基黄原酸	0.005
15	甲醛	0.9	51	活性氯	0.01
16	乙醛	0.05	52	滴滴涕	0.001
17	丙烯醛	0.1	53	林丹	0.002
18	三氯乙醛	0.01	54	环氧七氯	0.0002
19	苯	0.01	55	对硫磷	0.003
20	甲苯	0.7	56	甲基对硫磷	0.002
21	乙苯	0.3	57	马拉硫磷	0.05
22	二甲苯①	0.5	58	乐果	0.08
23	异丙苯	0.25	59	敌敌畏	0.05
24	氯苯	0.3	60	敌百虫	0.05
25	1，2-二氯苯	1.0	61	内吸磷	0.03
26	1，4-二氯苯	0.3	62	百菌清	0.01
27	三氯苯②	0.02	63	甲萘威	0.05
28	四氯苯③	0.02	64	溴氰菊酯	0.02
29	六氯苯	0.05	65	阿特拉津	0.003
30	硝基苯	0.017	66	苯并芘	$2.8 * 10^{-6}$
31	二硝基苯④	0.5	67	甲基汞	$1.0 * 10^{-6}$
32	2，4-二硝基甲苯	0.0003	68	多氯联苯⑥	$2.0 * 10^{-5}$
33	2，4，6-三硝基甲苯	0.5	69	微囊藻毒素	0.001
34	硝基氯苯⑤	0.05	70	黄磷	0.003
35	2，4-二硝基氯苯	0.5	71	钼	0.07
36	2，4-一氯苯酚	0.093	72	钴	1.0

续表

序号	项 目	标准值	序号	项 目	标准值
73	铍	0.002	77	钡	0.7
74	硼	0.5	78	钒	0.05
75	锑	0.005	79	钛	0.1
76	镍	0.02	80	铊	0.0001

① 二甲苯：对-二甲苯、间-二甲苯、邻-二甲苯。
② 三氯苯：指 1，2，3-三氯苯、1，2，4-三氯苯、1，3，5-三氯苯。
③ 四氯苯：指 1，2，3，4-四氯苯、1，2，3，5-四氯苯、1，2，4，5-四氯苯。
④ 二硝基苯：对-二硝基苯、间-二硝基苯、邻-二硝基苯。
⑤ 硝基氯苯：对-硝基氯苯、间-硝基氯苯、邻-硝基氯苯。
⑥ 多氯联苯：PCB-106、PCB-1221、PCB-1232、PCB-1242、PCB-1248、PCB-1254、PCB-1260。

对水环境质量进行评价，就是根据不同的水质要求，按一定的原则和方法，将水质调查监测资料或预测的水质指标项目与要求的水环境质量标准进行比较，确定它的质量等级与类别，如表 3.3 中的Ⅰ类、Ⅱ类、Ⅲ类等，并按污染性质和程度划出不同的污染区，指出将来的发展趋势，为水环境保护规划和优化管理提供依据。

水环境质量评价，一般包括现状评价和预断评价。前者是根据近期调查监测的水质资料对环境现实状况所做的评价，依此指导当前的水环境管理工作；后者也称影响评价，是对将来工农业发展的某一水平情况下或设计的某工程实施后可能导致的污染状况预先做出的评价，需要采用污染负荷预测模型，预测将来排入水体的污染物量，进一步由水环境模型预测未来的水质参数状况，评价出预测水平年的或某工程实施后的水环境质量好坏及类别。评价方法，最基本是对照标准规定的各个项目进行单因子评价，说明水质达标情况，超标的还应说明超标项目和超标倍数；另外，为从总体上衡量某一水体的综合情况与哪类水质近似，从而评价出水体质量的总体类别，可采用综合污染指数法、模糊综合评价法、基于人工神经网络的水环境评价法、基于灰色系统理论的水环境评价法、基于统计理论的主成分分析法等方法。

3.2.3　污染物在水中的迁移转化

为了能模拟污染物在水中的迁移转化规律，这里建立了水质数学模型。水质数学模型是根据排入水体的污染物，分析预测未来水质状况的一种数学手段和工具。对污染物在水中的迁移转化过程研究越深入，建立的模型将越正确，预测的精度和可靠程度将越高。污染物在水中的迁移转化是一种物理的、化学的和生物的极其复杂的综合过程。各种过程有其本身的特性和规律，是最基本的水质分析和建模的基础。

污染物在水中的物理迁移过程，主要包括污染物随水流的推移与混合，受泥沙颗粒和底岸的吸附与解吸、沉淀与再悬浮，底泥中污染物的输送等。

1. 移流（对流）与扩散

通常情况下，排入河流的工业废水和城市生活污水中的污染物，主要呈溶解状态和胶体状态，它们形成微小的水团，随水流一起迁移和扩散混合。由于这样的作用，污水从排放口排入河流后，污染物在随水流向下游迁移的同时，还不断地与周围的水体相互混合，很快得到稀释，使污染浓度降低，水质得到改善。因此，迁移扩散是水体自净的一个重要作用。迁移扩散运动主要包括移流（对流）、分子扩散、紊动扩散和离散（弥散）等形式。

(1) 移流（对流）作用输移。河水移流运动，是指以时均流速为代表的水体质点的迁移运动，习惯上也常称对流运动。对于某点污染物沿流向 x 的输移通量为

$$F_x = uC \tag{3.3}$$

式中：F_x 为过水断面上某点沿 x 方向的污染物输移通量，mg/s；u 为某点沿 x 方向的时均流速，m/s；C 为某点污染物的时均浓度，mg/m^3。

对于整个过水断面，污染物的输移率则为

$$F_A = \overline{uC}A = Q\overline{C} \tag{3.4}$$

式中：F_A 为断面 A 上的污染物输移率，mg/s；$\overline{u}$ 为断面平均流速，m/s；$\overline{C}$ 为断面平均浓度，mg/m^3；Q 为断面 A（m^2）的过水流量，m^3/s。

(2) 分子扩散作用输移。扩散是由于物理量在空间上存在梯度使之在空间上趋平均化的物质迁移现象。水中污染物由于分子的无规则运动，从高浓度区向低浓度区的运动过程，称分子扩散。分子扩散过程服从费克（Fick）第一定律，即单位时间内通过单位面积的溶解物质的质量与溶解物质浓度在该面积法线方向的梯度成正比，数学表达式为

$$M_{mx} = -E_m \frac{\partial C}{\partial x} \tag{3.5}$$

式中：M_{mx} 为在 x 方向由于分子扩散作用污染物单位时间通过单位面积的质量，称分子扩散通量，mg/(m^2·s)；C 为某点的污染物浓度，mg/m^3；E_m 为分子扩散系数，m^2/s；$\frac{\partial C}{\partial x}$ 为沿 x 方向的浓度梯度，它前面的负号表示污染物扩散方向与浓度梯度方向正好相反。

污染物在水中的分子扩散系数 E_m 与污染物种类、温度、压力等因素有关，可通过实验测定，一般为 $10^{-9} \sim 10^{-8}$ m^2/s。

(3) 紊动扩散作用输移。河川中水体的流动一般都是紊流，亦称湍流。紊流的基本特性是流动中所包含的各种物理量（如任意点的流速、压力、浓度、温度等）都随时间的变化而随机脉动。紊动扩散就是由紊流中涡旋的不规则运动（脉动）而引起的物质从高浓度区向低浓度区的迁移过程。紊动扩散通量，可采用类似表达分子扩散通量的费克定律表达：

$$M_{tx} = -E_{tx} \frac{\partial C}{\partial x} \tag{3.6}$$

式中：M_{tx} 为沿 x 方向污染物的紊动扩散通量，表示由于脉动流速作用使水中污染物在单位时间内通过单位面积的质量，mg/(m^2·s)；E_{tx} 为 x 方向的紊动扩散系数，m^2/s；其余符号的含义同前。

对于雷诺数 $Re = 10^4$ 左右的湍流流场，紊动扩散系数 E_{tx} 可达 3.36×10^{-4} m^2/s，而分子扩散系数 E_m 仅为 $10^{-9} \sim 10^{-8}$ m^2/s，可见河流中分子扩散作用比紊动扩散作用弱得多。紊动扩散像分子扩散一样，可以发生在紊流流场中任意点的任意方向，但随着流场特性的不同，例如主要呈纵向流动的河流中，纵向、横向和垂向的紊动扩散系数是不同的。

(4) 离散（弥散）作用输移。前面讲污染物的移流作用输送时，是以断面平均流速和污染浓度进行计算的。但在实际流场中，流速在断面上的分布往往是很不均匀的，岸边和底部较小，表面和中心较大，污染浓度也不均匀，流速在横断面上具有一定的梯度，即所谓的剪切流。在这种情况下，污染物随水流的输送，除前面已讲的移流输送、分子扩散输送、紊动

扩散输送之外，还有一个由于断面流速和浓度分布不均匀带来的离散作用输送问题。

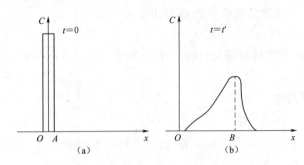

图 3.6 河流中的纵向离散示意图

(a) $t=0$ 时浓度沿程分布；(b) $t=t'$ 时浓度沿程分布

在河渠中，横断面上流速分布不均匀时，即使瞬时（$\Delta t \to 0$）污染物在断面 A 上均匀排入 [图 3.6（a）]，这些污染物将随断面上不同的质点以不同的流速向下游运移，经过一段时间（$t=t'$）之后，多数以平均流速移到了断面 B，有些流得快的则超前了，流得慢的则滞后了，这就导致污染物在纵向有显著的离散 [图 3.6（b）]。这种由于断面非均匀流速作用而引起的污染物离散现象称为剪切流中的纵向离散或弥散。离散作用引起的污染物输送通量，也可用费克定律的形式描述：

$$M_{dx} = -E_{dx} \frac{\partial C}{\partial x} \tag{3.7}$$

式中：M_{dx} 为污染物沿 x 方向的离散输送通量，表示由于水流的离散作用引起污染物在单位时间内通过单位面积的输送量，mg/（$m^2 \cdot s$）；C 为断面平均浓度，mg/m^3；$\frac{\partial C}{\partial x}$ 为 x 处断面浓度沿 x 方向的梯度；E_{dx} 为纵向离散系数，m^2/s，反映离散作用的大小。

在绝大多数的河流中，流场任意空间点的时均流速比脉动流速的绝对值起码要大出一个数量级，所以污染物的纵向离散作用远远大于单独的紊动扩散作用。一般 E_m 具有 $10^{-9}\sim 10^{-8}$ m^2/s 的数量级，E_{tx} 具有 $10^{-2}\sim 10^{-1}$ m^2/s 的数量级，E_{dx} 可达 $10\sim 10^3$ m^2/s 的数量级，因此在天然河流中起主导作用的基本上是纵向离散作用。

由于上述移流和扩散、离散作用的存在，在废水排入河流后，一般会出现三种不同混合状态的区段，即竖向混合河段、横向混合河段和纵向混合河段。从排污口到下游污染物沿垂直方向达到混合均匀的地方所经历的区段，称竖向混合河段。在该河段，当污染物离开排放口后，以射流或浮射流的方式与周围水体掺混，水的污染浓度沿竖向、横向和纵向都有明显变化，需要建立三维水质模型进行计算。竖向混合区段的长度与河流水深成正比，可为水深的几十倍或上百倍，但天然河流水深一般较浅，故竖向混合区段的长度相对是很短的。从竖向均匀混合到下游污染物在整个横断上均匀混合的区段，称横向混合河段。在该河段，水的污染浓度沿横向和纵向有明显变化，水深方向则基本均匀，可作为二维水质问题处理。由于天然河流的宽度与水深相比一般有 6 倍以上，故横向混合区的长度要比竖向混合区长得多。费希尔（H. B. Fischer）提出估算顺直河流中达到断面完全混合的距离的计算式如下：

对于在河流中心排污的情况：

$$L = 0.1uB^2/E_y \tag{3.8a}$$

对于在岸边排污的情况：

$$L = 0.4uB^2/E_y \tag{3.8b}$$

式中：L 为排污口至断面完全混合的距离，m；u 为河流断面平均流速，m/s；E_y 为横向扩散系数，m^2/s。横向混合河段之后的河段，称纵向混合河段。在该河段中，水质浓度主要在纵向产生比较明显的变化，可作为一维水质问题进行分析。

2. 吸附与解吸

水中溶解的污染物或胶状物，当与悬浮于水中的泥沙等固相物质接触时，将被吸附在泥沙表面，并在适宜的条件下随泥沙一起沉入水底，使水的污染浓度降低，起到净化作用；相反，被吸附的污染物，当水体条件（如流速、浓度、pH值、温度等）改变时，也可能又溶于水中，使水体的污染浓度增加。前者称吸附，后者称解吸。研究表明，吸附能力远远大于解吸能力，因此，吸附-解吸作用总的趋势是使水体污染浓度减少。

吸附过程是一种复杂的物理化学过程。如果吸附剂与被吸附物质之间因分子间引力而引起吸附，称为物理吸附；如果二者间因化学作用，生成化学键引起吸附，称为化学吸附。物理吸附和化学吸附往往相伴发生，共同产生吸附作用。目前水质计算中常用两种形式来描述这种作用：一是弗劳德利希（Freundlich）吸附等温式；二是海纳利（Henery）吸附等温式。具体采用何种公式形式，可通过拟合实验资料确定。弗劳德利希吸附等温式的形式为

$$S_e = kC_e^{1/n} \tag{3.9}$$

式中：S_e 为吸附达到平衡时水中泥沙的吸附浓度，等于泥沙吸附的污染物总量除以泥沙总量，常以 $\mu g/g$ 计；C_e 为吸附平衡时水体的污染浓度，常以 g/L 计；k、n 为经验常数。

k、n 与水体温度、污染物性质、浓度等因素有关，可通过实验资料率定。图3.7所示的吸附等温线，是我国某河流某断面水样在温度 10℃ 时泥沙对汞（Hg）的吸附等温线，其 $k=36.0$，$n=1.84$。

3. 沉淀与再悬浮

从一定意义上说，水中悬浮的泥沙本身就是一种污染物，含量过多，将使水体浑浊，透光度减少，妨碍水生生物的光合作用和生长发育；当大量的泥沙淤积时，会使河床抬高，堵塞河道，引起洪水泛滥。因此，河流泥沙问题的研究，很早以来就受到高度重视，现在已经发展成为一门专门性的学科——河流动力学或河流泥沙工程学。另外，从泥沙吸附可溶性污染物来说，泥沙的沉淀与再悬浮，也是水质模型中的一项重要影响因素。所以，有必要掌握水中污染物沉浮的计算原理与方法。

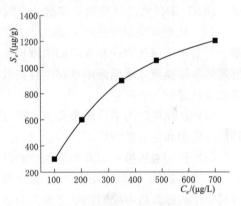

图3.7 我国某河流某断面水样在温度 10℃时泥沙对汞的吸附等温线

在水环境数学模型中，关于污染物沉淀与再悬浮的计算，可采用两种途径进行：一种方法按照河流动力学原理，先计算河段含沙量变化过程和冲淤过程，然后考虑泥沙对污染物的吸附-解吸作用，进一步算出污染物的沉淀与再悬浮。这种方法考虑因素全面，计算精度较高，但这种方法需要资料多，计算工作量大，应用尚不广泛。该方法比较复杂，必要时读者可参考有关文献。另一种方法是采用一个系数直接对污染成分的减少或增加进行估算，其公式形式一般为

$$\frac{\mathrm{d}C}{\mathrm{d}t} = -K_c C \tag{3.10}$$

式中：C 为水中污染物在 t 时的浓度；K_c 为沉淀与再悬浮系数，沉淀时取正号，表示水中

污染物减少,再悬浮时取负号,表示该项作用使水体污染浓度增加。

K_c 与水流速度、泥沙组成、温度等因素有关,可通过实际模拟计算进行优选。

3.3　河流水质模型

3.3.1　水质数学模型概述

1. 水质数学模型的分类

自 1926 年美国两位工程师 H. W. Soreever 和 E. B. Phelps 提出第一个水质模型至今,水质污染数学模型的研究已有 90 余年的历史,目前已发展成各种各样、适应于不同对象(如河流、海湾、河口、湖泊、水库等)以及综合性的大系统水质数学模型。

基于不同的角度,可得出不同的分类,常用的分类有以下几种。

(1) 从所模拟的空间对象来分类,可分为河流水质模型,湖泊(或水库)河口、海湾水质模型,都市面源污染水质模型以及农田径流水质模型等。

(2) 从模拟的水质组分的种类来分,可分为单一组分水质模型和多组分水质模型。单一组分水质数学模型所模拟的对象一般有可降解有机物、无机盐、悬浮物、浮游植物和水温等,BOD-DO 水质模型则是多组分水质数学模型中比较成熟的一种。

(3) 从水质模型所描述对象的空间维数分类,可分为零维、一维、二维、三维水质模型。一般中小河流横向和垂向的浓度梯度可忽略不计,其水质常用一维模型来模拟;河口、海湾等水体横向或垂向的浓度梯度存在较明显的差别,适于用二维或三维水质模型来描述其水质变化过程。

(4) 从反应动力学性质来分类,可分为纯化学反应模型、纯迁移模型(惰性物质)、迁移反应模型和生态模型等。

(5) 根据水质模型的水力学条件和排放条件分类,可分为稳态水质模型和非稳态水质模型。水力学条件(如水体的水位、流速等)和排放条件(如污水排放量、排放浓度等)不随时间变化的称为稳态模型,反之则为非稳态模型。

此外,从系统的角度出发还可将模型分为确定性模型与不确定性模型、线性模型与非线性模型、系统参数时变与非时变模型。

2. 水质数学模型的建立及应用过程

(1) 水质数学模型的建立。水质数学模型的建立大体可分为目的确立、资料的收集与分析、模型建立、参数估计、模型验证和模型使用六个步骤,图 3.8 简单地描述了建立水质数学模型的基本流程。下面对中间的 4 个步骤做具体介绍。

1) 资料的收集与分析。建立水质数学模型所需的资料主要包括水文资料、地形资料、水质资料等。水文资料和地形资料是建立水流模型所必需的。例如,要建立河流水流模型,需要的资料主要有河道

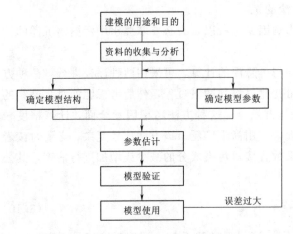

图 3.8　水质数学模型建立流程

地形、长度、水位、坡降、糙率、流量（有时需要丰、平、枯等典型年的水位流量资料）；建立海湾水流模型所需要收集的资料有潮位、流速、地形（海底高程）、流向以及与风相关的资料。

水质数学模型所需要的水质资料一般是常规的水质监测资料，例如，水温、pH 值、溶解氧、BOD、高锰酸盐指数、总氮、氨氮、COD、总磷、铜、锌、铅、砷、硒、镉、汞、大肠杆菌和石油类等。此外，还需要调查所模拟区域的社会经济情况，调查的资料一般包括人口数量和分布情况、GDP、工业总产值、产业结构、产业布局以及区域的经济发展规划等。

2）模型的建立。首先根据建模的目的和要求，结合所模拟区域的实际情况，确定要建立的模型是确定性的还是随机的，是集总的还是分散的，是动态的还是稳定的，是一维、二维还是三维的，然后从现行各种水质模型结构中，选择出一种作为初始的（或最终使用的）模型，最后用参数灵敏度分析或模型结构分析等方法进行识别和检验，看它能否较好地描述水质变化规律，如果达不到较理想的效果，就要对模型的部分或整体结构进行调整。

3）参数的估计。水质模型中大部分重要参数都是未知的，例如氧系数 K_1、大气复氧系数 K_2、BOD 沉降与悬浮系数 K_3 等。在不同的水力条件、不同的污染排放条件下，这些参数的取值应该是不同的，这就需要模型构建者通过实测水质资料来对模型的参数进行校正，具体地说就是根据模型计算值与实测值的拟合情况，在一个合理的变化范围内，反复地对参数进行调整，直至模型的表现达到人们满意的程度为止。

4）模型的验证。在把模型的参数率定好以后仍不能马上将其投入实际运用，还需要用实测资料再对模型进行验证，建立起人们对所建模型的信心。

（2）水质数学模型的应用。水质数学模型的应用大致可分为以下三个方面。

1）水质模拟与预测。水质模拟是指利用水质模型，再现评价水域中已经出现的污染状况，它常用于现状排污下评价水域各个位置上的污染状况。水质预测是指利用水质模型，并根据未来排污量数据，展现出评价水域中未来将要出现的污染状况。

2）水环境系统的最优管理。水环境系统的最优管理是指利用水质模型来规定各排污口的排放情况。既要控制污染物的排放量，使得水体中的污染物浓度不会出现违背水质标准的现象，又要充分利用水体的自净能力，减少污水处理费用，还必须根据水流条件来调节排污量的大小，当水流量大时，排污量相应增加，当水流量小时，排污量相应减少。水环境系统的管理还包括应对突发事故性排污，应利用计算机实时地计算出水域各位置的污染状况，为消除水污染、减轻因污染带来的损失提供对策。

3）水环境系统的最优规划。随着经济和城市的快速发展，人类活动对环境将会产生很大的影响，为维护环境系统的动态平衡，保护自然资源需要制订出一个科学的、合理的环境保护规划，这也是科学发展的需要。水环境系统的最优规划是环境保护规划的重要一环，其内容主要是根据水域的水体功能与水质标准，利用模型（水质模型与费用模型）模拟，确定现有排污口与规划排污口的允许排污量，拟定各污水处理厂的最佳位置与容量以及污水处理率的大小。在确定过程中，既要利用水环境容量这一资源，以减少污水处理负担，降低污水处理费用，又要注意保护水质，谨防过大的排污量损害水体拥有的功能。

3.3.2 河道水流运动和水质数学模型

1. 明渠非恒定流的数学模型

一般来说，任何天然河流或人工河流的水位、流量、流速等水力要素都是随着时空的变

化而变化的，都是三维、非恒定水流。但三维非恒定水流模型在理论上还存在有待完善之
处，在实际计算求解中也比较复杂，人们通常将河流运动简化为二维或一维问题来考虑。在
很多情况下，人们主要考虑河流的水力要素随时间和距离的变化规律，即把河道视为明渠一
维非恒定流来处理。描述明渠一维非恒定流的基本方程最早是由法国科学家圣维南（Saint-
Venant）在 1871 年提出的，方程由连续方程和动量方程组成，人们常称之为圣维南方
程组。

明渠一维非恒定流导出的基本假设有：①河流中水的密度为常数；②河流断面的水面线
在纵向上是水平的；③河流过水断面的压力分布近似静水压力分布规律；④河道坡降小。

（1）连续方程。连续方程的导出是以质量守恒定律为基础的，质量守恒定律在水流问题
中可表述为

单元体内水量的变化量＝流入控制体的水量－流出控制体的水量

在河道中取一微段 dx 作为控制体来研究，
如图 3.9 所示，该微段中心断面处流量为 Q，
过水面积为 A。

dt 时段内通过上断面流入该控制体的水的质
量为

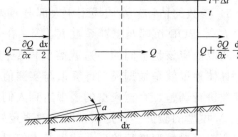

$$\left(Q-\frac{\partial Q}{\partial x}\frac{dx}{2}\right)\rho dt \tag{3.11}$$

由旁侧入流进入控制体的质量为

$$\rho q\,dt\,dx \tag{3.12}$$

图 3.9　单元控制体图

式中：q 为流量，$\mathrm{m^3/s}$。

通过下断面流出控制体的水的质量为

$$\left(Q+\frac{\partial Q}{\partial x}\frac{dx}{2}\right)\rho dt \tag{3.13}$$

由 dt 时段内进出上下游断面水的质量差为

$$\left(Q-\frac{\partial Q}{\partial x}\frac{dx}{2}\right)\rho dt-\left(Q+\frac{\partial Q}{\partial x}\frac{dx}{2}\right)\rho dt+\rho q\,dx\,dt=-\frac{\partial Q}{\partial x}\rho dx\,dt+\rho q\,dx\,dt \tag{3.14}$$

而该微小时段内控制体中水质量的变化量为

$$\frac{\partial A}{\partial x}\rho dx\,dt \tag{3.15}$$

因此有

$$-\frac{\partial Q}{\partial x}\rho dx\,dt+\rho q\,dx\,dt=\frac{\partial A}{\partial t}\rho dx\,dt \tag{3.16}$$

经化简后得

$$\frac{\partial Q}{\partial x}+\frac{\partial A}{\partial t}=q \tag{3.17}$$

当河宽 B 随水深 h（或水位 Z）连续变化时，上式可写成：

$$\frac{\partial Q}{\partial x}+B\,\frac{\partial Z}{\partial t}=q \tag{3.18}$$

（2）动量方程。明渠一维非恒定流中的动量方程是根据动量守恒定律导出的，在沿水流

流动方向上，动量守恒定律可表述为

控制体内动量的变化量＝通过上断面进入控制体的动量－通过下断面流出控制体的动量

　　　　　　　　＋旁侧入流引起的水流方向的动量增量＋作用于控制体的外力的冲量

1）控制体的动量变化量。dt 时段内，控制体动量的变化量为

$$\Delta M = \frac{\partial M}{\partial t} dt = (\rho Q dx) dt = \rho dx dt \frac{\partial Q}{\partial t} \tag{3.19}$$

2）流入、流出控制断面的动量及旁侧入流引起的动量单位时段内，通过某一断面的动量为

$$\int_{O}^{A} \rho u^2 dA = \beta \rho \overline{u}^2 A = \beta \rho Q \overline{u} \tag{3.20}$$

式中：$\overline{u}$ 为断面平均流速（下文中简写为 u）；β 为反映断面流速分布不均匀程度的一个系数，常称为动量校正系数，当河流断面流速分布均匀时，$\beta = 1.0$。

dt 时段内从上断面进入控制体的动量为

$$\rho \left[\beta Q u - \frac{\partial (\beta Q u)}{\partial x} \frac{dx}{2} \right] dt \tag{3.21}$$

dt 时段内从下断面流出控制体的动量为

$$\rho \left[\beta Q u + \frac{\partial (\beta Q u)}{\partial x} \frac{dx}{2} \right] dt \tag{3.22}$$

dt 时段内流入与流出控制体的动量差为

$$-\rho dx dt \frac{\partial (\beta Q u)}{\partial x} \tag{3.23}$$

由旁侧入流引起的控制体沿水流方向的动量增量为

$$\rho q dt dx V_x \tag{3.24}$$

式中：V_x 为旁侧入流的流速在水流方向上的分量。

3）作用于控制体的外力的冲量。在 dt 时段内，作用在控制体上的外力有三种：重力、水压力及摩阻力。

a. 重力沿水流方向的分力 F_g。控制体的重力大小为 $\rho g A dx$，其沿水流方向的分力大小为

$$F_g = \rho g A dx \sin\alpha \tag{3.25}$$

式中：α 为河底与水平面的夹角。

由于一般河道底坡很小，所以可以近似地取 $\sin\alpha \approx \tan\alpha = S_0$，其中，$S_0$ 为河底比降，故有

$$F_g = \rho g A dx S_0 \tag{3.26}$$

b. 水压力 F_p。由假设条件"河流过水断面的压力分布近似静水压力分布规律"，推出作用在控制体两侧的水压力互相抵消，作用在纵向的水压力为

$$F_p = -\rho g A \frac{\partial h}{\partial x} dx \tag{3.27}$$

c. 摩阻力 F_s。假定在非恒定流的情况下，水流所承受的摩阻损失与恒定流情况下差别不大，仍可用曼宁公式、谢才公式或流量模数公式来表示，即

$$S_f = \frac{n^2 |u| u}{R^{4/3}} \qquad \text{（曼宁公式）}$$

$$S_f = \frac{|u| u}{c^2 R} \qquad \text{（谢才公式）}$$

$$S_f = \frac{Q|Q|}{K^2} \qquad \text{（流量模数公式）}$$

式中：S_f 为摩阻比降；u 为平均流速，m/s；Q 为流量，m^3/s；n 为糙率；R 为水力半径；c 为谢才系数；K 为流量模数。

所以摩阻力表示为

$$F_s = -\rho g A \, \mathrm{d}x S_f \qquad (3.28)$$

根据动量守恒定律，由式（3.19）、式（3.24）~式（3.28）得

$$\rho \mathrm{d}x \mathrm{d}t \frac{\partial Q}{\partial t} = -\rho \mathrm{d}x \mathrm{d}t \frac{\partial(\beta Q u)}{\partial x} + [\rho g A \mathrm{d}x S_0 - \rho g A \mathrm{d}x S_f]\mathrm{d}t + \rho q \mathrm{d}x \mathrm{d}t V_x \qquad (3.29)$$

两边同除以 $\rho \mathrm{d}x \mathrm{d}t$ 并整理得

$$\frac{\partial Q}{\partial t} + \frac{\partial}{\partial x}(\beta Q u) + g A \frac{\partial h}{\partial x} = g A (S_0 - S_f) + q V_x \qquad (3.30)$$

式（3.17）和式（3.30）就构成了明渠一维非恒定流的基本方程组：

$$\begin{cases} \dfrac{\partial Q}{\partial x} + \dfrac{\partial A}{\partial t} = q \\ \dfrac{\partial Q}{\partial t} + \dfrac{\partial}{\partial x}(\beta Q u) + g A \dfrac{\partial h}{\partial x} = g A (S_0 - S_f) + q V_x \end{cases} \qquad (3.31)$$

通常可认为 $V_x = 0$。

（3）方程组的其他形式。除了上述表达形式外，圣维南方程组还有其他的表达形式，例如：

1）用水位 Z 和流量 Q 作为因变量：

$$\begin{cases} \dfrac{\partial Q}{\partial x} + \beta \dfrac{\partial Z}{\partial t} = q \\ \dfrac{\partial Q}{\partial t} + \dfrac{\partial}{\partial x}\left(\dfrac{\beta Q^2}{A}\right) + g A \dfrac{\partial Z}{\partial x} + g \dfrac{|Q|Q}{c^2 AR} = 0 \end{cases} \qquad (3.32)$$

2）用流量 Q 和水深 h 作为因变量：

$$\begin{cases} \dfrac{\partial Q}{\partial x} + \beta \dfrac{\partial h}{\partial t} = q \\ \dfrac{\partial Q}{\partial t} + \dfrac{\partial}{\partial x}\left(\dfrac{\beta Q^2}{A}\right) + g A \dfrac{\partial h}{\partial x} = g A (S_0 - S_f) \end{cases} \qquad (3.33)$$

3）用流速 u 和水位 Z 作为因变量：

$$\begin{cases} \dfrac{\partial Z}{\partial t} + \dfrac{A}{B}\dfrac{\partial u}{\partial x} + u \dfrac{\partial Z}{\partial x} + \dfrac{u}{B}\dfrac{\partial A}{\partial x}\Big|_z = \dfrac{q}{B} \\ \dfrac{\partial u}{\partial t} + u \dfrac{\partial u}{\partial x} + g \dfrac{\partial Z}{\partial x} = -g S_f - \dfrac{qu}{A} \end{cases} \qquad (3.34)$$

式中：$\dfrac{\partial A}{\partial x}\Big|_z$ 为在水位不变的前提下，过水断面面积随距离的变化率。

（4）具有漫洪滩地河道问题的处理。在推导动量方程式，在式（3.20）中增加了动量校

正系数 β，该系数反映了断面流速分布的不均
匀程度，在大多数情况下，该系数可取值为 1，
但当断面流速分布很不均匀时，该系数的大小
就值得考虑了。例如，在河道具有漫洪滩地
时，滩地上水流的流速比主河槽中的流速小很
多，这时候动量校正系数就需要考虑。

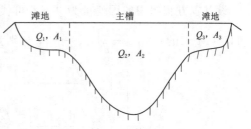

图 3.10　有滩地的过水断面

设整个河流过水断面分成三部分，其过水
面积分别为 A_1、A_2、A_3，相应的流量分别为 Q_1、Q_2、Q_3，如图 3.10 所示。

断面总的流量：
$$Q = Q_1 + Q_2 + Q_3$$

总的过水面积：
$$A = A_1 + A_2 + A_3$$

断面平均流速：
$$u = \frac{Q}{A} = \frac{Q_1 + Q_2 + Q_3}{A_1 + A_2 + A_3}$$

断面每部分平均流速：
$$u_i = \frac{Q_i}{A_i} \quad (i = 1, 2, 3)$$

单位时间内通过整个断面的动量为 $\sum\limits_{i=1}^{3} \rho Q_i u_i$，比按照断面平均流速计算的动量 $\rho Q u$
大，故修正系数为

$$\beta = \frac{\sum\limits_{i=1}^{3} \rho Q_i u_i}{\rho Q u} = \frac{\sum\limits_{i=1}^{3} Q_i u_i}{Q u} \tag{3.35}$$

假定滩地和主槽中水流的摩阻比降是相同的，则有

$$\sqrt{S_f} = \frac{Q_1}{K_1} = \frac{Q_2}{K_2} = \frac{Q_3}{K_3} = \frac{Q_1 + Q_2 + Q_3}{K_1 + K_2 + K_3} = \frac{Q}{K} \tag{3.36}$$

$$\beta = \frac{\sum\limits_{i=1}^{3} Q_i u_i}{Q u} = \frac{\sum\limits_{i=1}^{3} \frac{Q_i^2}{A_i}}{\frac{Q^2}{A}} = \frac{\sum\limits_{i=1}^{3} \frac{S_f^1 K_i^2}{A_i}}{\frac{S_f^1 K^2}{A}} = \frac{\sum\limits_{i=1}^{3} A_i}{\left(\sum\limits_{i=1}^{3} K_i\right)^2} \sum\limits_{i=1}^{3} \frac{K_i^2}{A_i} \tag{3.37}$$

流量模数 $K = AC\sqrt{I}$，故 K 与 A 都是河流水深及断面位置的函数，不同断面、不同水
深的 K 值与 A 值都可以事先通过断面地形资料整理出来，这样在具体计算中就可以通过插
值的方法计算出某一段面在某一水位时的 K 值与 A 值，从而求出相应的动量修正系数。

2. 基本方程组的数值解

（1）概述。上述明渠一维非恒定流的圣维南方程组在数学上尚不能求得解析解，因此只
有通过数值解法对时间、空间进行离散，从而求得近似的数值解。数值解法包括有限差分法
（FDM）、有限元法（FEM）、控制体积法、有限分析法、边界元法等。其中，有限差分法是
最古老、应用最多，也是应用最成熟的方法。

圣维南方程组在数学上属于双曲线型偏微分方程组，此种类型的方程组可化成与它完全
等价的常微分方程组特征线及特征方程组。因此，在用差分方法求解圣维南方程组时，既可
以直接使用某一差分格式对其进行离散求解，也可以先把该方程组写成与它等价的特征线及
特征方程后再利用差分格式对其进行离散求解。本章只讨论前者。

设基本方程组中的因变量为 f（f 可代表水位、水深、流速或流量等水力要素），则图 3.11 中 M 点的 $f|_M$、$\dfrac{\partial f}{\partial x}|_M$、$\dfrac{\partial f}{\partial t}|_M$ 分别为

$$\begin{cases} f|_M = \dfrac{\theta_2(f_i^{j+1}+f_{i+1}^{j+1})+(1-\theta_2)(f_i^j+f_{i+1}^j)}{2} \\[3mm] \dfrac{\partial f}{\partial x}|_M = \dfrac{\theta_1(f_{i+1}^{j+1}-f_i^{j+1})+(1-\theta_1)(f_{i+1}^j-f_i^j)}{\Delta x} \\[3mm] \dfrac{\partial f}{\partial t}|_M = \dfrac{f_i^{j+1}+f_{i+1}^{j+1}-f_i^j-f_{i+1}^j}{2\Delta t} \end{cases} \tag{3.38}$$

式中：θ_1、θ_2 为系数，$0\leqslant\theta_1\leqslant1$，$0\leqslant\theta_2\leqslant1$。

当 θ_1、θ_2 为 0 时，基本方程组中的 $\dfrac{\partial f}{\partial x}|_M$ 及一般项 $f|_M$ 均可直接求出，只有 $\dfrac{\partial f}{\partial t}|_M$ 含有未知函数值，一个差分方程只含一个变量，这种差分格式称为显式差分格式。常见的显式差分格式有蛙跳格式、Lax 格式、交错点格式等，在利用显式差分格式进行求解时，时间步长的选择要满足柯朗（Courant）条件，即 $\Delta t\leqslant\dfrac{\Delta x}{|u\mp\sqrt{gh_{max}}|}$。

当 $\dfrac{1}{2}\leqslant\theta_1\leqslant1$、$\theta_2=0$ 时，差分方程组为线性方程组，此时需要对所有差分点的方程组进行联解方可求得时段末的水力要素，此种差分格式称为线性隐式差分格式。

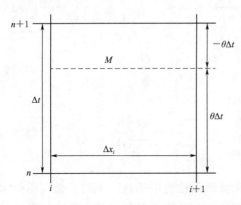

图 3.11　Pressmann 四点偏心格式示意图

当 $\dfrac{1}{2}\leqslant\theta_1\leqslant1$、$\dfrac{1}{2}\leqslant\theta_2\leqslant1$ 时，差分方程组是非线性的，求解时不仅需要对各差分点进行联解，而且还需要迭代，这种差分格式称为一般隐式差分格式。

现在的差分格式种类繁多，此处主要介绍一下目前人们常用的计算一维非恒定流的一种差分格式：Preissmann 隐格式。

（2）Preissmann 隐格式。Preissmann 隐格式如图 3.11 所示，是四点隐格式。

如果针对图 3.11 中 M 点建立差分式，则任意函数 f 其偏导数的离散形式为

$$f_M = \frac{1}{2}\left[(1-\theta)(f_i^n+f_{i+1}^n)+\theta(f_i^{n+1}+f_{i+1}^{n+1})\right] \tag{3.39}$$

$$\frac{\partial f}{\partial t}|_M = \frac{1}{2\Delta t}\left[(f_i^{n+1}+f_{i+1}^{n+1})-(f_i^n+f_{i+1}^n)\right] \tag{3.40}$$

$$\frac{\partial f}{\partial x}|_M = \frac{1}{\Delta x_i}\left[\theta(f_{i+1}^{n+1}-f_i^{n+1})+(1-\theta)(f_{i+1}^n-f_i^n)\right] \tag{3.41}$$

$$(0\leqslant\theta\leqslant1)$$

使用该离散格式对圣维南方程组离散后得到的是增量表达的非线性方程组，忽略二阶微

量后简化为线性方程组。为了方便，人们常用简化四点线性隐格式离散圣维南方程组：

$$f_M = \frac{f_i^n + f_{i+1}^n}{2} \tag{3.42}$$

$$\frac{\partial f}{\partial t}\Big|_M = \frac{1}{2\Delta t}\left[(f_i^{n+1} + f_{i+1}^{n+1}) - (f_i^n + f_{i+1}^n)\right] \tag{3.43}$$

$$\frac{\partial f}{\partial x}\Big|_M = \frac{1}{\Delta x_i}\left[\theta(f_{i+1}^{n+1} - f_i^{n+1}) + (1-\theta)(f_{i+1}^n - f_i^n)\right] \tag{3.44}$$

（3）单一河道水流模型的计算。明渠一维非恒定流的方程组（用水位和流量表示）如下：

$$\begin{cases} \dfrac{\partial Q}{\partial x} + \beta\dfrac{\partial Z}{\partial t} = q \\[2mm] \dfrac{\partial Q}{\partial t} + \dfrac{\partial}{\partial x}\left(\dfrac{\beta Q^2}{A}\right) + gA\dfrac{\partial Z}{\partial x} + g\dfrac{|Q|Q}{c^2 AR} = 0 \end{cases} \tag{3.45}$$

用简化四点线性隐格式离散得

$$a_{1i}Z_i^{n+1} - c_{1i}Q_i^{n+1} + a_{1i}Z_{i+1}^{n+1} + c_{1i}Q_{i+1}^{n+1} = E_{1i} \tag{3.46}$$

$$a_{2i}Z_i^{n+1} + c_{2i}Q_i^{n+1} - a_{2i}Z_{i+1}^{n+1} + d_{2i}Q_{i+1}^{n+1} = E_{2i} \tag{3.47}$$

其中：$a_{1i} = 1$；$c_{1i} = 2\theta\dfrac{\Delta t}{\Delta x_i}$；$E_{1i} = Z_i^n + Z_{i+1}^n + \dfrac{1-\theta}{\theta}c_{1i}(Q_i^n - Q_{i+1}^n) + 2\Delta t\dfrac{q_M}{B_M}$；

$a_{2i} = 2\theta\dfrac{\Delta t}{\Delta x_i}\left[\left(\dfrac{Q}{A}\right)^2 B - gA\right]_M$；$c_{2i} = 1 - 4\theta\dfrac{\Delta t}{\Delta x_i}\left(\dfrac{Q}{A}\right)_M$；$d_{2i} = 1 + 4\theta\dfrac{\Delta t}{\Delta x_i}\left(\dfrac{Q}{A}\right)_M$；

$$E_{2i} = \frac{1-\theta}{\theta}a_{2i}(Z_{i+1}^n + Z_i^n) + \left[1 - 4(1-\theta)\frac{\Delta t}{\Delta x_i}\left(\frac{Q}{A}\right)_M\right]Q_{i+1}^n + 2\Delta t\left(\frac{Q}{A}\right)^2\frac{A_{i+1}(Z_M) - A_i(Z_M)}{\Delta x_i}$$

$$+ \left[1 + 4(1-\theta)\frac{\Delta t}{\Delta x_i}\left(\frac{Q}{A}\right)_M\right]Q_i^n - 2\Delta t g\frac{Q_M|Q_M|}{(Ac^2 R)_M}$$

将式（3.46）与式（3.47）按断面序号写出，并加上边界条件（省略上标 $n+1$），得

$$Z_{N-I} - c_{1,N-1}Q_{N-1} + Z_N + c_{1,N-1}Q_N = E_{1,N-1} \tag{3.48}$$

3. 一维水质数学模型的建立

如前所述，水质数学模型是对水体中污染物随空间和时间迁移转化规律的定量描述。模型的正确建立依赖于对污染物在水体中的迁移转化过程的认识以及定量表达这些过程的能力。对于污染物的迁移转化过程的描述已在 3.2 节中有所介绍，在此不再重复。本节将根据污染物的迁移转化规律建立描述污染物质在河流中迁移转化的数学模型。

设如图 3.12 所示的控制体上下断面间的距离为 Δx，控制体的体积为 V；上断面面积为 A，流量为 Q，浓度为 C，污染物的弥散通量为 J；单位长度的旁侧入流量为 q；S 为控制体中单位体积、单位时间内增加的污染物质量。由质量守恒定律得控制体中的污染物质量的变化量＝因对流流入、流出上下断面的污染物的质量差＋因弥散流入、流出上下断面的污染物的质量差＋源漏项。

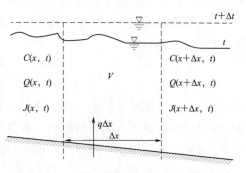

图 3.12　水团内物质的迁移与转化情况

在 t 至 $t+\Delta t$ 时段内，控制体中污染物质量的变化量为

$$C(x,t+\Delta t)A(x,t+\Delta t)\Delta x-C(x,t)A(x,t)\Delta x$$

因对流流入、流出上下断面的污染物的质量差为

$$C(x)Q(x,t)\Delta t-C(x+\Delta x)Q(x+\Delta x,t)\Delta t$$

因弥散流入、流出上下断面的污染物的质量差为

$$J(x)A(x,t)\Delta t-J(x+\Delta x)A(x+\Delta x,t)\Delta t$$

源漏项为

$$SA\Delta x\Delta t$$

因此，质量守恒方程式为

$$C(x,t+\Delta t)A(x,t+\Delta t)\Delta x-C(x,t)A(x,t)\Delta x$$
$$=C(x,t)A(x,t)\Delta t-C(x+\Delta x,t)A(x+\Delta x,t)\Delta t$$
$$+J(x,t)A(x,t)\Delta t-J(x+\Delta x,t)A(x+\Delta x,t)\Delta t+SA\Delta x\Delta t$$

等式两边同除 Δx、Δt 后，并令 Δx、$\Delta t\to 0$，得

$$\frac{\partial(AC)}{\partial t}=-\frac{\partial(QC)}{\partial x}-\frac{\partial(JA)}{\partial x}+SA \tag{3.49}$$

由 $J=-D_x\dfrac{\partial C}{\partial x}$（$D_x$ 为弥散系数）得

$$\frac{\partial(AC)}{\partial t}+\frac{\partial(QC)}{\partial x}=\frac{\partial}{\partial x}\left(D_xA\frac{\partial C}{\partial x}\right)+SA \tag{3.50}$$

而

$$\frac{\partial(AC)}{\partial t}=C\frac{\partial A}{\partial t}+A\frac{\partial C}{\partial t}$$

$$\frac{\partial(QC)}{\partial x}=C\frac{\partial Q}{\partial x}+Q\frac{\partial C}{\partial x}$$

又由水流连续方程知：

$$\frac{\partial A}{\partial t}+\frac{\partial Q}{\partial x}=q$$

所以可将式（3.49）写为

$$\frac{\partial C}{\partial t}+u\frac{\partial C}{\partial x}=\frac{1}{A}\frac{\partial}{\partial x}\left(D_xA\frac{\partial C}{\partial x}\right)+S-\frac{qC}{A} \tag{3.51}$$

式中：u 为断面平均流速。

当所计算的河段水流稳定，A、D_x 沿程变化不大，且无旁侧入流时，上式又可进一步简化为

$$\frac{\partial C}{\partial t}+u\frac{\partial C}{\partial x}=D_x\frac{\partial^2 C}{\partial x^2}+S \tag{3.52}$$

式（3.52）为一维对流扩散方程，式中的源漏项 S 主要考虑污染物质在水中的降解、衰减、恢复以及底泥、旁侧入流等的影响。若源漏项只考虑污染物的降解、衰减、恢复，而不考虑底泥、旁侧入流等影响，即 $S=-KC$（K 为污染物的衰减系数），则式（3.52）可变为

$$\frac{\partial C}{\partial t}+u\frac{\partial C}{\partial x}=D_x\frac{\partial^2 C}{\partial x^2}-KC \tag{3.53}$$

式（3.53）常被称为一维动态水质模型。

4. 一维水质模型的求解

（1）一维动态水质模型的解析解。一般情况下，式（3.53）无法求出解析解，但在一些特殊情况下，如瞬间排污的情形等，其解析解也可求出。

如在河道的上边界断面上，把质量为 m 的污染物瞬时投入流量稳定为 Q 的河流中，并在该断面上迅速均匀的与河水混合，此时，上边界断面的浓度为 $\frac{m}{Q}\delta(t)$，$\delta(t)$ 称为 δ 函数，其基本性质如下。

①当 $t=0$ 时，$d(t)=\infty$；

②当 $t\neq0$ 时，$d(t)=0$；

③ $\int_{-\infty}^{\infty}\delta(t)=1$，$\int_{-\infty}^{\infty}f(t)\delta(t)=f(0)$。

对于式（3.53），在上边界条件为瞬时排污情形时 $C(0,t)=\delta(t)m/Q$，而无穷远处的下界条件及初始条件均为 0 时 $C(\infty,t)=0$，$C(x,0)=0$，通过拉普拉斯变换及其逆变换的解析解：

$$C(x,0)=\frac{m}{A\sqrt{(4\pi D_x t)}}\exp\left[-\frac{(x-ut)^2}{4D_x t}\right]\exp(-Kt) \tag{3.54}$$

对于难降解（或不衰减）的污染物质，上式变为

$$C(x,0)=\frac{m}{A\sqrt{4\pi D_x t}}\exp\left[-\frac{(x-ut)^2}{4D_x t}\right] \tag{3.55}$$

（2）一维对流扩散方程的差分格式。在很多情况下，一维水质模型的求解需要采用数值方法，其中经常使用的是差分法，下面介绍几种常用于求解一维对流扩散方程的差分格式：

一维对流扩散方程（3.52）可写为

$$\frac{\partial C}{\partial t}+u\frac{\partial C}{\partial x}=E\frac{\partial^2 C}{\partial x^2}+M+N \tag{3.56}$$

式中：E 为扩散系数；M 为内源项，主要考虑污染物的降解、恢复作用等；N 为外源项，主要考虑底泥、旁侧入流等影响。

1）中心差分格式。将中心差分格式用于式（3.56），得

$$\frac{1}{\Delta t}(C_i^{n+1}-C_i^n)+\frac{u}{2\Delta x}(C_{i+1}^n-C_{i-1}^n)-\frac{E}{\Delta x^2}\delta^2 C_i^n-M_i^n-N_i^n=0 \tag{3.57}$$

式中：$\delta^2 C_i^n=C_{i-1}^n-2C_i^n+C_{i+1}^n$。

2）特殊差分显式。应用特征差分显式于式（3.56），得

$$\frac{1}{\Delta t}(C_i^{n+1}-C_i^n)+\frac{u}{2\Delta x}\begin{cases}(C_i^n-C_{i-1}^n)u\geqslant0\\(C_{i+1}^n+C_i^n)u<0\end{cases}-\frac{E}{\Delta x^2}\delta^2 C_i^n-M_i^n-N_i^n=0 \tag{3.58}$$

3）全隐式。用全隐式离散式（3.56），得

$$\frac{1}{\Delta t}(C_i^{n+1}-C_i^n)+\frac{u}{2\Delta x}(C_{i+1}^{n+1}-C_{i-1}^{n+1})-\frac{E}{\Delta x^2}\delta^2 C_i^{n+1}-M_i^{n+1}-N_i^{n+1}=0 \tag{3.59}$$

该式的截断误差为 $O(\Delta t+\Delta x^2)$。

（3）差分方程的求解。计算河段的断面划分如图 3.13 所示，当给定上、下边界条件

C_1^n、$C_m^n (n=1, 2, \cdots, L)$ 与初始条件 $C_i^0 (i=1, 2, \cdots, m)$ 后，便可根据上述给出的差分格式，逐时层（即按 $n=1, 2, \cdots$ 的次序）地计算出断面 2 至断面 $m-1$ 的 C_i^n 值。

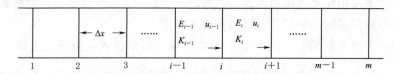

图 3.13 河道断面的划分

对于显格式来说，$n+1$ 时层上的 C_i^{n+1} 是逐点计算出来的，如中心差分格式，当考虑 $M_i^n = -K_i C_{i-1}^n$ 时，其计算公式可由式（3.57）导出：

$$C_i^{n+1} = C_i^n - \frac{\overline{u}_l \Delta t}{2\Delta x}(C_{i+1}^n - C_{i-1}^n) + \frac{\overline{E}_l \Delta t}{\Delta x^2}(C_{i-1}^n - 2C_i^n + C_{i+1}^n) - K_i C_{i-1}^n \Delta t + N_i^n \Delta t$$

$$(3.60)$$

对于隐格式来说，$n+1$ 是层上的 C_i^{n+1} 的计算需要求解一个线性方程组，以全隐式为例，当考虑 $M_i^n = -K_i C_{i-1}^n$，对式（3.59）整理，得

$$-\left(\frac{\overline{E}_l}{\Delta x^2} - \frac{\overline{u}_l}{2\Delta x} + \overline{K}_l\right)C_{i-1}^n + \left(\frac{1}{\Delta t} + \frac{2\overline{E}_l}{\Delta x^2}\right)C_i^{n+1} + \left(\frac{\overline{u}_l}{2\Delta x} - \frac{\overline{E}_l}{\Delta x^2}\right)C_{i+1}^{n+1} = \frac{C_i^n}{\Delta t} + N_i^{n+1}$$

$$(3.61)$$

令

$$\alpha_{i-1} = \frac{\overline{E}_l}{\Delta x^2} - \frac{\overline{u}_l}{2\Delta x} + \overline{K}_l; \quad \beta_{i-1} = \frac{\overline{u}_l}{\Delta x} + \frac{\overline{E}_l}{\Delta x^2}$$

$$\gamma_i = \frac{\overline{u}_l}{2\Delta x^2} - \frac{\overline{E}_l}{\Delta x}; \quad \varphi_i = \frac{C_i^n}{\Delta t} + N_i^n$$

由式（3.61）得

$$\alpha_{i-1}C_{i-1}^n + \beta_i C_i^{n+1} + \gamma_i C_{i+1}^{n+1} = \varphi_i$$

$$(3.62)$$

展开，得

$$i=2, \alpha_1 C_1^n + \beta_2 C_2^{n+1} + \gamma_2 C_3^{n+1} = \varphi_2$$

$$i=3, \alpha_2 C_2^n + \beta_3 C_3^{n+1} + \gamma_3 C_4^{n+1} = \varphi_3$$

$$\cdots$$

$$i=m-2, \alpha_{m-3} C_{m-3}^n + \beta_{m-2} C_{m-2}^{n+1} + \gamma_{m-2} C_{m-1}^{n+1} = \varphi_{m-2}$$

$$i=m-1, \alpha_{m-2} C_{m-2}^n + \beta_{m-1} C_{m-1}^{n+1} + \gamma_{m-1} C_m^{n+1} = \varphi_{m-1}$$

该方程组共有 $m-2$ 个方程，未知数 C_2^{n+1}、C_3^{n+1}、$\cdots$、C_{m-1}^{n+1} 的个数也是 $m-2$ 个，因此可由该方程组解出 C_2^{n+1}、C_3^{n+1}、$\cdots$、C_{m-1}^{n+1} 的值。

5. 二、三维水流与水质数学模拟

对于宽度较大的河流、河口、海湾等水域，水体的横向流动常常不能忽略，这时一维的水流及水质模型就不能很好地反映实际情况，需要使用二、三维水流及水质模型来模拟水体的水流水质变化过程。其中，二维水流与水质模拟的推导如下。

如图 3.14 所示的控制体，x、y 方向上的长度分别为 Δx、Δy；高度为 H，控制体中

心水位为 z；x、y 方向上的流速均匀分布，大小分别为 u、v。

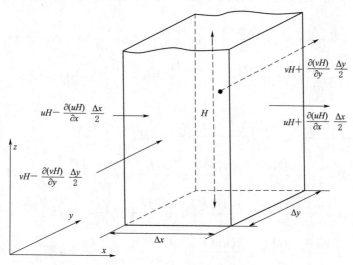

图 3.14　柱体中的水量平衡

在 Δt 时间内，在 x 方向上流入与流出控制体的水流的质量差为

$$\left[\rho uH-\frac{\partial(\rho uH)}{\partial x}\frac{\Delta x}{2}\right]\Delta y\Delta t-\left[\rho uH+\frac{\partial(\rho uH)}{\partial x}\frac{\Delta x}{2}\right]\Delta y\Delta t=-\frac{\partial(\rho uH)}{\partial x}\Delta x\Delta y\Delta t$$

在 y 方向上流入与流出控制体的水流的质量差为

$$\left[\rho uH-\frac{\partial(\rho uH)}{\partial y}\frac{\Delta y}{2}\right]\Delta x\Delta t-\left[\rho uH+\frac{\partial(\rho uH)}{\partial y}\frac{\Delta y}{2}\right]\Delta x\Delta t=-\frac{\partial(\rho uH)}{\partial y}\Delta x\Delta y\Delta t$$

而在相同时间段内，控制体中水流质量的变化量为

$$\rho\,\frac{\partial H}{\partial t}\Delta x\Delta y\Delta t$$

由质量守恒定律知，在 Δt 时段内，进入、流出控制体的水的质量差等于控制体内水质量的增加值，即

$$-\frac{\partial(\rho uH)}{\partial x}\Delta x\Delta y\Delta t-\frac{\partial(\rho uH)}{\partial y}\Delta x\Delta y\Delta t=\rho\frac{\partial H}{\partial t}\Delta x\Delta y\Delta t$$

假定控制体中水的密度随时间、空间的变化可以忽略不计，则

$$\frac{\partial H}{\partial t}+\frac{\partial(uH)}{\partial x}+\frac{\partial(vH)}{\partial y}=0 \tag{3.63}$$

式（3.63）为二维非恒定流的连续方程。

设 F_x、F_y 分别是 x、y 方向上作用于单位质量水团上的外力，水的密度（ρ）为常数。则根据力学定律：作用在物体上的外力之和等于该物体的动量变化量，因此对图 3.13 所示的控制体，在 x 方向上：

$$F_x\rho H\Delta x\Delta y=\frac{\mathrm{d}}{\mathrm{d}t}(\rho H\Delta x\Delta yu)$$

而

$$\frac{\mathrm{d}}{\mathrm{d}t}(\rho H\Delta x\Delta yu)=\Delta x\Delta y\,\frac{\mathrm{d}(uH)}{\mathrm{d}t}+uH\,\frac{\mathrm{d}(\Delta x\Delta y)}{\mathrm{d}t}$$

$$\frac{\mathrm{d}(uH)}{\mathrm{d}t}=\frac{\partial(uH)}{\partial t}+\frac{\partial(uH)}{\partial t}\frac{\mathrm{d}x}{\mathrm{d}t}+\frac{\partial(uH)}{\partial t}\frac{\mathrm{d}y}{\mathrm{d}t}=\frac{\partial(uH)}{\partial t}+u\frac{\partial(uH)}{\partial t}+v\frac{\partial(uH)}{\partial t}$$

$$\frac{\mathrm{d}(\Delta x\Delta y)}{\mathrm{d}t}=\Delta y\frac{\mathrm{d}(\Delta x)}{\mathrm{d}t}+\Delta x\frac{\mathrm{d}(\Delta y)}{\mathrm{d}t}=\Delta y\frac{\mathrm{d}u}{\mathrm{d}t}\Delta x+\Delta x\frac{\mathrm{d}v}{\mathrm{d}t}\Delta y$$

得到

$$\frac{\partial(uH)}{\partial t}+u\frac{\partial(uH)}{\partial t}+v\frac{\partial(uH)}{\partial t}+uH\left(\frac{\partial u}{\partial x}+\frac{\partial v}{\partial y}\right)=HF_x$$

又由

$$\frac{\partial(uH)}{\partial t}+u\frac{\partial(uH)}{\partial t}+v\frac{\partial(uH)}{\partial t}+uH\left(\frac{\partial u}{\partial x}+\frac{\partial v}{\partial y}\right)$$

$$=H\frac{\partial u}{\partial t}+u\frac{\partial H}{\partial t}+u\frac{\partial(uH)}{\partial x}+uv\frac{\partial H}{\partial y}+vH\frac{\partial v}{\partial y}+uH\frac{\partial u}{\partial x}+uH\frac{\partial v}{\partial y}$$

$$=H\frac{\partial u}{\partial t}+u\frac{\partial H}{\partial t}+u\frac{\partial(uH)}{\partial x}+u\left(v\frac{\partial H}{\partial y}+H\frac{\partial v}{\partial y}\right)+vH\frac{\partial v}{\partial y}+uH\frac{\partial u}{\partial x}$$

$$=H\frac{\partial u}{\partial t}+u\frac{\partial H}{\partial t}+u\frac{\partial(uH)}{\partial x}+u\frac{\partial(vH)}{\partial y}+vH\frac{\partial v}{\partial y}+uH\frac{\partial u}{\partial x}$$

$$=H\frac{\partial u}{\partial t}+u\left[\frac{\partial H}{\partial t}+\frac{\partial(uH)}{\partial x}+\frac{\partial(vH)}{\partial y}\right]+vH\frac{\partial v}{\partial y}+uH\frac{\partial u}{\partial x}$$

根据式（3.63）可得

$$H\frac{\partial u}{\partial t}+vH\frac{\partial v}{\partial y}+uH\frac{\partial u}{\partial x}=HF_x=0 \tag{3.64}$$

即

$$\frac{\partial u}{\partial t}+v\frac{\partial v}{\partial y}+u\frac{\partial u}{\partial x}=F_x=0 \tag{3.65}$$

作用于控制体上的外力，主要是压力和阻力。对单位质量的水团而言，其压力为$-g\frac{\partial z}{\partial x}$。

阻力为$-gu\frac{\sqrt{u^2+v^2}}{C^2H}$。因此得 x 方向的动力方程为

$$\frac{\partial u}{\partial t}+v\frac{\partial v}{\partial y}+u\frac{\partial u}{\partial x}=-g\frac{\partial z}{\partial x}-gu\frac{\sqrt{u^2+v^2}}{C^2H} \tag{3.66}$$

同理，可得 y 方向的动力方程为

$$\frac{\partial v}{\partial t}+v\frac{\partial v}{\partial y}+u\frac{\partial v}{\partial x}=-g\frac{\partial z}{\partial y}-gv\frac{\sqrt{u^2+v^2}}{C^2H} \tag{3.67}$$

在二维模型对水流进行模拟时，有时候还需要考虑柯氏力（由于地球自转而产生的作用力）、风力以及水流黏滞力等，二维非恒定流方程常写成如下形式：

$$\frac{\partial H}{\partial t}+\frac{\partial(uH)}{\partial x}+\frac{\partial(vH)}{\partial y}=0 \tag{3.68}$$

$$\frac{\partial u}{\partial t}+u\frac{\partial u}{\partial x}+v\frac{\partial u}{\partial y}=fu-g\frac{\partial z}{\partial x}-gu\frac{\sqrt{u^2+v^2}}{C^2H}+\xi_x\nabla^2 u+\frac{\tau_x}{\rho H} \tag{3.69}$$

$$\frac{\partial v}{\partial t}+u\frac{\partial v}{\partial x}+v\frac{\partial v}{\partial y}=fv-g\frac{\partial z}{\partial y}-gv\frac{\sqrt{u^2+v^2}}{C^2H}+\xi_y\nabla^2 v+\frac{\tau_y}{\rho H} \tag{3.70}$$

式中：f 为柯氏力常数，$f=2\Omega\sin\varphi$，Ω 为地球自转角速度，φ 为维度角；ξ_x、ξ_y 分别为 x、y 方向上的涡动黏滞系数；$\nabla^2=\dfrac{\partial^2}{\partial x^2}+\dfrac{\partial^2}{\partial y^2}$；$\tau_x$、$\tau_y$ 分别为 x、y 方向上的风切应力。

τ_x、τ_y 的表达式为

$$\tau_x=C_a\rho_a\omega_x\sqrt{\omega_x^2+\omega_y^2}, \tau_y=C_a\rho_a\omega_y\sqrt{\omega_x^2+\omega_y^2} \tag{3.71}$$

式中：C_a 为风力阻力系数；ρ_a 为空气密度；ω_x、ω_y 分别为 x、y 方向上的风速。

仍以图 3.14 中的控制体研究对象，假设在 t 时刻控制体内某种污染物质的平均浓度为 C，则经过 Δt 时间，控制体内该种污染物质的质量变化量为 $\dfrac{\partial(CH)}{\partial t}\Delta t\Delta x\Delta y$。

由于对流作用引起控制体内该污染物的质量变化为

在 x 方向上：$\left[uHC-\dfrac{\partial(uCH)}{\partial x}\dfrac{\Delta x}{2}\right]\Delta y\Delta t-\left[uHC+\dfrac{\partial(uCH)}{\partial x}\dfrac{\Delta x}{2}\right]\Delta y\Delta t$

在 y 方向上：$\left[vHC-\dfrac{\partial(vCH)}{\partial y}\dfrac{\Delta y}{2}\right]\Delta x\Delta t-\left[vHC+\dfrac{\partial(vCH)}{\partial y}\dfrac{\Delta y}{2}\right]\Delta x\Delta t$

由于扩散和弥散作用引起的控制体中污染物质增加或减少的质量为

$$S=\Delta x\Delta yH\Delta t$$

式中：S 为控制体中单位时间、单位体积内增加或减少的污染物质量。

由质量守恒定律得

$$\frac{\partial(CH)}{\partial t}\Delta x\Delta y\Delta t=-\frac{\partial(uCH)}{\partial x}\Delta x\Delta y\Delta t-\frac{\partial(vCH)}{\partial y}\Delta x\Delta y\Delta t-\frac{\partial(J_xH)}{\partial x}\Delta x\Delta y\Delta t$$

$$-\frac{\partial(J_yH)}{\partial y}\Delta x\Delta y\Delta t+SH\Delta x\Delta y\Delta t$$

又由 Fick 定律知扩散通量 J_x、J_y 的表达式为

$$J_x=-E_x\frac{\partial C}{\partial x}, J_y=-E_y\frac{\partial C}{\partial y}$$

于是二维水质模型的方程表达式如下：

$$\frac{\partial(CH)}{\partial t}+\frac{\partial(uCH)}{\partial x}+\frac{\partial(vCH)}{\partial y}=\frac{\partial}{\partial x}\left(E_xH\frac{\partial C}{\partial x}\right)+\frac{\partial}{\partial y}\left(E_yH\frac{\partial C}{\partial y}\right)+SH \tag{3.72}$$

式中：E_x、E_y 分别为 x、y 方向上的混合系数，它们反映了扩散与弥散的共同作用。同一维对流扩散方程一样，S 也可分为内源（或内漏）和外源两部分。

由于

$$\frac{\partial(CH)}{\partial t}+\frac{\partial(uCH)}{\partial x}+\frac{\partial(vCH)}{\partial y}$$

$$=H\frac{\partial C}{\partial t}+C\frac{\partial H}{\partial t}+C\frac{\partial(uH)}{\partial x}+uH\frac{\partial C}{\partial x}+C\frac{\partial(vH)}{\partial y}+vH\frac{\partial C}{\partial y}$$

$$=H\frac{\partial C}{\partial t}+C\left[\frac{\partial H}{\partial t}+\frac{\partial(uH)}{\partial x}+\frac{\partial(vH)}{\partial y}\right]+uH\frac{\partial C}{\partial x}+vH\frac{\partial C}{\partial y}$$

$$=H\frac{\partial C}{\partial t}+uH\frac{\partial C}{\partial x}+vH\frac{\partial C}{\partial y}$$

因此式（3.72）可化为

$$\frac{\partial C}{\partial t}+u\frac{\partial C}{\partial x}+v\frac{\partial C}{\partial y}=\frac{1}{H}\left[\frac{\partial}{\partial x}\left(E_xH\frac{\partial C}{\partial x}\right)+\frac{\partial}{\partial y}\left(E_yH\frac{\partial C}{\partial y}\right)\right]+S \tag{3.73}$$

6. 二维水流和水质模型的求解

（1）二维水流模型的求解。在求解二维水流方程时，人们多使用有限差分方法（如 ADI 法、破开算子方法等）或有限元法，详细的求解方法可参考专门介绍水流模型的书籍。在此，仅简单介绍一下 ADI 法的求解思路。

ADI 是英文 alternating direction methods 的简称，ADI 法也被称为交替方向隐式法，该方法为 Leedertre 首创，是一个隐显式结合的方法。主要技术路线如下：设 Δt、Δx、Δy 分别为时间步长和 x、y 方向上的空间步长，n、i、j 分别为时层数和 x、y 的步长数，在 xy 平面上采用交错网格（图 3.15），并给定个变量（z，u，v，h，c）的计算点。

在时间上将 Δt 分成两个半步长，计算采用隐、显格式交替方向进行（图 3.16），即在 $n\Delta t \rightarrow (n+1/2)\Delta t$ 半步长上，用隐格式离散连续方程和 x 方向上的动力方程，并用追赶法求得 $(n+1/2)\Delta t$ 时层上的 z 和 u 对 y 方向上的动力方程则用显格式离散，并求得 $(n+1/2)$ 0 时层上的 v；然后在 $(n+1/2)\Delta t \rightarrow (n+1)\Delta t$ 半步长上，用隐格式离散连续方程和 y 方向上动力方程，并用追赶法求得 $(n+1)\Delta t$ 时层上的 z 和 v，对 x 方向上的动力方程则用显格式离散，并求得 $(n+1)\Delta t$ 时层上的 u。

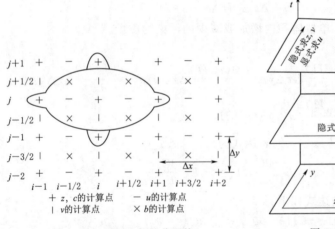

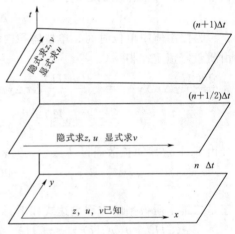

图 3.15　ADI 法的差分网格　　　　　图 3.16　ADI 法的计算过程

（2）二维水质模型方程的差分解法。在二维水质模型的差分解法中，本书对特征显式差分格式作一个简单介绍。

式（3.72）中的源漏项 S 可写为 $S = -KC + S_0$，其中 K 表示衰减系数，S_0 表示外源影响。因此式（3.72）可写为

$$\frac{\partial(CH)}{\partial t} + \frac{\partial(uCH)}{\partial x} + \frac{\partial(vCH)}{\partial y} = \frac{\partial}{\partial x}\left(E_x H \frac{\partial C}{\partial x}\right) + \frac{\partial}{\partial y}\left(E_y H \frac{\partial C}{\partial y}\right) - KHC + S_0 H \quad (3.74)$$

式（3.74）中各项的差分表达式为

$$\frac{\partial(CH)}{\partial t} \approx \frac{1}{\Delta t}\left[(HC)_{i,j}^{n+1} - (HC)_{i,j}^{n}\right]$$

$$\frac{\partial(uCH)}{\partial x} \approx \frac{1}{\Delta t}\left\{\frac{1-y_1}{2}\left[(uHC)_{i+1,j}^{n} - (uHC)_{i,j}^{n}\right] + \frac{1+y_1}{2}\left[(uHC)_{i,j}^{n} - (uHC)_{i-1,j}^{n}\right]\right\}$$

$$= \frac{\Delta(uHC)^{n}}{\Delta x}$$

$$\frac{\partial (vCH)}{\partial y} \approx \frac{1}{\Delta t} \left\{ \frac{1-y_2}{2} \left[(vHC)_{i,j+1}^n - (vHC)_{i,j}^n \right] + \frac{1+y_2}{2} \left[(vHC)_{i,j}^n - (vHC)_{i,j-1}^n \right] \right\}$$

$$= \frac{\Delta (vHC)^n}{\Delta y}$$

$$\frac{\partial}{\partial x} \left(E_x H \frac{\partial C}{\partial x} \right) \approx \frac{1}{\Delta x} \left[\frac{E_{x_i,j}(H_{i+1,j}^n + H_{i,j}^n)}{2} \frac{(C_{i+1,j}^n - C_{i,j}^n)}{\Delta x} - \frac{E_{x_{i-1},j}(C_{i,j}^n + C_{i-1,j}^n)}{2} \frac{(C_{i,j}^n - C_{i-1,j}^n)}{\Delta x} \right]$$

$$= \frac{1}{\Delta x} \left(E_x H \frac{\Delta C}{\Delta x} \right)^n$$

$$\frac{\partial}{\partial y} \left(E_y H \frac{\partial C}{\partial y} \right) \approx \frac{1}{\Delta y} \left[\frac{E_{y_i,j}(H_{i,j+1}^n + H_{i,j}^n)}{2} \frac{(C_{i,j+1}^n - C_{i,j}^n)}{\Delta y} - \frac{E_{y_i,j-1}(H_{i,j}^n + H_{i-1,j-1}^n)}{2} \frac{(C_{i,j}^n - C_{i,j-1}^n)}{\Delta y} \right]$$

$$= \frac{1}{\Delta y} \left(E_y H \frac{\Delta C}{\Delta y} \right)^n$$

$$KHC \approx KH_{i,j}^n C_{i,j}^n ; S_0 H \approx S_{0\,i,j}^n H_{i,j}^n$$

将以上各项的差分表达式代入式（3.74），得

$$C_{i,j}^{n+1} = \frac{H_{i,j}^n}{H_{i,j}^{n+1}} C_{i,j}^n - \frac{\Delta t}{\Delta x H_{i,j}^{n+1}} \Delta (uHC)^n - \frac{\Delta t}{\Delta y H_{i,j}^{n+1}} \Delta (vHC)^n$$

$$+ \frac{\Delta t}{H_{i,j}^{n+1}} \left[\frac{1}{\Delta x} \left(E_x H \frac{\Delta C}{\Delta x} \right)^n + \frac{1}{\Delta y} \left(E_y H \frac{\Delta C}{\Delta y} \right)^n \right] - \frac{H_{i,j}^n \Delta t}{H_{i,j}^{n+1}} (KC_{i,j}^n - S_{0i,j}^n)$$

$$(3.75)$$

其中：当 $u_{i,j} > 0$ 时，$\gamma_1 = 1$；当 $u_{i,j} < 0$ 时，$\gamma_1 = -1$。

当 $v_{i,j} > 0$ 时，$\gamma_2 = 1$；当 $v_{i,j} < 0$ 时，$\gamma_2 = -1$。

式（3.75）中的外源项的表达式为

$$S_{0\,i,j}^n = \frac{W_{i,j}^n}{\Delta x \Delta y H_{i,j}^n} \tag{3.76}$$

式中：$W_{i,j}^n$ 为网格（i，j）处的排污口在 $n\Delta t$ 时刻的排放强度；初试条件可按 $C_{i,j}^0 = 0$ 给定。

在闭边界上，浓度通量规定为 0；在开边界上，当水流流出边界，边界处的浓度值用纯对流方程 $\frac{\partial C}{\partial t} + U_n \frac{\partial C}{\partial L} = 0$（$U_n$ 为与边界垂直的法向流速，代表 u 或 v，L 代表 x 和 y）的差分形式计算，当水流流入计算边界时，边界上的浓度值由实测值或规划值给定，或近似按前一个时刻的边界浓度值的某个百分比取值，具体视水质计算的目的而定。

7. 三维水流与水质模型

（1）三维水流模型方程。假定水体各处的密度相同，垂向压力服从静水压强分布，则直角坐标系下的三维水流运动方程为

$$\frac{\partial \xi}{\partial t} + \frac{\partial}{\partial x} \int_{-h}^{\xi} u \, dz + \frac{\partial}{\partial x} \int_{-h}^{\xi} v \, dz = 0 \tag{3.77}$$

$$\frac{\partial u}{\partial x} + \frac{\partial v}{\partial y} + \frac{\partial w}{\partial z} = 0 \tag{3.78}$$

$$\frac{\partial u}{\partial t} + u \frac{\partial u}{\partial x} + v \frac{\partial v}{\partial y} + w \frac{\partial w}{\partial z} = fv - g \frac{\partial \xi}{\partial x} + \xi_x \Delta^2 u + \frac{1}{\rho} \frac{\partial \tau_x}{\partial z} \tag{3.79}$$

$$\frac{\partial v}{\partial t}+u\frac{\partial v}{\partial x}+v\frac{\partial v}{\partial y}+w\frac{\partial v}{\partial z}=fu-g\frac{\partial \xi}{\partial y}+\xi_y\Delta^2 v+\frac{1}{\rho}\frac{\partial \tau_y}{\partial z} \tag{3.80}$$

式中：ξ 为水位；u、v、w 分别为 x、y、z 坐标轴上的流速分量；τ_x、τ_y 分别为 x、y 方向上的切应力项；其余符号意义同式（3.69）～式（3.71）。

（2）三维水质模型方程。描述污染物质在三维水体中的迁移扩散方程为

$$\frac{\partial C}{\partial t}+\frac{\partial(uC)}{\partial x}+\frac{\partial(vC)}{\partial y}+\frac{\partial(wC)}{\partial z}=\frac{\partial}{\partial x}(E_x\frac{\partial C}{\partial x})+\frac{\partial}{\partial y}(E_y\frac{\partial C}{\partial y})+\frac{\partial}{\partial z}(E_z\frac{\partial C}{\partial z})-KC+S$$

$$\tag{3.81}$$

式中：C 为时空点（t，x，y，z）上的浓度值；E_x、E_y、E_z 分别是 x、y、z 方向上的扩散系数；K 为衰减系数；S 为源漏项。

8. 水质模型参数的确定

在建立、应用水质模型对水体中污染物质的迁移转化过程进行模拟时，确定水质模型中的水力学参数以及与污染物本身特性有关的参数对模型的合理性、准确性是很重要的，本节简单介绍水质模型中几个常用参数的确定方法。

（1）弥散系数 D_x。人们在用一维水流、水质模型来模拟天然河流的水流水质时，将河流断面的流速、水质的浓度当作均匀分布的，这与实际情况不符，因此需要引进弥散系数 D_x。弥散系数 D_x 的计算方法主要有以下几种。

1）积分法。Fischer 提出的计算公式为

$$D_x=-\frac{1}{A}\int_0^B q\mathrm{d}y\int_0^y\frac{1}{E_y H(y)}\mathrm{d}y\int_0^y q'(y)\mathrm{d}y \tag{3.82}$$

其中：

$$q'(y)=q-\frac{1}{B}\int_0^B q\mathrm{d}y$$

式中：$H(y)$ 为水深；E_y 为横向扩散系数；$q'(y)$ 为单宽流量与平均流量的偏差值；B 为河宽；y 为河宽方向上的坐标；A 为断面面积。

为了方便计算，常用下式来代替式（3.82）：

$$D_x=-\frac{1}{A}\sum_{k=2}^n q'_k\Delta y_k\left[\sum_{j=2}^n\frac{\Delta y_j}{E_{y_j}H_j}\left(\sum_{i=1}^{j-1}q'_i\Delta y_i\right)\right] \tag{3.83}$$

式中：n 为横断面上的分层段数；Δy_i 为第 i 段宽度；q'_i 为第 i 段上单宽流量的偏差值。

2）经验公式法。

Elder 公式：

$$D_x=aHu_*=aH\sqrt{gHJ} \tag{3.84}$$

Fischer 公式：

$$D_x=\frac{0.011u^2B^2}{Hu_*}=\frac{0.011u^2B^2}{H\sqrt{gHJ}} \tag{3.85}$$

式中：u 为断面平均流速，m/s；u_* 为摩阻流速，m/s；J 为水力坡度；H 为断面平均水深，m；a 为经验系数，取值5.93；g 为重力加速度，m/s^2。

3）示踪法。该方法的主要思路是通过测量示踪剂的变化速率来确定弥散系数 D_x。

当示踪剂按中心瞬时点源投放时，河流下游断面上示踪剂的平均浓度应为

$$C(x,t) = \frac{m/A}{\sqrt{4\pi D_x t}} \exp\left[-\frac{(x-ut)^2}{-4D_x t}\right] \tag{3.86}$$

结合实测资料，利用式（3.86）可通过矩量法、线性拟合法、正态分布法等数学方法求得 D_x 值，详情请参考有关书籍，在此不一一说明。

（2）BOD 的衰减系数 K_1。这里主要介绍一下通过 S-P 模型来求 K_1 的方法。

S-P 模型形式为

$$\begin{cases} u\dfrac{\mathrm{d}L}{\mathrm{d}x} = -K_1 L \\ u\dfrac{\mathrm{d}O}{\mathrm{d}x} = -K_1 L + K_2(O_s - O) \end{cases} \tag{3.87}$$

临界氧亏 D_c 在 $u = \dfrac{\mathrm{d}D_c}{\mathrm{d}X_c} = K_1 L_c - K_2 D_c = 0$ 时为

$$D_c = \frac{K_1}{K_2}L = \frac{K_1}{K_2}L_0 e^{-K_1\frac{x_c}{u}}$$

$$\ln D_c = \ln K_1 + \ln\frac{L_0}{K_2} - K_1\frac{x_c}{u} \tag{3.88}$$

式中：K_2 为复氧系数；L_0 为初试时刻的 BOD 值。

可以利用式（3.88）通过试算法求得 K_1 的值，D_c 和 X_c 可通过氧垂曲线求得。

（3）大气复氧系数 K_2。计算 K_2 的经验公式形式为

$$K_2 = c\frac{u^m}{H^m}$$

式中：u、H 分别为河道的平均流速与平均水深；c、m 为系数。

其他求 K_2 值的方法还有示踪剂法，包括放射性同位素示踪法以及低分子烃类示踪法等。

3.3.3 BOD-DO 模型

本节在一维水质迁移转化模型的基本方程的基础上，进一步对河流水质多组分情况建立模型。在众多水质模型中，以综合反映耗氧有机物的 BOD-DO 模型具有普遍意义，是研究较为成熟的水质模型。以下进行一一介绍。

1. 斯特里特-菲尔普斯（S-P）BOD-DO 模型

在稳态条件下，一维河流水质模型的基本方程是

$$u\frac{\partial C}{\partial x} = E\frac{\partial^2 C}{\partial x^2} + \sum S_i$$

斯特里特-菲尔普斯建立的 BOD-DO 模型有以下假定：

（1）方程中的源漏项 $\sum S_i$ 只考虑耗氧微生物参与的 BOD 衰减反应，并认为该反应是符合一级反应动力学的，$\sum S_i = -K_1 L$。

（2）引起水体中溶解氧 DO 减少的原因，只是由于 BOD 降解所解引起的，其减少速率与 BOD 降解速率相同；水体中的复氧速率与氧亏成正比，氧亏是指溶解氧浓度与饱和溶解氧浓度的差值。

由上述两个假设，根据稳态的一维迁移转化基本方程，稳态的一维 BOD、DO 水质模型可用下列两个方程来表示：

$$\begin{cases} u \dfrac{\mathrm{d}L}{\mathrm{d}x} = E \dfrac{\mathrm{d}^2 L}{\mathrm{d}x^2} - K_1 L \\ u \dfrac{\mathrm{d}O}{\mathrm{d}x} = E \dfrac{\mathrm{d}^2 O}{\mathrm{d}x^2} - K_1 L + K_2 (O_s - O) \end{cases} \tag{3.89}$$

式中：L 为 $x=x$ 处河水 BOD 浓度，mg/L；O 为 $x=x$ 处河水溶解氧的浓度，mg/L；O_s 为河水在某温度时的饱和溶解氧浓度，mg/L；x 为离排污口处（$x=0$）的河水流动距离，m；u 为河水平均流速，m/s；K_1 为 BOD 的衰减系数，d^{-1}；K_2 为河水复氧系数，d^{-1}；E 为河流离散系数，m^2/s。

在 $L\,(x=0)=L_0$，$O\,(x=0)=O_0$ 的初值条件下，求其积分解，得到以下的 S-P 模型。

1）考虑离散时：

$$\begin{cases} L = L_0 \exp(\beta_1 x) \\ O = O_s - (O_s - O_0) \exp(\beta_2 x) + \dfrac{K_1 L_0}{K_1 - K_2} \left[\exp(\beta_1 x) - \exp(\beta_2 x) \right] \end{cases} \tag{3.90}$$

其中：

$$\begin{cases} \beta_1 = \dfrac{u}{2E} \left(1 - \sqrt{1 + \dfrac{4EK_1}{u^2}} \right) \\ \beta_2 = \dfrac{u}{2E} \left(1 - \sqrt{1 + \dfrac{4EK_2}{u^2}} \right) \end{cases} \tag{3.91}$$

2）忽略离散时：

$$\begin{cases} L = L_0 \exp\left(\dfrac{-K_1 x}{u} \right) \\ O = O_s - (O_s - O_0) \exp\left(\dfrac{-K_2 x}{u} \right) + \dfrac{K_1 L_0}{K_1 - K_2} \left[\exp\left(-\dfrac{K_1 x}{u} \right) - \exp\left(\dfrac{-K_2 x}{u} \right) \right] \end{cases} \tag{3.92}$$

2. 托马斯（Thomas）BOD-DO 模型

对于一维稳态河流，由于悬浮物的沉淀与上浮也会引起水中 BOD 的变化。因此，托马斯在斯特里特-菲尔普斯模型的基础上，考虑了一项因悬浮物沉淀与上浮对 BOD 速率变化的影响，增加了一个沉浮系数 K_3。其基本方程式：

$$\begin{cases} u \dfrac{\mathrm{d}L}{\mathrm{d}x} = -(K_1 + K_3) L \\ u \dfrac{\mathrm{d}O}{\mathrm{d}x} = -K_1 L + K_2 (O_s - O) \end{cases} \tag{3.93}$$

式中：K_3 为 BOD 沉浮系数，d^{-1}；其余符号的意义同前。

从上式可以看到，托马斯建立的 BOD-DO 模型在计算溶解氧方程中仍然保留一个 K_1，这是因为 BOD 的这一部分减少并不是降解所致，因而与溶解氧的减少无关。

在边界条件为 $L(x=0)=L_0$，$O(x=0)=O_0$ 的情况下，得到托马斯模型的积分解为

$$\begin{cases} L = L_0 \exp\left(-\dfrac{K_1+K_3}{u}x\right) \\ O = O_s - (O_s - O_0)\exp\left(\dfrac{-K_2 x}{u}\right) + \dfrac{K_1 L_0}{K_1+K_3-K_2}\left[\exp\left(\dfrac{-(K_1+K_3)x}{u}\right) - \exp\left(\dfrac{-K_2 x}{u}\right)\right] \end{cases}$$

$$(3.94)$$

3. 奥康纳（O′connor）BOD-DO 模型

对一维稳态河流，在托马斯模型的基础上，奥康纳将总的 BOD 分解为碳化耗氧量（L_C）和硝化耗氧量（L_N）两部分，其方程组为

$$\begin{cases} u\dfrac{\mathrm{d}L_C}{\mathrm{d}x} = -(K_1+K_3)L_C \\ u\dfrac{\mathrm{d}L_N}{\mathrm{d}x} = -K_N L_N \\ u\dfrac{\mathrm{d}O}{\mathrm{d}x} = -K_1 L_C - K_N L_N + K_2(O_s - O) \end{cases}$$

$$(3.95)$$

式中：L_C 为 $x = x$ 处河水 CBOD 浓度，mg/L；L_N 为 $x = x$ 处河水 NBOD 浓度，mg/L；K_1 为 CBOD 的衰减系数，d^{-1}；K_2 为河水复氧系数，d^{-1}；K_3 为 CBOD 的沉浮系数，d^{-1}；K_N 为 NBOD 的衰减系数，d^{-1}；其余符号的意义同前。

在 $L_C(x=0)=L_{C_0}$，$L_N(x=0)=L_{N_0}$，$O(x=0)=O_0$ 的边界条件下，可求解得到奥康纳 BOD-DO 模型的积分解为

$$\begin{cases} L_C = L_{C_0} \exp\left[-\dfrac{(K_1+K_3)}{u}x\right] \\ L_N = L_{N_0} \exp\left(-\dfrac{K_N}{u}x\right) \\ O = O_s - (O_s - O_0)\exp\left(\dfrac{-K_2 x}{u}\right) + \dfrac{K_1 L_0}{K_1+K_3-K_2}\left\{\exp\left[\dfrac{-(K_1+K_3)x}{u}\right] - \exp\left(\dfrac{-K_2 x}{u}\right)\right\} \\ \qquad + \dfrac{K_N L_{N_0}}{K_N-K_2}\left[\exp\left(\dfrac{-K_N x}{u}\right) - \exp\left(\dfrac{-K_2 x}{u}\right)\right] \end{cases}$$

$$(3.96)$$

或

$$D = D_0 \exp\left(\dfrac{-K_2 x}{u}\right) - \dfrac{K_1 L_0}{K_1+K_3-K_2}\left\{\exp\left[\dfrac{-(K_1+K_3)x}{u}\right] - \exp\left(\dfrac{-K_2 x}{u}\right)\right\}$$

$$- \dfrac{K_N L_{N_0}}{K_N-K_2}\left[\exp\left(\dfrac{-K_N x}{u}\right) - \exp\left(\dfrac{-K_2 x}{u}\right)\right]$$

$$(3.97)$$

3.4 应 用 举 例

例 1：某均匀河段的始端瞬时投放 $m = 10\mathrm{kg}$ 的示踪剂，该河段流速 $u = 0.5\mathrm{m}^2/\mathrm{s}$，离散系数 $D = 50\mathrm{m}^2/\mathrm{s}$，河流的过水断面面积 $A = 20\mathrm{m}^2$。试求该河段始端下游 500m 处河水中示

踪剂浓度随时间的变化过程 C（500，t）。

解：按式（3.55）计算，投放断面下游 $x = 500\text{m}$ 处的示踪剂浓度为：

$$C(500,t) = \frac{M}{A\sqrt{4\pi Dt}} \exp\left[-\frac{(x-ut)^2}{4Dt}\right]$$

$$= \frac{10 \times 1000^2}{(20 \times 10^2)\sqrt{4\pi(50 \times 10^2)}\,t} \exp\left[-\frac{(500-0.5t)^2}{4 \times 50t}\right]$$

$$= \frac{19.947}{\sqrt{t}} \exp\left[-\frac{(500-0.5t)^2}{200t}\right]$$

取不同的时间 t，可计算得以下结果，见表 3.6。

表 3.6　　　　　　　　　　　　　　　　　**计 算 结 果 表**

t/min	2	6	10	12	14	16	20	24	36	40
t/s	120	360	600	720	840	960	1200	1440	2160	2400
C/(mg/L)	0.0006	0.254	0.583	0.649	0.663	0.642	0.552	0.444	0.197	0.147

例 2：某河段流量 $Q = 216 \times 10^4 \text{m}^3/\text{d}$，流速 $u = 46\text{km/d}$，水温 $T = 13.6℃$，$K_1 = 0.94\text{d}^{-1}$，$K_2 = 1.82\text{d}^{-1}$，$K_3 = -0.17\text{d}^{-1}$。河段始端有一排污口，以 $Q_1 = 10 \times 10^4 \text{m}^3/\text{d}$ 排放废水，其 BOD 为 500mg/L、溶解氧为 0mg/L，上游河水 BOD 为 0mg/L、溶解氧为 8.59mg/L。求该河段 $x = 6\text{km}$ 处河水 BOD 和氧亏值。

解：由托马斯模型可知，河段始端混合河水的 BOD 和 DO 为

$$L_0 = \frac{216 \times 0 + 10 \times 500}{216 + 10} = 22.124(\text{mg/L})$$

$$O_0 = \frac{216 \times 8.95 + 10 \times 0}{216 + 10} = 8.554(\text{mg/L})$$

$$O_s = \frac{468}{31.6 + 13.6} = 10.354(\text{mg/L})$$

$$D_0 = 10.354 - 8.554 = 1.8(\text{mg/L})$$

$$L = 22.124 \times \exp\left(-\frac{0.94 - 0.17}{46} \times 6\right) = 20.01(\text{mg/L})$$

$$D = 1.8 \times \exp\left(-\frac{1.82 \times 6}{46}\right) + \frac{0.94 \times 22.124}{1.82 - 0.17 - 0.94}$$

$$\times \left[\exp(-0.1004) - \exp\left(-\frac{1.82 \times 6}{46}\right)\right] = 4.811(\text{mg/L})$$

思考题

1. 水污染类型、污染物、污染标志及来源都有哪些？

2. 通常测试的水质指标都有哪些，度量单位是什么？

3. 吸附与解吸具体定义是什么？

4. 基于不同的角度，可得出不同的分类，常用的水质模型主要有哪几类？

5. 一维水质数学模型的建立的过程是什么？

第4章 湖泊水库水温水质预测

随着我国城市化、工业化进程的加快以及社会经济的发展，水资源污染问题日益加剧，尤其是流动性较小的湖泊水库污染问题更为突出。湖泊水库污染与水温、水质的变化息息相关，因此要解决湖泊水库污染问题，需要对湖泊水库的水温、水质进行一定的预测，以期找到影响水环境、水生态的主要因素，从而采取有效的措施治理湖泊水库污染。

本章首先介绍了湖泊水库的定义及分类、污染来源与途径、污染特征，为后续湖泊水库模型研究的必要性提供背景依据。其次，阐述了湖泊水库水温分布特征、影响水温分布的因素以及水温模型发展概况，并在此基础上，对不同的水温模型进行了介绍。再者，详细阐述了湖泊水库富营养化成因、物质来源、危害、评价方法以及湖泊水库水质模型发展概况，并对不同水质模型及软件进行了介绍。最后，以陕西省黑河水库为例，介绍了湖泊水库水温水质模型的应用。

4.1 湖泊水库及其污染

4.1.1 湖泊水库

1. 湖泊水库的定义

湖泊泛指陆域环境上相对低洼地区所蓄积出一定规模而不与海洋发生直接联系的水体。它虽是由湖岸、湖盆、湖水及水中所含的各种物质（矿物质、溶解质、有机质及水生物等）所组成，自成一格的静水型（standing water）生态体系，却持续参与周遭更大尺度自然环境中物质与能量的循环。按成因可分为构造湖、火山湖、山崩湖、水力冲积湖、潟湖、岩溶湖、冰川湖和人工湖。也可按湖水温度或含盐量划分为暖湖、温湖、冷湖或淡水湖、微咸湖、咸水湖和盐湖等。湖泊因水域面积大小、深浅、植生有无或陆域化程度的差异，衍生出许多看似南辕北辙的名称，这些名称多属当地民众习惯的用法，至今未必有统一的科学标准能加以区隔。在工程水文学中湖泊的重要意义在于它能调节江河径流，减少洪峰流量，增加枯水流量，并可作为发电、灌溉和给水水源以及运输航道等。

水库是指利用河流山谷、平原洼地和地下岩层空隙形成的储水体的统称，包括山谷水库、平原水库和地下水库。它可以调节天然径流在时间分配上的不均衡状态，以适应人类生产和生活的需要。水库通过人工方式构筑，具有给水、防洪、发电、灌溉、观光游憩等功能，是一项综合性的水利工程，主体由大坝、输水洞和溢洪道组成。水库库容是蓄水容积的统称，一般包括死库容、兴利库容和防洪库容。水库除能发挥防洪和灌溉、发电、航运等效益外，还有发展水产与旅游之益。但是，水库淤积可引起河槽摆动和水质变化，库区水使土地被浸没，也可能导致大坝失事、水库岸坡崩坍等灾害。

湖泊基本上是封闭性蓄水体，一般流动性很小。水库被称为人工湖泊，具有一定的流动性，除一些调节性能很低的水库（如日调节或周调节水库）外，与河流相比，绝大多数水库的特性更接近于湖泊。

2. 湖泊水库的分类

从研究水质问题的角度出发，按照湖泊、水库的水文水力条件和污染物混合特性，可粗略地把湖泊、水库划分为如下两大类（樊尔兰等，1996）。

（1）完全均匀混合型。这类湖库的特征是：水面面积和水深都不大；污染物流入后，在湖流、对流和风浪等因素的共同作用下，使其均匀混合，全湖（每一点处）的浓度基本趋向一致。

这类水体的水质分布，可采用输入/输出模型（即零维模型）来描述。

（2）非均匀混合型（分层型）。除完全均匀混合型以外的所有湖泊和水库均属于非均匀混合型，可进一步划分为：平面不均匀型（水面宽广，水深很小）；垂向不均匀型（水面不大，水深较大）；纵向不均匀型（纵向长度很大，水面宽较小）；三维不均匀型（水面宽广，水深较大）。这 4 种类型湖泊、水库的水质分布特点如下。

1）平面不均匀型。入湖、库的污染物，只能在河流入湖（库）口及直接排入湖、库的污染源附近的局部范围内混合，而全湖（库）在平面上浓度并不均匀。这类湖库，由于水深很小，可认为垂向浓度呈均匀分布。

研究这类水体的水质分布，一般应采用平面二维模型。

2）垂向不均匀型。其主要特征是出现垂向水质分层。最明显的是出现以夏季为主的水温分层；在水温（密度）分层与其他因素的共同作用下，导致其他水质分层现象。

这类水库一般可采用垂向一维模型进行研究。

3）纵向不均匀型。其主要特征是水质分布沿纵向变化较大。按水深大小又可分为两种情况：当水深较小时，可认为其垂向浓度分布均匀，例如，道型浅水库就是这样，其水质变化可采用纵向一维模型来研究；当水深较大时，还应考虑水质的垂向变化，这时应采用纵垂向二维模型来研究。

水库的水质变化可采用纵向一维模型来研究；当水深较大时，还应考虑水质的垂向变化，这时应采用纵垂向二维模型来研究。

4）三维不均匀型。平面和垂向都不均匀，其流速场和水质分布需用三维模型来研究。

对上述各类蓄水体，本书重点研究垂向不均匀型的情况。这主要是考虑到：①分层型湖泊和水库是大量存在的，因只考虑垂向一维变化，所以分析方法和模型结构相对比较简单实用，容易推广应用。②完全均匀混合型很简单，采用输入/输出模型就可满足要求，而这种模型在许多有关书籍中均有介绍。③纵向不均匀型，水深较小的情况与河流类似。当水深较大，要考虑垂向变化时，可采用纵向分段的方法，然后对每段应用一维垂向模型即可解决。

4.1.2　污染来源与途径

湖泊水库污染是指由于污水流入使水体受到污染的现象。当汇入水体的污水过多而超过水体的自净能力时，水体发生水质的变化，使湖泊水库环境严重恶化，出现了富营养化、有机污染、湖面萎缩、水量剧减、沼泽化等环境问题。引起湖泊水库的污染物种类繁多，根据污染物类型的不同可分为外源污染物和内源污染物；根据污染源的不同可分为点源、非点源以及内源污染，其中点源与非点源污染是外源污染物进入湖泊的主要方式（高翔，2014）。水体污染物类型和来源见表 4.1。

表 4.1 水体污染物类型与来源

污染物类型	污染源	污染物来源
外源污染物	点源	工业废水
		城镇生活污水
		固体废物处置场
	非点源	地表径流
		大气沉降
		大气降水
		水体投饵养殖
		水面娱乐活动废弃物
		水土流失
		土壤侵蚀
内源污染物	内源	底泥及沉积物

（1）点源污染。点源污染，是由可识别的单污染源引起的空气、水、热、噪声或光污染。点源具有可以识别的范围，可将其与其他污染源区分开来。由于在数学模型中，该类污染源可被近似视为一点以简化计算，因此被称为点源。美国环保署（The U.S. Environmental Protection Agency）将"点源污染"定义为"任何由可识别的污染源产生的污染"，"可识别的污染源"包括但不限于排污管、沟渠、船只或者烟囱。

对水污染而言，点源污染是指大、中企业和大、中居民点在小范围内的大量水污染的集中排放，如工业废水、城镇生活污水及固体废物处置场等，由排放口集中汇入江河湖泊。

（2）非点源污染。详见 2.2 节。

（3）内源污染。内源污染主要指进入湖泊中的营养物质通过各种物理、化学和生物作用，逐渐沉降至湖泊底质表层。积累在底泥表层的 N、P 营养物质，一方面可被微生物直接摄入，进入食物链，参与水生生态系统的循环；另一方面，可在一定的物理化学及环境条件下，从底泥中释放出来而重新进入水中，从而形成湖内污染负荷。内源污染又称二次污染，是指江河湖库水体内部由于长期积累的污染的再排放。

沉积物对外源 N、P 的接纳有一个从汇到源的转化过程，即随着外源污染的不断累积，沉积物中的氮、磷开始向水中释放。在这种情况下，即使切断了外源污染，内源污染也会在相当长的时间阻止水质的改善。这是在湖泊治理中需要考虑的。在浅水湖泊中，内源污染既是蓝藻水华形成的重要因素之一，蓝藻水华反过来又会促进内源 P（而非 N）的大量释放，导致 N/P 比的下降。内源污染还会阻止湖泊从浊水到清水的稳态转化，给湖泊的生态修复带来困难。

其中，由人类活动对湖泊水库污染的途径主要有：①受污染的河水、渠水流入湖泊水库；②工业废水、生活污水以及固体废物直接排入湖泊水库；③农田施肥、施药后的排水及降雨径流流入湖泊水库。

4.1.3 污染特性

湖泊水库有水面宽广、流速缓慢、具有垂向分层现象等显著特点，由于以上特点，与自然河流相比，污染物进入水体后具有以下特性（尹炜等，2021）。

（1）稀释混合能力较差。因湖泊（水库）的流动性很小，污染物进入水体后不易被稀释，因此，使水体对污染物质稀释混合能力变差，可能会引起局部污染严重的情况。

（2）沉淀作用较强。由于湖泊水库的相对封闭性，水体紊动扩散和随流输移的能力较自然河流降低，污染物难于经搬运作用从湖口河道向下游输送，从而易于沉淀，因此，水体对污染物质沉淀作用增强。

（3）自净能力减弱。由于湖泊水库的缓流水面使水的复氧作用降低，且水体交换缓慢，更新周期长，污染负荷比较集中，从而使水体对污染物的自净能力减弱。

（4）易形成富营养化。当流入水体的营养物（N、P 等）浓度较高时，由于湖泊（水库）流速缓慢，以及阳光造成水温的垂直分布阻碍水的垂直混合等原因，使污染物在湖库中的滞留时间增长，容易造成水体富营养化，引起湖泊水库生态系统发生恶性循环。最终，湖泊水库开始走向消亡，湖底逐渐升高，随着时间的推移，逐渐变为沼泽，最后变为陆地。

（5）底泥厌氧分解。微生物集中于底泥之中，但由于湖泊水库垂向分层现象，底泥溶解氧得不到供给，从而造成水体底层缺氧的现象。随着底层缺氧情况的继续发展，缺氧层厚度不断增大，以至于好氧微生物的活动范围被限制在水体表层，直到最后，在水体表面只有薄薄的一层藻类生长，其他需氧生物全部死亡，造成湖泊水库生态系统崩溃。

4.2 湖泊水库水温模型

4.2.1 水温特征

1. 水体热分层现象

水体热分层（thermal stratification）是指由于气温变化，水体在垂直方向上出现温度分布不均的现象。对于水源型湖泊水库的生态系统来说，尤其是深水湖泊水库，它是控制营养物质降解和转移的重要物理因素。在热分层期间，水库可稳定形成表面温变层（epilimnion）、中间温跃层（metalimnion）以及底部均温层（hypolimnion），这种温度分层会影响垂直方向上的水质状况以及藻类丰度，也会影响微生物群落的分布。湖泊水库水温受水面以上气象条件（主要是太阳辐射、气温和风速）、天然来水、水的密度和比热、藻华堆积、湖泊容积和水深以及湖盆形态等因素的影响，呈现出具有时间与空间的变化规律，以及比较明显的季节性变化与垂直变化（王禹冰等，2019；程海燕等，2009）。

根据水温结构，水库可分为混合型和分层型两类水库。

混合型水库，一般在库内水流湍急，交换迅速的中、小型水库出现。一年四季，这类水库的水温垂向分布大致相同。一般小型湖泊水库（容积小、水深小）水体温度分布较为均匀，不会出现显著的分层现象。对容积大、水深大的湖泊水库，因其流速小，紊动混掺能力小，水温常呈垂向分层现象。

分层型水库由春季始，气温升高，日照增强，入湖库水温比湖库水温相对较高，而从湖库表面进入，使湖库表面水温在夏末达到峰值，库面温水层和库下冷水层的温度差可超过 $15\sim20℃$，水体上部温度竖向梯度大，称为温跃层或斜温层；在水体表面由于热对流和风吹掺混，水面附近的水体产生混合，水温趋于一致，这部分水体称为温变层；水库底部温度梯度小，称为均温层，如图 4.1 所示。秋季气温逐渐下降，底层水温高于表层，表层水冷却、密度增大、向下沉降产生对流现象使温跃层逐渐消失，湖库表层形成温度均匀的掺混层，厚度随时间增加，对流现象达到整个水深时，称为湖库大循环，即翻池。冬季湖泊水库可能形成表面冰盖，冰盖下面是4℃左右的水，进水潜入冰盖以下，形成近乎均匀的温度场，最终冷却水温接近4℃的湖库，冬季表层形成逆温层。

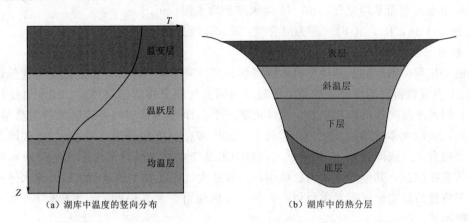

(a) 湖库中温度的竖向分布   (b) 湖库中的热分层

图 4.1 湖库水温分层

2. 分层判别方法

如前所述，湖泊水库一般都具有垂向分层现象。但不同的湖泊和水库，垂向分层强弱的差异是很大的，为了便于研究，一般由强到弱依次划分为分层型、过渡型和混合型这三类（纪道斌等，2022）。关于湖泊水库分层的判别方法和标准，国内外常用下述几种方法。

（1）$\alpha - \beta$ 法（水库层次交换法）。这种方法是由日本学者提出的，其判别指标为

$$\alpha = \frac{多年平均入库径流量}{总库容} \tag{4.1}$$

$$\beta = \frac{一次洪水总量}{总库容} \tag{4.2}$$

对于某水库，计算出 α、β 值后，即可判断其分层类型。当 $\alpha \leqslant 10$ 时为分层型；$10 < \alpha \leqslant 20$ 时为过渡型；$\alpha > 20$ 时为混合型。对于分层型水库，如遇 $\beta > 1$ 的洪水，则往往成为临时的混合型；而 $\beta \leqslant 0.5$ 的洪水一般对水温分层影响不大；$0.5 < \beta \leqslant 1$ 的洪水对分层的影响介于二者之间。

这种判别方法主要适合于水库，目前，我国在进行水库工程的环境影响评价中普遍采用这种判别方法。

（2）密度弗劳德数法。密度弗劳德数法是1968年美国Norton等提出用密度弗劳德数作为标准，来判断水库分层特性的方法，密度弗劳德数是惯性力与密度差引起的浮力的比值，即

$$Fr = \frac{u}{\left(\dfrac{\Delta \rho}{\rho_0} g H \right)^{1/2}} \tag{4.3}$$

式中：u 为断面平均流速，m/s；H 为平均水深，m；$\Delta \rho$ 为水深 H 上的最大密度差，kg/m^3；ρ_0 为参考密度，kg/m^3；g 为重力加速度，m/s^2。

当 $Fr \leqslant 0.1$ 时，水库为强分层型；当 $0.1 < Fr < 1.0$ 时，则为弱分层型；当 $Fr \geqslant 1.0$ 时，则为完全混合型。

（3）水库宽深比判别法。水库宽深比判别法公式为

$$R = \frac{B}{H} \tag{4.4}$$

式中：B 为水库水面平均宽度，m；H 为水库平均水深，m。

若 $H > 15\text{m}$，$R > 30$ 时水库为混合型，$R \leqslant 30$ 时水库为分层型。

3. 影响水温分布的因素

水温变化与一系列的水体热交换过程密切相关。对于某一水体，根据热量平衡原理，一定时间 Δt 内吸收蓄存的增热量应等于该时段内同大气热交换的净增热量、随水流迁移的净增热量、同河床热交换的净增热量、水体内部产生的净增热量和人类活动的净增热量之和。增值为正，表示水体吸热；反之，表示放热。水体蓄存热量的增加（或减少），直接表现为水体温度的升高（或降低）。自然情况下，影响水温变化的主要因素为水汽热交换和随水量迁移的热交换过程，其他因素常可忽略不计。通过大气界面发生热量交换是天然水体获得热量和散失热量的最主要过程，主要包括辐射（太阳辐射、大气辐射、水面辐射）、蒸发和热传导三种形式。

（1）辐射。凡具有一定温度的物质，都能通过短波辐射或长波辐射向四周散射热能。水体一方面接收辐射热，同时也放出辐射热，有以下几种情况。

1）太阳辐射：太阳能以短波辐射的形式通过地球大气层直接传播到水面，但在传播过程中，若遇云层、水汽、尘埃等，则可能部分被吸收，达到水面的短波辐射，还将被水面反射一部分到大气中去剩余的才被水体吸收，加热水体。反射部分与入射角有关，在我国一般小于入射量的 10%。

2）大气辐射：大气中的水珠、蒸汽、尘埃等可以吸收来自太阳的、反射的短波辐射，使之增温，然后又通过长波辐射的形式辐射到水面，其强度取决于气温的高低。大气长波辐射绝大部分可被水体吸收，约有 3% 被水面反射到大气中。

3）水面辐射：具有一定温度的水体，以长波辐射的形式向大气散射热能，从而引起水体的热能损耗。

（2）蒸发。蒸发是液体表面的水由液态变为气态迁移到空气中的净速率。水面蒸发时，将从水中吸收热能（蒸发潜热），从而使水温降低。

（3）热传导。气温与水温存在差别时，可通过热传导形式使空气与水体间发生热量交换。气温高于水温时，热量从空气传入水体；反之，则由水体传入空气。单纯的热传导，即通过分子或原子碰撞而交换热量，传导强度与水汽界面的温度差成正比。风有利于移走界面上空气中的热量，从而促进传导作用。这种作用与增加水面的蒸发作用相近，因此常用类似计算蒸发热损失那样估计热传导损失。

通过水面进入水体的热量为

$$\varphi_A = \varphi_R - \varphi_E - \varphi_C \tag{4.5}$$

式中：φ_A 为水体从大气接收的总的净热通量，$\text{J}/(\text{m}^2 \cdot \text{h})$；$\varphi_R$ 为辐射净热通量，$\text{J}/(\text{m}^2 \cdot \text{h})$；$\varphi_E$ 为蒸发热通量，$\text{J}/(\text{m}^2 \cdot \text{h})$；$\varphi_C$ 为传导热通量，$\text{J}/(\text{m}^2 \cdot \text{h})$。

1）随水量迁移的热交换过程。流入、流出水体的水量本身都携带有一定的热量，其大小按式（4.6）计算：

$$\varphi_Q = \Delta t Q \rho T C_p \tag{4.6}$$

式中：φ_Q 为流入（或流出）水体的热量，J；Q 为流入（或流出）水体的水流流量，m^3/s；Δt 为时间步长，s；T 为流量 Q 的温度，℃；ρ 为水的密度，kg/m^3；C_p 为水的比热；$J/(kg \cdot ℃)$。

2）同河床的热量交换。与河床的热交换是通过固体边界的热传导进行的，而温度在土壤中的梯度小，热交换量很小，一般可忽略这一影响。

3）内部产生的热。水体中产生的内部热主要来自两种因素：一是水的势能转换为摩擦热；二是物质中的化学能经生化作用释放出热能，通常情况下二者都非常小。

4）人为的加热与减热。主要是废热的排放以及通过水电站利用水能中产生的摩擦热，前者对于某些水体可能是很可观的，甚至造成热污染；后者一般很小，常可忽略不计。

以上热交换过程中，对水体温度变化影响最大的是同大气的热交换。

4. 气热交换参数的确定

下面介绍常用的确定气热交换中相关参数的计算方法。

（1）辐射净热通量 φ_R。水体表面的热辐射能量交换，可以下式来表达：

$$\varphi_R = (I - R_I) + (G - R_G) - S \tag{4.7}$$

式中：I 入射的太阳短波辐射，$J/(m^2 \cdot h)$；R_I 为 I 被水面反射的部分，$J/(m^2 \cdot h)$；G 被水面反射的部分，$J/(m^2 \cdot h)$；R_G 为 G 被水面反射的部分，$J/(m^2 \cdot h)$；S 为由水面发出的长波辐射热通量，$J/(m^2 \cdot h)$。

（2）太阳的净辐射。太阳辐射的波长范围为 $0.14 \sim 4.0 \mu m$，称短波辐射。入射到地球上水面的太阳短波辐射强度随地球纬度、高程、季节、一天中的时间和气象条件等而变化，通常直接用日射强度计来测定，这些资料可从气象部门获得。我国碧空条件下各地太阳辐射强度见表4.2。

表 4.2　　　　　我国碧空条件下各地太阳辐射强度　　　　单位：$kJ/(cm^2 \cdot 月)$

纬度/(°)	1月	2月	3月	4月	5月	6月	7月	8月	9月	10月	11月	12月	年总和
平原区													
50.0	23.86	36.01	59.20	74.94	91.69	96.72	94.20	78.71	61.13	41.87	26.80	19.68	703.80
47.5	28.05	40.19	61.13	77.04	92.53	97.55	95.04	80.81	63.64	46.05	31.40	23.86	737.30
45.0	32.24	44.38	63.22	79.13	92.95	97.97	95.88	82.90	65.73	49.82	35.59	27.63	767.44
42.5	36.43	47.31	65.73	80.81	93.78	98.39	96.30	84.99	68.24	53.59	39.77	30.98	796.33
40.0	39.36	49.82	66.99	81.64	94.62	98.81	97.13	86.67	66.52	42.71	34.33	819.36	
37.5	41.45	50.24	66.99	90.81	93.37	96.30	95.04	85.83	70.76	57.78	43.76	36.43	818.94
35.0	42.29	50.66	66.57	79.55	90.85	93.37	92.11	84.15	70.34	58.20	45.22	38.94	812.24
32.5	43.54	51.50	70.76	77.87	88.76	90.43	89.60	82.06	70.34	59.03	47.31	40.61	807.63
30.0	46.05	53.17	66.99	77.04	87.50	90.02	88.76	81.22	70.76	60.71	50.24	42.71	815.17
27.5	50.66	56.94	69.08	79.13	88.34	91.27	89.60	82.90	72.85	64.06	53.59	47.31	845.73
25.0	55.27	60.71	70.34	81.64	91.27	93.78	92.95	85.41	74.94	67.41	57.78	51.92	883.41
22.5	55.68	60.29	69.50	80.81	90.02	92.11	91.27	85.41	74.94	66.15	57.78	52.34	876.30
20.0	55.68	59.03	67.83	78.29	87.92	90.02	89.18	83.74	72.85	64.48	57.36	52.34	858.71

纬度/(°)	1月	2月	3月	4月	5月	6月	7月	8月	9月	10月	11月	12月	年总和
青藏高原地区													
37.5	42.29	52.75	68.24	85.83	100.90	104.25	101.74	91.69	76.20	30.29	44.80	37.68	966.67
35.0	43.38	55.68	69.08	87.50	101.74	105.51	102.58	93.37	78.71	62.38	48.15	41.45	890.53
32.5	50.66	61.55	76.20	91.27	103.00	106.76	103.83	94.62	81.22	67.41	54.01	45.22	935.75
30.0	60.29	71.59	84.99	97.55	105.93	108.86	106.34	97.97	89.09	75.78	64.06	53.59	1014.04

缺乏实测资料时，可应用下述公式估计：

$$I = I_0(0.248 + 0.751\gamma) \tag{4.8}$$

式中：I 为某月地面实际得到的平均太阳辐射热强度；I_0 为碧空条件下，某月某地可能获得的太阳辐射强度，$kJ/(cm^2 \cdot 月)$，可查表 4.2 得；γ 为日照百分率。

水面反射的太阳辐射 R_I 可由反射率 γ_s 计算。γ_s 与太阳高度角密切相关，所以它在日内、年内都有变化。例如太阳光铅直入射时，$\gamma_s = 0.02 \sim 0.05$；入射角近于 $90°$ 时，$\gamma_s = 0.7 \sim 0.8$。经分析，我国月平均水面反射率在北纬 $20° \sim 50°$ 时，1 月份为 $0.07 \sim 0.16$，7 月份为 $0.06 \sim 0.07$。确定 γ_s 后，太阳对水面的净辐射通量可按下式计算：

$$\varphi_I = I - R_I = (1 - \gamma_s)I \tag{4.9}$$

(3) 大气的净辐射。大气辐射波长范围为 $4 \sim 120\mu m$，称长波辐射，其辐射强度取决于气温、湿度、云度等因素，可按斯蒂弗-博尔茨曼（Stefar - Boltzman）定律计算：

$$G = \sigma \varepsilon_a T_{aK}^4 \tag{4.10}$$

式中：G 为大气长波辐射的热能通量，$J/(m^2 \cdot h)$；T_{aK} 为以绝对温度表示的水面以上 2m 高处的气温，K；σ 为斯蒂弗-博尔茨曼常数，$\sigma = 5.67 \times 10^{-8} J/(S \cdot m^2 \cdot K^4)$；$\varepsilon_a$ 为大气的发射率，与天气情况有关。

晴天无云时，艾德索-杰克逊（Idso - Jackson，1969）给出发射率计算公式为

$$\varepsilon_a' = 1 - 0.261 \exp(-0.74 \times 10^{-4} T_a) \tag{4.11}$$

式中：T_a 为水面以上 2m 处的温度，℃。

当有云时，用博尔茨（Bolz）公式计算 ε_a：

$$\varepsilon_a = \varepsilon_a'(1 + KC_r^2) \tag{4.12}$$

式中：C_r 为云层覆盖的比例，即云度；K 为由云层高确定的系数，变化为 $0.04 \sim 0.25$，美国田纳西工程管局（1968 年）推荐平均取 0.17。

水面对大气辐射的反射率近似为 0.03，因此，水面吸收的大气净辐射通量 φ_G 为

$$\varphi_G = G - R_G = (1 - 0.03)G = 0.97G \tag{4.13}$$

(4) 水面向大气发出的辐射。这是水体热损失的重要组成部分。由于水作为一个近似黑体，其辐射通量也可由斯蒂弗-博尔茨曼定律计算：

$$S = \sigma \varepsilon_\omega T_{sK}^4 \tag{4.14}$$

式中：S 为水面向大气发出的长波辐射热通量，$J/(m^2 \cdot h)$；T_{sK} 为水面的绝对温度，K；ε_ω 为修正系数，$\varepsilon_\omega = 0.97$。

1) 蒸发热通量 φ_E。水面蒸发热通量，根据能量守恒原理，其计算式为

$$\varphi_E = \rho LE \tag{4.15}$$

其中：

$$L = 2.491 - 2.177 T_s$$

式中：φ_E 为水面蒸发热通量，$J/(cm^2 \cdot d)$；ρ 为水体密度，g/cm^3；L 为蒸发潜热，J/g，随水面温度 T_s（℃）变化；E 为水面蒸发率，cm/d。

水面蒸发率 E 依资料情况选择适当的方法计算。当预测水体附近有蒸发站资料时，可将水面蒸发器的观测值用折算系数转换为大水体的蒸发率。缺乏实测资料时，可用经验公式估算，我国相关水文计算规范中采用的公式为

$$E = A\sqrt{1 + B\omega_{1.5}^2}(e_s - e_{1.5}) \tag{4.16}$$

式中：$\omega_{1.5}$ 为水面上方 1.5m 处的风速，m/s；$e_{1.5}$、e_s 分别为水面上方 1.5m 处的实际水汽压和水面的饱和水汽压，hPa；$\omega_{1.5}$ 为水面上方 1.5m 处的风速，m/s；A、B 为经验系数，在我国东北、华北、华中、华东、华南地区分别为 0.22 和 0.32，内蒙古、新疆、西藏、青海地区分别为 0.30 和 0.27；其余符号的意义同前。

饱和水汽压是水面温度的函数，为

$$e_s = 6.1 \times 10^{7.45 T_s/(235 + T_s)} \tag{4.17}$$

式中：T_s 为水面温度，℃。

2）传导热通量 φ_C。水汽交界面上的传导热通量与蒸发热通量关系密切，可由下式近似得出：

$$\varphi_C = \frac{C_b P(T_s - T_a)}{e_s - e_a} \varphi_E \tag{4.18}$$

式中：φ_C、φ_E 分别为传导热通量和蒸发热通量，$J/(cm^2 \cdot d)$；e_s、e_a 分别为由水面温度计算的饱和水汽压和水面上方 2.0m 处的实际水汽压，hPa；T_s、T_a 分别为水面温度和水面上方 2.0m 处的气温，℃；P 为水面上的大气压，hPa；C_b 为波温常数，平均情况为 $6.1 \times 10^{-4} \, ℃^{-1}$。

4.2.2 水温模型概况

通过建立水库水温数学模型的途径研究水库水温的分布和变化规律，是由美国最先开始的。从 20 世纪 60 年代初起，美国为了解决湖泊和水库的加速问题，以及水利工程特别是水电站带来的环境问题（河道水温和流量的变化、影响溯河产卵鱼的洄游等），广泛开展了水库水温研究工作。

60 年代末，美国水资源工程公司（WRE，Inc）的 Orlob 和 Selna 及麻省理工学院（MIT）的 Huber 和 Harleman，分别独立地提出了各自的深分层蓄水体温度变化的一维模型，即 WRE 模型和 MIT 模型（Huber et al.，1972）。这两个模型都只研究水温的垂向变化，都包括了水库的入流、出流及水面与大气间的热交换，不同之处主要有：WRE 模型采用随时间和水深变化的垂向扩散系数，MIT 模型则采用常数扩散系数；MIT 模型对入流和出流取水层的计算处理得比 WRE 模型细致；MIT 模型是在室内进行水库水温模型试验的基础上提出的，然后才用于实际水库。但总的来说，二者的基本思想是一致的。这两个模型都有完整的用户手册，目前仍在美国得到广泛应用。WRE 模型和 MIT 模型是世界上提出最早的具有代表性的分层型水库的水温数学模型，对后来的水库水温数学模型研究产生了巨大影响。如在 70 年代，日本引进并改进了 MIT 水温模型，用于分层型水库的水温和浊度模

拟，得到了满意的结果。

WRE 模型和 MIT 模型被称为扩散模型，因为其基础是对流扩散方程。70 年代中期和后期，国外的一些研究者又提出了另一类一维温度模型混合层模型（或总能量模型）。这类模型仍把湖泊和水库处理为一维（垂向）分层系统，从能量的观点出发，以紊流动能和势能的转化来计算水库水温的变化。进入 20 世纪 80 年代以来，混合层模型在冷却湖系统和水库水质研究等方面得到了应用。苏联在水库热状况研究方面建立了水介质的热输移方程并给出了一些简化情况下的解析解。

我国对水温模型的研究工作起步较晚，我国从 20 世纪 50 年代中期起，开展水库水温观测并对水温特性进行分析研究。80 年代起，陆续展开对水温数学模型方面的研究，主要在吸收国外研究成果的基础上，根据实际问题的需要，对国外模型进行某些局部的改进和处理，如改进美国的 MIT 模型，并将其定名"湖温一号"模型；根据应用需求对模型改进和扩充后，用于热电厂深水库水温分布的模拟和预报（Huang et al.，1994）。随后，国内水库水温数学模型技术逐渐发展，并应用于工程设计领域。分别建立适用于丹江口水库、密云水库、东江水库的垂向一维水温模型来模拟水库水温时空分布，模拟结果皆得到实测资料良好验证（张大发，1984）。一维水温模型的成功建立及广泛应用，对于水温数学模型的发展来说起到至关重要的作用，但由于垂向一维水温模型的原理是假定水体热交换只沿垂向方向进行，忽略水体流速、温度在横向、纵向的变化，因此并不适合纵向尺度与横向尺度较大的水库。随着国内外水温研究的发展，学术界开展探索建立二维水温模型，用于弥补一维模型中忽略水体纵向变化这一不足。

由于水流运动的三维特征十分显著，所以水温问题实际上是三维问题。对于一些温度沿横向变化较为明显的水体，二维水温模型不能达到较好的水温分布模拟效果，因此，近年来众多国内外研究者将研究方向转向能同时考虑到温度沿垂向、纵向、横向变化情况的三维水温模型（Politano et al.，1994）。与一维、二维水温模型相比，三维水温模型能够更好地描绘水库库区流场的三维流动特征以及各个方向上水温变化规律，但由于计算工作量巨大，直到 90 年代计算机和通用力学计算软件技术的普及，才使得三维水温模型得以发展和投入实践，代表性模型有 ELCOM、EFDC、MIKE3 模型等。

总的看来，水温研究方向逐步转向数学模型研究并取得重大进展。迄今为止，美国、日本等国在开发和应用水库水温数学模型领域处于世界领先地位。而我国在水温数学模型的研究和应用方面开展的工作不多，特别是在结合我国的具体情况（如泥沙异重流对水温分布的影响等）方面还有很多工作要做。

4.2.3　一维水温模型

模型在水量平衡方程、水流连续方程、水流动量方程以及热量守恒原理的基础上，假设水库是由混合均匀的水平等温薄层组成，如图 4.2 所示。对于表层单元，存在着水气界面的热交换，表层单元的热传递，如图 4.3 所示。热量的传递只发生在相邻的水平薄层间，并假定上游来流量流入与之密度相对应的单元层内，构建其基本方程。

水量平衡方程：

$$\frac{\partial V_N}{\partial t}=Q_{V,N-1}+Q_{V,N}-Q_{0,N} \tag{4.19}$$

式中：N 为表层单元；V_N 为表层单元层体积，m^3；$Q_{V,N-1}$ 为通过 N 层与 $N-1$ 层界面的垂向流量，m^3/s；$Q_{V,N}$ 为表层的入流流量，m^3/s；$Q_{0,N}$ 为表层的出流流量，m^3/s。

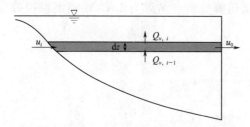 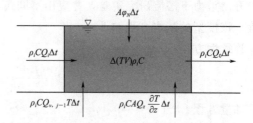

图 4.2 湖泊水库垂向分层及热量交换示意图　图 4.3 湖泊水库表层单元热量平衡示意图

水流连续方程：

$$B\frac{\partial h}{\partial t}+\frac{\partial Q}{\partial x}=q \tag{4.20}$$

水流动量方程：

$$\frac{\partial Q}{\partial t}+\frac{\partial uQ}{\partial x}+gA\frac{\partial z}{\partial x}+\frac{gn_{1d}Q^2}{AR^{4/3}}=0 \tag{4.21}$$

基于热量守恒原理，一维湖泊水库水温模型为

$$\frac{\partial AT_p}{\partial t}+\frac{\partial}{\partial x}(QT_p)=\frac{\partial}{\partial x}\left(AE_x\frac{\partial T_p}{\partial x}\right)+\frac{A\varphi_z}{\rho hC_p} \tag{4.22}$$

式中：x 为河道长度，m；t 为时间，s；A 为过水断面面积，m^2；B 为河宽，m；h 为水深，m；z 为水位，m；Q 为流量，m^3/s；q 为河道侧流汇入或流出的流量，m^3/s；u 为断面平均流速，m/s；R 为河道水力半径，m；n_{1d} 为河道糙率；T_p 为水体温度，℃；E_x 为纵向弥散系数，m^2/s；其余符号的意义同前。

其基本方程均为

$$\frac{\partial T}{\partial t}+\frac{\partial}{\partial z}\left(\frac{TQ_V}{A}\right)=\frac{1}{A}\frac{\partial}{\partial z}\left(AD_z\frac{\partial T}{\partial z}\right)+\frac{B}{A}(u_iT_i-u_0T)+\frac{1}{\rho AC_p}\frac{\partial(A\varphi_z)}{\partial z} \tag{4.23}$$

$$\frac{\partial T}{\partial t}+\frac{\partial}{\partial z}\left(\frac{T_N}{\partial t}\right)+\frac{T_N}{V_N}\frac{\partial V_N}{\partial t}=\frac{B}{A}(u_iT_i-u_0T_N)+\frac{Q_{V,N}-T_{N-1}}{V_N}-\frac{A}{V_N}\left(D_z\frac{\partial T_N}{\partial z}\right)+\frac{A\varphi_N}{\rho C_pV_N}$$

$$\tag{4.24}$$

式中：T 为单元层水温，℃；T_i 为入流温度，℃；D_z 为垂向温度扩散系数，m^2/s；u_i 为入流速度，m/s；u_0 为出流速度，m/s；Q_V 为通过单元上边界的垂向流量，m^3/s；V_N 为表层单元体体积，m^3；$Q_{V,N}$ 为通过 N 层与 $N-1$ 层界面的垂向流量，m^3/s；φ_N 为表层水体通过水气界面吸收的热量，$J/(m^2 \cdot h)$；其余符号的意义同前。

一维水温模型的成功建立及广泛应用，对于水温数学模型的发展来说至关重要，但由于垂向一维水温模型的原理是假定水体热交换只沿垂向方向进行，忽略水体流速、温度在横向、纵向的变化，因此并不适合纵向尺度与横向尺度较大的水库。随着国内外水温研究的发展，学术界开展探索建立二维水温模型，用于弥补一维模型中忽略水体纵向变化这一不足。

4.2.4　二维水温模型

立面二维模型是对 N-S 方程的横向进行积分，沿纵向和垂向剖分水库而得到的，其控制体如图 4.4 所示。1975 年 Edinger 等提出第一个立面二维水温模型——LARM 模型（laterally average reservoir model）。1980 年 Johnson 为了模拟水库温差异重流，在水库试验水槽上开展重力下潜流研究实验，并应用不同模型运算分析，结果为 LARM 模型模拟效果最精确。该模型的基本方程如下：

连续性方程：

$$B\,\frac{\partial(Bu)}{\partial x}+\frac{\partial(Bw)}{\partial z}=0 \tag{4.25}$$

动量方程：

$$\frac{\mathrm{d}(Bu)}{\mathrm{d}t}=-\frac{B}{\rho_0}\left(\frac{\partial P}{\partial x}\right)-\frac{1}{\rho_0}\tau_{WX}+2\frac{\partial}{\partial x}\left(Bv_{XX}\,\frac{\partial u}{\partial x}\right)+\frac{\partial}{\partial z}\left[Bv_{XZ}+\left(\frac{\partial u}{\partial z}+\frac{\partial w}{\partial x}\right)\right] \tag{4.26}$$

$$\frac{\mathrm{d}(Bw)}{\mathrm{d}t}=-\frac{B}{\rho_0}\left(\frac{\partial P}{\partial z}\right)-\frac{1}{\rho_0}\tau_{WZ}+2\frac{\partial}{\partial x}\left(Bv_{ZZ}\,\frac{\partial u}{\partial z}\right)+\frac{\partial}{\partial x}\left[Bv_{XZ}+\left(\frac{\partial u}{\partial w}+\frac{\partial w}{\partial x}\right)\right]-\frac{gB}{\rho_0}(\rho-\rho_0)$$

$$\tag{4.27}$$

基于热量守恒原理，二维湖泊水库水温模型为

$$\frac{\mathrm{d}(BT)}{\mathrm{d}t}=\frac{\partial}{\partial x}\left(BD_X\,\frac{\partial T}{\partial x}\right)+\frac{\partial}{\partial x}\left(BD_Z\,\frac{\partial T}{\partial z}\right)+\frac{BH}{\rho_0 C_P} \tag{4.28}$$

式中：u、w、z 为方向速度分量，m/s；T 为水温，℃；v_{XX}、v_{XZ} 为 x、z 方向运动黏性系数，m^2/s；D_X、D_Z 为 x、z 方向温度扩散系数，m^2/s；ρ_0 为水体基准密度，$\mathrm{kg/m}^3$；H 为单位体积水体在水汽热交换过程中得到的热量，$\mathrm{J/(m}^2 \cdot \mathrm{h})$；$\tau_{WX}$、$\tau_{WZ}$ 为 x、z 方向边壁摩擦阻力，N；其余符号的意义同前。

4.2.5　三维水温模型

由于水流运动的三维特征十分显著，所以水温问题实际上是三维问题。对于一些温度沿横向变化较为明显的水体，二维水温模型不能达到较好的水温分布模拟效果，因此，近年来众多国内外研究者将研究方向转向能同时考虑到温度沿垂向、纵向、横向变化情况的三维水温模型，其控制体如图 4.5 所示。

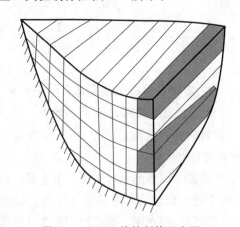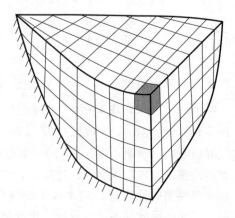

图 4.4　立面二维控制体示意图　　　　图 4.5　三维控制体示意图

三维水温计算的方法是以紊流模型为基础，将热量输运方程与紊流方程进行耦合求解，对于温差产生的浮力只在重力项中考虑，模型的基本方程如下。

连续性方程：

$$\frac{1}{\rho c_S^2}\frac{\partial \rho}{\partial t}+\frac{\partial u_j}{\partial x_j}=0 \tag{4.29}$$

动量方程：

$$\frac{\partial u_j}{\partial t}+\frac{\partial u_i u_j}{\partial x_j}+2\Omega_{ij}u_j=-\frac{1}{\rho}\frac{\partial \rho}{\partial x_j}+g_i+\frac{\partial}{\partial x_j}\left|v_{ij}\left(\frac{\partial u_i}{\partial x_j}+\frac{\partial u_j}{\partial x_i}\right)-\frac{2}{3}\delta_{ij}\kappa\right| \tag{4.30}$$

式中：u_j 为速度沿坐标轴 j 的分量，m/s；ρ 为密度，kg/m^3；Ω_{ij} 为克氏张量；c_S 为海水中声的传播速度，m/s；u_i、u_j 为速度沿坐标轴 i、j 的分量，m/s；Ω_{ij} 为克氏张量；v_{ij} 为紊动黏性系数；δ_{ij} 为克罗奈克函数；κ 为紊动动能；g_i 为重力加速度在坐标轴 i 方向的分量，m/s^2。

基于热量守恒原理，三维湖泊水库水温模型为

$$\frac{dT}{dt}+\frac{\partial(Tu_j)}{\partial x_j}=\frac{\partial}{\partial x_j}\left(D_j\frac{\partial T}{\partial x_j}\right) \tag{4.31}$$

式中：T 为水温，℃；D_j 为温度扩散系数，m^2/s；其余符号的意义同前。

4.3 湖泊水库水质模型

湖泊是最重要的淡水资源之一，是一种易为人们直接利用的自然资源，有史以来就是人类赖以生存、栖息之地，具有举足轻重的生态服务功能，对社会和经济的发展起着不可估量的作用。随着社会经济的发展，湖泊的外来污染加重，水质恶化和富营养化趋势加剧，致使湖泊生态系统健康状况下降，系统的结构被改变，系统功能的发挥也受到了制约。要保护和改善湖泊环境，首先就必须要强化湖泊水环境管理与规划。水质模型的引入可以为湖泊水环境管理与规划提供有效的技术支持。

水质模型是描述参加水循环的水体中各水质组分所发生的物理、化学、生物和生态学等诸多方面变化规律和相互影响关系的数学方法。研究水质模型的目的，主要是为了描述污染物在水体中的迁移转化规律，为水环境保护服务。

4.3.1 湖泊水库富营养化

1. 富营养化现象

湖泊水库富营养化是指湖泊水库水体在自然因素和（或）人类活动的影响下，积累过多的营养盐，导致生物（特别是浮游生物，即藻类）的生产能力异常增加，水体溶解氧下降，造成水质恶化、鱼类及其他生物大量死亡的现象（马方凯，2007）。

从理论上讲，富营养化在任意水生生态系统内都有可能发生，但实际上主要出现在湖泊、水库、河口、海湾等较封闭的水域。富营养化最显著的特征即水面藻类（主要是蓝藻、绿藻）异常增殖，成片成团地覆盖在水面上。其中出现在湖面上的称为"水华"或"湖绽"，出现在海湾水面上的称为"赤潮"。富营养化程度严重的湖泊，由于浮游植物和低级水生物的大量繁殖，既恶化水体的感官性状，增加水利用的处理成本，又会引起水体短时间内缺氧，造成鱼类窒息死亡。此外，鱼类的排泄物及浮物植物的残骸等，与入湖泥沙不断堆积于湖底，易使湖泊变浅，日积月累，将转化为沼泽，从而加速湖泊的衰亡过程。所以说，湖泊的富营养化，将影响湖泊资源的合理利用，甚至威胁湖泊的寿命。湖泊富营养化由于其发展快、危害大、处理难、恢复慢，已成为国内外广泛关注的全球性水污染问题。

2. 富营养化的成因

由于湖泊所处自然条件（大小、深浅、周边环境等）的不同以及其他原因，不同湖泊中营养成分量不同，通常将湖泊分为贫营养湖和富营养湖。贫营养湖养分少，富营养湖养分丰富。从湖泊的演变规律来看，贫营养湖总是会向富营养湖方向演变的，因为从河流中或其他方面输入的营养物质会使贫营养湖的营养逐渐增加，最后会变成富营养湖。不过这种自然营养化过程非常缓慢，常需几千年甚至几万年。现代人为的营养化，对湖泊营养化影响很大，进展极为迅速，几十年甚至几年，一个湖泊可由贫营养状态急剧转变为富营养状态。人为营养化是现代湖泊富营养化的主要原因。

现代富含氮、磷等营养物质的工业废水和生活废水，大量直接或间接排入湖泊水体，是造成富营养化的最主要原因。另外，湖面上航行的船只及湖区旅游活动等排入湖泊的废弃物，水产养殖时投入的饵料，周围地区农田施用农药、化肥，经地表径流流入湖泊等，都是导致水体富营养化的原因。当湖泊中富集了高浓度的营养物质，某些浮游植物，特别是蓝藻、绿藻和各种硅藻就会大量繁殖，这时水面会形成稠密的藻被层，即出现"水华"现象，这是水体富营养化严重的特征（潘岳虎，2018）。这将给湖泊水环境及其生态系统带来严重的危害。

3. 富营养化限制物质来源

湖泊、水库中浮游生物的生长，必须摄取碳、磷、氮、硫、钾等20余种元素，其中碳、磷、氮更为重要。在自然界，碳元素通常比较丰富，而氮、磷两种元素的含量比例较少。在正常情况下，淡水环境中存在的碳、氮、磷元素的化学计量比例为 $106C : 16N : 1P$。由此可见，湖泊、水库水体中的氮、磷元素的现存量较少。按照利毕格（J. Liebig）的最小量定律，可以认为浮游生物生长、繁殖的制约因素是氮与磷，即氮、磷是富营养化形成的限制物质（Kilham Pet al.，2006；Schladow S G et al.，1997）。

（1）氮的来源。

1）大气层：大气层中约有 $3.8 \times 10^{12} t$ 的气态氮，是淡水体的重要氮源之一。

2）农业排水：如今农民大量使用人造无机肥料氨氮（如 NH_4NO_3）进行农田施肥，受暴雨冲刷、渗透作用，这部分肥料将有一定数量的氮化合物进入水域，由于农用化肥量大、面广，是湖泊水体的最主要氮源。

3）工业废水：有些行业如有机物加工业、使用固氮剂的行业等，其废水中氮的含量也是很高的。

4）生活污水及废弃物：据估计成年人人均每天将产生 11g 的氮，它们中的大部分将进入附近的湖泊等水体。

（2）磷的来源。

1）岩石圈：磷属于地质类元素，通过地球化学的淋溶、侵蚀作用，进入水体，其过程很慢。

2）渔业：湖泊中人工养鱼所投入的鱼饵中，含有较高的磷，同时也含有氮，是湖泊水体中磷的主要来源。

3）生活污水：成年人每天新陈代谢所产生的磷含量人均约达 2g，其中，因使用肥皂及洗涤剂而产生的磷是湖泊水体磷的最主要来源。

4）农业排水：磷肥和有些农药中含有的磷元素，有相当一部分未被生物吸收，暴雨时，随径流、泥沙注入河流、湖泊。

湖泊水体中的营养物氮主要来自农业排水，属非点源；磷主要来自生活污水，属点源。因此，在湖泊富营养化控制过程中，控制磷的输入比控制氮的输入要容易一些。又由于湖泊水体中，一般磷的含量比氮的含量小，因此，通常湖泊又将磷作为富营养化的限制物质。

在湖泊富营养化成为水质污染的重大问题以后，富营养化的模型化研究在国际上的开展主要是近 40 年以内的事。20 世纪 70 年代初期，世界各地纷纷开展了大规模的湖泊富营养化调查，积累了大量的湖泊富营养化基础资料。这类资料基本包括湖泊年平均的总磷浓度、叶绿素浓度等。专家们在分析资料的同时，建立了一系列的经验富营养化模型。经验富营养化模型又可分为两种：一种是以磷元素为代表的单一营养物质负荷模型；另一种是藻类生物量与营养物质负荷量之间的相关模型。

4. 富营养化的危害

（1）水体散发出腥臭味。在富营养状态的水体中生长着许多藻类，其中有些藻类会发出腥臭味。这种腥臭味向湖泊周围扩散，直接影响人们的正常生活，给人不舒服、不安宁的感觉。同时，这种腥臭味也大大降低了水体的使用价值。

（2）降低水体的透明度。在富营养化水体中，生长着蓝藻、绿藻等大量水藻，这些水藻浮在湖水表面，形成一层"绿色浮渣"，使水质变得污浊，透明度显著降低，使得阳光难以穿透水层，从而影响水中植物的光合作用。富营养化严重的水体透明度仅有 0.2m，湖水感官质量明显恶化。

（3）影响水体的溶解氧。藻类过度生长繁殖，将造成水体中溶解氧的急剧减少。一方面，是由于大量藻类的呼吸作用要消耗水体的溶解氧；另一方面，在水华出现时，会有大量的死亡藻类以及其他有机物沉积到湖底，并在湖底或深水中分解。

（4）向水体释放有毒物质。富营养化对水质的另一个影响是某些藻类能够分泌、释放有毒性的物质，这些有毒物质会引起鱼类和其他动物的死亡。

5. 富营养化评价方法

常用的湖泊富营养化评价方法主要有以下几种（白爱民，2014）。

（1）营养状态指数法。

卡尔森营养状态指数（TSI）是美国科学家卡尔森在 1977 年提出来的，这一评价方法克服了单一因子评价富营养化的片面性，而是综合各项参数，力图将单变量的简易与多变量综合判断的准确性相结合。

卡尔森指数是以湖水透明度（SD）为基准的营养状态评价指数。其表达式为

$$TSI(SD) = 10\left(6 - \frac{\ln SD}{\ln 2}\right) \tag{4.32}$$

$$TSI(chla) = 10\left(6 - \frac{2.04 - 0.68\ln chla}{\ln 2}\right) \tag{4.33}$$

$$TSI(TP) = 10\left(6 - \frac{2.04 - \ln 48/TP}{\ln 2}\right) \tag{4.34}$$

式中：TSI 为卡尔森营养状态指数；SD 为湖水透明度值，m；$chla$ 为湖水中叶绿素 a 含量，mg/m^3；TP 为湖水中总磷浓度，mg/L。

（2）修正的营养状态指数。为了弥补卡尔森营养状态指数的不足，日本的相崎守弘等人

提出了修正的营养状态指数（$TSIM$），即以叶绿素 a 浓度为基准的营养状态指数。基本公式如下：

$$TSIM(chla) = 10\left(2.46 - \frac{\ln chla}{\ln 2.5}\right) \tag{4.35}$$

$$TSIM(SD) = 10\left(2.46 - \frac{3.69 - 1.53\ln SD}{\ln 2.5}\right) \tag{4.36}$$

$$TSIM(TP) = 10\left(2.46 - \frac{6.71 + 1.15\ln TP}{\ln 2.5}\right) \tag{4.37}$$

$$TLI(\Sigma) = \sum_{j=1}^{m} W_j TLI(j) \tag{4.38}$$

式中：TLI（Σ）为卡尔森营养状态指数；TLI（j）为第 j 种参数的营养状态指数；W_j 为第 j 种参数的营养状态指数的相关权重。

将 $chla$ 作为基准参数，则第 j 种参数的归一化的相关权重计算公式为

$$W_j = \frac{r_{ij}^2}{\sum_{j=1}^{m} r_{ij}^2} \tag{4.39}$$

式中：r_{ij} 为第 j 种参数与基准参数 $chla$ 的相关系数；m 为评价参数的个数。

中国湖泊部分参数 $chla$ 的相关关系 r_{ij} 和 r_{ij}^2 值见表 4.3。

表 4.3　　　　　　　　　　中国湖泊部分参数 $chla$ 的相关关系 r_{ij} 和 r_{ij}^2 值

参　数	$chla$	TP	TN	SD	COD_{Mn}
r_{ij}	1	0.84	0.84	-0.83	0.83
r_{ij}^2	1	0.7056	0.6724	0.6889	0.6889

注　引自金相灿等的《中国湖泊环境》，表中 r_{ij} 来源于中国 26 个主要湖泊的调查结果。

营养状态指数计算式：

$$TLI(chla) = 10(2.5 + 1.086\ln chla)$$

$$TLI(TP) = 10(9.436 + 1.624\ln TP)$$

$$TLI(TN) = 10(5.453 + 1.694\ln TN)$$

$$TLI(SD) = 10(5.118 - 1.94\ln SD)$$

$$TLI(COD) = 10(0.109 + 2.66\ln COD)$$

（3）营养度指数法（AHP - PCA 法）。通过分析国内外现有湖泊营养化评价模式，进行了反复的理论探索和实践验证，将层次分析法（AHP）和主成分分析法（PCA）相结合，提出湖泊富营养化状态综合评价方法，即层次分析-主成分分析营养度指数法（AHP - PCA 法）。

综合营养度的计算公式为

$$TLI_c = \sum_{j=1}^{m} W_j TLI_j = \sum_{j=1}^{m} W_j [a_j + b_j \ln(C_{jx})] \tag{4.40}$$

$$a_i = \frac{\ln C_{j\min}}{\ln C_{j\max} - \ln C_{j\min}} \times 100\% \tag{4.41}$$

$$b_j = \frac{1}{\ln C_{j\max} - \ln C_{j\min}} \times 100\%$$ (4.42)

式中：TLI_c 为湖泊营养状态的综合营养度；TLI_j 为第 j 个因子的分营养度；W_j 为第 j 个因子的"综合权"；C_{jx} 为第 j 个因子的监测值（平均值、丰季均值或最大值）；$C_{j\min}$ 和 $C_{j\max}$ 分别为第 j 个因子相应于营养度为 0 和 100 时的浓度值。

（4）评分法。利用湖泊藻类生长旺季的叶绿素 a（湖水中藻类生长高峰值前后 3 个月的平均值）与相应期间 TP、TN、COD_{Mn}、SD 的相关关系，确定评分值，从而判断湖泊营养程度。评分模式为

$$M = \frac{1}{n} \sum_{i=1}^{m} M_i$$ (4.43)

式中：M 为湖泊营养状态评分指数值；M_i 为第 i 个评价参数的评分值；n 为评价参数的个数。

6. 富营养状态分级

为了说明湖泊富营养状态情况，采用 0～100 的一系列连续数字对湖泊营养状态进行分级：

$TLI(\sum) \leqslant 30$，贫营养（Oligotropher）；

$30 < TLI(\sum) \leqslant 50$，中营养（Mesotropher）；

$TLI(\sum) > 50$，富营养（Eutropher）；

$50 \leqslant TLI(\sum) \leqslant 60$，轻度富营养（Light eutropher）；

$60 < TLI(\sum) \leqslant 70$，中度富营养（Middle eutropher）；

$TLI(\sum) > 70$，重度富营养（Hyper eutropher）。

在同一营养状态下，指数值越高，其营养程度，越重。

4.3.2 湖泊水库水质模型概况

湖泊水质模型是一种利用数学语言来描述湖泊污染过程中的物理、化学、生物化学及生物生态各方面之内在规律和相互联系的手段。作为湖泊水环境污染治理、规划决策分析中的一个重要工具，它可以为湖泊的综合整治和科学管理提供科学的依据，在环境保护领域中发挥着举足轻重的作用。

水质模型的形成和发展经历了将近一个世纪，大致可分为以下几个发展阶段（徐祖信等，2003）。

（1）1925—1960 年为第一阶段。在这一阶段中，水质模型的研究处于最初时期，Streeter 和 Phelps 共同研究并提出了第一个水质模型，后来科学家在其基础上成功地运用 BOD-DO 模型于水质预测等方面。

（2）1960—1965 年为第二阶段。在 S-P 模型的基础上有了新的发展，并将其用于比较复杂的系统。引进了空间变量、物理系数、动力学系数。温度作为状态变量也引入到一维河流和水库模型，湖泊水库模型同时考虑了空气和水表面的热交换。水力学方程、平流扩散方程作为水质迁移过程的基本描述而被用于水质模型。第一个简单的模型（一维的稳态模型）开始在水质管理中应用。

（3）1965—1980 年为第三阶段。进行不连续的一维模型扩展到包括其他来源和丢失源的研究，其他来源和丢失源包括氮化物耗氧（NOD）、光合作用、藻类的呼吸以及沉淀、再悬浮等。一维的网络系统被用于描述二维的垂直混合体系。计算机的成功应用使水质数学模

型的研究有了突破性的发展。

（4）1980—1995 年为第四阶段。这一阶段模型有如下的发展：①在状态变量（水质组分）数量上的增长；②在多维模型系统中纳入了水动力模型；③将底泥等作用纳入了模型内部；④与流域模型进行连接以使面源污染被连入初始输入。

（5）1995 年至今为第五阶段。随着发达国家对非点源控制的增强，非点源污染减少了。而大气中污染物质沉降的输入，如有机化合物、金属（如汞）和氮化合物等对河流水质的影响日显重要。虽然营养物和有毒化学物，由于沉降直接进入水体表面已经被包含在模型框架内，但是，大气的沉降负荷不仅直接落在水体表面，也落在流域内，再通过流域转移到水体，这已成为日益重要的污染负荷要素。从管理的发展要求看，增加这个过程需要建立大气污染模型，即对一个给定的大气流域（控制区），能将动态或静态的大气沉降连接到一个给定的水流域。所以，在模型发展的这一阶段，增加了大气污染模型，能够对沉降到水体中的大气污染负荷直接进行评估。

从湖泊水质模型的研究情况来看，一些国家（如美国、加拿大、丹麦、德国、荷兰、澳大利亚等）走在了世界湖泊水质模型研究的前沿，特别是美国，在该领域上占着绝对的主导地位。自 1925 年率先推出第一个河流 DO 模型以来，美国又相继成功开发了很多有效的水质模型，包括许多先进的湖泊水质模型，如 WASP、SMS、CE - QUAL - W2、CE - QUAL - R1 等，并得到广泛运用。加拿大学者 Vollenweider 于 1975 年提出了第一个预测湖泊水中营养性物质的"Vollenweider 模型"，为湖泊水质富营养化问题的研究做出了贡献。

与国外相比，我国水质模型的研究起步较晚，20 世纪 80 年代中期才开始湖泊水动力学数值模拟的研究。不过也取得了一些的成果，如河海大学开发了河网、水质统一的 Hwqnow 模型。华东师范大学、清华大学、同济大学在这方面也开展了一些工作。

4.3.3　完全混合型模型

完全混合型水质模型适用于面积和水深均都不大、封闭性强、四周污染源多的小湖或湖湾，认为污染物入潮后，在湖流和风浪作用下，与湖水混合均匀，湖泊各处污染源浓度均一（万金保等，2007）。

根据物质平衡原理，某时段任何污染物含量的变化等于该时段流入总量减去流出总量，再减去元素降解或沉淀等所损失的量，建立数学方程如下：

$$\frac{\Delta M}{\Delta t} = \rho - \rho' - KM \tag{4.44}$$

对难降解的污染物为

$$\frac{\Delta M}{\Delta t} = \rho - \rho' \tag{4.45}$$

$$\Delta M = M_t - M_0 \tag{4.46}$$

式中：M_t 为时段末湖泊内污染物总量，g；M_0 为时段初湖泊内污染物总量，g；M 为时段内湖泊平均污染物总量，g；ρ、ρ' 为时段内平均流入、流出湖泊污染物总量速率，g/a；Δt 为计算时段，a；K 为污染物衰减率，a^{-1}。

1. Vollenweider 模型

Vollenweider 模型是描述富营养化过程的第一个模型，是由加拿大著名的湖泊学家沃伦威德尔（R. A. Vollenweider）在 20 世纪 70 年代初期提出的。该模型假定湖泊属于完全混合型，且富营养化状态只与营养物负荷有关，入湖与出湖水量相等，根据物质平衡原理，某时段任何水质含量的变化等于该时段入湖含量减去出湖含量，以及该水质元素降解或沉淀所损失的量，从而可得出一个关于磷量收支的长期平衡方程：

$$V \frac{\mathrm{d}P}{\mathrm{d}t} = W_{Pt} - K_3^P VP - QP \tag{4.47}$$

式中：W_{Pt} 为年入湖磷总量，g/a；K_3^P 为磷的沉降速率系数，a^{-1}；Q 为出湖流量，m^3/a；V 为湖水容积，m^3；P 为湖水磷的平均浓度，mg/L；t 为时间，a。

其解为

$$P_t = \frac{W_{Pt}}{(\rho_w + K_3^P)V} - \left[\frac{W_{Pt}}{(\rho_w + K_3^P)V} - P_0\right] e^{-(\rho_w + K_3^P)t} \tag{4.48}$$

其中：

$$\rho_w = \frac{Q}{V} = \frac{1}{T}$$

式中：P_t 为湖泊经过 t 时间后水中磷浓度，mg/L；P_0 为湖泊起始的磷浓度，mg/L；ρ_w 为冲刷系数；T 为入湖水在湖中滞留的时间，a；其余符号的意义同前。

其稳态解为

$$P = \frac{P_I}{1 + K_3^P T} \tag{4.49}$$

式中：P_I 为入湖水量的磷浓度，mg/L。

如果入湖磷浓度用面积负荷率 L 来表示，$P_I = \frac{LA_s}{Q} = \frac{LT}{H}$ 代入式（4.49），得

$$P = \frac{L}{\frac{H}{T} + \overline{H}K_3^P} \tag{4.50}$$

式中：L 为磷的入湖面积负荷率，等于年入湖的磷量除以湖泊表面积 A_s，即 $L = \frac{W_{Pt}}{A_s}$，$\mathrm{g/(m^2 \cdot a)}$；$\overline{H}$ 为湖泊平均水深，m；P 为湖泊中的总磷浓度，$\mathrm{g/m^3}$；其余符号的意义同前。

弗莱威特用经验的方法得到 $\frac{\overline{H}}{T} \ll 1$ 情况下的一组磷的基本符合 L（0），然后利用式（4.50），得到一组磷负荷与 $\frac{\overline{H}}{T}$ 的关系线，如图 4.6 中最上面的一条曲线是危险负荷曲线，最下面的一条曲线是允许负荷曲线。危险负荷曲线的 L（0）是允许负荷曲线的 2 倍。

只要已知一个湖泊的 $\overline{H}$ 与 T，从图 4.6 就可查得给定情况下磷的危险负荷和允许负荷。把湖泊的实际磷负荷与危险和允许负荷对照，以此来判别湖泊的营养状况，并求得为控制湖泊富营养化进程所应削减的磷负荷。

2. Dillon 模型

迪朗（Dillon）模型是弗莱威特模型的进一步发展。为了克服磷沉降速率系数 K_3^P 不易确定的困难，弗莱威特和迪朗两人根据湖水中磷沉积和水力冲刷作用定义了一个新的系数，该系数称为滞留系数，其计算式为

$$RL = \frac{K_3^P}{K_3^P + \rho_w} \tag{4.51}$$

式中: RL 为磷理论滞留系数; ρ_w 为水力冲刷系数, 等于 $1/T$ 或 $1/a$。

即
$$K_3^P = \frac{RL\rho_w}{1 - RL} \tag{4.52}$$

将式 (4.51) 代入式 (4.52), 整理后得

$$P = \frac{L(1 - RL)}{H\rho_w} \tag{4.53}$$

在实际计算中, 当有实测资料时, RL 可用下式来求得

$$RL = 1 - \frac{\sum Q_0 P_0}{\sum Q_1 P_1} \tag{4.54}$$

式中: Q_0、P_0 分别为出湖流量与出湖磷浓度, mg/L; Q_1、P_1 分别为入湖流量与入湖磷浓度, mg/L。

当资料不足时, 可以采用由基吉柯奈尔-迪朗 (Kitchner - Dillon) 建立的经验公式计算:
$$RL = 0.426\exp(-0.27q_s) + 0.574\exp(-0.00949q_s) \tag{4.55}$$

式中: q_s 为湖泊单位面积水量负荷, 等于湖泊的年流入量除以湖泊表面积, $m^3/(m^2 \cdot a)$。

用不同磷浓度时的 L $(1-RL)$ 与 $\overline{H}/T$ 绘制图 4.7。图中上面一条线是磷的危险浓度线, 下面一条线是磷的允许浓度线。当一个湖泊的 $\overline{H}/T$ 确定后, 利用图 4.7 可得到 L $(1-RL)$ 的危险值和允许值。

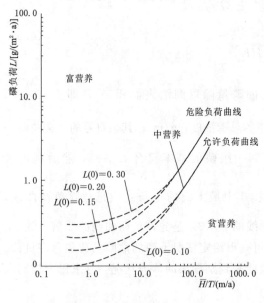

图 4.6 贫、富营养分区线图

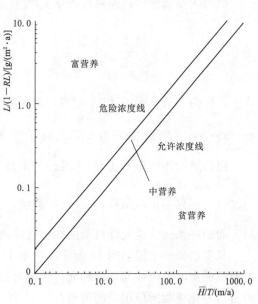

图 4.7 贫富营养分区线

4.3.4 非均匀型水质模型

1. 湖库扩散水质模型

水域宽阔的大湖, 由于湖流、风浪等因素较为复杂, 湖水对入湖污染物的稀释净化也比

较复杂。从受污染的区域来看，往往局限于河流入湖口和岸边点污染源的排放口附近，因而湖岸线周围和湖中心区域会出现两种完全不同的水质状况。所以，在计算非均匀混合湖泊污染物时，就应该按其实际情况分别予以处理（敖静，2005）。

下面介绍一种非均匀混合型的水质模型——湖泊扩散的水质模型。

对难降解污染物，当排污稳定且边界条件为 $r = r_0$ 时，$C = C_0$，则得

$$C = C_0 - \frac{1}{\alpha - 1}(r^{1-\alpha} - r_0^{1-\alpha}) \tag{4.56}$$

$$\alpha = 1 - \frac{q}{DH\varphi} \tag{4.57}$$

式中：r 为距排污口距离；q 为入湖污水量；C 为 r 处污染物浓度；H 为污染物扩散区平均湖水深；φ 为污染物在湖水中的扩散角，如排污口在平直的湖岸，$\varphi = 180°$；C_0 为距排污口为 r_0 处的污染物浓度；D 为湖水紊动扩散系数（受湖泊中风浪的影响）。

2. 分层箱式模型

1975 年，斯诺得格拉斯（Snodgrass）等提出了第一个分层的箱式模型，用以近似描述水质分层状况。分层箱式模型把上层和下层各视为完全混合模型，污染物在上、下层之间紊流扩散的传递作用。分层箱式模型分为夏季模型和冬季模型，夏季模型考虑上、下分层现象，冬季模型则考虑上、下层之间的循环作用（王伟萍，2005）。

（1）夏季模型（分层期模型）。

1）上层（变温层）：

$$C_{E(l)} = \frac{C_{PE}Q_{PE}/V_E}{K_{hE}} - \frac{[C_{PE}Q_{PE}/V_E - K_{hE}C_{M(l-1)}]\exp(-K_{hE}t)}{K_{hE}} \tag{4.58}$$

$$K_{hE} = (Q_{PE}/V_E) + (K_1/86400) \tag{4.59}$$

式中：$C_{E(l)}$ 为分层湖库上层平均浓度，mg/L；V_E 为分层湖库上层体积，m^3；Q_{PE} 为向分层湖库上层排放的污染物废水量，m^3/s；C_{PE} 为向分层湖库上层排放的污染物浓度，mg/L；$C_{M(l-1)}$ 为分层湖库分层前（非分层期）污染物的平均浓度；K_1 为污染物的衰减速率常数，1/d。

2）下层（均温层）：

$$C_{H(l)} = \frac{C_{PH}Q_{PH}/V_H}{K_{hH}} - \frac{[C_{PH}Q_{PH}/V_H - K_{hH}C_{M(l-1)}]\exp(-K_{hH}t)}{K_{hH}} \tag{4.60}$$

$$K_{hH} = (Q_{PH}/V_H) + (K_1/86400) \tag{4.61}$$

式中：$C_{H(l)}$ 为分层湖库下层平均浓度，mg/L；V_H 为分层湖库下层体积，m^3；Q_{PH} 为向分层湖库下层排放的污染物废水量，m^3/s；C_{PH} 为向分层湖库下层排放的污染物浓度，mg/L；其余符号的含义同前。

（2）冬季模型（混合期模型）。秋末湖库混合时期，假定翻池时上、下两层瞬间完全混合，模型基本方程为

$$C_{T(l)} = \frac{C_{E(l)}V_E + C_{H(l)}V_H}{V_E + V_H} \tag{4.62}$$

式中：$C_{T(l)}$ 为分层湖库上、下层混合后的污染物平均浓度，mg/L；其余符号的含义同前。

（3）非成层期模型。

$$C_{M(l)} = \frac{C_P Q_P / V}{K_h} - \frac{[C_P Q_P / V - K_h C_{T(l)}] \exp(-K_h t)}{K_h} \tag{4.63}$$

$$C_{M(l)} = C_h \tag{4.64}$$

$$K_h = (Q_P / V) + (K_1 / 86400) \tag{4.65}$$

式中：C_h 为湖库中污染物的现状浓度，mg/L；C_P 为污染物排放浓度，mg/L；Q_P 为废水排放量，m^3；V 为污染物的排放体积，m^3；其余符号的意义同前。

4.4 湖泊水库水质模拟通用软件介绍

1. WASP

WASP（water quality analysis simulation program）是美国环境保护局提出的一个成熟的水质模型系统，可用于对河流、湖泊、河口、水库、海岸的水质进行模拟（孙颖，2001）。WASP 最原始的版本是于 1983 年发布的，之后又经过几次修订，如 WASP4、WASP5、WASP6 和 WASP7。WASP 包括 3 个独立的模拟程序：水动力学子模型 DYNHYD、富营养化子模型 EU-TRO、有毒物质模型 TOXI，它们可以联合运行，也可以独立运行。DYNHYD 是建立在质量守恒基础上的连续方程，可预测水体流速、流量和河道体积。EU-TRO 考虑了 8 个指标，即 NH_4^+-N、NO_3^--N、磷、浮游植物、COD、DO、有机氮和有机磷；分为 4 个相互作用子系统，即浮游植物动力学子系统、磷循环子系统、氮循环子系统和 DO 平衡子系统。它的基本方程是一个平移-扩散质量迁移方程，能描述任意水质指标的时、空变化情况。在方程中除平移和扩散项外，还包括由生物、化学和物理作用引起的源汇项。WASP 在其基本程序中反映了对流、弥散、点杂质负荷与扩散杂质负荷以及边界的交换等随时间变化的过程，适用于湖泊和河流，但是它对生态系统中生物组分的考虑不足，适用于生态系统结构简单，特别是有毒物质影响显著的湖泊。经简化，WASP 常用如下模型：

$$\frac{\partial(AC)}{\partial t} = \frac{\partial\left(-U_x AC + E_x A \dfrac{\partial C}{\partial x}\right)}{\partial x} + A(S_L + S_B) + AS_K \tag{4.66}$$

式中：C 为组分浓度，mg/L；t 为时间，s；A 为横截面积，m^2；U_x 为纵向速度，m/s；E_x 为纵向弥散系数，m^2/s；S_L、S_B、S_K 为弥散负荷率、边界负荷率、总动力输移率，mg/(L·s)。

2. EFDC

EFDC 模型如下：

$$\frac{\partial C}{\partial t} + \frac{\partial(uC)}{\partial x} + \frac{\partial(vC)}{\partial y} + \frac{\partial(\omega C)}{\partial t} = \frac{\partial\left(K_x \dfrac{\partial C}{\partial x}\right)}{\partial x} + \frac{\partial\left(K_y \dfrac{\partial C}{\partial y}\right)}{\partial y} + \frac{\partial\left(K_z \dfrac{\partial C}{\partial z}\right)}{\partial z} + S_c \tag{4.67}$$

式中：C 为水质变量浓度，mg/L；u、v、w 分别为 x、y、z 方向的速度分量，m/s；K_x、K_y、K_z 分别为 x、y、z 方向上的湍流扩散系数，m^2/s；S_c 为每单位体积上的内部外部源汇项，mg/(L·s)。

3. CE-QUAL-W2

CE-QUAL-W2 模型是由 USACE（美国陆军工程兵团）水道试验站开发的二维水质和水动力学模型。该模型横向是平均的，即它模拟纵向和垂向。这一模型由直接耦合的水动力学模型和水质输移模型组成，用来模拟湖泊和水库，也适合模拟一些具有湖泊特性的河流。它可模拟包括 DO、TOC、BOD、大肠杆菌、藻类等在内的 17 种水质变量浓度变化，对相对狭长的湖泊和分层水库的水质模拟极佳。CE-QUAL-W2 水质模型如下：

$$\frac{\partial (BC)}{\partial t}+\frac{\partial (UBC)}{\partial x}+\frac{\partial (WBC)}{\partial z}-\frac{\partial \left[BD_x\left(\frac{\partial C}{\partial x}\right)\right]}{\partial x}-\frac{\partial \left[BD_z\left(\frac{\partial C}{\partial z}\right)\right]}{\partial z}=C_qB+SB \tag{4.68}$$

式中：B 为时间空间变化的层宽，m；C 为横向平均的组分浓度，mg/L；U、W 分别为 x 方向（水平）、z 方向（竖直）的横向平均流速，m/s；D_x、D_z 分别为 x、z 方向上温度和组分的扩散系数，m^2/s；C_q 为入流或出流的组分的物质流量率，mg/(L·s)；S 为相对组分浓度的源汇项，mg/(L·s)。

4. CE-QUAL-R1

CE-QUAL-R1 是由美国陆军工程兵团开发的垂向一维水质模型，用来模拟混合良好的湖泊、水库的水质在深度方向的变化。研究的状态变量包括水温、氮、磷、DO、藻类、水生动物、鱼类、硅土、硫、金属、悬浮颗粒物、可溶固体颗粒、pH 值。采用 Monte-Carlo 法计算可靠度，有用户界面，可免费使用。

5. CE-QUAL-ICM

Cerco 在研究 Chesapeake 湾富营养化时，在 CE-QUAL 一维模型基础上提出了 CE-QUAL-ICM 三维动态富营养化模型。CE-QUAL-ICM 模型包括 22 个状态变量，涉及湖泊物理特征、多种藻类、氮、磷、碳、硅和 DO 等。该研究历时 3 年，成功地模拟了水质变化过程和水体-底质之间交换过程。模拟的现象还包括养分输入高峰后出现春季"藻华"、夏季水体缺氧等现象。它主要适用于狭长的水体，不足在于缺乏时空上的足够灵活性，并且过于简化一些重要的动力学方程，如藻类对 NH_4^+—N 的吸收。

6. MIKE

MIKE 模型体系是由丹麦水动力研究所（DHI）开发的，包括 3 个版本 MIKE11、MIKE21 和 MIKE3。其中 MIKE21 和 MIKE3 可以用于湖泊水质的模拟，MIKE21 模型是 MIKE11 的姐妹模型。MIKE 模型在全世界广泛应用，是一个极优秀的模型，提供的水质变化过程很多，能够用来模拟在水质预测中垂向变化常被忽略的湖泊、河口、海岸地区。MIKE3 与 MIKE21 类似，但它能处理三维空间。MIKE 模型体系界面都很友好，但源程序不对外公开，使用有加密措施，而且售价很高。

7. SMS

SMS（surface water modeling system）是由美国 Brigham Young 大学图形工程计算机图形实验室开发的，常用于模拟水体的流场和浓度场，与其他模型系统的不同在于它不模拟降雨-径流过程。它在二维（垂向平均）方向模拟河流、河口、湖泊、海岸。该软件中的计算模块包含美国陆军工程兵团水道实验站开发的 RMA2、GFGEN、RMA4 等几个程序模块，以及美国联邦公路管理局开发的 FESWMS、WSPRO 两个模块。

4.5 案例分析——以西安市黑河水库为例

详见数字资源 4。

思考题

1. 简述湖泊水库之间的联系。
2. 简述湖泊水库的污染特征。
3. 简述水体热分层现象。
4. 影响水温分布的主要因素有哪些？
5. 水温模型有哪几类？并进行简要阐述。
6. 富营养化成因是什么？
7. 请阐述富营养化评价方法。

第 4 章　数字资源

第5章 河道生态基流的基础理论及其调控研究

随着我国社会的经济发展和人口增加,水资源供需矛盾关系日益突出,河道生态基流用水被生产用水部门挤占,致使河流水生态环境的持续恶化。欲解决上述问题,需深入学习和研究河流生态基流的基础理论及其调控模型。本章的主要内容包括河道生态基流的基础理论与计算方法、盈缺量及影响因素、调控模型和保障生态补偿机制等。

本章首先介绍了河道生态基流的定义和内涵,阐述了河道生态基流的计算方法及其适用范围、应用条件等内容;其次,介绍了河道生态基流的盈缺量及其影响因素;再次,详细阐述了河道生态基流的保障措施及其调控模型,并介绍了限制农业用水保障河道生态基流的生态补偿机制;最后,以渭河干流宝鸡段为例,从其基本情况、生态问题等方面出发,对河道生态基流的计算方法、调控及其保障的生态补偿机制等进行了应用和验证。

5.1 河道生态基流的理论与方法

5.1.1 河道生态基流的内涵及其定义

1. 河道生态基流的内涵

对于一条常年性河流,具有足够的流动的水量是维持河流生态环境功能的最基本条件,如果发生河道断流,原有的水生环境遭受严重的破坏,即使再次复水,河流系统也很难恢复到原来的水生生态系统,甚至一些本地特有的物种将从此灭绝。河流断流,还将引起周边生态系统的恶化。因此,为了防止河道萎缩或断流,维持河流、湖泊基本的生态环境功能,河道中常年都应保持一定比例的基本流量。

2. 河道生态基流的定义

不同学者对河道生态基流下了定义,但是目前为止并无统一且被大家认可的河道生态基流定义。结合上述河道生态基流的内涵以及一些学者对河道生态基流的定义,本章也给出了一个河道生态基流的定义,即河道生态基流是指为了维持河流最基本的生态环境功能,在一定时间尺度内,河道内持续流动的最小水量(也可为维持河流生态系统运转的基本流量)。

5.1.2 河道生态基流的计算方法

目前为止,河道生态基流的计算方法众多,据调查发现其计算方法多达207种,主要可以分为4类:水文学法、水力学法、栖息地法和整体法(Thame,1999)。但不同研究方法评价方式、需求数据类型、适用条件以及优缺点均存在一定的差异,因此,使用不同类型方法需考虑计算方法的需求数据类型等。为了能够更好地应用这些方法分析计算研究区域内的河道生态基流,本章对这些方法的使用条件和优缺点做了简单的归纳,见表5.1。

表 5.1　　　　　　　　　　河道生态基流量主要研究方法比较（徐宗学等，2016）

研究方法	评价方式	数据类型	方法描述	适用条件	优 缺 点
水文学法	水文指标	水文	根据简单的水文指标对河流流量进行设定的一种方法	任何河道	数据容易满足，不需要现场测量，但标准需要验证，未能考虑高流量以及水质等因素
水力学法	河流水力参数	水力	根据实测或曼宁公式计算获得的河道水力参数确定河流所需流量	稳定的河道	只需简单的现场测量，但体现不出季节性，忽视了水流流速变化，未能考虑河流中具体的物种或生命阶段的需求
栖息地法	流量与生物种群关系	水力、生物	根据河道内指示物种所需的水力条件确定河流流量	河道内生物种群尺度研究	特别适合于"比较权衡"，可以将栖息地的变化与资源的社会经济效益相比较，但需要大量人力和物力，操作复杂，不适用于河岸带，生物数据缺乏会影响结果
整体法	河流生态系统整体性要求	水文、生物	强调河流是一个综合生态系统，从生态系统整体出发，根据专家意见综合确定河道流量	流域尺度研究	生态整体性与流域管理规划相结合；缺点是时间长、资源消耗大，需要跨学科专家组、现场调查、公众参与等

　　求解河流河道生态基流的四类方法分别具有各自的代表性方法。其中，水文学法中较为常用的方法是 Tennant 法、7Q10 法；水力学法中较为常用的是湿周法和 R2CROSS 法；栖息地法中代表性方法为流速法；整体法中 BBM 法为代表性方法。下面对这些方法做概括性介绍。

　　1. Tennant 法

　　Tennant 法也称为 Montana 法，是非现场测定类型的标准设定法。在 1964 年和 1974 年之间，Tennant 对 3 个州的 11 条河流进行了详尽的野外调查研究。在总共 315km 长的 58 个横断面上，分析了 38 个不同流量下物理、化学和生物信息对冷水和暖水渔业的影响。野外实验表明，平均流量的 10%、30%、60% 对评价生物适宜性具有显著的代表性（Donald，1976）。于是，1976 年，Tennant 便提出了 Montana 法，河流流量推荐值以预先确定的年平均流量的百分数为基础，或者以日平均流量（ADF）的固定比例来表示。由于渭河是属于有水文站点的季节性变化的河流，因而是可以应用该方法进行计算的。这种方法设有 8 个等级，推荐的基流分为汛期（4—9 月）和非汛期（10 月—次年 3 月），推荐值以占径流量的百分比作为标准（表 5.2）。从表 5.2 中可以看出，10% 是河道流量的最低下限，如果河道流量低于 10%，则河流生态系统健康得不到保障，水生生境将严重恶化，河流生态环境功能将遭到破坏。

表 5.2　　　　　　　　　　汛期和非汛期河道生态基流的推荐值

流量的叙述性描述	推荐的基流（10 月—次年 3 月）（占径流量的百分比/%）	推荐的基流（4—9 月）（占径流量的百分比/%）
最大	200	200
最佳范围	60~100	60~100

流量的叙述性描述	推荐的基流（10月—次年3月） （占径流量的百分比/%）	推荐的基流（4—9月） （占径流量的百分比/%）
极好	40	60
非常好	30	50
好	20	40
中或差	10	30
差或最小	10	10
极差	0～10	0～10

Tennant 法是依据观测资料而建立起来的流量和栖息地质量之间的经验方法。只需要历史流量资料，使用简单、方便，容易将计算结果和水资源规划相结合，具有宏观的指导意义，可以在生态资料缺乏的地区使用。该法通常在研究优先度不高的河段中作为河流流量推荐值时使用，或作为其他方法的一种检验。该法简单易行，便于操作，不需要现场测量，适应任何季节性变化的河流，不仅适应有水文站点的河流（可通过水文监测资料获得年平均流量，并通过水文、气象资料了解汛期和非汛期的月份），还适应没有水文站点的河流（可通过水文计算来获得）。

2. 7Q10 法

此种方法在美国采用 90% 保证率最枯连续 7 天的平均流量作为河流最小流量设计值。该法在 20 世纪 70 年代传入我国，主要用于计算污染物允许排放量，在许多大型水利工程建设的环境影响评价中得到广泛应用。由于该标准要求比较高，鉴于当时我国的经济发展水平比较落后，南北方水资源情况差别较大，我国在《制订地方水污染物排放标准的技术原则与方法》（GB 3839—83）中规定：一般河流采用近 10 年最枯月平均流量或 90% 保证率最枯月平均流量作为河流的生态用水。

最小月平均流量法：参照 7Q10 法，以河流最小月平均实测径流量的多年平均值作为河流的河道生态基流推荐值。其计算公式为（王雁林等，2004）：

$$W_b = \frac{T}{n} \sum_i^n \min(Q_{ij}) \times 10^{-8} \tag{5.1}$$

式中：W_b 为河流生态基流，m^3/s；Q_{ij} 为第 i 年第 j 个月的月均流量，m^3/s；T 为换算系数，其值为 $31.536 \times 10^6 \text{s}$；$n$ 为统计年数。

7Q10 法的优点是比较简单，容易操作，劳动强度和工作量小，在我国许多大型水利工程建设的环境影响评价中得到应用。

必须注意的是，虽然这个生态基流值约等于十年一遇的枯水年流量值，可近似用于限制污染物排放，但由于简化了河流的实际情况，没有直接考虑生物的需求和生物间的相互作用，某些情况下 7Q10 流量统计值并不符合河流水生生态系统正常运作的需水量。7Q10 法主要针对以排污功能为主体目标的河流，如果用于一般没有排污目标的河流，计算值往往大于一般河流系统实际的生态环境需水量，不符合水能资源最优化利用原则。

最小月平均流量法，适合于对河流进行最初目标管理，作为战略性管理方法而使用，或者在争议比较小的、优先度不高的地区使用。其最大优点是不需要进行现场测量，在有水文资料和无水文资料的河流都可以应用。但一般用于设定河流低流量，没有考虑到对高流量的要求。将该方法应用到某个地区时，需要分析其流量标准是否符合当地河流情况，并结合当地河流管理目标，对流量标准进行调整。

3. 湿周法

湿周法利用湿周作为衡量栖息地指标的质量来估算河道内流量的最小值。该法基于这样的假设，即湿周和水生生物栖息地的有效性有直接的联系，保证好一定水生生物栖息地的湿周，也就满足了水生生物正常生存的要求。通过建立河道断面湿周和流量的关系曲线，依据该曲线确定变化点的位置，估算最小需水量的推荐值，如图 5.1 所示。湿周和流量关系可从多个河道断面的几何尺寸和流量关系实测数据经验推求，或从单一河道断面的一组几何尺寸和流量数据中计算得出，也可以借助曼宁公式求得（MacKay et al.，2003）。这种方法一般适用于宽浅型河道。

通常，湿周随着河流流量的增大而增加，然而，当湿周超过某临界值后，河道流量的迅速增加也只能引起湿周的微小变化。注意到这一河道湿周临界值的特殊意义，我们只要保护好作为水生物栖息地的临界湿周区域，也就基本上满足非临界区域水生物栖息地保护的最低需求。湿周法要求河床形状稳定，否则没有稳定的湿周和流量关系曲线，也就没有固定的增长变化点。所以湿周法的断面一般选择单一河道断面的浅滩，因为浅滩是最临界的栖息地，对于流量的变化，这些断面的河宽、水深和流速最敏感。当河流流量较少时，浅滩首先被显露；而且浅滩通常是鱼类和大型无脊椎动物丰富的区域。因此保护好浅滩栖息地也就满足了整条河的要求。

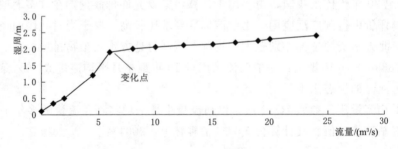

图 5.1　湿周法示意图

湿周法操作简单，对数据要求不高，需要的费用较低，容易实现。与水文学法相比，湿周法较多地考虑了生物区栖息地的要求和不同流量下的栖息地状况，而且该法还进行野外调查，以水力学公式为依据，从而具有一定的理论基础；与栖息地法和整体法相比，湿周法具有快速和使用代价低的优点，而且对数据的时间尺度要求不高，一般短期的数据甚至几天的数据就可以满足其需要。湿周法适用于食物供应为限制因素的区域，或者当需要一个简单的方法用于最初流域规划标准的建立时使用。

4. R2CROSS 法

R2CROSS 法由 Nehring1979 年提出并成功地用于科罗拉多州的栖息地需水量方案，是科罗拉多州水资源保护董事会（CWCB）最常采用的一种定量方法（吴洁珍等，2005）。R2CROSS 法是以曼宁方程为基础的计算方法。

R2CROSS 法确定最小栖息地流量的水力标准见表 5.3。

表 5.3　　　　　　　　　采用 R2CROSS 法确定最小栖息地流量的水力标准

河流顶宽/m	平均水深/m	湿周率/%	平均流速/(m/s)
0.3~6.3	0.06	50	0.3048
6.3~12.3	0.06~0.12	50	0.3048
12.3~18.3	0.12~0.18	50~60	0.3048
18.3~30.5	0.18~0.3	≥70	0.3048

曼宁公式的表达式：

$$c=\frac{1}{n}R^{\frac{1}{6}} \tag{5.2}$$

式中：c 为谢才系数；n 为糙率系数，简称糙率；R 为水力半径。

谢才公式
$$V=c\sqrt{RJ} \tag{5.3}$$

流量公式
$$Q=AV \tag{5.4}$$

湿周公式
$$R=\frac{A}{X} \tag{5.5}$$

结合谢才公式（5.3），流量公式（5.4）和湿周公式（5.5）得到基于曼宁公式的流量的计算公式（5.6）。

$$Q=A\frac{1}{n}R^{\frac{2}{3}}J^{\frac{1}{2}}=\frac{1}{n}A^{\frac{5}{3}}X^{-\frac{2}{3}}J^{\frac{1}{2}} \tag{5.6}$$

式中：Q 为流量，m^3/s；A 为过水断面面积，m^2；X 为湿周，m；J 为水力坡度。

R2CROSS 法是基于这样的假设：浅滩是最临界的河流栖息地类型，而保护浅滩栖息地其他类型的水生栖息地也将得到保护，如水塘和水道也将得到保护。河流水深、流速以及湿周长是反映栖息地质量有关的水流指示因子。R2CROSS 法确定了平均深度、平均流速以及湿周长百分数作为冷水鱼栖息地指数，认为如能在浅滩类栖息地保持这些参数在足够的水平，将足以维护鱼类与水生无脊椎动物在水塘和水道的水生环境。平均水深是过水断面面积与流水面宽度的比值。湿周长是水流与过水断面接触线的长度，满湿周指河流中水位与两岸植被平齐状态下对应的总湿周长，湿周率指湿周长与满湿周的比值。所有河流的平均流速推荐采用英尺/每秒的常数，根据三个水力参数可以推求适宜浅滩式河流栖息地冷鱼类生存的最小生态流量。起初河流流量推荐值是按年控制的。后来，生物学家又研究根据鱼的生物学需要和河流的季节性变化分季节制订相应的标准。相比历史流量法而言，R2CROSS 法不需要历史资料，在没有水文站的河流上同样可以运用，容易获取数据，方法简单，容易掌握和操作。根据研究水域的水生生物的水力喜好度（偏爱流速、水深等）确定栖息地生存需求，具有一定的科学性。R2CROSS 法综合考虑了水力学、水文学、生物学、地质学方面的知识，是在全世界广为运用的方法之一。R2CROSS 法适用于浅滩栖息地类型的河流，其原始的水力参数标准适合高海拔地区的冷水鱼类。但不同生物有不同的流速、水深偏好度，应该根据研究水域的水生生物的特点修正水力参数标准值。

5. 流速法

流速法即以流速作为反映生物栖息地指标，来确定河道内生态需水量。认为满足水生生物适宜的流速要求也就满足了水生生物对栖息地的要求。流速法在一些文献中也称为河道适合生态需水量的估算方法（吉利娜，2006）。用流速作为水生物栖息地指标也是在影响水生生物的各因子之中的筛选结果。影响水生物正常生存的几个指标有流速、水深、水温等，流速是一个相当关键的指标。例如江河、湖泊半洄游性的鱼类需要在具有一定流速等生态条件的水域中繁殖。并且河道流速处在水生物适宜的范围时，也能保证水量和水深处于良好的范围。因为

$$Q = Av \tag{5.7}$$

一般情况下，流速和流量为正相关关系，流量随着流速的增大而增大。所以从理论上来讲，适宜的流速就能保证流量处在较好范围。流速和水深的关系不易直接给出，但是，由谢才公式和曼宁公式可得

$$v = n^{-1} R^{\frac{2}{3}} J^{\frac{1}{2}} \tag{5.8}$$

当河道为宽浅式河道（水深比河宽小得多）时，式中水力半径 R 可用平均水深代替。一般河道都满足宽浅式河道的要求，所以流速和水深也呈正相关关系。只要选择合适的流速，水深也就能满足水生生物良好生存的需要。在使用流速法测定河道生态基流量时，最重要的是关键物种的选择和适宜流速的确定。关键物种是指一旦灭绝将会引起连锁反应，并导致生物多样性减少和某一生态系统功能的紊乱的物种。受环境因子的影响，鱼类会产生各种变化，以适应环境；同时，作为顶极群落，鱼类对其他类群的存在和丰度有着重要作用（徐宗学等，2016）。在研究生态需水时，要研究各类生物在生态系统中的不同作用。鱼类作为水生态系统中的顶极群落，鱼类种群的稳定是水生态系统稳定的标志。因此，鱼类可作为河道生态系统稳定的指示物。

选取了河道水生生态系统的关键物种，以及能反映关键物种生态需水的重要指标，就具备了流速法应用的基本前提。流速法以流速作为反映指示物种——鱼类栖息地的指标，来确定河道内生态环境需水量。首先进行鱼类生活习性的调查，确定各种鱼类的喜欢流速范围，见表5.4。因为产卵是鱼类繁殖的关键，所以要结合鱼类产卵对流速的要求，确定一个适宜流速。然后根据水文站实测流量资料，建立各站平均流速和流量关系曲线。最后按照建立的流速和流量关系曲线查取适宜流速对应的流量，该流量即为河道内生态基流量，见图5.2。

表 5.4　　　　　　　　　　　　　鱼 类 适 应 的 流 速 表

种　　类	体长/cm	感觉流速/(m/s)	喜欢流速/(m/s)	极限流速/(m/s)
鲂	10～17	0.2	0.3～0.5	0.6
	6～9	0.2	0.3～0.5	0.7
鲫	10～15	0.2	0.3～0.6	0.7
	15～20	0.2	0.3～0.6	0.8
鲤	20～25	0.2	0.3～0.8	1.0
	25～35	0.2	0.3～0.8	1.1
鲢	10～15	0.2	0.3～0.5	0.7
	23～25	0.2	0.3～0.6	0.9
草鱼	15～18	0.2	0.4～0.5	0.7
	18～20	0.2	0.4～0.6	0.8
鲇	30～60	0.3	0.4～0.6	1.0
鲌	20～25	0.2	0.3～0.7	0.9
梭鱼	14～17	0.2	0.4～0.6	0.8

注　感觉流速是指鱼类对流速可能产生反应的最小流速值。喜欢流速是指鱼类所能适应的多种流速值中的最为适宜的流速范围。极限流速是指鱼类所能适应的最大流速值，又称为临界流速。

此方法虽然将流量与生物关系相联系，但流量并不是决定生物种群以及生物量的变化的唯一因素，还存在许多其他影响因素，特别是水质状况，所以这种方法并不能完全解释流量与生物种群的内在关系。另外，该法的应用还容易受到生物数据的限制，同时对影响因素之间的相互作用关系缺乏了解也制约了该法的应用。目前，这种方法主要是应用于受人类影响较小的河流。

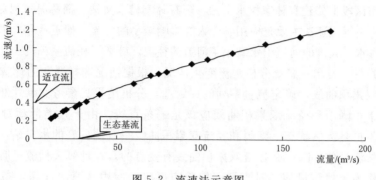

图 5.2　流速法示意图

6. BBM（Building Block Methodology）法

BBM 法来源于南非，它首先考察河流系统整体生态环境对水量和水质的要求，然后预先设定一个可满足需水要求的状态，以预定状态为目标，综合考虑砌块确定原则和专家小组意见，将流量组成人为地分成 4 个砌块（枯水年基流量、平水年基流量、枯水年高流量和平水年高流量等），即河流基本特性由这 4 个砌块决定，最后通过综合分析确定满足需水要求的河道流量（张代青等，2006）。

BBM 法中的河流流量的组成成分是根据以下原则建立（杨志峰等，2003）：①人工影响的河流应该尽量模拟其原始状态；②保留河流的季节性或非季节性状态；③更多地利用湿润季节河水，尽量少用干旱季节水量；④保留干旱和湿润年的基流季节模式；⑤保留一定的天然湿润季节洪水；⑥缩短洪水持续时间，但要保证洪水的生态环境功能，例如保证鱼类在洪泛区产卵和返回河道；⑦可以整个消除某些次洪水，但需要完全保留其他洪水量，不要低平地保留所有天然发生的洪水。

这种方法的最大优点是能够与流域管理规划较好地结合。缺点是资源消耗大，时间长，一般至少需要 2 年时间。为此，提出了一个较为快速的方法，即专家小组法，具体过程是组织多学科专家对不同流量状况下的河流进行现场调查，根据专家经验很快确定流量要求。

5.1.3　河道生态基流的其他计算方法

随着河道生态基流价值及其保障的经济损失研究成果的积累，一些学者开始结合其价值变化规律及其保障的可接受经济损失构建河道生态基流的概念性计算模型。包括三种计算方法（成波，2021）：①不考虑农业灌溉引水的河道生态基流计算方法；②基于水资源决策者可接受经济损失的河道生态基流计算方法；③基于河流生态系统服务价值最大的河道生态基流计算方法 ［详见数字资源 5（5.1）］。

5.2　渭河宝鸡市区段生态基流量的分析计算

基于河道生态基流的涵义，结合现有的资料情况，选择流速法、最小月平均流量法与

Tennant 法分别对渭河宝鸡市区段生态基流进行计算。然后通过对三种方法的计算结果的合理性分析，最终确定渭河宝鸡市区段生态基流量的大小，为宝鸡市未来水资源的开发利用和生态城市建设提供依据。

5.2.1　流速法的改进与应用

1. 断面以及计算时段的选择

渭河宝鸡市区段上修建有林家村水文站，现有林家村水文站（简称林家村站）1956—2000年的径流资料。由于流速法主要是应用于受人类影响较小的河流，而近些年，人类对河流的影响剧烈，建坝拦水，大量的河道引水减小了河道的径流，破坏了径流系列的一致性，这样必将影响流量流速关系。因此，需要分析水流变化情况，根据情况选择合适的计算时段。通过各站的降雨径流双累积曲线，确定流量系列的一致性，分析结果见参考文献 [207]。

天然状态下，降雨和径流双累积曲线应该是一条直线。由于人类活动对水文系列的干扰，许多流域不再是天然状态。降雨和径流双累积曲线一致性良好的水文站，用整个系列的平均值作为天然流量值，降雨和径流双累积曲线有变点的，在计算天然流量时，用变点以前系列的平均值作为天然流量值。对于渭河宝鸡市区段，使用流速法计算生态基流量时采用1954—1970 年的流量系列平均值作为天然状态下的流量值。因为河道生态基流量为河道内枯水期的生态需水量，同时考虑河床在汛期发生断面冲淤现象，变化较大，故在建立流量-平均流速、流量-平均水深关系时，只选择汛前的水文资料。

2. 生态流速的确定

由于河流是一个复杂的系统，除了满足其基本的生态功能外，河流还具有一定的纳污能力和输沙能力，所以采用生态流速作为控制指标，生态流速是指为了保护一定的生态目标，即使河道生态系统保持其基本的生态功能，河道内应该保持的最低水流流速，用 $v_{生态}$ 来表示。生态目标包括：①水生生物及鱼类对流速的要求，如鱼类洄游的流速、鱼类栖息地生活所需的流速；②保持河道输沙的不冲不淤流速；③保持河道防止污染的自净流速。

通过调查，20 世纪 80 年代渭河宝鸡市区段有 23 种鱼类（宋世良等，1983），其中鲤鱼、青鱼、泥鳅较多，在此参照表 5.4 确定渭河宝鸡市区段各种鱼类的喜欢流速范围为 0.3～0.8m/s。因为不同鱼类的喜欢流速范围不同，取各种鱼类喜欢流速范围下限的最大值 0.4m/s 作为渭河宝鸡市区段鱼类适宜流速的参考值，然后结合鱼类产卵对流速的要求确定适宜流速。广西水产科技对右江油类产卵场调查研究表明，产浮性卵的青、草、鲢、鲤四大家鱼漂流性的鱼卵流速低于 0.3m/s 开始下沉，流速低于 0.15m/s 全部下沉（周解，2000），也就是说满足鱼类产卵要求的流速不应低于 0.3m/s。因此，取流速为 0.4m/s 作为渭河鱼类适宜流速参考值也能保证鱼类产卵的要求。所以鱼类的适宜流速确定值为 0.4m/s。由于渭河林家村断面现状水质为Ⅲ类，该断面基本冲淤平衡，所以自净流速与输沙流速选择为计算时段内多年平均最小流速，查阅资料知 $v=0.28$m/s。综合以上三种流速，最终确定生态流速为 0.4m/s。

3. 流速法的计算结果及分析

以 0.4m/s 为生态流速，在流量和平均流速关系中查取流速为 0.4m/s 对应的流量，该流量即为流速法确定的该站生态基流量。因为测量误差、断面冲淤变化的原因，流速为 0.4m/s 时，有些对应不止一个流量，因此，对流量和平均流速关系进行拟合，用拟合的流量和平均流速关系曲线确定生态基流量。选择林家村站 1956—1971 年水文资料，分别采用幂函数和对数函数关系对其进行拟合，计算建立林家村站流量和平均流速/平均水深关系，拟合结果见参考文献 [207]。

采用两种拟合方式的生态基流计算结果见表 5.5，对数函数拟合出的渭河宝鸡市区段生态基流量为 $13.99 \text{m}^3/\text{s}$，占多年平均天然径流量的 23.5%，用幂函数拟合的宝鸡市区段河道生态基流量为 $5.78 \text{m}^3/\text{s}$，占多年平均天然径流量的 8.5%，由于按照 Tennant 法方法的标准，河道内最小生态需水量不能小于多年平均流量的 10%。10% 的年平均流量提供了退化的或贫瘠的栖息地条件；20% 的年平均流量提供了保护水生栖息地的适当标准；在小河流中，30% 的年平均流量接近最佳栖息地标准。所以采用对数函数拟合的结果作为渭河宝鸡市区段生态基流量。对数函数拟合出的平均水深仅为 0.03m，显然与现实情况不符，所以不应该以此结果作为渭河宝鸡市区段河道生态基流量对应的平均水深。用幂函数拟合的河道平均水深为 0.23m，比较符合渭河宝鸡市区段的实际情况。因此，以幂函数关系确定的平均水深的结果为流速法估算的平均水深。用流速法估算渭河宝鸡市区段生态基流量的结果为 $13.99 \text{m}^3/\text{s}$，对应平均水深为 0.23m。

表 5.5　　　　　　　　　　　　流速法估算生态基流结果

流速法结果	对数函数拟合结果				幂函数拟合结果			
	$Q_{生态基流}$ /(m³/s)	水量 /亿 m³	$Q_{生态基流}/Q_{多年平均}$ ×100%	水深/m	$Q_{生态基流}$ /(m³/s)	水量 /亿 m³	$Q_{生态基流}/Q_{多年平均}$ ×100%	水深/m
	13.99	4.35	23.50%	0.03	5.78	1.80	10%	0.23

由流速法计算出的渭河宝鸡市区段生态基流量的结果，也有很大的局限性，因为流量并不是决定生物种群以及生物量的变化的唯一因素，还存在许多其他影响因素，特别是水质状况。据《陕西省水功能区划》，渭河宝鸡市区段现状水质Ⅳ类，水质目标为Ⅲ类，这种水质状况下对鱼类以及其他生物的存活有很大的限制，所以针对渭河宝鸡市区段选择何种生物作为指示物种，有待进一步的研究。

同时，由于 $Q=Av$，生态基流量不仅与流速有关，而且断面面积也会影响其结果，这里的断面面积指的便是该断面的湿周面积，由于缺乏该计算时段（1954—1970 年）的林家村站大断面水文资料，现绘制 1976—1990 年林家村站汛前大断面图，见图 5.3，由图 5.3 可以看出，虽然是汛前断面，而且为单一的宽浅形大断面，但大断面多年变化相对较大，断面形态多样，这也会影响流速法的计算结果。

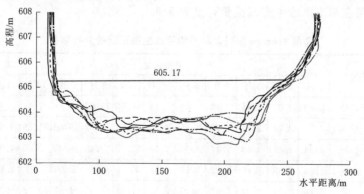

图 5.3　林家村站汛前大断面图

5.2.2　采用最小月平均流量法计算

参照 7Q10 法，最小月平均流量法以河流最小月平均实测径流量的多年平均值作为河流的生态基流量。依然采用林家村站 1960—2000 年的水文资料进行计算分析，可以看出最小月平均流量年际波动较大，其中 1963 年、1967 年、1976 年、1985 年、1989 年的最小月平均流量较大，而 1966 年、1972 年、1979 年、1987 年的最小月平均流量较少。特别需要指出的是 1995—2000 年最小月平均流量均不大于 10m^3/s，这与近些年年平均流量普遍减少趋势一致。

在计算过程中取公式为

$$W_b = \frac{T}{n} \sum_i^n \min(Q_{ij}) \times 10^{-8} \tag{5.9}$$

式中：W_b 为河流基本生态需水量，m^3；Q_{ij} 表示第 i 年第 j 个月的月均流量，m^3/s；T 为换算系数，其值为 31.536×10^{6}s；n 为统计年数。

对于渭河宝鸡市区段而言，计算出其河道生态基流量约为 6m^3/s（1.866 亿 m^3/a），占多年平均径流量的 9.8%。

此种方法是以历史流量为基础确定河道生态基流量，该法虽然没有明确考虑食物、栖息地、水质和水温等因素，但由于这是水生生物原有的生活条件，可认为该流量能维持现存的生命形式，并认为在该流量下这些因素可以满足现有生物的要求。

5.2.3　采用 Tennant 法计算

Tennant 法是美国目前使用的河道内流量确定的方法，其河流流量推荐值以预先确定的年平均流量的百分数为基础（Donald, 1976）。该法认为当河道内流动的水量占到多年平均流量的 60% 时，河流具有丰富的生物多样性和生境多样性，河宽、水深、水温等为水生生物的生长和繁殖提供了优良的生存条件。当河道内流动的水量占到多年平均流量的 30% 时，河宽、水深、流速一般令人满意，除极宽浅滩外，大部分河道将没于水中，大部分边槽将有水流，水生生境及天然景色令人满意。当河道内流动的水量占到多年平均流量的 10% 时，河宽、水深和流速将显著减少，水生生态环境开始恶化，但对于大江大河仍有一定的河宽、水深和流速，可以满足鱼类的基本需要和河流景观生态等的一般要求，是保证绝大多数水生生物短时间生存所必需的最低流量。所以，对于渭河来说，我们以天然径流量的 10%（极限最低流量）作为渭河宝鸡市区段河道生态基流量，以分多年平均和代表年两种情况对河道生态基流进行分析计算。

1. 多年平均

通过对渭河林家村水文站 1960—2000 年 41 年平均流量的分析，取各月天然径流量均值的 10% 作为渭河宝鸡市区段生态基流量，见表 5.6。

表 5.6　　　　采用 Tennant 法对多年平均河道生态基流的分析结果

断面	年份	月基流量/(m³/s)												平均/(m³/s)
		1 月	2 月	3 月	4 月	5 月	6 月	7 月	8 月	9 月	10 月	11 月	12 月	
林家村	1960—1969	3.60	4.07	5.81	7.98	9.99	7.13	14.00	11.92	21.88	17.52	9.49	5.14	9.88
	1970—1979	2.34	2.73	3.44	4.76	5.89	4.87	11.24	13.82	15.40	11.29	5.60	2.88	7.02
	1980—1989	2.54	2.83	3.69	5.47	6.41	8.50	12.77	13.62	15.32	9.17	4.92	2.83	7.34
	1990—2000	1.54	1.58	2.48	2.92	4.17	4.88	7.30	6.99	5.76	5.65	2.70	1.46	3.95
	1960—2000	2.48	2.77	3.82	5.22	6.56	6.31	11.23	11.48	14.37	10.78	5.60	3.04	6.97

从表 5.6 看，由于自然与人为因素，天然径流量在时间进程上呈现下降趋势，河道生态基流量也随之呈现下降趋势。尤其进入 20 世纪 90 年代以来，随着人为因素影响的加重，渭河宝鸡市区段径流量较以往各时期有了大幅度的减少（图 5.4），90 年代平均天然年径流量仅 12.52 亿 m³，比多年平均天然径流量 21.99 亿 m³ 减了 43.1%。其中 1995—2000 年，连续 6 年均不足 10 亿 m³，从而使其生态基流量下降幅度变大。从 1960—2000 年多年平均来看，渭河宝鸡市区段河道生态基流量为 6.97m³/s（2.17 亿 m³/a）。

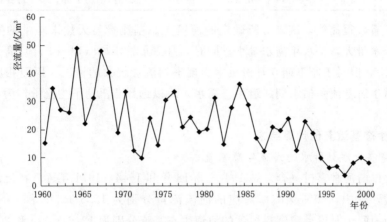

图 5.4　渭河林家村断面天然径流量变化趋势

2. 代表年

由于 Tennant 法没有区分干旱年、湿润年和平水年的差异，也没有考虑河流形状，因此其计算出的多年平均河道基流量的值偏大。为此代表年选择为：$P=25\%$（1963 年）、$P=50\%$（1990 年）、$P=75\%$（1982 年）、$P=90\%$（1979 年），针对不同频率的代表年分别计算渭河宝鸡市区段生态基流量，并且精确到月，这样就可避免河道年内季节变化以及年际径流丰枯变化对生态基流流量结果产生较大的影响，结果见表 5.7。

表 5.7　　　　　　　　各代表年下渭河宝鸡市区段河道生态基流计算结果

月　份	$P=25\%$（1963 年）		$P=50\%$（1990 年）		$P=75\%$（1982 年）		$P=90\%$（1979 年）	
	河道生态基流量计算结果							
	亿 m³	m³/s	亿 m³	m³/s	亿 m³	m³/s	亿 m³	m³/s
1	0.086	3.32	0.055	2.13	0.075	2.89	0.068	2.64
2	0.084	3.24	0.062	2.40	0.085	3.29	0.077	2.96
3	0.126	4.86	0.158	6.09	0.145	5.60	0.077	2.97
4	0.130	5.02	0.150	5.78	0.229	8.83	0.063	2.43
5	0.383	14.78	0.321	12.40	0.207	7.98	0.028	1.08
6	0.334	12.89	0.113	4.37	0.085	3.27	0.029	1.10
7	0.222	8.56	0.355	13.70	0.042	1.63	0.415	16.00
8	0.206	7.95	0.319	12.30	0.117	4.51	0.384	14.80
9	0.482	18.60	0.448	17.30	0.262	10.10	0.353	13.60
10	0.233	8.99	0.303	11.70	0.107	4.13	0.218	8.41
11	0.198	7.64	0.165	6.37	0.073	2.83	0.101	3.89

续表

月 份	P＝25％（1963年）		P＝50％（1990年）		P＝75％（1982年）		P＝90％（1979年）	
	河道生态基流量计算结果							
	亿 m³	m³/s	亿 m³	m³/s	亿 m³	m³/s	亿 m³	m³/s
12	0.122	4.71	0.083	3.20	0.036	1.38	0.061	2.34
非汛期平均	0.183	7.058	0.138	5.343	0.117	4.509	0.063	2.426
汛期平均	0.286	11.025	0.356	13.75	0.132	5.093	0.343	13.203

从表5.7看，很显然，该方法所确定的河道生态基流量与天然来水量的变化趋势相一致；丰水年需水量大，枯水年需水量小；同时，月需水量汛期（7—10月）高于非汛期（11月—次年6月），但对于非汛期5月份也常出现平均流量较大的情况，因而相应的需水量也大。由于河道生态基流是枯水期河道生态需水，所以选择非汛期平均流量作为相应代表年的生态基流量。

5.2.4 河道生态基流其他计算结果

1. 不考虑农业灌溉引水的河道生态基流

本节主要以渭河林家村（合）站1944—2018年和1944—1971年逐日径流量构造了逐日流量历时曲线，其中，90％保障率对应的河流流量分别为12.61m³/s和20.00m³/s，即，渭河林家村断面两个时段径流资料得到的河道生态基流分别为12.61m³/s和20.00m³/s。

由于渭河林家村断面渠首引水工程已存在，且该段河流水资源主要为宝鸡峡塬上灌区提供农业灌溉用水，河道生态基流主要通过渭河林家村（合）站1944—2018年非汛期的逐日流量历时曲线获取。因此，渭河林家村断面的河道生态基流为12.61m³/s。

2. 基于可接受经济损失的河道生态基流

渭河林家村断面河道生态基流保障目标（W_{EBCT}）及其保障的农业经济损失量之间的定量关系为式（5.10）：

$$W_{EBCT}＝7.7766\times\ln L_{AL}＋3.1735 \tag{5.10}$$

式中：L_{AL} 为河道生态基流保障的农业经济损失量，亿元。

结合上述渭河林家村断面河道生态基流保障目标和河道生态基流保障的农业经济损失之间的定量关系，可以在已确定可接受农业经济损失的基础上确定河道生态基流，本节以2亿元为例分析，则渭河林家村断面的河道生态基流为8.56m³/s，如图5.5所示。

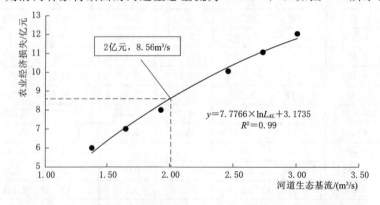

图 5.5 可接受农业经济损失为2亿元的河道生态基流推荐值

3．基于河流系统服务总价值最大化的河道生态基流

将河道生态基流不同保障目标 2010 年渭河林家村断面河道生态基流价值和宝鸡峡塬上灌区农业灌溉用水效益加和得到河流系统功能总价值，河流系统服务功能总价值随河道生态基流变化过程如图 5.6 所示。

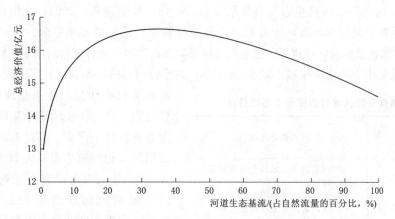

图 5.6　河流系统服务功能的总价值随河道生态基流变化过程

从图 5.6 可以看出，渭河干流宝鸡段河流系统功能的总价值在开始阶段呈现剧烈增加的趋势，当河道生态基流达到某一个值时，河流系统服务功能总价值达到最大值，之后的总价值出现了下降趋势。渭河干流宝鸡段的河流系统服务功能的总价值最大值为 166440 万元。此时，渭河林家村断面河道生态基流为 2010 年来水量的 35.02%（8.30m³/s）。

5.2.5　研究区段生态基流量结果讨论

分别采用流速法、最小月平均流量法、Tennant 法和三种概念模型对同一断面的生态基流量进行估算，得到的结果差异明显，见表 5.8。由该表可以看出，用三种方法计算出的生态基流量的结果占多年平均的 3.5%～23.5%。流速法计算出的渭河宝鸡市区段生态基流量的值为 13.99m³/s，是三种结果中的最大值，占多年平均的 23.5%，按照 Tennant 法方法的标准，20%～30% 的年平均流量提供了保护水生栖息地的适当标准，所以用流速法计算出的结果比较倾向于渭河宝鸡市区段的适宜生态环境需水量。

表 5.8　　　　　　　　四种河道生态基流计算方法结果比较

方　　法	流速法	最小月平均流量法	其他研究方法	Tennant 法				
				多年平均	代表年			
					$P=25\%$	$P=50\%$	$P=75\%$	$P=90\%$
生态基流量/(m³/s)	13.99	6	8.30	6.97	7.06	5.34	4.51	2.43
占多年平均流量的百分数/%	23.5	9.8	13.32	10.0	10.3	7.8	6.6	3.5

Tennant 法在多年平均下的计算结果没有考虑流量的季节变化，没有区分干旱年、湿润年和标准年的差异，所以计算的结果会偏大，而河道的生态基流量则倾向于河道枯水季节的生态流量，由表 5.8 我们发现河流丰水年生态基流大，枯水年基流量小，由于近年来渭河宝鸡市区段径流量呈下降趋势，所以理论上计算出的生态基流量应该偏小于 Tennant 法在多

年平均下的计算结果。而最小月平均流量法的计算结果比 Tennant 法的计算结果小
$0.97\mathrm{m}^3/\mathrm{s}$，并且介于代表年 $P=25\%$ 与 $P=50\%$ 结果之间，符合渭河宝鸡市区段的实际情况，概念性模型的计算结果仅可用于上述研究方法的参考，并不能作为恢复水生态的依据，所以选择最小月平均流量法的结果作为渭河宝鸡市区段生态基流量的结果。

计算的渭河宝鸡市区段生态基流量结果为 $6\mathrm{m}^3/\mathrm{s}$，与宋进喜（2005）在渭河生态环境需水量研究中计算渭河基本生态环境需水量（林家村断面）的结果基本一致。此外，根据 2002年《陕西省渭河流域综合治理规划》报告研究成果，规定渭河干流林家村断面非汛期（11月—次年 6 月）的低限生态环境流量应不低于 $10\mathrm{m}^3/\mathrm{s}$；为维持河道的基本功能，寇宗武（2005）给出的林家村断面低限生态基流量为 $8\mathrm{m}^3/\mathrm{s}$，详见表 5.9。考虑到渭河宝鸡市区段目前生态基流缺失严重，河道有时甚至出现断流情况，把河道生态基流量定为 $10\mathrm{m}^3/\mathrm{s}$或 $8\mathrm{m}^3/\mathrm{s}$ 对现阶段渭河宝鸡市区段各部门流量调控情况要求较高，所以暂定 $6\mathrm{m}^3/\mathrm{s}$ 作为近期渭河宝鸡市区段生态基流

表 5.9　渭河干流林家村断面生态基流量表

控制断面	重点规划及部门
断面保障目标	
$10\mathrm{m}^3/\mathrm{s}$	《陕西省渭河流域综合治理规划》
$8\mathrm{m}^3/\mathrm{s}$	寇宗武 陕西省水资源管理办公室

推荐值，待外流域调水（引汉入渭等）工程实现后，我们可逐步提高渭河宝鸡市区段生态基流量，为河道营造一个良好的生态环境。

5.3　河道生态基流盈缺评价与影响因素分析

前面已经计算出渭河宝鸡市区段生态基流量的值为 $6\mathrm{m}^3/\mathrm{s}$，下面着重定量分析一下渭河宝鸡市区段生态基流的盈缺情况。

（1）首先从整体上分析多年系列中河道生态流量的盈缺情况。绘制一系列的实测年均径流量与生态基流量对比图，为了观察两者的对比关系，纵坐标采用对数刻度加以描绘（下同），如图 5.7 所示。

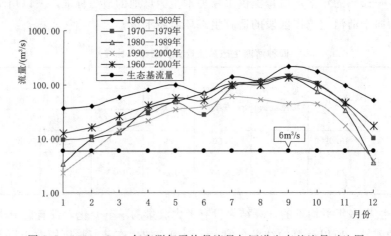

图 5.7　1960—2000 年实测年平均径流量与河道生态基流量对比图

从图 5.7 可以看出，渭河宝鸡市区段多年平均实测径流量基本上都能满足河道生态基流

量的要求,只有 1997 年多年平均实测径流量只有 5.92m³/s,不能满足生态基流量的要求。在河道生态基流量得到满足的年份中,河道生态基流量占各年平均实测径流量的 3.89% (1964 年)~69.25% (1995 年),年平均实测径流量小,则生态基流量所占比重大;反之,则生态基流量所占比重小。至于 1997 年出现生态基流缺水与该年天然径流量减少和林家村上游渠道引水等原因有关。

(2) 上面分析了河道生态基流的年际盈缺情况,由于渭河属于季节性河流,汛期与非汛期实测流量相差很大,所以生态基流的年际盈缺情况并不能完全反映河道生态基流缺水的状况,所以现就生态基流年内盈缺情况进行分析,以月为单位。此处分析按多年平均和典型年法两种情况。

1) 多年平均情况。

a. 根据长系列的月平均实测径流资料绘制出多年月平均实测径流量与河道生态基流量的对比图,如图 5.8 所示。

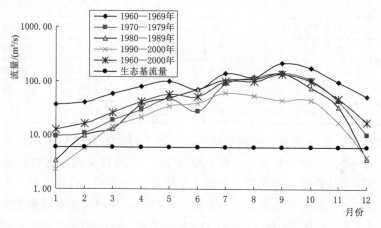

图 5.8 各年代月平均实测径流量与河道生态基流量的对比图

由图 5.8 可以看出,实测径流量随着年代的不同,有着不同的变化,大体趋势是汛期流量大于非汛期,远期年代流量大于近期年代流量,即从 60 年代到 90 年代平均月径流量呈下降趋势,这与天然来水量减少以及人类活动对河流的影响增多等因素有关。各年代的实测月平均径流量基本上能满足河道生态基流量的要求,只有个别月份不能满足要求。从总体来说,1960—2000 年多年各月平均实测径流量都能满足生态基流量的要求;对于各个年代来说,60 年代与 70 年代全年 12 个月份平均流量都能满足河道生态基流量的要求,80 年代 1 月、12 月,以及 90 年代 1 月、2 月、12 月,其实测平均径流量水平低于河道生态基流量。

b. 以上对各个年代河道基流量满足情况进行了初步分析,下面对各个年代进行年内分析,以便进一步确定渭河宝鸡市区段生态基流量的满足情况。由于受资料限制,在此仅对 1971—1990 年中各月生态基流满足情况进行逐月统计,见表 5.10。查阅 60 年代资料,未发现生态缺水月份,所以在此未把 60 年代生态基流量满足情况统计在内,并认为 60 年代河道生态基流量 100% 满足。

由表 5.10,统计 1971—1980 年、1981—1990 年、1970—1990 年各年代各月均的生态基流缺水,其中 1 月、2 月、3 月以及 12 月缺水情况尤为严重,缺水天数比例均超过 50%,

最高能达到 88%；缺水量最小的月份集中在 9 月、10 月，缺水比例均不超 15%，由此我们看出，非汛期缺水比例明显高于汛期。从全年来看，缺水天数占全年的 40%～45%，可见渭河宝鸡市区段生态基流缺水严重。

表 5.10　　　各年代渭河宝鸡市区段河道生态基流盈缺情况逐月统计表

年　份	项　目		1月	2月	3月	4月	5月	6月	7月	8月	9月	10月	11月	12月	全年
1971—1980	满足	天数	10	7	12	13	20	12	22	21	26	27	23	7	200
		比例	32%	25%	39%	43%	65%	40%	71%	68%	87%	87%	77%	23%	55%
	缺水	天数	21	21	19	17	11	18	9	10	4	4	7	24	165
		比例	68%	75%	61%	57%	35%	60%	29%	32%	13%	13%	23%	77%	45%
1981—1990	满足	天数	4	8	12	22	25	22	24	22	26	26	20	3	214
		比例	12%	30%	40%	73%	79%	73%	77%	72%	87%	85%	67%	11%	57%
	缺水	天数	27	20	19	8	6	8	7	9	4	5	10	28	151
		比例	88%	70%	60%	27%	21%	27%	23%	28%	13%	15%	33%	89%	43%
1970—1990	满足	天数	7	8	12	22	22	17	23	22	26	27	21	5	207
		比例	12%	29%	40%	73%	79%	75%	76%	72%	87%	86%	64%	11%	57%
	缺水	天数	24	20	19	13	9	13	8	9	4	4	9	26	158
		比例	78%	71%	60%	27%	21%	25%	24%	28%	13%	14%	36%	89%	43%

2）典型年情况。此次选取最不利年份进行分析，即实测径流量最小的年份，查阅资料选择 1987 年（$Q=26.13\text{m}^3/\text{s}$）进行分析。根据 1987 年的月实测径流资料绘制出月平均实测径流量与河道生态基流量的对比图，如图 5.9 所示。由图 5.9 可以看出，天然径流（即为引水前的径流量）下，河道生态基流未出现缺水状况；而从河道实测径流与生态基流对比来看，缺水月份有 1 月、2 月、3 月、10 月、12 月五个月，这与多年平均下计算出的缺水量集中月份结果基本一致。在此需要说明的是，1987 年汛期 10 月份也出现了生态基流缺水，这与该月降雨量偏小或者上游渠道引水量偏大有关。然后统计该年当中生态基流满足的总天数，以及生态基流缺水的总天数，及其各自的百分比，见表 5.11。

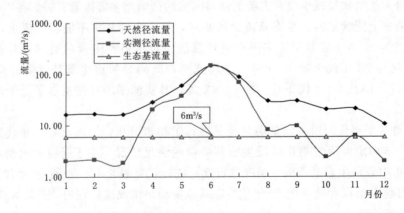

图 5.9　1987 年月平均实测径流量与河道生态基流量对比图

表 5.11　　　　　　　　　1987 年渭河宝鸡市区段河道生态基流盈缺情况逐月统计表

项　目		1月	2月	3月	4月	5月	6月	7月	8月	9月	10月	11月	12月	全年
满足	天数	0	1	0	21	20	30	29	10	10	0	4	0	151
	比例	0%	4%	0%	70%	65%	100%	94%	32%	33%	0%	13%	0%	41%
缺水	天数	31	27	31	9	11	0	2	21	20	31	26	31	214
	比例	100%	96%	100%	30%	35%	0%	6%	68%	67%	100%	87%	100%	59%

由表 5.11 我们看出，1 月、3 月、10 月、12 月四个月的缺水率达到 100%，2 月缺水率也高达 97%，即使来水量比较大的汛期月份 8 月、9 月缺水率也超过了 50%；全年生态基流缺水天数 214 天，占全年总天数的 59%，只有 5 月、6 月、7 月三个月的生态基流满足情况比较好，可见实测径流量较小的年份，生态基流缺水情况更加严重。

以上对渭河宝鸡市区段河道生态基流量的盈缺情况进行了分析，我们发现渭河宝鸡市区段生态基流存在不同程度的缺水，非汛期缺水情况相比汛期严重，而且实测径流量较小的年份相比实测径流量大的年份缺水更加严重。因此有必要对河道进行水资源的合理配置，来满足生态基流的要求。在进行水资源合理配置之前，首先需要确定影响渭河宝鸡市区段生态基流缺水的因素，例如宝鸡峡灌区的引水、魏家堡电站的引水发电以及宝鸡峡加坝加闸等。所以接下来我们对各影响因素进行简要概述，并分析其影响程度。

5.3.1　宝鸡峡灌区引水对生态基流量盈缺的影响

1. 灌区概况

宝鸡峡灌区位于陕西省关中地区西部，地理坐标为东经 106°51′～108°48′，北纬 34°9′～34°44′。西起宝鸡市以西 11km 的渭河峡谷，东至径河右岸，与泾惠渠灌区隔河相望，南临渭水左岸，北抵渭北高原腹地，与冯家山、羊毛湾灌区接壤，东西长 181km，南北平均宽 14km（最宽处 40km），总面积为 2355km²。灌区引渭河水灌溉宝鸡、咸阳、西安 3 市 14 个县（区、市）的部分农田，是陕西省最大的灌区。

宝鸡峡引渭灌溉渠首，位于渭河中游林家村附近渭河峡谷出口处以上，主河道长 429.5km，平均比降 3.1‰。流域面积为 30661km²，其中甘肃境内流域面积为 25708km²，占 83.8%；宁夏境内流域面积为 3251km²，占 10.6%；陕西境内流域面积为 1702km²，占 5.6%。

宝鸡峡以上陕西境内渭河干流全长 108km，河道蜿蜒，河谷狭窄。区内渭河南北分属秦岭山地和陇山山地，地势由南北逐渐向渭河谷地倾斜，海拔 600～2000m。支流发源地山高坡陡，林木茂密，人烟稀少，工业不发达，水土流失较轻。该区内直接入渭河的大小支流共 30 余条，除通关河、小水河和六川河三条支流较大外，其余支流面积均在几十个平方公里以下，面积很小，源近流短，河道狭窄，比降很大，水量极小，无开发价值。通关河、小水河和六川河位于宝鸡峡以上渭河左岸，属渭河的一级支流，陕西境内三条支流总流域面积 929.6km²，占该区面积的 54.6%。水量充沛，植被良好，水流含沙量小，无工业污染，具有良好的建库蓄水条件，同时，小水河地理位置优越，具有引干入支条件，给开发渭河干流水资源提供了较好的条件。

宝鸡峡引渭工程 1958 年 11 月开工，1962 年停建，1968 年复工，1971 年 7 月 15 日通水，设计灌溉面积 929.6km²，1975 年 4 月与渭惠渠合并，灌区按自然地形和工程布局分塬上、塬下两大灌溉系统。水源以渭河径流为主，引水流量 95m³/s。灌区现有总干、干渠 6条，分别为塬上总干渠和东干渠、西干渠、塬下总干渠和南干渠、北干渠；有渠库结合的水库共 5 座，即在总干渠所跨经的千河、大北沟、信义沟及沣河处修建的王家崖、大北沟、信义沟和沣河 4 座水库以及在建的宝鸡峡加闸加坝水库；另外还有抽水站 21 座，电站 5 座。排水系统有干、支沟 27 条。宝鸡峡灌区是陕西省"第一大粮仓"，是全国十大灌区之一。宝鸡峡引渭工程是解决宝鸡峡灌区乃至关中西部水源不足的一项跨世纪重点水利工程，但此项工程在林家村上游的引水直接导致了渭河宝鸡市区段生态基流的缺失，以下对具体影响情况进行分析。

2. 灌区引水前后河道生态基流的盈缺情况分析

由以上的灌区概况可知道，宝鸡峡引渭工程 1971 年 7 月 15 日通水，而且 1998 年前该河段未有大的引水工程建设，因此选择工程建成前后的两个典型年份对渭河宝鸡市区段生态基流进行分析，来进一步说明灌区引水对渭河宝鸡市区段生态基流的影响状况。在选择典型年时，需要考虑的原则有：①降雨量相近，排除自然因素对河道径流量的影响；②不受灌区引水以外其他因素的影响，例如魏家堡电站和加闸加坝工程等。因此灌区建成前选择 1959年（降雨频率 $P=30\%$），灌区建成后选择 1978 年（降雨频率 $P=35\%$）作为典型年进行对比分析。两典型年天然径流月还原流量见图 5.10，由图 5.10 可以看出，两典型年非汛期径流量相近，汛期有一定的偏差，但是生态基流缺水状况主要集中在非汛期，所以选择这两个典型年来进行分析对比是合理的。

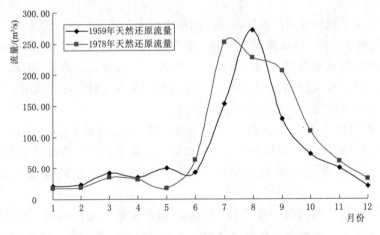

图 5.10 1959 年与 1978 年天然还原流量对比图

（1）灌区引水前后两典型年生态基流盈缺对比。对两个典型年 1959 年和 1978 年的月平均实测径流量与生态基流量进行对比分析，见图 5.11。由图 5.11 可以看出，引水前典型年1959 年的 12 个月均能满足生态基流量的要求，而引水后典型年 1978 年个别月份出现了不同程度的生态基流缺水。缺水月份主要集中在非汛期月份，包括 1 月、2 月、3 月、4 月、5月、12 月。由此可以看出，两典型年降雨量相近，其他人为因素类似的情况下，灌区引水会直接导致渭河宝鸡市区段生态基流缺水。

月平均实测流量只能反映该年的整体趋势，具体到日的盈缺情况，见表 5.12。由表5.12 可发现，引水前典型年 1959 年无论具体到月均流量还是日均流量都没有出现生态基

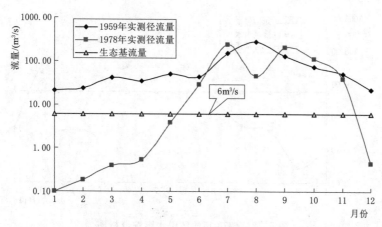

图 5.11　引水前后两典型年月平均实测径流量与生态基流量对比图

流缺水状况，而引水后典型年 1978 年日均实测流量出现不同程度的缺水状况，非汛期的 1 月、2 月、3 月、4 月以及 12 月缺水比例达到 100%，5 月缺水比例也达到 80% 以上；汛期也出现不同程度的缺水状况，7 月以及 8 月缺水比例分别为 6%、32%，但在图 5.11 月平均实测径流量与生态基流量对比图中显示 7 月、8 月生态基流量能满足要求，可见月盈缺量有一定的误差。因此，具体到日均流量，灌区引水对下游生态基流的盈缺影响更加明显。

表 5.12　　两典型年下渭河宝鸡市区段河道生态基流盈缺情况逐月统计表

项 目			1月	2月	3月	4月	5月	6月	7月	8月	9月	10月	11月	12月	全年
1959 年			全年均能满足河道生态基流量的要求												
1978 年	满足	天数	0	0	0	0	4	18	29	21	30	31	30	0	163
		比例	0%	0%	0%	0%	13%	60%	94%	68%	100%	100%	100%	0%	45%
	缺水	天数	31	28	31	30	27	12	2	10	0	0	0	31	202
		比例	100%	100%	100%	100%	87%	40%	6%	32%	0%	0%	0%	100%	55%

　　(2) 灌区引水后对生态基流盈缺的定量分析。以上讨论了灌区引水对渭河宝鸡市区段生态基流的总体影响，下面参照典型年灌区引水资料，对灌区引水进行定量的影响分析，见图 5.12。当实测径流量曲线位于生态基流量曲线以下时，为生态流量缺失的情况，表明该时段的引水量过多，对河道自身健康和其内部的生态系统产生了严重的不利影响，灌区多引的水量即为生态流量的缺失量，在数值上等于生态基流量与实测径流量的差值。由图 5.12 分析知，渭河宝鸡市区段生态基流缺水的月份（1 月、2 月、3 月、4 月、5 月、12 月）均有灌区引水，而且灌区引水最小流量为 13.9m³/s（5 月），在此需要说明，本图刻度是指数刻度，由于 10 月未引水，无法在指数刻度上显示，所以出现断点情况。

　　而且由表 5.13 可发现，1978 年月平均生态基流缺水量最大月份出现在 2 月，缺水流量达到 5.97m³/s，占引水量的 30.2%，最小缺水量出现在 5 月，缺水流量为 2.13m³/s，占引水量的 15.3%。1978 年总缺水量达到 7939 万 m³，因此，对灌区用水进行调控对渭河宝鸡市区段生态基流量的满足会有很大的作用。

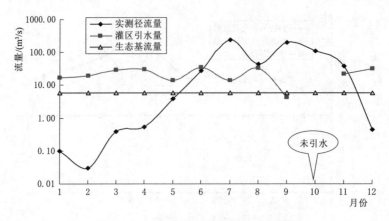

图 5.12　1978 年灌区引水影响分析图

表 5.13　1978 年渭河宝鸡市区段生态基流盈缺情况定量分析

项　　目	1 月	2 月	3 月	4 月	5 月	6 月	7 月	8 月	9 月	10 月	11 月	12 月
灌溉引水流量/(m³/s)	17	19.8	29.2	31.2	13.9	35.1	14.3	34.1	4.26	0	21.8	32
灌区引水后林家村站实测径流量/(m³/s)	0.10	0.03	0.39	0.54	3.87	27.90	238.0	45.20	202.0	109.0	39.00	0.44
生态基流量/(m³/s)	6											
生态基流盈缺量[①]/(m³/s)	−5.90	−5.97	−5.61	−5.46	−2.13	21.90	232.0	39.20	196.0	103.0	33.00	−5.56
缺水量占引水量的百分比[②]/%	34.7	30.2	19.2	17.5	15.3							17.4

①　正值表示生态盈余量，负值表示生态亏缺量。

②　未缺水月份不参与计算。

5.3.2　魏家堡电站引水对生态基流盈缺的影响

1. 电站概况

魏家堡电站位于陇海铁路眉县火车站以东 3km 处，宝鸡峡塬上总干渠 K84＋365 处。是利用已成的宝鸡峡引渭灌溉工程引、输水设施和塬下渭惠渠渠首间百余米地形落差，引用非灌溉期渭河来水及灌溉期塬上向塬下灌区补水进行发电的渠道式水力发电站。电站设计引水流量 23.55m³/s，设计水头 96.2m，装机 3×6.3MW，年发电量 9200 万 kW·h。整个工程由引水前池、压力管道、主副厂房、尾水渠、开关站和 35kV 输送工程组成，工程于 1997年 5 月开工，1998 年 12 月建成发电，总投资 7100 万元。电站建成投运以来，在渭河连续三年特枯年份情况下，以年平均发电 4500 万 kW·h 实现电费收入千万元左右。

2. 电站建成前后生态基流盈缺情况分析

以上分析了宝鸡峡灌区对渭河宝鸡市区段生态基流的影响，下面着重分析魏家堡电站建成后对研究区段的生态基流影响。由魏家堡电站概况可知，该电站是利用现有的灌溉工程引、输水设施进行发电的渠道式水力发电站，取水来源是渭河主干流。所以该电站的引水发电肯定会对渭河宝鸡峡渠首的引水流量产生影响，以致对渭河宝鸡市区段生态基流产生负面效应。在分析电站建成前后对渭河宝鸡市区段生态基流影响状况时，仍选择两个典型年来进行对比分析，既在电站建成前、后各选择一年，通过对这两年的生态基流缺水对比分析来说明电站的修建对渭河宝鸡市区段生态基流的影响程度。在选择典型年时，尽量选择灌区干旱程度相近的年份，保证灌区引水量相近，排除上游来水以及灌区引水对研究区段生态基流缺水产生影响。针对以上原则对资料进行筛选分析，电站建成前选择 1987 年作为典型年，电站建成后选择 1999 年作为典型年进行对比分析。在此我们将电站建成后的典型年 1999 年，按月将河道水量和发电水量相加，还原该年径流的月分配过程，然后，与电站建成前的典型年 1987 年河道实测资料进行对比，见图 5.13。两典型年径流量均为除去灌区引水后的河道实测流量，由图 5.13 可看出，非汛期径流量相近，1987 年最大径流量出现在 6 月，1999 年要比 1987 年推迟一个月，最大径流量出现在 7 月，由于所研究的生态基流缺水状况主要集中在非汛期，所以暂不考虑汛期来水的差异。

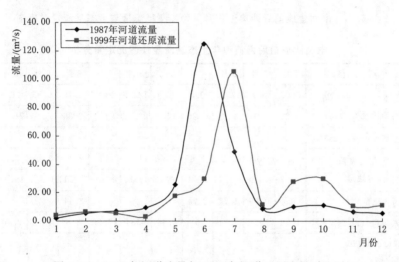

图 5.13 1987 年河道流量与 1999 年河道还原流量对比图

（1）电站引水前后两典型年河道生态基流盈缺对比。魏家堡电站 1998 年建成，电站建成前渭河宝鸡峡渠引水流量只用来灌溉，但魏家堡电站建成后，宝鸡峡渠的引水一部分用来灌溉，一部分供给魏家堡电站发电，这就造成了渭河宝鸡市区段实测径流量进一步减少，使河道的生态环境遭到破坏。由图 5.14 可看出，两典型年均有不满足河道生态基流的月份，1987 年的 1 月、2 月与 12 月不能满足生态基流的要求，造成这种现象的直接原因如上节分析，即灌区灌溉引水；1999 年 1 月、2 月、3 月、4 月、8 月以及 12 月均不能满足生态基流的要求，原因之一同上，但比电站未引水前典型年 1987 年增加三个月，可见电站建成后渠道引水发电，进一步造成渭河宝鸡市区段的生态基流缺水，在此需要说明的是出现的这些缺水月份基本上集中在非汛期，至于 1999 年汛期的 8 月出现了生态基流缺水现象，这与该月降水量小有关。总之，造成两典型年渭河宝鸡市区段生态基流缺水的共同因素是宝鸡峡灌区的引水，而典型年 1999 年生态基流缺水的因素除了灌区引水还有魏家堡电站的引水。

（2）电站引水后对生态基流盈缺的定量分析。以上分析了两代表年下魏家堡电站引水对渭河宝鸡市区段生态基流的盈缺大体情况，下面分析电站引水在河道生态基流盈缺中所占的比重。参考林家村（三）站实测径流量以及魏家堡电站引水流量，绘制表 5.14。

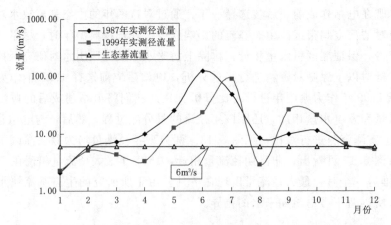

图 5.14　电站建成前后两典型年月平均实测径流量与生态基流量对比图

表 5.14　　　　　　　　　　电站建成前后两典型年生态基流盈缺情况定量分析

年份	项　目	1 月	2 月	3 月	4 月	5 月	6 月	7 月	8 月	9 月	10 月	11 月	12 月
1987	林家村（三）站	2.06	5.7	7.2	9.8	25.7	124.9	49	8.42	9.85	11.3	6.32	5.6
1999	实测径流量/(m³/s)	2.24	5.01	4.29	3.26	12.7	23.57	91.1	2.89	25.94	21.35	6.64	5.31
研究区段生态基流量/(m³/s)		6											
1987	生态基流	−3.94	−0.3	1.2	3.8	19.7	118.9	43	2.42	3.85	5.3	0.32	−0.4
1999	盈缺量①	−3.76	−0.99	−1.71	−2.74	6.7	17.57	85.1	−3.11	19.94	15.35	0.64	−0.69
缺水的变化量②		−0.18	0.69	1.71	2.74				3.11				0.29
1999 年引水流量/(m³/s)		1.76	1.53	1.31	0	5.14	6.34	14.39	8.6	1.72	8.46	3.74	5.7
缺水增量占电站引水的比例③/%			45	131									5

① 正值表示生态盈余量，负值表示生态亏缺量。

② 两典型年缺水量的变化，两典型年未缺水月份未参与计算。

③ 未缺水月份以及电站未引水月份亦不参与计算。

　　由表 5.14 分析知，电站建成前典型年 1987 年生态基流缺水量为 1242 万 m³，而建成后生态基流缺水量为 3481 万 m³，全年缺水量增加了 3000 万 m³。对于 1999 年 1 月生态基流缺水的变化量为负值，即缺水量减少，是由于该年灌区引水量偏少的原因。参看两典型年缺水增量占电站引水的比例，从 5% 至 130% 不等，可见 1999 年 2 月、8 月、12 月通过调整电站的引水流量就能满足河道生态基流的要求，而对于 1999 年 1 月、3 月除了对电站引水进调度还需要其他一些措施来保证河道的生态基流量。可见魏家堡电站的引水对渭河宝鸡市区段生态基流的缺失有一定影响，因此我们不能够因为魏家堡电站发电而从渭河干流引水，需要在考虑渭河宝鸡市区段生态基流的基础上来进行水资源的合理利用，至于如何调度来达到资源最优化，在第 6 章进行分析。

5.3.3　宝鸡峡加坝加闸工程对生态基流盈缺的影响

1. 工程概况

　　陕西省"九五"重点水利项目——宝鸡峡渠首加坝加闸工程，位于宝鸡市以西约 11km 的林家村渭河峡谷出口处，是陕西省"九五"期间开工修建的跨世纪水利水电工程，是发展关中农业、振兴陕西经济的水源骨干工程。该工程计划在宝鸡峡引渭灌溉渠首低坝的基础上加坝加闸，以增加库容进行蓄水，主要解决宝鸡峡塬上179.3万亩的灌溉缺水，并结合灌溉进行发电。宝鸡峡渠首加坝加闸工程主要由枢纽大坝及坝后式电站组成。大坝加高是在原坝体的基础上进行的。坝顶高程由原来的615.0m加至637.6m，加高22.6m，坝顶总长210.8m，最大坝高49.6m，坝型为重力坝，水库正常蓄水位636m，总库容5000万m^3，有效库容3800万m^3。大坝中部在坝顶615m高程上均匀布置10m×8.30m五个泄水中孔，坝的两端设有三个6.5m×8.0m排沙底孔（左端一孔，右端两孔），孔底高程与河床齐平为605m。灌溉和电站两个引水孔紧靠左岸排沙底孔左侧，设计最大引水流量65m^3/s，灌溉引水孔口尺寸为4m×5m，孔底高程609.5m，是水库低水位运行及不发电时的灌溉引水孔。发电引水孔尺寸为4.6m×4.6m，进口高程615m。坝后式电站布置在坝后左侧，安装三台机组，发电尾水退入灌溉渠道。电站设计水头18.5m，单机设计流量19.63m^3/s，电站装机容量9600kW。

2. 工程建成后生态基流盈缺情况分析

在分析加坝加闸工程对渭河宝鸡市区段生态基流影响时，我们仍采用以上分析灌区以及魏家堡电站对生态基流影响的方法，在工程建成前后分别选择两个典型年，我们选取这两个典型年的原则是尽量避免除去加坝加闸工程以外的其他因素的影响，但是在实际中不可能避免诸如宝鸡峡渠引水不同以及上游来水不同的影响，所以在选择典型年时我们选择宝鸡峡渠引水以及上游来水相近的年份，只有这样才能体现出加坝加闸工程对渭河宝鸡市区段生态基流的影响。查阅资料，我们选择典型年为1996年（工程建成前）与2004年（工程建成后），同以上分析，两典型年的天然径流还原流量对比见图5.15。

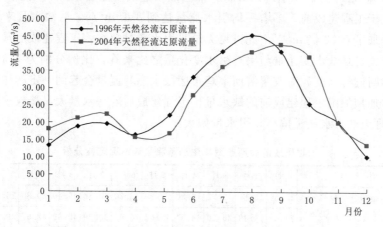

图5.15　1996年与2004年天然径流还原流量对比图

（1）工程建成前后两典型年河道生态基流盈缺对比。宝鸡峡加坝加闸工程是在宝鸡峡引渭灌溉渠首低坝的基础上加坝加闸，以增加库容进行蓄水，其目的是减少宝鸡峡塬上灌区的缺水情况，而未考虑增加宝鸡市区段生态基流量。工程建成运行后，使灌区加大了对渭河干流的引水，造成渭河宝鸡市区段生态基流进一步缺水，见图5.16。由图我们发现，在渠首加坝加闸前的典型年（1996年）缺水有五个月，分别是1月、2月、3月、5月、12月；而在渠首加坝加闸后的典型年（2004年）缺水有七个月，分别是1月、2月、3月、4月、5月、11月以及12月，而且均集中在非汛期，可见加坝加闸建成后并没有对渭河宝鸡市区段生态基流产生有利的影响。

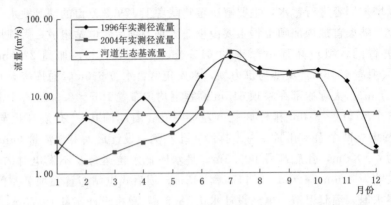

图 5.16　工程建成前后两典型年月平均实测径流量与生态基流量对比图

（2）工程建成后对渭河宝鸡市区段生态基流盈缺的定量分析。

以上分析了宝鸡峡渠首加坝加闸工程对渭河宝鸡市区段产生了不利的影响，下面定量说明影响的结果，见表 5.15。由表 5.15 我们可以看出，两典型年下都有缺水情况，工程建成前典型年（1996 年）引水最大流量为 23.02m³/s，出现在 8 月；引水最小流量为 4.36m³/s，出现在 10 月；缺水月份中缺水流量最大为 4.18m³/s，发生在 1 月；最小为 1.05m³/s，发生在 2 月。工程建成后典型年（2004 年）引水最大流量为 24.46m³/s，出现在 3 月；引水最小流量为 9.37m³/s，出现在 5 月；缺水月份中缺水流量最大为 4.6m³/s，发生在 2 月；最小为 2.54m³/s，发生在 11 月。从引水来分析，加坝加闸建成后除去 5 月、6 月、8 月三个月外，其余月份均大于工程建成前，多增平均引水流量达到 8.15m³/s。从缺水量来分析，工程建成后缺水量增加了 0.32 亿 m³。由此可见无论是引水还是缺水，工程建成后最大值、最小值均比建成前要大。从缺水变化量与渠首引水变化量之比来看，比例分别为 7%～54%，因此对渠首加坝加闸进行调度，对改善渭河宝鸡市区段生态基流量会起到一定的作用。这里需要提及的是 1 月加坝加闸工程建成前的缺水量比工程建成后的缺水量大，造成这种结果的原因是 1996 年 1 月天然来水流量偏小，引水量偏大。

表 5.15　　　　　　　　工程建成前后两典型年生态基流盈缺情况定量分析

年份	项　　目	1月	2月	3月	4月	5月	6月	7月	8月	9月	10月	11月	12月
1996	林家村站天然	13.34	18.82	19.73	16.50	22.20	33.20	40.80	45.40	40.80	25.60	20.30	10.15
2004	径流量/(m³/s)	24.68	21.19	26.20	14.54	11.62	16.67	36.29	40.59	42.67	39.19	20.06	13.57
1996	林家村（三）站	1.82	4.95	3.52	9.41	4.13	18.50	31.50	22.38	20.14	21.24	15.11	2.13
2004	实测径流量/(m³/s)	2.58	1.40	1.84	2.52	3.35	6.85	36.90	19.70	19.02	17.62	3.46	1.80
研究区段生态基流量/(m³/s)		6											
1996	生态基流盈缺量①	−4.18	−1.05	−2.48	3.41	−1.87	12.50	25.50	16.38	14.14	15.24	9.11	−3.87
2004		−3.42	−4.60	−4.16	−3.48	−2.65	0.85	30.90	13.70	13.02	11.62	−2.54	−4.20
缺水变化量②/(m³/s)		−0.77	3.55	1.68	3.48	0.78						2.54	0.33
1996	渠首引水流量/(m³/s)	11.52	13.87	16.21	7.09	18.07	14.70	9.30	23.02	20.66	4.36	5.19	8.02
2004		22.10	21.15	24.46	13.54	9.37	9.82	13.69	20.89	23.65	21.57	16.60	12.77

年份	项　目	1月	2月	3月	4月	5月	6月	7月	8月	9月	10月	11月	12月
	渠首引水变化量[③]/(m³/s)	10.58	7.28	8.25	6.45	−8.69	−4.88	4.39	−2.12	2.99	17.21	11.41	4.75
	缺水变化量与 渠首引水变化量之比[④]/%		49	20	54							22	7

①　正值表示生态盈余量，负值表示生态亏缺量。

②、③　分别表示两典型年缺水量，以及引水量的变化，正值表示增加，负值表示减少，两典型年未缺水月份未参与计算。

④　缺水量减少以及引水量减少的月份未参与计算。

5.3.4　研究区沿岸支流对河道生态基流盈缺的影响

1. 研究区段支流概况

宝鸡市区重心的东扩南移和城市面积增大，使渭河宝鸡市区段范围增至西起林家村宝鸡峡大坝，东至虢镇渭河大桥下游溪河入渭口，全长 34km。该段有 17 条支流入渭口。从上到下依次为：太寅河、峡石河、塔稍河、玉涧河、清姜河、金陵河、瓦峪河、石坝河、龙山河、沙河、茵香河、西沙河、东沙河、清水河、马尾河、千河、溪河。分布于金台、渭滨、陈仓三区，其中渭河左岸（北岸）4 条，右岸（南岸）13 条。流域面积在百平方公里以上的河流有千河、金陵河、清姜河、清水河 4 条（图 5.17），其余流域面积为 9~85km²。

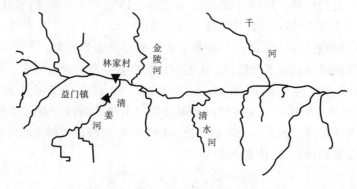

图 5.17　渭河宝鸡市区段河流水系图

以下对流域面积在百平方公里以上的支流进行简要概述。

千河是渭河宝鸡市区段最大一级支流，发源于甘肃省清水回族自治县张家川，由陇县唐家河进入宝鸡市，流域面积 3493km²，干流全长 152.6km，平均比降 5.8‰。千河干流上有段家峡、冯家山、王家崖等三座大中型水库，另在其支流上有丰收、夜叉木等小型水库共 19 座，总库容 5.19 亿 m³。沿途经陇县、千阳、凤翔、陈仓等四县区，于宝鸡市陈仓区冯家嘴汇入渭河。

清水河是宝鸡区段南山支流中第二大支流，流域面积 162.6km²，干流长 28.4km，河道平均比降 35.2‰，上游流域植被良好，降雨充沛，水土流失不大。目前流域内有鸡山水库、金家沟水库和温水沟温泉一号、二号、三号库等五座，总库容 401.7 万 m³。下游入渭口为宝鸡高新技术开发区东区（马营高新技术开发区）。

金陵河位于宝鸡市区西北部，属市区渭河左岸第二大支流，发源于陇山山脉南部赵家山，流域面积 427.1km²，河流总长度 55km，平均比降 7.4‰。流域内建有小（1）、小（2）

型水库 7 座，总库容 196.8 万 m^3。沿途经陈仓区的新街、双白杨、县功三乡镇和金台区的金河、长寿两乡镇于市区中心汇入渭河。

清姜河是渭河市区段右岸最大一级支流，是西南地区进入宝鸡市的南大门。发源于秦岭北麓，流域源头是长江、黄河流域的分水岭，流域面积 234.4 km^2，干流长 43 km，河流平均比降 31.8‰。清姜河流域具有南山支流的特点，植被良好、源短流急，河道比降大，推移质严重，水流清澈，水质良好，目前该河流是宝鸡市姜潭一带主要供水水源地。山区河流特征明显，河谷深切，河床基岩出露、悬移质少，推移质多。清姜河流域充沛的降水和地形条件，使其蕴藏了较为丰富的水力资源。目前在其干流和支流上兴建或正在兴建的小型水力发电站有 14 处之多，总装机近 2 万 kW。

2. 支流补给对河道生态基流的影响

研究渭河宝鸡市区段生态基流的盈缺情况，研究区段内支流的补给会对生态基流产生有益的影响。在研究支流对宝鸡市区段补给的定量计算中，只考虑了清姜河以及金陵河，因为这两条支流入渭口位于研究区段的上游，而且这两个支流分别是渭河左右岸较大的支流，对整个研究区段的生态基流补给显著。对于千河、清水河以及其他支流，考虑到其入渭口位置位于研究区段下游，虽然对河道生态基流有一定的补给作用，但对整个区段的生态基流补给来说，效果不明显，所以在此暂不考虑。

清姜河上设有益门镇站，1955 年 5 月 22 日设立，1962 年 6 月停测，1964 年 6 月 1 日恢复，1965 年 1 月 1 日下迁 77 m，为益门镇（二）站；1982 年 1 月 1 日下迁 50 m，为益门镇（三）站至今，流域面积 234.4 km^2。本站基本水尺断面虽多次变动，控制流域面积相差不多，因此，实测资料可按连续系列使用。测验河段较顺直，测验设备齐全，均有电动缆车和流速仪测流，并兼有浮标中断面测流，成果可靠。对于北岸支流金陵河，流域面积 427.1 km^2，河流无水文测站，但该区域内地形地貌等下垫面条件与益门镇水文站控制区域极为相似，气候条件相同。因此，选取益门镇站作为金陵河流量资料延展的参证站。应用水文比拟法（刘光文等，1963），计算公式为

$$Q_金 = Q_益 a，a = F_金 / F_益 \tag{5.11}$$

式中：$Q_金$ 为金陵河月平均流量，m^3/s；$Q_益$ 为益门镇月平均流量，m^3/s；a 为修正系数；$F_金$ 为金陵河集水面积，km^2；$F_益$ 为益门镇集水面积，km^2。

按以上公式计算出的金陵河的月平均流量，为下面计算区间来水提供资料，在此不再逐月列出。

下面分多年平均和代表年两种情况对支流对河道生态基流的补给作用进行分析。在研究支流补给情况时，由于两支流入渭口距离林家村（三）断面位置比较近，所以假定支流从林家村（三）断面开始补给，且补给范围为从林家村（三）站断面以下的河道。

(1) 多年平均。从林家村（三）站多年实测平均径流量以及补给后河道流量与生态基流量的对比来看，补给前河道生态基流量分别有 1 月、2 月与 12 月不满足要求，补给后只有 1 月生态基流缺水。由表 5.16 分析知，多年平均补给水量为 3.41 亿 m^3，河道生态基流缺水量从 1331.05 万 m^3 减少到 535.86 万 m^3。区间来水多年平均汇入量最大出现在 9 月，达到 24.83 m^3/s；最小汇入量出现在 1 月，汇入流量为 1.40 m^3/s。汛期补给量明显大于非汛期。

表 5.16　　多年平均下支流补给对河道生态基流盈缺影响分析　　单位：m^3/s

项　目		1月	2月	3月	4月	5月	6月	7月	8月	9月	10月	11月	12月
（三）站实测流量		2.53	5.90	11.10	22.08	33.82	38.64	71.99	82.18	99.02	75.03	27.60	4.43
区间北岸来水		0.91	0.93	2.74	11.09	9.44	7.19	10.53	8.19	15.47	9.52	4.23	1.33
区间南岸来水		0.49	0.50	1.55	6.12	5.30	3.61	6.69	6.36	9.36	5.26	2.27	0.72
区间来水		1.40	1.43	4.29	17.21	14.73	10.81	17.21	14.55	24.83	14.77	6.49	2.05
补给后河道流量		3.94	7.33	15.38	39.30	48.56	49.45	89.21	96.73	123.9	89.80	34.09	6.48
生态基流量							6						
生态基流盈缺量[1]	补给前	−3.47	−0.10	5.10	16.08	27.82	32.64	65.99	76.18	93.02	69.03	21.60	−1.57
	补给后	−2.06	1.33	9.38	33.30	42.56	43.45	83.21	90.73	117.9	83.80	28.09	0.48

[1]　正值表示生态盈余量，负值表示生态亏缺量。

（2）代表年。代表年选择为：丰水年（$P=25\%$，1963 年）、平水年（$P=50\%$，1990年）、枯水年（$P=75\%$，1982 年）、特枯水年（$P=90\%$，1979 年），针对不同频率的代表年分别计算渭河宝鸡市区段区间内支流补给情况，结果见表 5.17。

表 5.17　　各代表年下支流补给对河道生态基流盈缺影响分析　　单位：m^3/s

代表年	项　目		1月	2月	3月	4月	5月	6月	7月	8月	9月	10月	11月	12月
平水年 （$P=50\%$ 1990 年）	实测径流量		2.47	2.90	43.00	57.00	124.00	30.20	119.00	105.00	173.00	116.00	42.80	1.60
	支流补给量		1.52	1.64	10.47	14.79	16.17	10.92	27.57	16.48	15.92	9.06	4.80	1.98
	补给后河道流量		3.99	4.54	53.47	71.79	140.17	41.12	146.57	121.48	188.92	125.06	47.60	3.58
	生态基流盈缺量[1]	补给前	−3.53	−3.1	37	51	118	24.2	113	99	167	110	36.8	−4.4
		补给后	−2.01	−1.46	47.47	65.79	134.17	35.12	140.57	115.48	182.92	119.06	41.60	−2.42
枯水年 （$P=75\%$ 1982 年）	实测径流量		0.62	16.80	28.30	69.40	79.80	17.00	1.04	28.80	78.90	24.20	15.90	1.31
	支流补给量		1.25	1.17	6.75	19.40	12.20	1.42	6.41	15.81	19.87	6.92	7.83	1.45
	补给后河道流量		1.87	17.97	35.05	88.80	92.00	18.42	7.45	44.61	98.77	31.12	23.73	2.76
	生态基流盈缺量[1]	补给前	−5.38	10.8	22.3	63.4	73.8	11	−4.96	22.8	72.9	18.2	9.9	−4.69
		补给后	−4.13	11.97	29.05	82.80	86.00	12	1.45	38.61	92.77	25.12	17.73	−3.24
特枯水年 （$P=90\%$ 1979 年）	实测径流量		0.47	0.25	2.38	15.40	0.88	0.69	125.00	100.00	131.00	62.50	8.33	0.36
	支流补给量		0.99	1.67	5.34	13.04	5.36	2.82	19.89	5.73	20.55	3.73	1.05	0.60
	补给后河道流量		1.46	1.92	7.72	28.44	6.24	3.51	144.89	105.73	151.55	66.23	9.38	0.96
	生态基流盈缺量[1]	补给前	−5.53	−5.75	−3.62	9.40	−5.12	−5.31	119.00	94.00	125.00	56.50	2.33	−5.64
		补给后	−4.54	−4.08	1.72	22.44	0.24	−2.49	138.89	99.73	145.55	60.23	3.38	−5.04

[1]　正值表示生态盈余量，负值表示生态亏缺量。

由于 $P=25\%$（1963 年）属于丰水年，参考其水文资料发现生态基流未缺水，所以在此不讨论支流补给对其影响作用，表中也未列出。由表 5.17 我们分析得出，补给前在三个代表年（$P=50\%$、$P=75\%$、$P=90\%$）下，河道生态基流缺水量依次为 0.29 亿 m^3、0.39 亿 m^3、0.80 亿 m^3，支流汇入水量依次为 3.4 亿 m^3、2.6 亿 m^3、2.09 亿 m^3，补给后生态基流缺水量依次为 0.15 亿 m^3、0.19 亿 m^3、0.42 亿 m^3。可见由枯水年到丰水年，实测径流量在增加，支流补给量亦在增加，河道生态基流缺水量依次减少，但缺水月份主要仍然集中在非汛期；从支流补给前后生态基流盈缺量来看，支流补给后有部分缺水月份已经达到河道生态基流的要求，可见支流补给后河道生态基流量缺水情况得到一定程度的缓解。

5.3.5　其他因素的影响

渭河干流（陕西段）沿岸共有排污口 85 个，左岸 38 个，右岸 47 个。其中宝鸡市区段排污口有 32 个，占总排污口的 37%，详细统计见表 5.18。可见，如果各排污口经处理后都能达标排放，会对该区段生态基流产生一定的补给作用。

表 5.18　　　　　　　　渭河宝鸡市区段排污口及排污总量统计表

区　段	河段长度/km	排污口/个	其　中		排污总量/(万 m³/s)	达标率/%
			支流/个	排口/个		
林家村至卧龙寺	20	26	9	17	72773	69.3
卧龙寺至虢镇	12	6	3	3	334	

其次，节约用水也可以缓解目前水资源短缺的矛盾，目前，宝鸡峡灌区农灌用水的有效利用系数为 0.43~0.52，有一半的水量在输水过程中损失掉，节水有一定的潜力；宝鸡市工业用水的重复利用率为 60% 左右，工业万元产值耗水量为 72m³，有一定的潜力；城市生活用水浪费较为普遍，"跑、冒、漏"损失率在 15% 左右，仍有一定的节水潜力。所以在现状的基础上，通过各种节水措施，减少工农业的用水量，会对渭河宝鸡市区段生态基流短缺产生一定的缓解作用。

5.4　渭河宝鸡段市区生态基流调控与保障措施

首先根据多种方法对渭河宝鸡市区段的生态流量进行了定量化研究，然后针对不同水平年份对生态流量的盈缺情况进行了评价，并根据资料详细分析了宝鸡峡灌区、魏家堡电站、宝鸡峡加坝加闸工程以及区段沿岸主要支流等各种因素对研究区段生态基流量的盈缺影响。由分析可以看出，目前区段水资源开发忽视了河道生态系统的需水要求，致使河道生态基流长期得不到满足，缺失情况严重，造成脆弱的生态系统进一步恶化，问题十分突出。本章在前述各章节对问题进行研究分析的基础上，尝试性地提出保障渭河宝鸡市区段生态流量的调控方案，并提出相应的解决措施，为渭河宝鸡市区段水资源合理配置提供科学依据。

本次水量调控拟把供水调蓄设施（包括宝鸡峡渠首水库和市区段渭河干、支流闸坝及橡胶坝等）、用水部门（包括宝鸡峡灌区和魏家堡电站等）和研究区段河道生态系统作为一个整体的研究系统，其基本思想是从该大系统出发，以水循环为中心，通过供水设施对系统的降雨径流过程进行合理的调蓄，确定最优调度方案，得出可供给的最大水资源量及其时间过程，然后以调控系统生产用水与生态用水的关系为基础，对系统中各用水因子实施优化调控，在满足生态基流需水的前提下，使系统中的生产用水分配相协调。

5.4.1　渭河宝鸡市区段生态基流的调控方法和途径

研究区域位于资源型缺水的西部地区，面对有限的水资源，生产用水、生活用水、生态用水（"三生"用水）之间竞争激烈，在一味追求经济效益最大化的机制刺激下，价值功能比较难以定量化和货币化，生态基流往往处于劣势地位，诱发了河道断流、资源枯竭、生态恶化等一系列的严重问题。近年来，得益于经济的发展，水资源"可持续利用"概念的提出以及人们对生态系统服务功能的逐步认识，生态需水的重要性已被普遍认可。然而，在水资源配置的实际操作中，生态需水的重要性和紧迫性需进一步加强，并尽快体现到行动中来。

鉴于上述原因，渭河流域宝鸡市区段水资源的开发利用也必须考虑河道生态基流的要求。在目前条件下，研究区段河道生态基流的调控和保障有两种途径。

（1）充分利用研究区段供水调蓄工程（宝鸡峡渠首水库和市区段渭河干、支流闸坝及橡胶坝等）的调蓄水能力，优化调度，科学管理，使设施可供水资源量以及时间过程达到最优值，最大程度上缓解"三生"用水的"源"严重亏缺问题，也就增加了研究区段生态基流得到满足、又不影响生活和生产用水的可能性，也有利于各部门（宝鸡峡灌区、魏家堡电站、市区段河道生态系统等）之间的用水协调。

（2）将水资源在各用水部门之间进行优化配置（特别是在枯水期），同时在用水部门内部采取节水措施，必要时对某些部门采取一些经济补偿措施。如果不进行部门之间的水资源优化配置，不促使用水部门内部采取节水措施，仅仅依靠引水、蓄水、提水、调水等水利工程来保障研究区段的生态需水问题，可以解决燃眉之急，然而，从长远来看，实质上是将这种危机进一步激化和扩大。因此，试图通过不削减正常的城市生活用水、工业用水、农业用水、市政用水而仅仅通过调拨水资源来从根本上解决河道的生态需水问题是不可能的。"调控"是措施，"节水"是根本。

因此，为保障渭河宝鸡市区段的河道生态基流的要求，本章在建立调控模型时，将宝鸡峡渠首水库和市区段渭河干、支流闸坝及橡胶坝（供水调蓄设施）、宝鸡峡灌区和魏家堡电站（用水部门）以及研究区段河道生态系统看作一个研究整体，运用系统优化理论，首先通过供水设施对系统的降雨径流过程进行合理的调蓄，经过科学合理的调度，使设施可供水资源量以及时间过程达到最优情景，在此基础上，建立非线性规划数学模型，对系统中各用水因子实施优化调控，在满足系统生态需水的前提下，使系统中的水资源配置达到最优。

5.4.2 渭河宝鸡市区段调控模型的建立与应用

将供水调蓄设施和需水部门看作一个系统，运用系统理论，首先，根据区域来水过程预报，优化系统内宝鸡峡渠首水库和市区段渭河干、支流闸坝及橡胶坝等设施的调蓄调度方案，联合运用，充分发挥这些工程的调、蓄水能力，使设施可供水资源量及其时间过程达到最优情景，同时，使汛期末的储蓄水量尽可能达到最大值，以缓解枯水期的缺水问题；其次，根据相关资料，预测宝鸡峡灌区和魏家堡电站的需水过程；再次，运用系统优化理论，建立非线性规划数学模型，将上述已得知的设施可供水量在各需水部门之间最优化配置，以求在满足市区段生态基流的前提下，使宝鸡峡灌区和魏家堡电站的需水量缺口达到最小；最后，针对灌区、电站的水量缺口提出相应的解决方案和必要的补偿措施。

此外，根据资料的获得情况，在时间尺度上，研究区段的生态基流调控可以按月、旬或日（实时）进行。在月、旬调控尺度上，根据区域逐月内或逐旬内平均来水流量过程优化宝鸡峡渠首水库和渭河干、支流闸坝及橡胶坝的逐月、旬调蓄过程，使汛期末的储蓄水量尽可能达到最大值；进而根据宝鸡峡灌区和魏家堡电站的逐月、旬需水过程预测，通过非线性优化数学模型得到各需水部门实际的逐月、旬用水过程。在日调控尺度上，应根据区域逐日来水过程优化宝鸡峡渠首水库和渭河干、支流闸坝及橡胶坝的逐日调蓄过程，同样使汛期末的储蓄水量尽可能达到最大值；进而根据宝鸡峡灌区和魏家堡电站的逐日需水过程预测，通过非线性优化数学模型得到各需水部门实际的逐日用水过程，该尺度的调控对资料的要求较高。

5.4.3　调控模型的建立

根据现有资料情况，在建立渭河宝鸡市区段的生态基流量调控模型时以月为时间尺度，即逐月进行调控，具体过程如下。

1. 供水调蓄设施的优化调度

（1）优化调度的资料输入。研究区段上游林家村站在分析调控年内的来水过程的逐月预报资料系列；宝鸡峡渠首水库特性参数、水位-流量-库容特征曲线及其调度方式等；林家村站与渭河干、支流闸坝和橡胶坝之间在分析调控年内的区间来水过程逐月预报资料系列；渭河研究区段干支流闸坝和橡胶坝的基础数据资料和调度方式等。

（2）优化调度的原则。根据宝鸡峡渠首水库和渭河研究区段干支流闸坝和橡胶坝的调度方式，联合运用。汛期一般来水量较大，一般能满足用水部门包括宝鸡市区段河道生态的需水要求。优化联合调度的目的在于：汛期在满足水库或闸/坝调沙供水的前提下，应在汛期末河道的储蓄水量尽可能达到最大值，以备枯水期来水量较少、需水量又比较大的时候调用，即枯水期的可利用水量达到最大值，在最大程度上缓解枯水期用水"源"严重亏缺的问题。

（3）优化调度的结果输出。根据资料和调度原则确定宝鸡峡渠首水库和研究区段渭河干支流闸/坝的最优联合调蓄方案，得出在分析调控年内的水库和干支流闸/坝的逐月出流预测过程。其中，在枯水期，位于渭河宝鸡市区段上游的水库或闸坝的出流量应尽可能地增大，位于其下游的闸坝的出流量在不影响研究区段下游用水和河道生态的前提下尽可能地减少，且其时间过程应尽可能地与研究区段用水部门的需水过程（如宝鸡峡灌区灌溉引水、魏家堡电站发电引水等）在时间上保持一致。

2. 水资源在需水部门之间的最优化配置

如上所述，通过最优联合调蓄方案确定了需调控年内的宝鸡峡渠首水库和研究区段渭河干支流闸/坝的逐月出流过程之后，即得到了用水部门的可利用水量及其时间过程分布，然后应将得出的可利用水资源量在研究区段需水部门之间进行最优化配置，这里主要考虑的需水部门有宝鸡峡灌区需水、魏家堡电站引水和渭河宝鸡市区段的河道生态基流量。其中，在进行水资源的最优化配置时，采用系统理论方法，建立非线性规划的数学模型进行求解。首先，确定在水量充分供给的条件下，即在水资源充沛、无"用水"之争的情况下，宝鸡峡灌区的需水过程、魏家堡电站的引水过程；然后，在河道生态基流得到满足的前提下，以实际配水量与各部门需水量的离差平方和最小为目标建立调控模型。

（1）水量充分供给的条件下，灌区和电站的需水过程预测。

1）所需资料。所需的资料系列包括：在需调控年份宝鸡峡灌区的作物种植模式及其种植结构；灌区的灌溉制度、灌溉方式；不同灌溉方式对应的灌溉面积；田间输水系统的水量损失估算；魏家堡电站内部输水系统的水量损失估算；魏家堡电站的引水过程预测等。

2）需水过程预测。根据上述资料，通过具体的分析计算，得出在需要分析调控的年份内，水资源充沛供应的情况下宝鸡峡灌区和魏家堡电站的需水过程或引水过程。在河道生态基流量得到满足的前提下，非线性规划数学调控模型既是以追求实际配水量与各部门需水量的离差平方和为最小的目标建立起来的。

（2）非线性规划数学模型的建立。本次建模采用系统理论中的加权目标规划法（韦鹤平，1993）进行的。在建立目标函数时，在满足渭河宝鸡市区段河道生态需水量的前提下，追求的是宝鸡峡灌区和魏家堡电站的实际配水量与各部门需水量的离差平方和为最小，其中通过增加两个权重系数还考虑了灌区和电站的用水优先度不同的差别。

模型具体形式如下：

目标函数： $\qquad \text{Min } Z = \lambda_1 \times (X_3 - A)^2 + \lambda_2 \times (X_4 - B)^2$ (5.12)

$$\text{S. T. （约束条件）：}\begin{cases} X_3 + X_4 + C = X_1 & \text{（水量平衡约束）} \\ X_2 + X_1 = D & \text{（水量平衡约束）} \\ X_2 + X_5 \geqslant E & \text{（生态基流量约束）} \\ X_1, X_2, X_3, X_4, X_5 \geqslant 0 & \text{（决策变量非负约束）} \end{cases}$$

式中：Z 为目标函数，决策时使其最小化；X_1 为宝鸡峡引渭灌溉渠首的引水流量，决策变量；X_2 为自宝鸡峡渠首水库流入宝鸡市区段河道的流量，决策变量；X_3 为宝鸡峡灌区的实际配水流量，决策变量；X_4 为魏家堡电站的实际引水流量，决策变量；X_5 为研究区段渭河干支流闸/坝对宝鸡市区段河道的调蓄补给流量，决策变量；A 为在水资源充分供给的条件下宝鸡峡灌区的需水流量，常变量；B 为在水资源充分供给的条件下魏家堡电站的引水流量，常变量；C 为引水渠道损失的流量，常变量；D 为宝鸡峡渠首水库的出流过程，常变量；E 为渭河宝鸡市区段河道的生态基流量，常变量；λ_1 为宝鸡峡灌区灌溉引水的优先度，权重系数；λ_2 为魏家堡电站引水的优先度，权重系数，$\lambda_1 + \lambda_2 = 1$。

此外，需要补充的是，模型以实际配水量与各部门需水量的离差平方和最小为目标函数，而没有取用水经济效益的最大值为目标函数，原因在于：由于部门之间的差异，灌区内单位用水量的经济效益比电站单位水量的经济效益低得多，同时耗水量又比较大，而且在实际配水时，又占有绝对的优先权，因此，若根据用水经济效益最大化来进行水资源配置，是不合理的也是不符合实际的。

3. 模型求解

对于求解有约束非线性最优化问题，一般采用 MATLAB 优化技术，方法很多（曹卫华等，2006）。通常要将该问题转换为更简单的子问题，这些子问题可以求解并作为迭代过程的基础。早期的方法有拉格朗日乘子法、制约函数法、线性逼近法等。

(1) 拉格朗日乘子法：它是将原问题转化为求拉格朗日函数的驻点。

(2) 制约函数法：将原问题转化为一系列无约束问题来求解，简称 SUMT 法。它又分两类，一类是惩罚函数法，或称外点法；另一类是障碍函数法，或称内点法。

(3) 线性逼近法：将原问题转化为一系列的线性规划问题来求解。

目前，这些方法已经被更有效的基于 K - T（Kuhn - Tucker）方程解的方法所取代，如沃尔夫法。沃尔夫法是依据库恩-塔克（Kuhn - Tucker）方程解，在线性规划单纯形法的基础上加以修正而成的。此外还有莱姆基法、毕尔法、凯勒法等。本次建立的调控模型可以采用上述方法，经 MATLAB 编程即可实现目标函数的优化求解。

5.4.4 调控模型的应用

根据上述调控模型所需的资料系列、目前拥有资料的实际情况以及时间限制表明，目前无法具体呈现利用该模型对渭河宝鸡市区段河道生态基流量进行水量调控具体过程和详细结果。由此，实际上仅是利用 2005 年（已有资料系列的最近年份）的现有资料对模型的应用进行了简单的示例，并对应用结果进行了简要的讨论。所以，对渭河宝鸡市区段生态基流量调控模型的详细检验和合理性分析需进一步研究。

1. 数据资料及模型参数的预处理

2005 年降水量为 542mm，对应的频率为 54%，近似为平水年。鉴于资料的实际情况，在以下几个方面做了如下处理（表 5.19）。

表 5.19　　　　　　　　　　　2005 年各流量实测数据表　　　　　　　单位：m^3/s

月　份	引渭渠首引水流量 X_1	研究区段实测流量 X_2+X_5（$X_5=0$）	宝鸡峡渠首水库出流量 D	灌区引水流量 X_3	魏家堡电站引水流量 X_4
1	16.8	0.43	17.23	4.18	12.62
2	16.9	0.36	17.26	14.0	2.9
3	21.6	0.30	21.9	20.96	0.64
4	22.5	3.96	26.46	20.63	1.87
5	0.0	31.4	31.4	0.0	0.0
6	21.9	16.10	38.0	12.1	9.8
7	26.3	86.10	112.4	10.57	15.73
8	17.0	81.4	98.4	3.56	13.44
9	22.4	75.5	87.9	8.85	13.55
10	12.75	143	149.2	6.52	6.23
11	20.8	37.8	58.6	9.96	10.84
12	27.2	5.0	32.2	14.7	12.5

（1）假定认为宝鸡峡渠首水库的实际出流量等于宝鸡峡引渭渠首引水流量和渭河宝鸡市区段实测流量数据之和，且经过优化调度方案的调蓄；此外，由于没有渭河研究区段干/支流闸坝和橡胶坝的流量资料，因此，暂不考虑其对研究区段河道的补给作用，即认为自宝鸡峡渠首水库流入宝鸡市区段河道的流量既是渭河宝鸡市区段实测流量，即决策变量 X_5 取 0。

（2）本次调控也以月为单位，即逐月进行调控；由于供水调蓄设施的优化调度结果已知（见①处理），因此本次研究的时段仅定为生态流量亏缺的月份；其次，根据生态基流量的不同保证程度分四种情况来进行，即分别讨论了生态基流保证率分别为 100%、80%、50%、20% 时的情况。不同情况下，生态基流的盈缺情况见表 5.20。可以看出，随着保证率的降低，亏缺时段变短，当保证率为 100% 时，亏缺时段最长，为 12 月、1 月、2 月、3 月、4 月五个月。

（3）根据处理②，模型调控的时段选为生态流量亏缺最长的时段，即 1 月、2 月、3 月、4 月、12 月五个月；此外，由于研究的时段为生态基流的亏缺时段，因此模型中的生态基流量约束可以取 "＝" 号，则约束条件 "$X_2+X_5 \geqslant E$" 简化为 "$X_2=E$"；

表 5.20　　　　　　　　　不同保证率下生态基流的盈缺情况　　　　　　　单位：m^3/s

月份	研究河段实测流量	100%		80%		50%		20%	
		基流量	盈缺量[①]	基流量	盈缺量[①]	基流量	盈缺量[①]	基流量	盈缺量[①]
1	0.43	6.0	−5.57	4.8	−4.37	3.0	−2.57	1.2	−0.77
2	0.36	6.0	−5.64	4.8	−4.44	3.0	−2.64	1.2	−0.84
3	0.3	6.0	−5.7	4.8	−4.5	3.0	−2.7	1.2	−0.9
4	3.96	6.0	−2.04	4.8	−0.84	3.0	0.96	1.2	2.76
5	31.4	6.0	25.4	4.8	26.6	3.0	28.4	1.2	30.2
6	16.1	6.0	10.1	4.8	11.3	3.0	13.1	1.2	14.9

月份	研究河段实测流量	100%		80%		50%		20%	
		基流量	盈缺量①	基流量	盈缺量①	基流量	盈缺量①	基流量	盈缺量①
7	86.1	6.0	80.1	4.8	81.3	3.0	83.1	1.2	84.9
8	81.4	6.0	75.4	4.8	76.6	3.0	78.4	1.2	80.2
9	75.5	6.0	69.5	4.8	70.7	3.0	72.5	1.2	74.3
10	143	6.0	137	4.8	138.2	3.0	140	1.2	141.8
11	37.8	6.0	31.8	4.8	33	3.0	34.8	1.2	36.6
12	5.0	6.0	−1.0	4.8	0.2	3.0	2.0	1.2	3.8

① 正数表示生态盈余量，负数表示生态亏缺量。

（4）关于调控时生态基流量 E 值的确定原则：当生态基流量得到满足时，即渭河宝鸡市区段河道的实测流量［林家村（三）站］大于等于分析保证率下的生态基流量时，调控时取 E 值为实测流量值；反之，当生态基流量得不到满足时，即渭河宝鸡市区段河道的实测流量［林家村（三）站］大于分析保证率下的生态基流量时，调控时取 E 值为不同保证率下的生态基流量。根据以上取值原则，常变量 E 的取值表见表 5.21（按月）。

（5）由于渠系资料未知，因此引水渠道损失的流量暂且不计，即取 $C=0$；

（6）表征宝鸡峡灌区和魏家堡电站用水优选权的权重系数 λ_1、λ_2 需要相关政策来评定。对于权重系数的取值，认为在满足不同保证率的生态基流量的前提下，保证灌区水量的重要性远大于电站引水发电，但由于缺乏详细的评定资料，所以拟取多组权重来分析计算，第一组 λ_1 取 0.8，λ_2 取 0.2，第二组 λ_1 取 0.9，λ_2 取 0.1；第三组 λ_1 取 1，λ_2 取 0；在此需要说明的是第三组即认为在满足不同保证率的生态基流量的前提下，优先满足灌区引水，电站在这个时期暂停运行。

2. 模型的简化

经过以上处理后，原调控模型简化为：

目标函数 1：$\text{Min } Z_1 = 0.8 \times (X_3 - A)^2 + 0.2 \times (X_4 - B)^2$ （工况 1：$\lambda_1 = 0.8$，$\lambda_2 = 0.2$）

目标函数 2：$\text{Min } Z_2 = 0.9 \times (X_3 - A)^2 + 0.1 \times (X_4 - B)^2$ （工况 2：$\lambda_1 = 0.9$，$\lambda_2 = 0.1$）

目标函数 3：$\text{Min } Z_3 = (X_3 - A)^2$ （工况 3：$\lambda_1 = 1$，$\lambda_2 = 0$）

表 5.21 不同保证率下模型常变量 E 的取值表 单位：m^3/s

月份 \ 流量	调控时不同保证率下生态基流量 E 的取值			
	100%	80%	50%	20%
1	6.0	4.8	3.00	1.20
2	6.0	4.8	3.00	1.20
3	6.0	4.8	3.00	1.20
4	6.0	4.8	3.96	3.96
12	6.0	5.0	5.00	5.00

$$\text{S. T. （约束条件）：}\begin{cases} X_3 + X_4 = X_1 & \text{（水量平衡约束）} \\ X_2 + X_1 = D & \text{（水量平衡约束）} \\ X_2 = E & \text{（生态基流量约束）} \\ X_1, X_2, X_3, X_4 \geqslant 0 & \text{（决策变量非负约束）} \end{cases}$$

式中：各变量含义如前所述，不同情况下常变量 E 的取值见表5.21，A、B、D 常变量的取值（按月）见表5.22。

表 5.22　　　　　　　模型常变量的数据取值表　　　　　单位：m³/s

月份 常变量	12	1	2	3	4
A（灌区需水）	14.70	4.18	14.00	20.96	20.63
B（电站需水）	12.50	12.62	2.90	0.64	1.87
D（水库出流）	32.20	17.23	17.26	21.90	26.46

3. 模型输出结果

经过对数据资料和模型参数的预处理后，模型结构变得较为简单。针对不同的保证率情况，本次求解基于 $K\text{-}T$ 方程解的方法，采用 MATLAB 优化技术中的 fmincon（有约束的非线性最小化）函数经编程即可实现。

经过程序计算发现，工况 1（权重系数 $\lambda_1=0.8$，$\lambda_2=0.2$）与工况 2（权重系数 $\lambda_1=0.9$，$\lambda_2=0.1$）的调控结果非常接近，所以工况 2 下灌区和电站的调控结果暂不列出，只比较工况 1 与工况 3（极端情况：$\lambda_1=1$，$\lambda_2=0$）的调控结果。各项优化结果见表5.23。

表 5.23　　　　　　　调控结果数据表　　　　　单位：m³/s

决策变量		工况 1 ($\lambda_1=0.8$, $\lambda_2=0.2$)					工况 3 ($\lambda_1=1$, $\lambda_2=0$)				
		12 月	1 月	2 月	3 月	4 月	12 月	1 月	2 月	3 月	4 月
100%	X_1	26.2	11.2	11.3	15.9	20.5	26.2	11.2	11.3	15.9	20.5
	X_2	6	6	6	6	6	6	6.0	6.0	6.0	6.0
	X_3	14.5	3.1	11.3	15.9	20.2	14.7	4.2	11.3	15.9	20.5
	X_4	11.7	8.2	0	0	0.2	11.5	7.1	0.0	0.0	0.0
80%	X_1	**27.2**	12.4	12.5	17.1	21.7	**27.2**	12.4	12.5	17.1	21.7
	X_2	**5**	4.8	4.8	4.8	4.8	**5**	4.8	4.8	4.8	4.8
	X_3	**14.7**	3.3	12.5	17.1	20.5	**14.7**	4.2	12.5	17.1	20.5
	X_4	**12.5**	9.1	0	0	1.2	**12.5**	8.3	0.0	0.0	1.2
50%	X_1	**27.2**	14.2	14.3	18.9	**22.5**	**27.2**	14.2	14.3	18.9	**22.5**
	X_2	**5**	3	3	3	**3.96**	**5**	3.0	3.0	3.0	**3.96**
	X_3	**14.7**	3.7	13.5	18.9	**20.6**	**14.7**	4.2	14.0	18.9	**20.6**
	X_4	**12.5**	10.6	0.8	0	**1.9**	**12.5**	10.1	0.3	0.0	**1.9**
20%	X_1	**27.2**	16	16.1	20.7	**22.5**	**27.2**	16.0	16.1	20.7	**22.5**
	X_2	**5**	1.2	1.2	1.2	**3.96**	**5**	1.2	1.2	1.2	**3.96**
	X_3	**14.7**	4	13.8	20.7	**20.6**	**14.7**	4.2	14.0	20.7	**20.6**
	X_4	**12.5**	12	2.2	0	**1.9**	**12.5**	11.9	2.1	0.0	**1.9**

注　表中加粗数据表示：对应保证率下，对应月份，研究河段的实测流量满足生态需水的要求，不再进行调控，该加粗数据均为实测值。

154

4. 结果分析及讨论

经过简化后的模型调控后，渭河宝鸡市区段的生态基流得到满足，但宝鸡峡灌区和魏家堡电站的可引用水量都发生了不同程度的减少，工况 1 和工况 3 的灌区和电站调控结果见表 5.24 和表 5.25。

表 5.24 　　　　　　　　　　工况 1 下调控结果分析表

项 目		渭河宝鸡市区段流量/(m³/s)	生态基流盈缺量/(m³/s)	魏家堡电站引水流量				灌区引水流量			
				调控前/(m³/s)	调控后/(m³/s)	减少		调控前/(m³/s)	调控后/(m³/s)	减少	
						量值/(m³/s)	百分比/%			量值/(m³/s)	百分比/%
100%	1月	6	0	12.62	8.16	4.5	35.3	4.18	3.07	1.1	26.65
	2月	6	0	2.9	0	2.9	100	14	11.3	2.7	19.57
	3月	6	0	0.64	0	0.6	100	20.96	15.9	5.1	24.14
	4月	6	0	1.87	0.24	1.6	87.3	20.63	20.2	0.4	1.98
	12月	6	0	12.5	11.7	0.8	6.4	14.7	14.5	0.2	1.36
80%	1月	4.8	0	12.62	9.12	3.5	27.7	4.1	3.31	0.87	20.91
	2月	4.8	0	2.9	0	2.9	100	14	12.4	1.54	11
	3月	4.8	0	0.64	0	0.64	100	20.9	17.1	3.86	18.42
	4月	4.8	0	1.87	1.2	0.67	35.9	20.6	20.46	0.17	0.81
	12月	**5**	0	12.5	**12.5**	0	0	14.7	**14.7**	0	0
50%	1月	3	0	12.62	10.56	2.06	16.3	4.2	3.67	0.51	12.3
	2月	3	0	2.9	0.79	2.11	72.8	14	13.47	0.53	3.77
	3月	3	0	0.64	0	0.64	100	20.9	18.9	2.06	9.83
	4月	**3.96**	0	1.87	**1.87**	0	0	20.6	**20.63**	0	0
	12月	**5**	0	12.5	**12.5**	0	0	14.7	**14.7**	0	0
20%	1月	1.2	0	12.62	12	0.6	4.9	4.18	4.03	0.15	3.68
	2月	1.2	0	2.9	2.23	0.7	23.2	14	13.83	0.17	1.2
	3月	1.2	0	0.64	0	0.6	100	20.96	20.7	0.26	1.24
	4月	**3.96**	0	1.87	**1.8**	0	0	20.63	**20.63**	0	0
	12月	**5**	0	12.5	**12.5**	0	0	14.7	**14.7**	0	0

注　表中加粗数据表示：对应保证率下，对应月份，研究河段的实测流量满足生态需水的要求，不再进行调控，该加粗数据均为实测值。

由表 5.24 可以看出：

(1) 为满足渭河宝鸡市区段的生态基流的要求，对于不同的生态基流保证率情况，调控后魏家堡电站和宝鸡峡灌区的用水都受到了不同程度的影响，可引用水量均发生了不同程度的减少。

表 5.25 工况 3 下调控结果分析表

项目		渭河宝鸡市区段流量/(m³/s)	生态基流盈缺量/(m³/s)	魏家堡电站引水流量				灌区引水流量			
				调控前/(m³/s)	调控后/(m³/s)	减少		调控前/(m³/s)	调控后/(m³/s)	减少	
						量值/(m³/s)	百分比/%			量值/(m³/s)	百分比/%
100%	1 月	6	0	12.62	7.05	5.57	44.1	4.18	4.18	0	0.0
	2 月	6	0	2.9	0.00	2.9	100.0	14	11.3	2.7	19.6
	3 月	6	0	0.64	0.00	0.64	100.0	20.96	15.9	5.1	24.1
	4 月	6	0	1.87	0.00	1.87	100.0	20.63	20.5	0.2	0.8
	12 月	6	0	12.5	11.5	1	8.0	14.7	14.7	0	0.0
80%	1 月	4.8	0	12.62	8.25	4.37	34.6	4.18	4.18	0	0.0
	2 月	4.8	0	2.9	0.00	2.9	100.0	14	12.46	1.54	11.0
	3 月	4.8	0	0.64	0.00	0.64	100.0	20.96	17.1	3.9	18.4
	4 月	4.8	0	1.87	1.20	0.67	35.8	20.63	20.46	0.17	0.8
	12 月	**5**	0	12.5	**12.5**	0	0.0	14.7	**14.7**	0	0.0
50%	1 月	3	0	12.62	10.05	2.57	20.4	4.18	4.18	0	0.0
	2 月	3	0	2.9	0.26	2.64	91.0	14	14.00	0	0.0
	3 月	3	0	0.64	0.00	0.64	100.0	20.96	18.9	2.1	9.8
	4 月	**3.96**	0	1.87	**1.87**	0	0.0	20.63	**20.6**	0	0.0
	12 月	**5**	0	12.5	**12.50**	0	0.0	14.7	**14.70**	0	0.0
20%	1 月	1.2	0	12.62	11.85	0.77	6.1	4.18	4.18	0	0.0
	2 月	1.2	0	2.9	2.06	0.84	29.0	14	14.00	0	0.0
	3 月	1.2	0	0.64	0.00	0.64	100.0	20.96	20.7	0.3	1.2
	4 月	**3.96**	0	1.87	**1.87**	0	0.0	20.63	**20.6**	0	0.0
	12 月	**5**	0	12.5	**12.50**	1×10^{-4}	0.0	14.7	**14.70**	0	0.0

注 同表 5.24。

(2) 随着生态基流保证率的逐渐降低，调控后魏家堡电站和宝鸡峡灌区用水受到影响的程度也逐渐降低，可引用水量也逐渐增加；同时，随着生态需水保证率的逐渐降低，生态缺水的时段长度也逐渐减少；此外，这也很好地体现了生态用水和生产、生活用水之间相互争水的博弈局面，这就要求水管理者必须保持三者的协调和平衡，否则就不利于水资源的可持续利用。

(3) 由于灌区用水的优先权较大，因此，其受影响的程度较电站来说较小。而且灌区用水优先权越大，受影响的程度越小。由于电站相对于灌区来说，相当于附属物，不能单纯因为电站引水发电而造成河道生态基流以及灌区灌溉缺水，所以应该考虑枯水季节暂停电站的运行。

此处需要特别指出的是，限于资料和时间，本次调控模型的应用是在根据数据资料对模型参数过程预先做出处理的基础上进行的。其中，有限资料做出的一些假定，也有部分模型参数的取值缺乏详细的数据资料支撑，仅是一个初步的估计，因此，本次模型调控的结果不完全反映真实的情况。本节的目的在于对所建调控模型的具体应用过程进行简单的示例，并针对调控结果提出相关的解决措施和途径。那么，关于本节所建立的渭河宝鸡市区段生态基流量调控模型的详细检验、调控模型结果被具体采纳时各部门内部之间的协调方案等需在今后进一步研究。

5.4.5 渭河宝鸡市区段生态基流保障措施

为了改善渭河宝鸡市区段生态环境现状，以达到渭河生态环境健康发展，首先要更新观念。改变长期以来，只强调农业、工业和城市生活需水，忽视河流生态系统本身的生态环境需水的观念。今后，在研究水资源供需问题、水资源配置问题时，除了考虑经济和生活需水外，还必须同时考虑河道的生态基流。通过以上分析我们发现依靠科学配给是远远不够的，还必须从不同领域、不同层面、不同手段对水资源进行相应的调整和约束。

1. 水资源合理利用与节约

渭河由于流域干旱少雨，生态环境脆弱，水资源开发利用受多种条件制约，渭河宝鸡市区段上游修建有宝鸡峡引渭农田灌溉工程以及下游众多的中小型引水、提水工程，主要用于渭北农业灌溉用水。由于渭河天然来水量的减少，非汛期河道流量锐减甚至断流，无法保证河道生态基流量。因此，从优先满足河道生态基流的角度来看，渭河径流已无任何潜力。为了增加渭河生态基流量，改善渭河生态环境，促进水资源可持续利用，必须强调水资源的合理利用与节约［详见数字资源 5（5.2）］。

2. 魏家堡电站的运行管理

由以上分析可发现，魏家堡电站的发电引水对渭河宝鸡市区段生态基流产生了一定的不利影响。对于中魏家堡电站，不能只追求利益最大来引水，必须同时兼顾河道的生态环境保护。特别是在枯水季节，渭河宝鸡市区段生态基流不能得到保证时，需要暂停电站的运行，以保证河道的生态基流以及灌区的灌溉用水。例如，2005 年在生态基流保证率为 100％以及 80％时，通过暂停 1 月、12 月电站的运行就可以满足这两个月的生态基流以及灌区的用水；在保证率为 50％以及 20％时，暂停 1 月、2 月、4 月、12 月电站的运行就能够完全满足河道的生态基流以及灌区的用水。此外，在剩余的生态基流缺水月份，通过暂停电站的运行也可以缓解灌区的缺水现状。对于由于水量减少或者电站暂停运行而造成的发电经济损失可以采取一些经济补偿措施，如提高用电价格等来弥补［详见数字资源 5（5.3）］。

5.5　河道生态基流保障的生态补偿机制

本节主要以渭河干流宝鸡段为例，对河道生态基流保障补偿机制中的补偿主客体、补偿标准以及补偿方式进行阐述。

5.5.1 河道生态基流保障的补偿主、客体

1. 河道生态基流保障的补偿主体

河道生态基流服务功能会给渭河干流宝鸡段行政区域内部分生产部门、个人以及某些团体带来直接的经济效益或间接的经济效益，另渭河林家村断面可为咸阳市一些区域提供清洁的水资源量，因此，受益行政区主要包括咸阳市和宝鸡市。

河道生态基流的保障会充盈下游河流，同时也会给渭河干流下游如渭河咸阳段、西安段以及渭南段带来更多的经济发展机遇，也可缓解下游用水矛盾，显而易见，咸阳市、西安市

和渭南市同样也为受益方。

综上所述，河道生态基流保障的受益方主要包括陕西省、宝鸡市、咸阳市、西安市以及渭南市，按照生态补偿"谁受益，谁补偿；谁损害，谁补偿"的原则，渭河林家村断面河道生态基流保障的补偿主体代表为陕西省、宝鸡市、咸阳市、西安市以及渭南市政府，其中，陕西省政府也主要作为基流保障补偿主体中的监督主体。

2. 河道生态基流保障的补偿客体

通常情况下，宝鸡峡塬上灌区主要是从林家村引水渠首引水灌溉，由宝鸡峡灌区管理局统一管理调度，包括收取水资源使用费用等，该灌区的农户作为用水个体，使用渭河水资源灌溉农作物等，以期获取更高的经济收入。限制农业灌溉用水保障河道生态基流必然会减少农业灌溉引水量，使得农业灌溉受益部门变为受损对象。因此，渭河林家村断面河道生态基流保障的补偿客体主要包括以下两个群体：

（1）限制宝鸡峡塬上灌区的农业灌溉引水量保障渭河林家村断面河道生态基流时，宝鸡峡灌区管理局会因为减少收取农业灌溉用水费用造成经济收入减少，即此时河道生态基流保障的补偿客体为宝鸡峡灌区管理局。

（2）限制农业灌溉用水必然会造成宝鸡峡塬上灌区粮食产量锐减和农户的经济收入减少，此时因保障河道生态基流的受损方为宝鸡峡塬上灌区农户，即河道生态基流保障的补偿客体为灌区农户。

由此可见，渭河林家村断面河道生态基流保障的补偿客体分别为限制农业灌溉用水的宝鸡峡塬上灌区受损农户和宝鸡峡灌区管理局。

5.5.2　河道生态基流保障的农业生态补偿量

1. 农业生态补偿量研究方法

限制农业灌溉用水保障河道生态基流必然会造成农业灌溉和其他生产部门的经济损失，会影响灌区农户以及部分水资源管理者的经济收入，如渭河林家村断面河道生态基流保障会影响宝鸡峡灌区灌溉管理局的收入，因此需要对受损农户和宝鸡峡灌区灌溉管理局进行生态补偿。农业经济损失量主要采用改进型 C－D 生产函数法（高志玥等，2018）。

河道生态基流保障不仅造成一些经济损失，同时也会给社会公众带来部分好处或效益。这些生态或经济效益可以抵消农业经济损失，作为受损农户可妥协的生态补偿量，需要从生态补偿量中减去（杨兰等，2020；穆贵玲等，2018）。

支付意愿是指在流域范围内，当前生活水平下对河道生态基流价值增量愿意支付的资金。一直以来，人们对河道生态基流价值认可度较低，不能全额支付，但是随着社会经济发展以及居民生活水平提升，社会公众的支付意愿会增强。主要结合皮尔生长模型确定社会公众对河道生态基流保障的支付意愿（李芬等，2010），计算方法如下：

$$P_A = \frac{p}{1 + a \times e^{-bt}} \tag{5.13}$$

式中：P_A 为对河流生态基流保障的价值增量的支付意愿，%；P 为支付意愿 P_A 的最大值；t 为社会生活水平所处的阶段，年；a、b 为常数，无量纲；e 为自然对数的底。

为简化问题，假设 a、b、P 均为 1，则模型变为如式（5.14）所示：

$$P_A = \frac{1}{1 + e^{-t}} \tag{5.14}$$

采用可以体现人民生活水平的恩格尔系数代替时间 t，即采用恩格尔系数的倒数进行转化，如式（5.15）所示：

$$P_A = \frac{1}{1 + e^{-\left(\frac{1}{En} - 3\right)}} \tag{5.15}$$

式中：En 为某个研究区域内的恩格尔系数，%；

基于河道生态基流价值增量的生态补偿量主要是指支付意愿和河道生态基流价值增量的乘积，生态补偿量的计算方法如式（5.16）所示：

$$C_{ebfp} = P_A \times TEV_A \tag{5.16}$$

式中：C_{ebfp} 为河道生态基流保障的实际农业补偿量，元/m³；TEV_A 为河道生态基流价值增量，元/m³。

2. 渭河林家村断面的生态补偿量

渭河林家村断面的河道生态基流保障水平后续必然会提升。分别以 6m³/s、7m³/s、8m³/s、10m³/s、11m³/s 和 12m³/s 为渭河林家村断面的河道生态基流保障值，本节对渭河林家村断面河道生态基流保障的农业经济损失的补偿量进行了计算，计算结果见表 5.26。

另，渭河干流宝鸡段（陕西省的宝鸡市和咸阳市行政区域内）农村居民的平均恩格尔系数为 32.5%（数据来源于《陕西省统计年鉴》和《陕西省区域统计年鉴》），该值略低于城镇居民的平均恩格尔系数。由于本节的研究区域内所涉及的社会民众中的居民多为灌区务农农户，因此，主要选择渭河干流宝鸡段农村居民的平均恩格尔系数。结合当地农村居民的平均恩格尔系数，采用式（5.15）可以得到对河道生态基流价值增量的支付意愿，其值为 32.92%。结合上述河道生态基流价值的计算方法和支付意愿可以得到基于河道生态基流价值增量的生态补偿量，见表 5.26。

综上所述，河道生态基流不同保障目标的妥协后农业生态补偿量是指对经济损失补偿量和基于河道生态基流价值增量的生态补偿量的差值，计算结果见表 5.26。

表 5.26　　　　　　　　　河道生态基流不同保障水平的农业生态补偿量

项　　　目		农业经济损失/亿元	对经济损失的补偿量/亿元	支付意愿/亿元	妥协后生态补偿量/亿元
河道生态基流保障目标	6m³/s	1.39	1.39	0.97	0.42
	7m³/s	1.66	1.66	1.04	0.62
	8m³/s	1.93	1.93	1.09	0.84
	10m³/s	2.46	2.46	1.13	1.33
	11m³/s	2.73	2.73	1.22	1.51
	12m³/s	3.00	3.00	1.26	1.74

因此，陕西省、宝鸡市、咸阳市、西安市和渭南市政府等补偿主体需对宝鸡峡塬上灌区的农户和宝鸡峡灌区进行补偿，以河道生态基流保障目标为 6m³/s 为例，补偿主体需对补偿客体的补偿额度为 0.42 亿元。

5.5.3　河道生态基流保障的补偿途径

河道生态基流保障会对地区用水部门造成一定的影响及损失，需对受损方进行生态补偿。生态补偿额度和补偿标准的定量化、货币化，为资金补偿的实施提供了定量依据，但往往生态补偿资金难以满足全部经济损失，则需要对其造成的经济损失采取其他补偿方式来实现，如通过制定相关政策、给予实物、提供技术支持等加以生态补偿。依据 2016 年中央一号文件《关于落实发展新理念加快农业现代化实现全面小康目标的若干意见》、2017 年 8 月中央全面深化改革领导小组第三十八次会议审议通过的《生态环境损害赔偿制度改革方案》等有关生态补偿的政策，参考美国、巴西等国外补偿成功经验以及我国新安江流域生态补偿模式、京津冀水源涵养补偿模式，结合渭河干流宝鸡段的实际状况，提出资金、政策、实物、智力以及项目补偿等补偿途径（张倩，2018；张倩等，2019）[详见数字资源 5（5.4）]。

渭河流域生态环境健康对陕西关中地区社会经济发展至关重要，短期内河道生态基流保障补偿的实施以资金补偿、政策补偿、实物补偿为主，但这些均为"输血型"补偿方式，不能从根本上解决问题。此外，对灌区农户的补偿现今只采用资金补偿方式，未能将多种补偿方式相结合，不利于促进河道生态基流保障与灌区水利设施建设等同步发展。随着地区社会经济发展及渭河流域生态环境状况的改善，应侧重于智力补偿等"造血型"补偿方式，使地区自身形成造血机能，这将更有利于河道生态基流保障工作的持续开展和日益完善。

思考题

1. 简述河道生态基流的定义和内涵。
2. 简述河道生态基流的服务功能。
3. 河道生态基流的计算方法有哪些？
4. 河道生态基流价值的计算方法都有哪些？河道生态基流保障的经济损失计算方法有哪些？
5. 河道生态基流的保障方式都有哪些？渭河干流宝鸡段目前的保障方式有哪些？
6. 请简述河道生态基流调控模型的运行步骤。
7. 河道生态基流保障的补偿主客体确定原则是什么？渭河干流宝鸡段河道生态基流的生态补偿方式有哪些？

第 5 章　数字资源

第6章 河流生态环境需水量理论及应用

6.1 河流生态环境需水量研究背景与进展

6.1.1 河流生态环境需水量研究背景

水是一种特殊的生态资源，是地球生命系统的基础资源。水资源不仅是人类赖以生存的基础资源，还是社会经济的战略资源。森林、草地、湿地、湖泊和河流等自然生态系统的维持都离不开水资源和水文循环。长期以来，人们对水资源的开发利用主要围绕国民经济效益，比如农业、工业和居民生活等方面，而缺少了对河流、流域安全和生态环境安全等方面的考虑。导致水资源的过度和不合理开发，加速了水体涵养功能的衰减，使生态环境变得更加脆弱，流域水安全遭到破坏（Wang et al.，2018）。

河流系统具有输水、输沙、泄洪、自净和航运等多种功能，也是众多生物栖息的场所。原始状态下，河流系统河道内水量充足，能满足河流系统生态功能。随着人类活动的加剧，社会发展用水量的增大、河道内保留水量逐渐减少。当水量小于保证河流生态系统稳定的阈值时，河流基本生态功能将逐渐退化至消失（李诗阳，2016）。水资源的过度开发以及不合理的利用加速了水体功能的衰减，生态环境变得更加脆弱，水灾害频繁，河流系统的结构和功能遭到破坏。为维持河流系统功能健康，在特定时间和空间须保证能满足河流系统诸项功能所需水量，方能达到河流各项功能协调、水资源得以持续利用之目标。对于特定河段来说，河流生态环境需水量是指某一临界值，当实际来水量小于该流量时，河流就会丧失其正常功能，不仅影响人类的生产和生活，而且对生态环境产生了多方面的不良影响（邢大伟，1995；王敏捷，2000）。河流生态环境需水量对我国社会经济可持续发展所产生的"瓶颈"效应已越来越明显。

河流生态环境需水量涉及水文、地质、气象、生态环境以及社会经济等诸多方面。河流生态环境需水量直观反映了河流生态系统服务。河流生态系统服务是包括供应服务，如农业用水和农村居民用水；调节服务，如调蓄洪水；文化服务，如水环境观赏、水景观以及支持服务，如营养循环、生物多样性（赖昊，2017）。河流生态环境需水量的价值主要体现在社会经济发展、环境保护、生态功能涵养方面，在生态系统需水阈值内，结合区域社会经济发展的实际情况，兼顾生态环境需水和社会经济需水，合理地确定生态用水，实现"三生"共享，有利于社会经济发展和生态系统保护的双赢（王奎超，2007）。

当前，我国河流中存在的主要问题是：过量的河道外引水使得河道水量日减，降低了水体的稀释功能，同时导致水体自净能力减弱；水生态环境存在安全风险，大量化工企业临水而建，因安全生产、化学品运输等引发的突发环境事件频发；大量未经过处理的工业废水和生活污水直接排入河流，河道水体污染十分严重；水资源时空分布不均，供需矛盾突出，部分河湖生态流量难以保障，河流断流、湖泊萎缩等问题依然严峻。这些问题会对水环境、流域安全以及生物多样性等方面造成严重伤害（Pan et al.，2021；Zhang，2022；Zhang et al.，2019；杨开忠等，2021）。此外，如果河道处于干涸状态，河床会逐渐沙化，将成为风沙天气的来沙场所。

随着社会经济的快速发展，人类对资源的开发利用已经达到了前所未有的极限，作为社会经济发展的重要可再生性的自然资源之一，水资源的开发利用也受到了极大的挑战。随着社会、经济与生态环境用水的矛盾日益突出，水资源已成为全球范围内的战略性问题之一。因此，水资源合理开发利用是社会经济健康稳定发展的基础，是维持生态环境动态平衡的关键因子之一。保持良好的流域生态环境是关系到人类生存和发展的基本自然条件，起着保持和恢复生态环境系统稳定的作用，水资源可持续利用战略是保障社会经济可持续发展所必须坚持的基本方针（马平生等，2009）。维护生态系统的良性循环必须重视水资源的合理开发与保护，充分考虑生态环境用水和水资源的永续利用。在保护和恢复生态环境的过程中，必须首先考虑适当数量的生态环境用水。因为水既是重要的经济资源，又是主要的环境资源，具有独特的不可替代的生态环境功能，它的破坏不仅使自身受到影响，常常可能改变整个区域的环境状况，甚至造成灾难性后果。河流生态环境需水量既是可持续发展战略的需要，也是流域生态环境系统恢复和稳定的保障（任贺靖等，2021）。

6.1.2　河流生态环境需水量进展

最早有关河流生态环境需水量的研究主要针对河道枯水流量，围绕河流的航行功能而进行，随后，由于河流污染问题的突出，便出现对最小可接受流量的研究，旨在满足排水纳污功能。水资源的供给不仅要满足人类、社会经济发展的需求，而且还要满足生态系统的需求（Wu et al.，2018），一般认为基本生态需水的概念框架的实质是生态恢复需水，并将此概念进一步升华，同水资源短缺、危机与配置相联系（Kistenkas and Bouwma，2018），满足河流、湖泊和湿地生态系统对水量的需求，不仅是开发利用水资源配置的基础，也是建立可持续体系，维护和改善整个生态系统的基础（Cheng et al.，2018）。此外，河流的生态环境状况在很大程度上是由污染程度决定的，随着河流基流量的增加而改善，由此需要计算维持良好水质的河道基流量，分析水量和水质动态变化相关关系，进一步确定维持河流水质良好的底限流量。将其称之为生态可接受水量（Hearne et al.，2010；Bonacci et al.，2015）。

20 世纪 70 年代末，我国开始探讨河道系统最小流量问题，主要集中在河流最小流量确定方法的研究方面。从 80 年代开始，针对我国流域水环境水质质量下降以及环境污染问题，《关于防治水污染技术政策的规定》指出，在水资源规划时，要保证为改善水质所需的环境用水，但是该规定主要阐述了水环境治理在宏观战略方面的研究（王西琴等，2002）。在 1994 年，《环境水利学导轮》中也明确提到了"环境用水"，这表明人们对环境用水问题已有了初步认识（刘昌明等，1998）。90 年代以来，黄河许多支流断流频发，长江和嫩江经历了洪灾，北方干旱以及半干旱地区沙尘暴肆虐，此外南方多地江河湖泊水体污染加剧，这些影响水安全的事件让人们开始认识到保护生态环境与水资源可持续发展的密切关系。随后，水利部也提出在水资源配置中应考虑生态环境用水。进入 20 世纪 90 年代后期，随着西北地区有关生态环境保护方面的研究逐步展开，才真正揭开了干旱及半干旱地区生态环境需水研究的序幕。

在生态用水中，首先，要保证干旱半干旱地区保护和恢复自然植被及生态环境所需的水。其次，在干旱半干旱及干旱的亚湿润地区，如能全面开展水土保持工作，必将减少该地区进入河川的径流量，这一部分预计要减少的径流量当算作生态用水。在干旱半干旱及干旱的亚湿润地区，在水土保持范围之外的其他林草植被建设，包括水源涵养林、新封育的林草植被、防风固沙林、绿洲农田防护林、人工草场建设等也需要一定量的生态用水。维持河流水沙平衡及生态基流所需用的水也是生态用水。其他生态用水项目，包括维持黄淮海平原的土壤水盐平衡需用水、回补黄淮海平原、辽河流域、汾渭平原、雷州半岛等地超采的地下水（沈国舫，2000）。生态需水与生态类型密切相关，不同类型的生态体系，其需水量不同。绿洲是干旱区的主体景观，是干旱内陆地区人类社会赖以生存和发展的基础。凡是对绿洲景观的生态与发展及环境质量维持与改善起支撑作用的系统所消耗的水分即为生态用水（王根绪，2002）。

河流系统生态环境需水量是针对水资源开发利用中的生态环境保护，以及科学地进行生态环境重建和改善等问题而提出来的概念。综合考虑河流生态环境需水的一般特性，对生态环境需水量的内涵进行概括：①河流基本生态环境需水量，是指维持河流系统最基本的生态环境功能所需要的最小水量；②河流输沙排盐需水量，指为维持河流形态和盐分的动态平衡，在一定输沙、排盐要求下所需要的水量；③湖泊洼地生态环境需水量，指用以维持湖泊洼地的水体功能而消耗于蒸发的水量（杨访弟等，2018）。

河道最小环境需水量系指维系和保护河流的最基本环境功能，河道最小环境需水量所要满足的环境功能主要包括：①保持水体一定的稀释能力；②保持水体一定的自净能力。这一概念属于河流自净需水的范畴（宋进喜等，2003）。

在实践中，因研究区域和研究尺度的不同，以上干旱区生态环境需水、河流生态环境需水、湿地生态环境需水、湖泊生态环境需水之间不存在截然的区分。例如，有的在干旱区生态环境需水研究中也包括河流、湖泊生态环境需水；有的在对河流系统生态环境需水研究中包括与河流相连通的湿地生态环境需水、湖泊生态环境需水、或河道外植被需水。虽然不同的学者对生态需水量研究的范畴不同，但都是维持天然生态系统发挥正常功能或植被建设中需要的水量（丰华丽等，2001；叶朝霞，2007）。从天然生态系统生态环境功能与水体间相互关系来看，生态环境需水量应该是一个既包含水量又包括水质的问题，生态环境需水量的确定首先是要有足够的水量以满足天然生态系统的需要，其次是要保证该水量一定的水质要求以使该天然生态系统处于健康状态（孙甲岚等，2012；李咏红等，2018）。

进入21世纪，河流生态环境需水研究才有了较快的发展，但系统研究河流生态环境需水的工作尚处于起步阶段，对生态环境需水的概念、内涵与外延等没有形成公认的定义，缺乏生态环境需水量研究的理论体系。在河流生态环境需水量定量研究中：一方面，水量未能和水质有机结合研究，使生态环境需水量作为水资源的性质没有得到体现；另一方面，由于一水多功能的特性，缺乏对不同类型生态环境需水量形成机理的确切分析和相互间的科学判断，出现各生态环境需水量的重复计算。另外，河流生态环境需水量是一个时空上的变量，但在确定生态环境需水量上，时间尺度多以年为单位，与水资源配置的时间单元不协调，空间尺度多以整条河流而言，未考虑不同河段生态环境需水量上的差异，研究结果的实际应用性较差。

6.2 河流生态环境需水量理论体系

6.2.1 生态环境需水的界定

区分生态需水与环境需水，首先要明确生态与环境的概念。

1. 生态与环境

对生态学的定义，大家较趋于一致的看法是生态学是研究生物及环境间相互关系的科学。这里，生物包括动物、植物、微生物及人类，即不同的生物系统，而环境则是指生物生活中的无机因素（岩石、空气、水、土壤等）、生物因素（植物、动物、微生物）和人类社会共同构成的环境系统。生物与环境之间存在着相互联系、相互制约、相互作用的复杂关系。天然生态是生物经过长期自然选择适应环境的结果。这中间包含两个方面的含义：一是生物和环境是不可分割的整体；二是原始的天然生态是最适应环境的。

2. 生态需水与环境需水

基于上面对生态与环境概念的理解，生态需水是由生物自身生存所需水量和生物体赖以生存的环境需水量两部分组成，其实质是指为了维持生态系统生物群落和栖息环境的动态稳定，在天然生态系统保护和生态建设中所需要的水资源总量。这里的天然生态系统维护主要指对非地带性生态系统的保护，它的水分主要来源于径流；生态建设主要指对受损生态系统的恢复或重建，为了达到预期的目标，依据所建系统本身的特点，必须提供一定的水量。而环境需水实质上就是为满足生态系统的各种生态功能健康所必需的水量，只有在明确了目标功能的前提下，环境需水量才能够被赋予具体的含义。

尽管生态需水与环境需水不尽完全相同，但由于生态与环境在内涵上的重叠性，加之水多功能的特性，二者很难分开来讨论。

3. 生态环境需水

狭义地讲，生态环境需水是指为维护生态环境不再恶化并逐渐改善所需要消耗的水资源总量，包括为保护和恢复内陆河流下游天然植被及生态环境的需水、水土保持及水保范围之外的林草植被建设需水、维持河流水沙平衡及湿地和水域等生态环境的基流、回补区域地下水的水量等多方面。从广义上讲，维持全球生物地球化学平衡诸如水热平衡、源汇库动态平衡、生物平衡、水沙平衡、水盐平衡所需要的最低水分消耗都是生态需水，用于河流水质保护和鱼类洄游等所需的最低水量也属于生态需水的范畴。无论是在水资源供需矛盾突出、生态环境脆弱的干旱、半干旱和季节干旱地区，还是在水资源丰沛的湿润地区，这一广义的概念具有普遍的意义。而狭义的生态环境需水概念对水资源供需矛盾突出和生态环境相对脆弱的干旱、半干旱地区以及季节性干旱的半湿润区的系统分析相对适合。

生态环境所需的水应属于水资源的范畴，首先应具有水资源的性质，有"量"无"质"，或有"质"无"量"均不能称之为水资源。生物自身生存所需的水不仅与水量有关而且与水质的好坏密切相关，同时，水量和水质直接影响着生物赖以生存的栖息环境的适宜性。所以，生态环境需水量研究中所指的"量"是水质和水量的耦合，对于生态环境需水的确定，不能只考虑所需水量的多少，同时还应考虑水质的好坏。确保水质能保证生态系统的各项生态功能处于健康状态。因此，将生态环境需水定义为为维持区域生态系统基本功能健康发展或改善生态环境质量所需要的一定水质要求下的适宜水量。

4. 生态环境需水和生态环境用水

需水和用水是属于不同层次的概念，需水是一个状态值，它强调的是为了维持某种状态或达到某种程度而需要的水量，而用水是一个动态的概念，强调的是在自然发展过程中实际所消耗的水量。生态环境需水是维持某种生态环境功能健康发展或维持某种生态平衡所需要使用的水量。生态环境用水是指生态系统在自然发展过程中实际消耗的水资源总量。生态环境需水主要受生态系统自身的结构特征和外界环境因素（气候、气温、降水、蒸发、风速、土壤、地质等）影响，是反映生态系统在时空变化上的状态值。而生态环境用水受人类对水资源开发利用的影响，在干旱区，往往出现经济用水挤占生态用环境水，致使生态环境用水小于生态环境需水，生态环境恶化的现象。

6.2.2　生态环境需水机理

水作为一种特殊的生态资源，是整个地球生命系统的基础。植物体的含水量一般为60%～80%，而动物体含水量比植物更高。生物的一切代谢活动都必须以水为介质，生物体内的营养运输、废物排出、生理过程和生物化学过程都必须在水溶液中才能进行，而所有的物质也都必须以溶解状态才能进入细胞，所以在生物与环境之间时时刻刻都在进行着水分交换。

1. 水对动植物及其分布的影响

就植物而言，在种子发芽前，水分就已经开始影响植物了，例如，杨、柳种子在成熟后数日内，如果不与湿土接触，就丧失了发芽能力。种子萌芽时，需要较多的水分，因水能软化种皮，增强透性，使呼吸加强，同时水能使种子内凝胶状态的原生质变为溶胶状态，使生理活性增强，促进种子萌发。水量对植物的生长也有一个最高、最适和最低三个基点。低于最低点，植物萎蔫、生长停止；高于最高点，根系缺氧、窒息、烂根；只有处于最适范围内，才能维持植物的水分平衡，以保证植物有最优的生长条件。水分还能影响植物的其他生理活动。实验证明，在植物萎蔫前，蒸腾量减少到正常水平的65%时，同化产物减少到正常水平的55%；相反，呼吸却增加到正常水平的62%，从而导致生长基本停止。

动物的生长和发育在一定程度上也受到水分的影响。在其他条件许可的情况下，水分适宜时生长发育最好。在水分不足时，可以引起动物的滞育或休眠。例如，降雨季节在草原上形成一些暂时性水潭，其中生活着一些水生昆虫，其密度往往很高，但雨季一过，它们就进入滞育期。此外，喜湿动物在湿度大时寿命长。

水分条件和温度是生物分布的主要限制因子。世界温带各顶级生物群落类型同年平均降水量有关（表6.1）。实际上，这种植被类型的区域性分布，还应取决于降水量与潜在蒸发量（自由水面蒸发）之间的平衡。动物的分布也受水分条件的影响；同时，水分有效性还是陆地生态系统净生产力的主要决定因素。在干燥气候中，净初级生产力随年降水量的增加几乎呈直线上升，在较湿润气候条件下，净生产力增加幅度较小。

表6.1　　　　　　　　　　　　年降水量与相应植被类型

年降水量/mm	0～24.5	24.5～73.5	73.5～1225	>1225
植被类型	荒漠	草原、萨瓦纳	森林	湿润森林

2. 生态系统中的水循环

植物、动物和微生物等组成了复杂的生态系统，生态系统受多种生物因子和非生物因子的作用，所以从单一因素来考虑生态系统的缺水问题存在弊端，应从食物链和生态系统结构、功能、物质循环和能量流动的角度来分析。把要研究的某一植物或动物对水的需求，放在整个食物链中，看被研究者在食物链中是否处于重要地位，如只是附属地位，则不应以此为研究对象来确定生态环境需水的水量和水质。生态系统结构、功能的健康发展与维护离不开水的循环流动。

　　生态系统中的水循环包括截取、渗透、蒸发、蒸腾和地表径流。植物在水循环中起着重要作用，植物通过根系吸收土壤中的水分。与其他物质不同的是进入植物体的水分，只有1％～3％参与了植物体的建造并进入食物链，被其他营养级所利用，其余的97％～98％通过叶面蒸腾返回到大气中，参与水分的再循环。生态系统中的所有物质循环都是在水循环的推动下完成的，没有水的循环，也就没有生态系统的功能，生命也将难以维持。

　　3. 水分胁迫

　　水分胁迫是指土壤缺水而明显抑制植物生长的现象。淹水、冰冻、高温或盐渍等也能引起水分胁迫。在水分胁迫状态下，植物可能会做出多方面的适应性反应，到目前了解较多的有：外部形态、解剖结构、生长速率的调整、渗透调节、CO_2 体内再循环与碳同化途径的改变、植物激素调节、植物对水分胁迫信息的感知和传递等。适应性反应是植物通过形态结构或生理生化过程的调节做出的保护性反应，通常植物的适应性反应是在中等程度或缓慢的水分胁迫下出现的。植物在水分胁迫下出现的可见标志是萎蔫。萎蔫有两种类型：土壤或大气开始干旱，使植物体水分平衡或破坏，发生暂时萎蔫。如果水分胁迫时间不长，补充水分后尚可恢复。萎蔫后仍长期缺水，就会进入永久萎蔫，超过临界点后即便再补水也不能恢复。这将导致不可逆的变化死亡。水分胁迫除了使植物萎蔫外，还影响植物正常的生长和发育，如植物形态小，生理功能减弱，抗病能力降低等。

　　动物的失水往往比饥饿更易造成伤害，表现为体弱、昏迷、虚脱，直至死亡。陆生动物表现在水的蒸发和排泄失水，而水生动物则表现在渗透平衡失水，二者都面临失水的胁迫。另外，水质污染时，生物也会出现伤害、死亡现象。

6.2.3　河流生态环境需水量研究内容

　　根据需水的空间位置可分为河道内生态环境需水量和河道外生态环境需水量。

　　1. 河道内生态环境需水量

　　从生态环境的要求出发，河道生态环境需水量是指为改善河道生态环境质量或维护生态环境质量不至于进一步下降时河道生态系统所需要的一定水质要求下的最小水量。根据河道生态环境需水量的定义，河道生态环境需水量应满足下列条件：①保证河道流量不少于设计的河道生态环境需水量；②河道生态环境流量将保证河流在沿程蒸发、渗漏之外，河道尚有足够流动并满足一定生态环境功能的水；③足够流动并满足一定生态环境功能的水量因河流或河段而异，应由河流或河段的生态环境功能确定；④河道实际流量不少于河道生态环境需水量的概率应不小于指定的保证率。具体来看，河道内生态环境需水量主要由以下几个方面组成：

　　（1）维持水生生物栖息地生态平衡所需的水量。

　　（2）维持合理的地下水位以及水分循环和水量转换所必需的入渗补给水量和蒸发消耗量。

　　（3）防止河道断流、河道萎缩所需维持的最小流量。

　　（4）防止河道泥沙淤积、维持河流水沙平衡所必需的最小流量。

　　（5）使河流系统保持稀释和自净能力的最小流量。

　　（6）维持河口水盐平衡和生态平衡所需保持的水量。

　　（7）防止海水入侵所需维持的河口最小流量。

2. 河道外生态环境需水量

河道外生态环境需水量主要指维持河道外植被群落稳定所需要的水量,河道外生态环境需水包括:

(1) 天然和人工生态保护植被、绿洲防护林带的耗水量,主要是地带性植被所消耗降水和非地带性植被通过水利供水工程直接或间接所消耗的径流量。

(2) 水土保持治理区域进行生物措施治理需水量。

(3) 维系特殊生态环境系统安全的紧急调水量(生态恢复需水量)。

从维系河流生态系统平衡角度,不同的河流生态环境需水量的组成依据地理位置、水资源数量和质量、时间空间分布等有所差别,而且并不是上述各项需水量的简单相加,是需要根据相互制约关系和需维持的基本生态功能目标及耦合效应确定。

6.2.4 河流生态环境需水量确定原则

从河流生态环境功能与水生态环境功能角度来看,河流生态环境需水量的确定应遵循平衡原则、时空分段原则、多功能考虑原则、一水多用、协调确定原则、水量水质耦合原则和河流整体考虑原则等[详见数字资源 6 (6.1)]。

6.2.5 河流生态环境需水量研究方法

从目前的应用研究来看,河流生态环境需水量常用的研究方法可以分为水文学方法、水力学方法、栖息地偏爱法和地形结构法等方法[详见数字资源 6 (6.2)]。

6.2.6 河道生态与环境需水量计算方法建立

影响河流生态环境需水量的因素主要有两类:一是河道;二是水体。

(1) 在河道因素中,只有河道输沙水量得到保障时,泥沙才不淤积河床,河床获得稳定,河道不萎缩,阻力不上升并得到改善,河道形态才能得以正常演化。

(2) 在水体因素中,又分为水量和水质。从水量角度来看,为了维护水生生物生存及栖息环境的稳定与完好,以及保证河流不断流,维护河流地貌、形态,满足河流景观、娱乐及其他有关环境资源,同时为了维持区域水量转换和水文循环而必需的入渗补给和河道蒸发而需要一定的水量;从水质的角度来看,为了保持河流生态环境处于健康状态,必须确保一定质量的水质。由此,在对河道生态环境需水量的研究中,重点选择了输沙需水量、自净需水量、维持水生生境最小需水量、河道蒸发需水量和渗流需水量等五项需水量。

在这五项需水量中,只有河道蒸发需水量和渗流需水量在河道水量中参与水量转换而消耗掉,对河道中其他生态环境功能的作用很小。

而其余三项均在河道中,从一水多功能的特性来看,自净水量在净化污染物的同时也能携带泥沙,反之,输沙水量也具有净化污染物的作用。同样,维持水生生境的最小流量在对水生生境生态功能维护的同时也能净化污染物和携带泥沙,反之亦然。

因此,河流生态环境需水量并不是这五项的简单相加,而是这五项需水量的有机组合。从这五项需水量的相互关系中我们可以看出,河流生态环境需水量的合理取值应该是自净需水量、维持水生生境最小需水量、输沙需水量等三项需水量取其最大值之后与另外两项河道蒸发需水量、渗流需水量相加。

$$W = \max\{W_a, W_p, W_s\} + W_f + W_e \qquad (6.1)$$

式中:W 为生态环境需水量,m^3;W_a 为维护水生生境所需要的最小流量,m^3;W_f 为河道渗流需水量,m^3;W_e 为河道蒸发需水量,m^3;W_p 为河道自净需水量,m^3;W_s 为河流输沙需水量，m^3。

6.3　应用实例——渭河生态环境需水量

6.3.1　渭河流域概况

渭河是黄河的第一大支流，发源于甘肃省渭源县西南海拔 3485m 的乌鼠山北侧，自西向东流经甘肃省的渭源、武山、甘谷和天水后，于凤阁岭进入陕西省，东西横贯宝鸡、杨凌、咸阳、西安和渭南等市（区）后，于潼关的港口注入黄河，全长 818.0km，流域总面积为 13.50 万 km^2。渭河在陕西省境内河长 502.4km，流域面积为 6.71 万 km^2，占全省总面积的 34.3%。地理坐标为东经 $106°18'\sim110°37'$，北纬 $33°42'\sim37°20'$。渭河北岸支流源远流长，数量较少，主要有千河、漆水河、泾河、石川河和北洛河。南岸支流密布，均发源于秦岭北坡，源近流短，主要有石头河、黑河、沣河和灞河等。渭河流域集水面积在 $100km^2$ 以上的支流共有 176 条。

陕西省渭河流域多年平均自产水资源量为 69.92 亿 m^3/a，平均产水深 104.3mm/a，其中地表水资源量为 62.186 亿 m^3/a，地下水资源量为 48.765 亿 m^3/a，两者之间相互转化的重复量为 36.438 亿 m^3/a，外区重复量 4.593 亿 m^3/a。陕西省境内渭河流域人均占有水资源量为 $285.5m^3/a$，相当于全国平均水平 $[2300m^3/(a \cdot 人)]$ 的 12.4%，从目前国际上流行的"水资源紧缺指标"（表 6.2）来看，处于极度缺水。每公顷耕地占有水资源量 $4200m^3$，相当于全国平均水平 $(23715m^3/hm^2)$ 的 17.7%，由此看来，渭河流域属水资源严重贫乏区。

表 6.2　　　　　　　　　　　水资源紧缺指标

紧缺性	人均水资源量/$[m^3/(a \cdot 人)]$	主　要　问　题
轻度缺水	1700~3000	局部地区、个别时段出现水问题
中度缺水	1000~1700	将出现周期性和规律性用水紧张
重度缺水	500~1000	将经受持续性缺水，经济发展受到损失，人体健康受影响
极度缺水	<500	将经受极其严重的缺水，需要调水

6.3.2　现状年渭河的生态环境

1. 河道径流量明显减少

自 20 世纪 60 年代以来，渭河径流量从上游到下游有明显递减，与 1960—1969 年相比，林家村、咸阳和华县站的径流量在 1970—1979 年分别减少 29.15%、40.82% 和 37.79%；在 1980—1989 年分别减 27.33%、26.59% 和 17.74%；在 1990—1999 年分别减少 58.7%、63.75% 和 54.48%。径流大幅度减少，使得枯水年份下游引渭灌区和城镇用水常出现严重短缺。

气候条件和人类活动是引起渭河水资源变化的两大根本性因素。气候因素往往引起降水、气温、蒸发的变化，从而造成水资源情势的变化。人类不断增加水资源的开发利用量，耗水量增多。水土保持使地表水减少，地下水增加，陆地蒸散发量增加；水利工程使蓄水量增加，改变了天然径流过程，减少向平原区地下水的补给量。人类活动使实际总产水量减少。

2. 泥沙淤积严重，同流量水位大幅度抬升，渭河下游成灾率增加

随着渭河上游森林植被的损坏，首先使河水含沙量上升，渭河华县站的多年平均含沙量达到 81.8kg/m³，渭河含沙量之高为平原多沙河流中之少见，渭河多年平均每年向黄河输送 4 亿 t 以上的泥沙。近 40 年来，渭河咸阳断面以下泥沙淤积量已达 13 亿 m³，河床淤积使河道不断抬升，渭南以下的渭河成为名副其实的地上悬河。在河道内，河槽边滩发育，过流断面减少 60% 以上，河道明显萎缩，河道横向弯曲摆动剧烈，甚至有横流、倒流现象。河道阻力上升，过洪能力下降，相同流量的水位过高。

3. 水质污染严重，河流功能在丧失

随着流域经济的发展和城镇人口的增加，工业废水和城市污水排放量逐年增大。2000 年流域废污水排放量达到 9.57 亿 t，是 20 世纪 80 年代初的 3 倍多。目前渭河全段 83 个较大的排污口，95% 在关中地区，关中地区目前有污水处理设施的企业仅为 24%，污水实际处理率更小，每年有 4 万多 t 重金属和 10 万多 t 悬浮物排入渭河。如此一来，渭河从宝鸡到潼关段 370 多 km 的河段，多数属于严重污染的 V 类或超 V 类水。在沿岸经济和城镇化日益发展，治污措施仍然滞后的情况下，未来水质恶化的趋势显而易见。

4. 地下水超采严重，地质灾害突出

随着沿岸居民用水需求的增长，渭河中游两岸地下水位下降趋势明显，20 世纪 90 年代，渭河南部周至、户县一带地下水埋深已比 30 年前平均下降 15～20m，咸阳市、西安市渭河水源地井群水位近 20 年累计下降值 40～60m，最大降深达 140m，地下水位大幅下降已导致附近地域地面沉降，地裂缝发展。宝鸡市渭河部分地区地下水已经疏干。

5. 生态环境用水不足

渭河生态环境问题的众多出现与严重，正是由于长期以来在水资源开发利用中对河道生态环境需水的忽视，致使生态环境用水严重不足。关中水利历史久远，目前有八大灌区，灌溉面积为 2000 万亩，水源全部取自渭河的地表与地下。渭河宝鸡峡年取水量约占渭河水量的 28%，枯水期高达 98%，使河道经常处于断流或干涸状态。

6.3.3 渭河基本生态环境需水量

河流基本生态环境需水量是指为了维持河流最基本的生态环境功能，在一定时间尺度内，河道内持续流动的最小水资源总量，可由以下公式来确定：

$$W_b = Q_a + Q_f + Q_e \tag{6.2}$$

式中：W_b 为河流基本生态环境需水量，m³；Q_a 为维护水生生境所需要的最小流量，m³/s；Q_f 为河道渗流需水量，m³；Q_e 为河道蒸发需水量，m³。

1. 维护水生生境最小需水量

维护水生生境最小流量的确定，最为典型的是 Tennant 法，该法简单易行，便于操作，不需要现场测量，适应任何季节性变化的河流，这种方法不仅适应有水文站点的河流（可通过水文监测资料获得年平均流量，并通过水文、气象资料了解汛期和非汛期的月份），而且还适应没有水文站点的河流（可通过水文计算来获得）。由于渭河是属于有水文站点的季节性变化的河流，因而可以应用该方法进行计算。这种方法设有八个等级，推荐的基流分为汛期和非汛期，推荐值以占径流量的百分比作为标准（表 6.3）。

表 6.3　　　　　　　　**保护鱼类、野生动物、娱乐和有关环境资源的河流流量状况**

流量的叙述性描述	推荐的基流（10 月—次年 3 月） （％平均流量）	推荐的基流（4—9 月） （％平均流量）
最大	200	200
最佳范围	60～100	60～100
极好	40	60
非常好	30	50
好	20	40
中或差	10	30
差或最小	10	10
极差	0～10	0～10

2. 河道渗流需水量

当河流水位高于两岸地下水水位时，河水将通过渗流补给地下水。但对于常年有水的河道来说，河床含水率一般是饱和的。另外，在枯水季节，一般是河流获得补给的，因此其河道渗流量（Q_f）可忽略不计。但当计算河段内已经存在有开采的傍河水源地，且傍河地下水源有一定份额的河水补给时，可将河水补充量（即袭夺的河水）作为渗漏予以考虑，以利于实际操作。规划的傍河水源地则另当别论。

河道渗流需水量（Q_f）一般采用达西断面法求取，其计算公式为

$$Q_f = KILHt \tag{6.3}$$

式中：K 为含水层的渗透系数，m/d；I 为水力坡度；L 为水源地补给长度，m；H 为平均含水层厚度，m；t 为补给时间，d。

如果河道两侧的水文地质条件一样，河道渗流需水量应是上述计算结果的两倍。否则要分别计算两侧的补给量。

3. 河道蒸发需水量

河道蒸发对于维持区域良好的气候环境以及河流系统其他正常生态环境功能具有非常重要的意义，河道蒸发需水量（Q_e）由水面宽度、河道两断面间平均长度、河道蒸发深度来确定，具体计算公式为

$$Q_e = BLZ \tag{6.4}$$

式中：B 为河道的平均水面宽度，m；L 为河道两断面间平均长度，km；Z 为计算时段内河道蒸发深度，mm。

采用式（6.4）计算，其河道蒸发需水量的精确程度与断面的代表性和河段长度密切相关。断面的代表性越好，河段长度划割越短，其计算结果越精确。

河道蒸发需水量（Q_e）也可以由下面公式来求得

$$Q_e = E_i A \tag{6.5}$$

式中：E_i 为河道蒸发强度，$m^3/(hm^2 \cdot s)$；A 为河道流水面积，hm^2。

4. 渭河维护水生生境最小需水量计算

渭河在陕西省境内沿程有林家村、魏家堡、咸阳、临潼和华县五个监测断面，为了保持上下游的一致性，五个断面均选取一致的代表年。分代表年和多年平均两种情况对渭河各断面进行分析计算。

(1) 代表年。通过对渭河陕西段近 40 年（1960—2000 年）平均年径流量的分析计算，代表年选择为：丰水年（$P=25\%$，1963 年）、平水年（$P=50\%$，1990 年）、枯水年（$P=75\%$，1982 年）、特枯水年（$P=90\%$，1979 年）。又遵循河流生态环境需水量分段计算的原则，对同一代表年下的五个断面进行计算。其结果见表 6.4。

表 6.4　　　　　　　　　渭河各断面维护水生生境最小需水量计算结果　　　　　　　单位：亿 m³

代表年	断面	1月	2月	3月	4月	5月	6月	7月	8月	9月	10月	11月	12月
丰水年 （$P=25\%$， 1963 年）	林家村	0.086	0.084	0.126	0.13	0.383	0.334	0.222	0.206	0.482	0.233	0.198	0.122
	魏家堡	0.146	0.131	0.171	0.258	0.822	0.404	0.359	0.241	1.013	0.375	0.321	0.195
	咸阳	0.228	0.167	0.236	0.345	1.328	0.531	0.458	0.255	1.626	0.559	0.477	0.284
	临潼	0.258	0.196	0.359	0.629	2.108	0.674	0.557	0.362	2.076	0.734	0.677	0.364
	华县	0.279	0.21	0.364	0.583	2.242	0.757	0.597	0.337	2.175	0.782	0.702	0.391
平水年 （$P=50\%$， 1990 年）	林家村	0.057	0.058	0.163	0.150	0.332	0.113	0.367	0.329	0.448	0.313	0.165	0.086
	魏家堡	0.028	0.031	0.173	0.319	0.49	0.173	0.624	0.367	0.648	0.474	0.157	0.039
	咸阳	0.081	0.099	0.265	0.363	0.605	0.246	0.903	0.496	0.692	0.603	0.280	0.125
	临潼	0.149	0.198	0.496	0.588	0.991	0.425	1.527	0.927	1.200	0.954	0.467	0.165
	华县	0.121	0.195	0.453	0.531	1.018	0.417	1.470	0.932	1.151	0.956	0.446	0.141
枯水年 （$P=75\%$， 1982 年）	林家村	0.077	0.08	0.150	0.229	0.214	0.085	0.044	0.121	0.262	0.111	0.073	0.037
	魏家堡	0.028	0.067	0.125	0.259	0.313	0.099	0.035	0.196	0.534	0.197	0.094	0.054
	咸阳	0.082	0.108	0.152	0.303	0.346	0.119	0.061	0.343	0.809	0.343	0.222	0.099
	临潼	0.153	0.189	0.289	0.448	0.509	0.162	0.204	0.903	1.267	0.592	0.365	0.161
	华县	0.141	0.179	0.260	0.441	0.485	0.163	0.153	1.026	1.431	0.656	0.391	0.134
特枯水年 （$P=90\%$， 1979 年）	林家村	0.071	0.072	0.080	0.063	0.029	0.029	0.429	0.396	0.353	0.225	0.101	0.063
	魏家堡	0.017	0.013	0.035	0.093	0.030	0.019	0.332	0.425	0.243	0.047	0.034	0.023
	咸阳	0.047	0.041	0.061	0.143	0.078	0.033	0.463	0.284	0.469	0.308	0.070	0.029
	临潼	0.092	0.076	0.146	0.316	0.192	0.05	0.795	0.437	0.728	0.391	0.101	0.054
	华县	0.078	0.054	0.115	0.371	0.213	0.028	0.774	0.421	0.785	0.421	0.084	0.009

从表 6.4 看，很显然，该方法由河流径流量所确定的维护水生生境最小需水量与天然来水量的变化趋势相一致，丰水年需水量大，枯水年需水量小；从上游林家村到下游华县年需水量逐渐增加。同时，月需水量汛期（6—10 月）高于非汛期。但对于非汛期 5 月也常出现其平均流量较大的情况，因而其相应的需水量也大。

(2) 多年平均。通过对渭河 1960—2000 年 40 年各断面平均流量的分析，计算出渭河河道维护水生生境最小需水量（表 6.5）。

表 6.5　　　　　　　　　渭河各断面多年平均维护水生生境最小需水量计算结果　　　　　　　单位：亿 m³/a

断面	年份	1月	2月	3月	4月	5月	6月	7月	8月	9月	10月	11月	12月	合计
林家村	1960—1969	0.096	0.097	0.156	0.207	0.268	0.185	0.375	0.319	0.567	0.469	0.246	0.138	3.123
	1970—1979	0.063	0.066	0.092	0.123	0.157	0.125	0.298	0.368	0.399	0.302	0.145	0.075	2.213
	1980—1989	0.062	0.064	0.096	0.140	0.167	0.216	0.337	0.357	0.397	0.239	0.123	0.070	2.268
	1990—2000	0.041	0.038	0.067	0.076	0.112	0.126	0.196	0.187	0.149	0.151	0.070	0.039	1.252
	1960—2000	0.064	0.065	0.100	0.131	0.146	0.169	0.302	0.324	0.359	0.247	0.140	0.077	2.424

续表

断 面	年 份	1月	2月	3月	4月	5月	6月	7月	8月	9月	10月	11月	12月	合计
魏家堡	1960—1969	0.121	0.108	0.205	0.373	0.438	0.268	0.598	0.394	0.810	0.806	0.394	0.187	4.702
	1970—1979	0.061	0.054	0.090	0.139	0.188	0.111	0.350	0.346	0.521	0.453	0.187	0.076	2.576
	1980—1989	0.047	0.046	0.082	0.174	0.254	0.306	0.526	0.535	0.693	0.397	0.164	0.067	3.291
	1990—2000	0.023	0.033	0.069	0.113	0.143	0.169	0.259	0.204	0.202	0.169	0.074	0.03	1.488
	1960—2000	0.062	0.06	0.11	0.198	0.253	0.212	0.429	0.366	0.548	0.449	0.202	0.089	2.978
咸阳	1960—1969	0.187	0.165	0.256	0.495	0.655	0.291	0.719	0.448	1.215	0.988	0.500	0.275	6.193
	1970—1979	0.099	0.093	0.114	0.214	0.380	0.179	0.932	0.511	0.965	1.220	0.363	0.140	5.21
	1980—1989	0.097	0.092	0.112	0.216	0.335	0.385	0.708	0.705	0.924	0.576	0.278	0.118	4.546
	1990—2000	0.059	0.065	0.107	0.165	0.220	0.220	0.349	0.249	0.252	0.280	0.147	0.065	2.178
	1960—2000	0.109	0.103	0.146	0.270	0.393	0.268	0.669	0.473	0.825	0.753	0.318	0.147	4.474
临潼	1961—1969	0.248	0.246	0.427	0.771	1.070	0.443	1.230	0.730	1.830	1.580	0.812	0.414	9.801
	1970—1979	0.138	0.143	0.196	0.336	0.532	0.253	0.757	0.802	1.200	1.010	0.454	0.182	6.003
	1980—1989	0.168	0.174	0.239	0.380	0.589	0.607	1.110	1.250	1.470	0.963	0.487	0.212	7.649
	1990—2000	0.122	0.122	0.122	0.220	0.323	0.406	0.730	0.646	0.505	0.507	0.300	0.129	4.385
	1961—2000	0.162	0.168	0.265	0.441	0.628	0.427	0.944	0.855	1.200	0.989	0.500	0.227	6.806
华县	1960—1969	0.240	0.234	0.391	0.741	1.020	0.419	1.170	0.794	1.800	1.600	0.794	0.401	9.130
	1970—1979	0.121	0.138	0.178	0.371	0.526	0.238	0.722	0.738	1.270	1.070	0.468	0.163	6.003
	1980—1989	0.152	0.169	0.204	0.362	0.586	0.625	1.160	1.310	1.590	1.070	0.514	0.187	7.929
	1990—2000	0.112	0.121	0.208	0.424	0.412	0.516	1.130	0.973	0.640	0.592	0.326	0.111	5.565
	1960—2000	0.155	0.162	0.244	0.460	0.631	0.451	1.050	0.954	1.310	1.070	0.521	0.213	7.221

5. 渭河河道渗流量计算

关于渭河河道渗流需水量的计算，采用达西断面法，计算结果见表 6.6。由丰水年到枯水年，河道渗流需水量相对变小。另外，从月渗流需水量的过程来看，月渗流需水量变化幅度不大。

表 6.6 渭河各断面河道渗流量计算结果 单位：亿 m³

代表年	断面	1月	2月	3月	4月	5月	6月	7月	8月	9月	10月	11月	12月
丰水年 (P=25%, 1963 年)	林家村	0.106	0.099	0.1137	0.1107	0.1171	0.1072	0.1146	0.1089	0.1047	0.1017	0.1034	0.108
	魏家堡	0.0033	0.0312	0.04	0.0439	0.0642	0.0406	0.0039	0.025	0.0073	0.004	0.0041	0.0071
	咸阳	0.1904	0.171	0.1999	0.2159	0.2663	0.2057	0.2146	0.1756	0.2873	0.2273	0.2138	0.1946
	临潼	0.0106	0.0092	0.0116	0.0203	0.101	0.0119	0.0126	0.0124	0.012	0.0286	0.03	0.0121
平水年 (P=50%, 1990 年)	林家村	0.0438	0.0391	0.0558	0.0569	0.0557	0.0459	0.0479	0.0436	0.0515	0.0489	0.051	0.0463
	魏家堡	0.0062	0.0058	0.0081	0.009	0.0101	0.0075	0.0084	0.0078	0.001	0.0007	0.0072	0.0077
	咸阳	0.1176	0.1158	0.1588	0.1699	0.1809	0.1301	0.1777	0.1524	0.1863	0.1936	0.1455	0.2146
	临潼	0.0132	0.0087	0.019	0.0122	0.051	0.0108	0.0152	0.0161	0.0155	0.012	0.0129	0.0103

续表

代表年	断面	1月	2月	3月	4月	5月	6月	7月	8月	9月	10月	11月	12月
枯水年 ($P=75\%$, 1982年)	林家村	0.0613	0.0597	0.07	0.0649	0.0647	0.0359	0.0341	0.0341	0.0513	0.0498	0.0517	0.0505
	魏家堡	0.002	0.0024	0.0034	0.005	0.0057	0.0035	0.0022	0.0022	0.0073	0.0055	0.0041	0.0035
	咸阳	0.093	0.084	0.107	0.1035	0.1535	0.0933	0.0753	0.0753	0.2046	0.1581	0.132	0.0992
	临潼	0.0065	0.0067	0.0082	0.0093	0.0099	0.0698	0.0707	0.0707	0.0349	0.1068	0.0093	0.0073
特枯水年 ($P=90\%$, 1979年)	林家村	0.0537	0.0477	0.0557	0.0595	0.059	0.0564	0.0755	0.061	0.0709	0.0686	0.0539	0.0528
	魏家堡	0.0023	0.002	0.003	0.0041	0.0029	0.0041	0.007	0.0065	0.0077	0.0071	0.0039	0.0039
	咸阳	0.0427	0.0378	0.0522	0.0914	0.0733	0.0475	0.145	0.1166	0.1607	0.1376	0.0771	0.0575
	临潼	0.0039	0.0105	0.0049	0.007	0.0057	0.0035	0.0093	0.0065	0.009	0.007	0.0038	0.0029

6. 渭河河道蒸发需水量计算

渭河流域属大陆性季风气候,冬季受蒙古高压控制,气候干燥寒冷,降水稀少;夏季受西太平洋副热带高压影响,夏热多雨。渭河流域河道蒸发量的变化趋势是:由南向北递增,山区向平原递增,水土流失严重,植被稀疏,干旱高温地区大于植被良好、湿度较大的地区,一般为1000mm左右。河道蒸发的年内分配随各月气温、湿度、风速而变化,全年最小蒸发量一般出现在1月和12月,全年最大蒸发量一般出现在7月。渭河流域多年平均干旱指数大约为2.0,蒸发量大于降水量,盛夏气温高,蒸发量大,在无雨时段往往发生严重伏旱,关中东部尤为严重。

应用式(6.4)进行渭河河道蒸发需水量计算,先分析实测流量成果表中流量(Q)-水面宽(B)的实测值,确定出 Q-B 的函数关系,再由月均流量来求解出各监测断面的月均水面宽。河道蒸发量(Z)由实测资料折算而得(不同口径蒸发皿折算系数分别为 ϕ20:0.61,ϕ80:0.79)。以上下相邻两个监测断面为分界线进行分河段计算。河段水面宽与蒸发量均按其上下两个监测断面的算术平均值计算(华县以下河段按华县断面值计算)。由于要满足河道蒸发需水量,首先是需要上游有一定的来水量,因此,将每个河段(上下两个监测断面间)中所计算出的蒸发需水量计入上游监测断面。计算结果见表6.7。

表 6.7　　　　　　　　渭河各断面河道蒸发需水量计算结果　　　　　　单位:万 m³

代表年	断面	1月	2月	3月	4月	5月	6月	7月	8月	9月	10月	11月	12月
丰水年 ($P=25\%$, 1963年)	林家村	24.66	34.68	44.68	43.05	70.07	142.31	110.69	90.78	45.94	45.36	22.46	17.29
	魏家堡	68.84	83.09	131.36	127.17	209.15	379.29	334.49	245.11	130.69	126.26	58.47	43.17
	咸阳	36.78	37.86	76.97	73.71	134.36	218.79	198.72	137.32	79.79	77.71	35.79	21.79
	临潼	65.43	67.64	135.4	95.32	197.16	347.75	292.71	193.15	125.75	126.96	53.13	30.23
	华县	62.01	64.37	122.88	66.77	151.24	298.18	240.59	152.4	102.68	109.83	42.89	23.9
平水年 ($P=50\%$, 1990年)	林家村	11.14	9.07	36.68	65.52	134.43	96.73	139.4	93.51	90.26	56.3	30.13	19.09
	魏家堡	21.85	22.1	52.12	149.54	257.11	222.56	368.7	222.79	212.93	131.64	68.92	33
	咸阳	10.45	12.94	24.08	70.93	118.20	107.92	195.97	118.98	106.42	64.12	33.82	13.4
	临潼	15.14	22.31	63.16	107.71	187.91	158.17	257.42	179.16	147.33	86.45	43.04	17.25
	华县	12.02	20.16	65.68	86.81	154.85	125.09	180.4	140.66	108.19	63.37	30.22	12.92

续表

代表年	断面	1月	2月	3月	4月	5月	6月	7月	8月	9月	10月	11月	12月
枯水年 （P＝75％， 1982年）	林家村	13.09	12.44	36.08	81.27	121.99	90.84	60.39	65.03	43.85	37.59	19.18	15.65
	魏家堡	23.59	33.85	74.22	147.47	234.91	186.34	120.88	157.14	109.57	83.93	42.20	28.49
	咸阳	12.19	19.05	37.02	66.1	106.97	86.18	66.55	89.86	60.57	44.31	21.93	12.92
	临潼	23.09	31.83	63.98	116.29	187.31	159.10	128.36	149.77	105.03	82.75	39.41	27.10
	华县	21.86	28.03	56.38	104.73	167.44	152.95	115.03	123.11	91.31	76.08	36.07	26.93
特枯水年 （P＝90％， 1979年）	林家村	18.28	22.6	31.26	34.97	37.19	66.11	120.96	110.72	63.37	79.39	22.69	12.87
	魏家堡	30.15	42.61	64.61	78.30	78.36	119.18	214.98	205.4	112.89	119.69	40.39	16.72
	咸阳	13.85	22.93	34.53	42.64	45.29	55.76	105.93	97.86	52.6	47.37	19.98	5.66
	临潼	23.00	38.04	58.50	86.03	105.26	114.94	212.75	185.11	99.22	93.87	37.86	8.08
	华县	20.58	33.44	50.52	82.66	108.49	114.37	198.64	172.62	91.53	91.79	36.70	5.91

渭河河道蒸发需水量在各断面从大到小分布依次是：魏家堡、临潼、华县、咸阳、林家村，不同断面蒸发需水量大小间的差异除了与各断面气候条件、河流特性（水面宽度）有关外，还主要与上下两断面间河流长度的大小有关。由丰水年到枯水年，河道蒸发需水量变小。另外，河道蒸发需水量在气温较高的5—9月较大。而在冬节12月—次年1月最小（图6.1）。

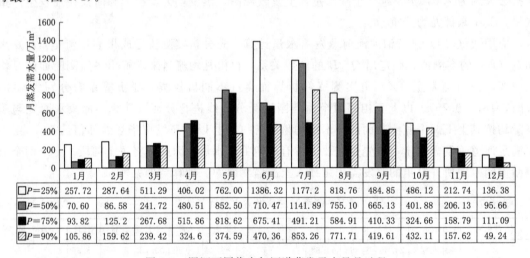

图 6.1　渭河不同代表年河道蒸发需水量月过程

7. 渭河基本生态环境需水量

汇总前面维持最小生境需水量、渗流需水量、蒸发需水量便得渭河基本生态环境需水量（表6.8）。

渭河基本生态环境需水量从上游林家村断面到下游华县断面逐渐增加，由丰水年到枯水年，基本生态环境需水量变小，从以上生态环境需水量的构成来看，维持生物维护水生生境最小需水量在基本生态环境需水量中占了很大比例。因此，基本生态环境需水量的月过程与维持生物维护水生生境最小需水量的月过程基本相似，汛期（7—10月）和非汛期5月相对较高（图6.2）。

表 6.8   渭河各断面基本生态环境需水量统计结果   单位：亿 m³

代表年	断面	1月	2月	3月	4月	5月	6月	7月	8月	9月	10月	11月	12月
丰水年 (P=25%, 1963年)	林家村	0.1946	0.1869	0.2442	0.245	0.5071	0.4554	0.3477	0.324	0.5913	0.3392	0.3036	0.2317
	魏家堡	0.1562	0.1705	0.224	0.3146	0.9071	0.4825	0.3963	0.2905	1.0334	0.3916	0.3309	0.2064
	咸阳	0.4221	0.3418	0.4436	0.5683	1.6078	0.7586	0.6925	0.4443	1.9213	0.794	0.6944	0.4808
	临潼	0.2751	0.2119	0.3841	0.6588	2.2288	0.7206	0.5989	0.3937	2.1006	0.7753	0.7123	0.3791
	华县	0.2852	0.2164	0.3763	0.5897	2.2571	0.7868	0.6211	0.3522	2.1853	0.793	0.7063	0.3934
平水年 (P=50%, 1990年)	林家村	0.1019	0.098	0.2224	0.2135	0.4011	0.1686	0.4288	0.382	0.5086	0.3675	0.219	0.1342
	魏家堡	0.0364	0.039	0.1863	0.343	0.5258	0.2028	0.6693	0.397	0.6703	0.4879	0.1711	0.05
	咸阳	0.1996	0.2161	0.4262	0.54	0.7977	0.3869	1.1003	0.6603	0.8889	0.803	0.4289	0.3409
	临潼	0.1637	0.2089	0.5213	0.611	1.0608	0.4516	1.5679	0.961	1.2302	0.9746	0.4842	0.177
	华县	0.1222	0.197	0.4596	0.5397	1.0335	0.4295	1.488	0.9461	1.1618	0.9623	0.449	0.1423
枯水年 (P=75%, 1982年)	林家村	0.1396	0.1409	0.2236	0.302	0.2909	0.1299	0.0841	0.1616	0.3177	0.1645	0.1266	0.0891
	魏家堡	0.0324	0.0728	0.1358	0.2787	0.3422	0.1211	0.0493	0.2139	0.5523	0.2109	0.1023	0.0603
	咸阳	0.1762	0.1939	0.2627	0.4131	0.5102	0.2209	0.143	0.4273	1.0197	0.5055	0.3562	0.1995
	临潼	0.1618	0.1989	0.3036	0.4689	0.5377	0.2476	0.2875	0.9887	1.3124	0.7071	0.3782	0.171
	华县	0.1432	0.1818	0.2656	0.4515	0.5017	0.1783	0.1645	1.0383	1.4401	0.6636	0.3946	0.1367
特枯水年 (P=90%, 1979年)	林家村	0.1265	0.1219	0.1388	0.126	0.0917	0.092	0.5166	0.4681	0.4302	0.3015	0.1572	0.1171
	魏家堡	0.0223	0.0193	0.0445	0.1048	0.0407	0.035	0.4915	0.359	0.444	0.2621	0.0419	0.0285
	咸阳	0.0911	0.0811	0.1167	0.2387	0.1558	0.0861	0.6186	0.4104	0.6351	0.4503	0.1491	0.0871
	临潼	0.0982	0.0903	0.1568	0.3316	0.2082	0.065	0.8256	0.462	0.7469	0.4074	0.1086	0.0577
	华县	0.0801	0.0574	0.1201	0.3793	0.2238	0.0394	0.7939	0.4383	0.7942	0.4302	0.0877	0.0096

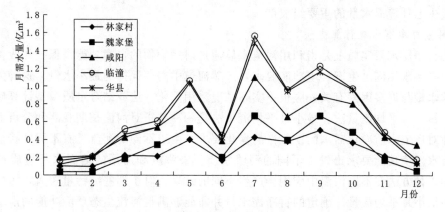

图 6.2   P=50% 渭河基本生态环境需水量月过程

6.3.4 渭河自净需水量

    各类天然水都有一定的自净能力。污染物质进入天然水体后，通过一系列物理、化学和生物因素的共同作用，使水中污染物质的浓度降低，天然水体所具有的这种特性称为水体的自净。但是在一定的时间和空间范围内，如果污染物质大量排入天然水体并超过了水体的自净能力，就会造成水体污染。实际上，废水或污染物质进入水体后，立即产生两个互相关联的过程：一是水体污染过程；二是水体自净过程。水体污染的发生与发展，即水质是否恶化，要视这两个过程的强度而定。这两个过程进行的强度与污染物性质、污染源和受纳水体三方及其相互作用有关。

水体自净过程非常复杂，按机理可分为三类：物理净化作用、化学净化作用和生物净化作用，其中生物化学净化作用是水体自净的最重要途径。

（1）物理净化作用是指水体中的污染物通过稀释、扩散、沉淀和挥发等作用，使污染物质的浓度降低。一般来说，环境单元的稀释能力取决于环境对象的容积，环境单元容积越大，稀释能力越高；污染物在环境中的迁移能力是环境介质运动特征（例如流速）的函数，环境介质运动速度越高，迁移能力越强；污染物在介质中的扩散，既决定于介质运动状态，也与污染物自身的性质有关。对流和扩散是物理净化最重要的两种运动形式，两种同时存在而又相互影响，其综合结果是污染物浓度由排放口至水体下游逐渐降低，即发生了稀释作用。

（2）化学净化作用是指进入水中的污染物质与水体组分之间发生化学作用，使污染物质的存在形态发生变化和浓度降低的作用。主要有分解化合、氧化还原、酸碱反应、吸附与解吸等作用。

（3）生物净化作用是指天然水体中的生物活动过程，使污染物质的浓度降低。特别重要的是水中微生物对有机物的氧化分解作用。生物分解作用随水中溶解氧的多寡而分为好氧分解和厌氧分解。水中悬浮和溶解性的有机物质，在溶解氧充足时，被好氧性微生物氧化分解为简单的、稳定的无机物。如 CO_2、水、硝酸盐、硫酸盐和磷酸盐等，是水体净化。在这一过程中，需要消耗一定量的溶解氧，BOD 表示这一过程消耗的氧量，氧消耗愈多，说明水中有机物愈多，因而 BOD 可以表示水中有机污染物的多寡。有机物在缺氧的条件下经厌氧性细菌作用，产生大量恶臭性还原物，如 CH_4、氨、硫醇、硫化氢等（即常见的有机物腐败现象）。

从保护生态环境，维护水域生态平衡的角度出发，对受纳污染物质的河流水体，维持一部分生态需水量，以满足水体对一定量污染物质稀释净化能力的需要，即河流自净需水量，这是河流生态环境需水量的重要组成部分。

1. 河流自净需水量计算方法

河流自净需水量实质上是指利用河流水体通过对污染物的自净功能来保护和改善河流水体水质，确保水体满足生态环境功能要求，天然河道中需要保持的最小水量。这种为改善水质所需的水量与许多因素有关，应根据实际情况采用简化方法或结合水质模型计算确定。

（1）最小月平均流量法。最小月平均流量法是一种基于对河流长期观测和分析而建立起来的一种对环境水质净化需水的一般性的量化要求，由于不同的河流具有不同的特征，尤其是从河流水环境功能要求出发，不同的河流水质污染程度和适用的地面水环境质量标准不同，因此该种方法在不同河流中应用会产生不同的结果。对于那些纳污量较大，污染严重的河流采用最小月平均流量法确定的自净需水量并非能够满足河流生态环境功能的需求，从而使得该法在处理河流生态环境需水问题上存在一定的缺陷。

（2）环境功能法。污染物进入河流以后，存在三种主要的运动形态：随环境介质的推流迁移、污染物质点的随机扩散以及污染物的转化。对非稳态的多维的模型进行求解不仅难度大，而且解析式相当复杂。研究表明，在许多河流中仅用稳态的、一维的模型就能解决实际问题。

一维水质数学模型的微分方程为

$$\frac{\partial C}{\partial t} = \frac{\partial}{\partial x}\left(E_x \frac{\partial C}{\partial x}\right) - \frac{\partial}{\partial x}(uC) - kC \tag{6.6}$$

式中：C 为河流中污染物的断面平均浓度，mg/L；u 为河流流速，m/s；E_x 为纵向弥散系数，m^2/s；x 为观察点和污染源的距离，m；t 为观察点的时间，s；k 为污染物衰减系数，L/d。

对于连续排污，且水流状态稳定，流速和弥散系数都不随时间而变化，可采用稳态模型：

$$E_x \frac{\partial^2 C}{\partial x^2} - u \frac{\partial C}{\partial x} - kC = 0 \tag{6.7}$$

对于一般非潮汐河流，推流形成的污染物迁移作用要比弥散作用大得多，在稳态条件下，弥散作用可以忽略，则有

$$u \frac{\partial C}{\partial x} + kC = 0 \tag{6.8}$$

若给定初始条件为：$x = 0$，$C(x=0) = C_0$，在 $x = 0$ 到 $x = x$ 区间上对式（6.7）求解，得到一维水质模型解析解为

$$C = C_0 \exp\left(-\frac{kx}{86400u}\right) \tag{6.9}$$

河流自净需水量的计算就是要求保证河流各功能区段内处处达到（高于）水质要求，按照功能区划分约束水质。我们知道河流水体污染主要来自点源污染和面源污染，因面源污染具有面广、动态复杂、空间位置和排放量都难以进行准确定量化等特点，仅考虑由沿河以点源方式排入河流的污染物造成河流污染而所需要的自净水量。对于有多排污口的河流，我们以河流的每一个排污口为分界线将河流概化为多个河段（图6.3）。对于有支流汇入的河流，将各支流也视为排污口。自河流上游断面最近的第一个排污口开始，依次计算每一个排污口（直到终止断面）处河道断面在假定排入污染物瞬间混合后，达到功能水质要求的自净水量，然后再综合考虑其整个计算区段河流自净需水量，以此来建立河流自净需水模型。

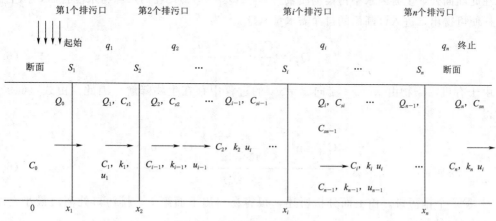

图6.3 一维河流分段概化图

（Q_i 第 i 个排污口处污染物混合后的河流流量，m^3/s；C_i 第 $i+1$ 个排污口河道断面上游来水中污染物的浓度，mg/L；$C_{s,i}$ 第 i 个排污口与第 $i+1$ 个排污口间污染物水环境质量标准，mg/L；k_i 第 i 个排污口与第 $i+1$ 个排污口间污染物降解系数，L/d；q_i 第 i 个排污口排入河道中的污水流量，m^3/s；S_i 第 i 个排污口排入河道中的污染物浓度，m^3/s；x_i 第 i 个排污口距离上游起始断面距离，m；u_i 第 i 个排污口与第 $i+1$ 个排污口间断面平均流速，m/s；i 排污口，序号，$i=1, 2, 3, \cdots, n$，以下同。）

以第 i 个排污口为界线的断面河流自净需水量的计算就是要确定 Q_i （$i=1$，2，…，n）的值。其建立计算模型的具体过程如下：

1）第 1 个排污口处。在河流起始断面处，上游来水中污染物的浓度为 C_0 （mg/L），上游来水流量为 Q_0 （m^3/s），假定在 $x=x_1$ 处是河流的第一个排污口，将此河段作为河流的第一个河段，该排污口排入河流的污染物浓度为 S_1 （mg/L），排污水量为 q_1 （m^3/s），则进入第一个排污口处的上游来水中污染物质量为 $C_0 \cdot Q_0$ （g/s），排口污染物的排入量为 $S_1 \cdot q_1$ （g/s），假定污染物混合后的河流流量为 Q_1 （m^3/s），在此断面污水和河水混合后，则有

$$C_1' = \frac{C_0 Q_0 + q_1 S_1}{Q_1} \tag{6.10}$$

式中：C_1' 为 $x=x_1$ 时污水和河水混合后的污染物浓度，mg/L。

为了达到水质要求，必须使：

$$C_1' \leqslant C_{s1} \tag{6.11}$$

式中：C_{s1} 为污染物在 $x=x_1$ 处河段环境功能水质标准，mg/L。由式（6.10）和式（6.11）可得

$$Q_1 \geqslant \frac{C_0 Q_0 + q_1 S_1}{C_{s1}} \tag{6.12}$$

由此可见，$x=x_1$ 处，如需使河流水质达标，该断面的最小河流流量即为河流自净需水量（Q_{p1}）：

$$Q_{p1} = \frac{C_0 Q_0 + q_1 S_1}{C_{s1}} \tag{6.13}$$

2）第 2 个排污口。在第 2 个排污口 $x=x_2$ 处，进入该断面的上游来水中污染物的浓度为 C_1 （mg/L），该处排污口排入河流的污染物浓度为 S_2 （mg/L），排污水量为 q_2 （m^3/s），此时，在此断面处，上游来水中污染物质量为 $C_1 \cdot Q_{p1}$ （g/s）。在污水和河水混合后，同上面分析一样便可得出，进入该断面的自净需水量（Q_{p2}）为

$$Q_{p2} = \frac{C_1 Q_{p1} + S_2 q_2}{C_{s2}} \tag{6.14}$$

由于有机污染物由 $x=x_1$ 流向 $x=x_2$ 的过程中存在生物降解，因此，由式（6.9）很显然得

$$Q_{p2} = \frac{C_{s1} \exp\left[-\dfrac{k_1(x_2-x_1)}{86400 u_1}\right] Q_{p1} + q_2 S_2}{C_{s2}} \tag{6.15}$$

3）第 i 个排污口。由上面分析所述，很容易得出下面第 i 个排污口处河流最小自净需水量（Q_{pi}）计算式：

$$Q_{pi} = \frac{C_{s,i-1} \exp\left[-\dfrac{k_{i-1}(x_i-x_{i-1})}{86400 u_{i-1}}\right] Q_{p,i-1} + q_i S_i}{C_{si}} \tag{6.16}$$

对于从河流起始断面到终止断面的整个河道而言，为了使该河道内处处水质达标，在此区间内的河流自净需水量（Q_p）应该是从各排污口处最小需水量中取其最大量。即

$$Q_p = \max\{Q_{p1}, Q_{p2}, \cdots, Q_{pi-1}, Q_{pi}, \cdots, Q_{pn}\} \tag{6.17}$$

根据需要，亦可采用分段需水量。即在式（6.17）中可以以其中某两个排口为上下断面，求取该河段的需水量。

2. 渭河水污染的时间尺度变化规律

评价标准选用国家 2002 年颁布的《地表水环境质量标准》（GB 3838—2002）。评价方法采用比较法，即将所评价河流的断面的实测浓度值与标准中Ⅰ～Ⅴ类标准相比较，不大于某类标准值时，即确定为该类标准，超出Ⅴ类标准值用大于Ⅴ表示，并以断面污染最严重因子的类别，作为该断面水质的综合类别。选取 10 个主要污染物作为评价因子，通过对渭河 13 个监测断面 1995—2000 年年均值来进行评价，评价结果见表 6.9。

表 6.9　　　渭河监测断面 1995—2000 年 6 年污染物平均浓度及水质评价结果

断面名称	项目	DO	COD_{Mn}	BOD_5	NH_3-N	NO_2-N	ROH	CN^-	Hg	Cr^{6+}	石油类	综合类别
林家村	平均浓度/(mg/L)	9.23	9.67	2.02	1.10	0.22	0.004	0.001	0.000	0.01	0.035	
	评价结果	Ⅰ	Ⅳ	Ⅰ	Ⅳ	Ⅳ	Ⅲ	Ⅰ	Ⅰ	Ⅰ	Ⅱ	Ⅳ
卧龙寺桥	平均浓度/(mg/L)	6.0	26.28	13.57	14.30	0.56	0.018	0.007	0.000	0.007	0.835	
	评价结果	Ⅱ	>Ⅴ	>Ⅴ	>Ⅴ	Ⅳ	Ⅴ	Ⅱ	Ⅰ	Ⅰ	Ⅴ	>Ⅴ
镇桥	平均浓度/(mg/L)	5.93	24.42	10.72	12.51	0.35	0.009	0.006	0.000	0.009	0.797	
	评价结果	Ⅲ	>Ⅴ	>Ⅴ	>Ⅴ	Ⅳ	Ⅳ	Ⅱ	Ⅱ	Ⅰ	Ⅴ	>Ⅴ
常兴桥	平均浓度/(mg/L)	8.33	13.13	4.78	2.39	0.15	0.002	0.001	0.000	0.008	0.700	
	评价结果	Ⅰ	>Ⅴ	Ⅳ	>Ⅴ	Ⅲ	Ⅱ	Ⅰ	Ⅰ	Ⅰ	Ⅴ	>Ⅴ
兴平	平均浓度/(mg/L)	3.55	25.9	10.4	10.06	0.16	0.015	0.009	0.000	0.012	0.62	
	评价结果	Ⅳ	>Ⅴ	>Ⅴ	>Ⅴ	Ⅳ	Ⅴ	Ⅱ	Ⅰ	Ⅰ	Ⅴ	>Ⅴ
南营	平均浓度/(mg/L)	3.02	25.7	10.27	10.07	0.17	0.025	0.015	0.000	0.01	0.71	
	评价结果	Ⅳ	>Ⅴ	>Ⅴ	>Ⅴ	Ⅳ	Ⅴ	Ⅱ	Ⅰ	Ⅰ	Ⅴ	>Ⅴ
咸阳铁桥	平均浓度/(mg/L)	2.98	63.4	25.27	9.83	0.135	0.051	0.013	0.000	0.05	2.23	
	评价结果	Ⅴ	>Ⅴ	>Ⅴ	>Ⅴ	Ⅲ	Ⅴ	Ⅱ	Ⅲ	Ⅲ	>Ⅴ	>Ⅴ
天江人渡	平均浓度/(mg/L)	2.82	47.37	18.15	6.29	0.126	0.056	0.016	0.0001	0.085	3.98	
	评价结果	Ⅴ	>Ⅴ	>Ⅴ	>Ⅴ	Ⅲ	Ⅴ	Ⅱ	Ⅲ	Ⅴ	>Ⅴ	>Ⅴ
耿镇桥	平均浓度/(mg/L)	3.48	38.87	14.77	8.38	0.128	0.047	0.009	0.000	0.038	2.59	
	评价结果	Ⅳ	>Ⅴ	>Ⅴ	>Ⅴ	Ⅲ	Ⅳ	Ⅱ	Ⅲ	Ⅱ	>Ⅴ	>Ⅴ
新丰號镇桥	平均浓度/(mg/L)	3.6	23.80	10.2	5.64	0.174	0.021	0.008	0.000	0.049	1.44	
	评价结果	Ⅳ	>Ⅴ	>Ⅴ	>Ⅴ	Ⅳ	Ⅴ	Ⅱ	Ⅰ	Ⅲ	>Ⅴ	>Ⅴ
沙王渡	平均浓度/(mg/L)	3.22	20.57	47.57	7.86	0.199	0.006	0.004	0.000	0.017	1.20	
	评价结果	Ⅳ	>Ⅴ	>Ⅴ	>Ⅴ	Ⅳ	Ⅳ	Ⅰ	Ⅲ	Ⅱ	>Ⅴ	>Ⅴ
树园	平均浓度/(mg/L)	2.65	35.6	66.2	7.76	0.35	0.008	0.004	0.000	0.017	2.80	
	评价结果	Ⅴ	>Ⅴ	>Ⅴ	>Ⅴ	Ⅳ	Ⅳ	Ⅰ	Ⅲ	Ⅱ	>Ⅴ	>Ⅴ
潼关吊桥	平均浓度/(mg/L)	3.00	28.9	42.22	7.88	0.342	0.008	0.004	0.000	0.052	1.39	
	评价结果	Ⅳ	>Ⅴ	>Ⅴ	>Ⅴ	Ⅳ	Ⅳ	Ⅰ	Ⅲ	Ⅴ	>Ⅴ	>Ⅴ

COD_{Mn} 除林家村断面Ⅳ类外，其余均超过Ⅴ类；BOD_5，全河段除林家村断面和常兴桥断面外，其余断面均超过Ⅴ类标准值，且越往下游污染越严重；$NH_3 - N$，除林家村断面Ⅳ类外，其余均超过Ⅴ类；石油类在咸阳段以上污染较轻，从咸阳段到西安段加重，至渭南段有所下降。超过Ⅴ类标准的主要出现在咸阳以下河段。

3. 渭河自净需水量计算与分析

方法一：最小月平均流量法

分析渭河各站最枯月系列（1975—1999 年）典型频率流量，及各站典型年逐月平均流量得出其渭河各断面最小自净需水量（表 6.10）。

表 6.10　　　　　　　　　渭河各断面最小月平均流量

断　面	Q（$P=90\%$ 最枯月平均流量）		Q（近 25 年最枯月平均流量）	
	m³/s	亿 m³/a	m³/s	亿 m³/a
林家村	4.05	1.28	16.07	5.07
魏家堡	4.37	1.38	13.74	4.33
咸阳	3.72	1.17	24.02	7.57
临潼	16.15	5.09	40.66	12.82
华县	3.71	1.17	27.47	8.66

方法二：环境功能法

渭河各断面主要污染物为有机物，因此对于渭河自净需水量的计算可选取 BOD_5。在进行计算前首先要对渭河各河段水环境功能有所明确。依据陕西省地方标准《渭河水系（陕西段）污水综合排放标准》（DB61/224—2006）规定，渭河水环境保护功能区划见表 6.11。

表 6.11　　　　　　　渭河干流（陕西段）地面水环境功能区划方案表

编号	水 域 范 围	起止距离 /km	主要功能	适用国家标准类（级）别	
				地面水环境 质量标准	污水综合 排放标准
1	林家村以上（建河—林家村， 约109km）	0	水源补给及源头	Ⅱ类	不许新建排污口，现有排 污口执行一级标准
2	林家村至千河入渭口	0～26.8	市区饮用水源地	Ⅲ类	一级
3	千河入渭口至蔡家坡	26.8～60.2	工业用水	Ⅳ类	二级
4	蔡家坡至咸阳行政区界	60.2～104.5	工业用水	Ⅲ类	一级
5	区界到咸阳兴平监测断面	104.5～150	农业灌溉	Ⅳ类	二级
6	兴平至南营 （过唐钓鱼水源地）	150～175	水源二级保护区	Ⅲ类	一级
7	南营至铁桥	175～185	农业灌溉	Ⅳ类	二级
8	铁桥至天江	185～205	水源二级保护区	Ⅲ类	一级
9	天江至交口提水站	205～245	农业灌溉	Ⅳ类	二级
10	交口提水站前至 渭南白杨水源地	245～275	水源二级保护区	Ⅲ类	一级
11	白杨水源地至潼关入黄口	275～398	农业灌溉	Ⅳ类	二级

渭河沿岸各城镇工业和生活废水进入河流的途径有明渠、暗渠和支流等形式，据陕西省环境科学研究所提供的资料分析可知，渭河沿岸共有 85 个排污口（表 6.12），主要集中在宝鸡、虢镇、兴平、咸阳秦都区、西安和渭南等地市。排污口平均间距较小，反映了关中地区排水设施不健全，排水处理率低的现状（表 6.12）。

表 6.12   渭河（陕西段）排污口统计表

河段名称		宝鸡段	咸阳段	西安段	渭南段	合计
河流长度/km		115	74	76	117	382
排污口数目/个		50	16	11	8	85
其中	支流/个	21	6	7	7	51
	排污口/个	29	10	4	1	44
河北岸	支流/个	4	1	2	1	8
	排污口/个	19	10	1	0	30
河南岸	支流/个	17	5	5	6	33
	排污口/个	10	0	3	1	14
排口平均间距/(个/km)		0.435	0.216	0.145	0.068	0.223

采用环境功能法中的式（6.16）对渭河进行计算，从起始断面起依次对每个排污口进行自净需水量计算。对所有排污口处自净需水量计算完后，按照断面的上下游关系依次将渭河划分为林家村—魏家堡、魏家堡—咸阳、咸阳—临潼、临潼—华县和华县以下五个河段，对于河段自净需水量的保证是需要上游有相应的来水量，对每一河段间所分布的所有排污口，找出其最大自净需水量则为该河段上游断面的自净需水量。

对于渭河各河段综合降解系数 k 取值为 $0.46 \mathrm{d}^{-1}$，《地表水环境质量标准》（GB 3838—2022），BOD_5 Ⅱ、Ⅲ、Ⅳ 类环境质量标准分别为 2mg/L、4mg/L 和 6mg/L。一级排放标准为 30mg/L，二级排放标准为 80mg/L。由于对河流生态环境需水量的研究目的是为今后的水资源开发利用保护以及河流生态环境改善等方面提供参考，而从计算式（6.16）来看，自净需水量在于河流水文要素中，主要与流速有关，因此，仍以各典型年丰水年（$P = 25\%$，1963 年）、平水年（$P = 50\%$，1990 年）、枯水年（$P = 75\%$，1982 年）、特枯水年（$P = 90\%$，1979 年）的实测水文资料为基础来计算不同频率年的自净需水量。在计算中，流速 u 的确定方法为：先由实测流量成果表中流量与流速的实测值回归分析而建立 $u\text{-}Q$ 的关系，再由月流量求得月流速。为了反映渭河自净需水量的盈缺状况，通过对各断面自净需水量与其径流量的比较，来分析渭河各断面自净需水量的缺水情况，具体用自净缺水量来表示，其中月缺水量＝月需水量－月径流量。年缺水量＝Σ月缺水量。

对于起始断面 BOD_5 浓度的处理：四个代表年以 1995—2000 年实测值的平均值（2.0mg/L）为基础，对于 1995—2000 年以当年实测值（1995 年：2.1mg/L；1996 年：2.0mg/L；1997 年：1.5mg/L；1998 年：1.6mg/L；1999 年：1.6mg/L；2000 年：3.4mg/L）计，同时，计算是假定各排口排污量均匀排放的基础上进行的，结合月流量与年流量比例关系，由年浓度推求月浓度。具体分以下两种方案。

方案一：起始断面浓度以实际浓度计，地面水环境质量标准以功能区划要求，计算四个代表年和现状年（1996—2000 年）各年逐月自净需水量。计算结果见表 6.13。

方案二：以各排污口达标排放，即各排污口污染物浓度以达标排放浓度计（低于排放浓度的以实际浓度计），起始浓度以该断面环境质量标准浓度（Ⅱ类：$BOD_5 = 3mg/L$，其值低于该标准值的以实际浓度计）计，地面水环境质量标准以功能区划要求，计算四个代表年和各现状年逐月自净需水量。计算结果见表 6.14。

表 6.13　　　　　　　　　　　　方案一下渭河各断面自净需水量计算结果表　　　　　　　　单位：亿 m^3

年份	断面	1月	2月	3月	4月	5月	6月	7月	8月	9月	10月	11月	12月	全年
丰水年 （$P=25\%$， 1963 年）	林家村	2.33	2.12	2.40	2.34	2.57	2.48	2.50	2.48	2.52	2.50	2.40	2.40	29.04
	魏家堡	2.86	2.59	2.95	2.96	3.44	3.17	3.19	3.09	3.41	3.21	3.06	2.97	36.90
	咸阳	4.14	3.66	4.21	4.33	5.34	4.66	4.68	4.37	5.32	4.76	4.53	4.31	54.29
	临潼	2.94	2.49	3.02	3.34	4.70	3.79	3.72	3.18	4.72	3.89	3.65	3.19	42.62
	华县	2.83	2.41	3.04	3.48	5.03	3.75	3.62	3.08	4.98	3.88	3.66	3.13	42.89
平水年 （$P=50\%$， 1990 年）	林家村	2.37	2.15	2.49	2.41	2.57	2.38	2.58	2.56	2.51	2.56	2.42	2.42	29.41
	魏家堡	2.25	2.11	2.94	3.04	3.31	2.83	3.39	3.23	3.32	3.30	2.83	2.39	34.93
	咸阳	3.60	3.46	4.53	4.68	5.18	4.36	5.40	5.02	5.17	5.16	4.40	3.85	54.80
	临潼	2.44	2.56	3.68	3.91	4.47	3.52	4.77	4.29	4.51	4.46	3.60	2.80	45.00
	华县	2.16	2.29	3.36	3.55	4.31	3.17	4.81	4.16	4.43	4.27	3.27	2.30	42.09
枯水年 （$P=75\%$， 1982 年）	林家村	2.43	2.21	2.51	2.48	2.55	2.37	2.35	2.49	2.49	2.48	2.35	2.32	29.04
	魏家堡	2.35	2.40	2.85	3.00	3.14	2.66	2.39	2.96	3.20	2.96	2.64	2.51	33.06
	咸阳	3.88	3.79	4.40	4.61	4.82	4.15	3.86	4.68	5.01	4.68	4.25	4.05	52.18
	临潼	2.91	2.93	3.48	3.82	4.02	3.18	2.85	3.95	4.37	3.91	3.47	3.07	41.95
	华县	2.42	2.45	2.99	3.48	3.63	2.50	2.52	4.09	4.52	3.75	3.17	2.46	37.92
特枯水年 （$P=90\%$， 1979 年）	林家村	2.40	2.18	2.41	2.32	2.32	2.25	2.54	2.54	2.45	2.50	2.36	2.39	28.66
	魏家堡	2.34	2.09	2.52	2.65	2.44	2.26	3.18	3.10	3.05	3.01	2.45	2.41	31.50
	咸阳	3.82	3.42	4.04	4.38	4.04	3.61	5.27	5.05	5.10	5.00	3.96	3.72	51.41
	临潼	2.79	2.48	3.07	3.65	3.20	2.47	4.68	4.36	4.53	4.32	3.05	2.48	41.07
	华县	2.40	2.12	2.73	3.42	2.99	1.97	4.52	3.94	4.36	3.87	2.49	1.79	36.60
1995	林家村	2.29	2.08	2.36	2.32	2.29	2.24	2.32	2.50	2.34	2.38	2.21	2.13	27.46
	魏家堡	2.37	2.08	2.28	2.22	2.23	2.35	2.45	2.85	2.43	2.49	2.09	2.06	28.04
	咸阳	3.81	3.03	3.63	3.83	3.60	3.33	3.95	4.76	4.05	4.06	3.49	2.43	43.97
	临潼	2.71	1.73	2.43	2.91	2.41	1.87	2.95	4.06	3.23	3.14	2.44	0.78	30.66
	华县	2.16	1.45	1.94	2.43	1.92	1.53	2.39	3.68	2.66	2.55	2.00	1.11	25.82
1996	林家村	2.09	2.04	2.28	2.23	2.40	2.43	2.48	2.49	2.40	2.42	2.31	2.27	27.85
	魏家堡	1.93	1.95	2.13	2.27	2.49	2.87	2.74	2.79	2.75	2.73	2.70	2.33	29.70
	咸阳	2.81	2.76	2.89	3.37	3.59	4.35	4.00	4.09	4.14	4.17	4.21	3.51	43.89
	临潼	1.29	1.39	1.31	2.04	2.20	3.45	2.85	2.97	3.17	3.14	3.37	2.20	29.36
	华县	1.52	1.62	1.26	1.90	2.06	3.17	3.36	3.36	3.20	2.95	3.39	2.12	29.90
1997	林家村	2.29	2.04	2.34	2.32	2.34	1.99	2.20	2.30	2.34	2.30	2.16	2.24	26.86
	魏家堡	2.29	2.05	2.46	2.65	2.58	1.83	2.05	2.17	2.53	2.26	1.98	2.01	26.86
	咸阳	3.36	3.03	3.68	4.06	3.95	2.66	2.87	2.89	3.73	3.20	2.62	2.56	38.60
	临潼	1.94	1.77	2.43	3.08	2.80	1.20	1.38	1.37	2.48	1.73	1.09	0.97	22.24
	华县	1.84	1.77	2.51	2.85	2.51	1.45	1.98	2.20	2.14	1.97	1.39	1.60	24.18

续表

年份	断面	1月	2月	3月	4月	5月	6月	7月	8月	9月	10月	11月	12月	全年
	林家村	2.33	2.10	2.32	2.35	2.58	2.35	2.59	2.60	2.43	2.50	2.32	2.35	28.83
	魏家堡	2.07	1.84	2.06	2.41	3.08	2.46	3.24	3.19	2.74	2.71	2.32	2.22	30.36
1998	咸阳	2.44	2.12	2.56	3.51	4.69	3.67	5.08	4.94	4.15	4.02	3.35	3.08	43.60
	临潼	0.80	0.65	0.96	2.23	3.89	2.46	4.37	4.20	3.15	2.84	2.00	1.54	29.09
	华县	1.60	1.24	1.81	2.32	3.75	2.34	4.21	4.22	2.89	2.69	2.00	1.66	30.71
	林家村	2.32	2.04	2.16	2.31	2.52	2.47	2.66	2.43	2.44	2.56	2.26	2.22	28.37
	魏家堡	2.13	1.86	1.97	2.34	2.93	2.88	3.35	2.56	2.67	3.04	2.40	2.27	30.4
1999	咸阳	2.91	2.61	2.85	3.44	4.49	4.37	5.21	3.81	3.90	4.65	3.69	3.50	45.44
	临潼	1.35	1.23	1.31	2.14	3.60	3.47	4.51	2.56	2.72	3.82	2.57	2.21	31.50
	华县	1.71	1.59	1.50	2.01	3.41	3.15	4.53	2.32	2.48	3.50	2.40	1.92	30.51
	林家村	2.45	2.19	2.50	2.47	2.44	2.6	2.54	2.72	2.56	2.80	2.54	2.51	30.31
	魏家堡	2.32	2.07	2.35	2.42	2.21	2.78	2.62	3.01	2.71	3.40	2.74	2.45	31.08
2000	咸阳	3.40	3.05	3.35	3.51	3.13	4.06	3.93	4.44	4.00	5.22	4.10	3.59	45.80
	临潼	1.97	1.79	1.89	2.19	1.58	2.95	2.79	3.42	2.89	4.50	3.08	2.27	31.32
	华县	1.82	1.74	1.85	2.00	1.45	2.81	2.85	3.25	2.72	4.33	2.95	2.30	30.08

表 6.14 方案二下渭河各断面自净需水量计算结果表 单位：亿 m^3

年份	断面	1月	2月	3月	4月	5月	6月	7月	8月	9月	10月	11月	12月	全年
	林家村	1.02	0.93	1.06	1.03	1.14	1.10	1.10	1.10	1.12	1.10	1.06	1.05	12.80
丰水年	魏家堡	1.23	1.12	1.27	1.28	1.50	1.38	1.39	1.34	1.49	1.40	1.33	1.28	16.02
(P=25%,	咸阳	2.40	2.10	2.43	2.52	3.11	2.72	2.73	2.51	3.08	2.80	2.66	2.50	31.56
1963 年)	临潼	1.80	1.53	1.84	2.01	2.74	2.25	2.22	1.93	2.74	2.31	2.18	1.93	25.48
	华县	1.99	1.71	2.12	2.38	3.29	2.53	2.46	2.14	3.25	2.62	2.48	2.17	29.16
	林家村	0.85	0.79	0.90	0.93	0.96	0.85	0.82	0.96	0.99	0.96	0.9	0.86	10.79
平水年	魏家堡	0.94	0.91	1.08	1.16	1.22	0.94	0.98	1.31	1.37	1.24	1.11	0.95	13.19
(P=50%,	咸阳	2.32	2.21	2.57	2.70	2.81	2.30	2.36	3.04	3.08	2.90	2.63	2.31	31.24
1990 年)	临潼	1.82	1.79	2.14	2.32	2.47	1.87	2.02	2.73	2.81	2.55	2.25	1.82	26.57
	华县	1.97	1.88	2.55	2.68	2.97	2.33	2.70	3.09	3.23	3.02	2.55	2.07	31.04
	林家村	0.84	0.76	0.92	0.98	0.95	0.75	1.09	1.04	1.05	1.03	0.84	0.78	11.02
枯水年	魏家堡	0.94	0.82	1.03	1.21	1.13	0.77	1.41	1.29	1.37	1.28	0.94	0.68	12.87
(P=75%,	咸阳	2.70	2.42	2.84	2.98	2.97	2.49	3.02	3.04	3.13	3.03	2.64	2.37	33.64
1982 年)	临潼	2.28	2.10	2.51	2.69	2.67	2.17	2.52	2.69	2.85	2.67	2.28	1.99	29.42
	华县	1.80	1.84	2.22	2.48	2.57	2.00	1.86	2.48	2.84	2.48	2.10	1.87	26.54
	林家村	0.91	0.80	0.95	0.99	1.14	1.01	1.01	0.94	1.10	1.04	1.00	0.96	11.84
特枯水年	魏家堡	1.23	1.10	1.26	1.26	1.32	1.21	1.41	1.34	1.46	1.40	1.30	1.25	15.53
(P=90%,	咸阳	2.51	2.23	2.64	2.72	2.65	2.46	3.08	2.99	3.05	3.00	2.61	2.57	32.50
1979 年)	临潼	1.88	1.66	2.06	2.25	2.07	1.83	2.71	2.60	2.68	2.58	2.04	1.91	26.27
	华县	1.70	1.52	1.87	2.23	1.98	1.52	2.93	2.64	2.87	2.64	1.81	1.55	25.26

年份	断面	1月	2月	3月	4月	5月	6月	7月	8月	9月	10月	11月	12月	全年
1995	林家村	0.81	0.75	1.00	1.02	1.09	0.97	1.10	1.07	1.07	1.09	0.97	0.85	11.80
	魏家堡	0.81	0.81	1.09	1.14	1.29	1.05	1.37	1.24	1.29	1.29	1.07	0.89	13.34
	咸阳	2.24	2.16	2.71	2.73	3.00	2.59	3.14	2.95	2.98	2.99	2.63	2.32	32.44
	临潼	1.66	1.70	2.29	2.35	2.66	2.18	2.85	2.61	2.67	2.65	2.22	1.75	27.59
	华县	1.71	1.76	2.38	2.45	2.76	2.24	3.01	2.90	2.89	2.83	2.25	1.70	28.88
1996	林家村	1.03	0.94	1.07	1.05	1.03	1.01	1.05	1.14	1.06	1.08	0.99	0.95	12.38
	魏家堡	1.01	0.89	0.98	1.01	0.95	1.01	1.05	1.24	1.04	1.07	0.89	0.87	12.01
	咸阳	2.29	1.75	2.17	2.32	2.16	1.90	2.39	2.85	2.47	2.47	2.12	1.43	26.33
	临潼	1.69	1.11	1.53	1.80	1.52	1.20	1.82	2.43	1.98	1.93	1.54	0.61	19.16
	华县	1.57	1.10	1.43	1.73	1.42	1.16	1.71	2.50	1.87	1.81	1.46	0.89	18.67
1997	林家村	0.75	0.56	0.68	0.79	0.68	0.60	0.80	1.03	0.88	0.85	0.70	0.46	8.80
	魏家堡	0.94	0.82	1.00	1.05	1.06	0.98	1.18	1.35	1.21	1.18	1.04	0.79	12.59
	咸阳	2.09	2.01	2.25	2.37	2.50	2.60	2.70	2.85	2.72	2.71	2.59	2.26	29.64
	临潼	1.29	1.33	1.44	1.51	1.55	1.66	1.82	1.96	2.01	2.08	1.93	1.54	22.34
	华县	1.21	1.17	1.23	1.39	1.49	2.03	1.87	1.93	1.96	1.92	2.06	1.48	19.73
1998	林家村	0.74	0.72	0.76	0.79	0.88	1.03	1.14	1.13	1.06	1.03	1.07	0.88	11.24
	魏家堡	0.62	0.67	0.51	0.78	0.82	1.16	1.36	1.34	1.22	1.13	1.27	0.86	11.74
	咸阳	2.29	2.16	2.20	2.45	2.51	2.49	2.82	2.90	2.84	2.74	2.73	2.47	30.61
	临潼	1.87	1.75	1.84	2.11	2.11	1.86	2.21	2.34	2.43	2.23	2.15	1.94	24.83
	华县	1.47	1.33	1.63	1.94	1.84	1.17	1.27	1.30	1.80	1.44	1.16	1.13	17.48
1999	林家村	0.73	0.66	0.76	0.88	0.84	0.64	0.67	0.67	0.76	0.71	0.62	0.62	8.57
	魏家堡	0.79	0.73	0.96	1.05	0.95	0.69	0.81	0.85	0.85	0.81	0.69	0.70	9.87
	咸阳	1.91	1.83	2.42	2.52	2.40	1.52	2.10	2.34	2.13	2.06	1.46	1.71	24.39
	临潼	1.34	1.32	1.93	2.09	1.98	1.04	1.70	1.97	1.68	1.59	0.96	1.19	18.79
	华县	1.66	1.52	1.82	2.13	2.49	1.70	2.39	2.54	2.15	2.09	1.61	1.68	23.78
2000	林家村	0.94	0.84	0.93	1.02	1.25	1.04	1.30	1.29	1.14	1.13	0.99	0.96	12.83
	魏家堡	0.53	0.47	0.55	0.78	1.22	0.84	1.38	1.31	1.02	0.94	0.74	0.66	10.43
	咸阳	1.73	1.57	1.98	2.22	2.87	2.26	3.06	3.02	2.50	2.46	2.13	1.96	27.77
	临潼	1.07	0.89	1.42	1.74	2.50	1.76	2.70	2.69	2.06	1.98	1.58	1.28	21.70
	华县	1.46	1.18	1.53	1.87	2.67	1.91	3.02	2.86	2.22	2.13	1.60	1.41	23.87

　　（1）由表 6.13、表 6.14 可知，咸阳自净需水量最大，这主要是由于咸阳—临潼两岸大量废水排放，造成该河段污染最为严重。除此之外，在现状排污下（图 6.4），现状年（1995—2000 年）渭河下游临潼和华县断面较中游林家村和魏家堡断面自净需水量相差不大。而在达标排污下（图 6.5），现状年（1995—2000 年）渭河下游临潼和华县断面较林家村和魏家堡断面自净需水量高。这也反映出，近年来渭河中游超标排污较下游严重。

　　（2）根据河流自净需水量的大小进行水资源的合理开发与利用，同时也对河流水质改善

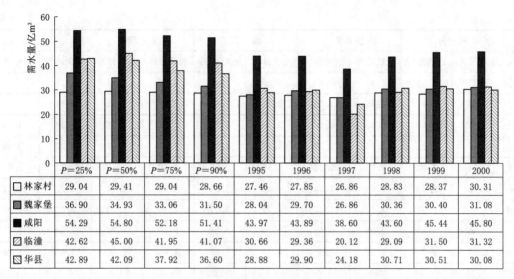

图 6.4　现状排污下渭河各断面年自净需水量过程图

	$P=25\%$	$P=50\%$	$P=75\%$	$P=90\%$	1995	1996	1997	1998	1999	2000
□ 林家村	29.04	29.41	29.04	28.66	27.46	27.85	26.86	28.83	28.37	30.31
■ 魏家堡	36.90	34.93	33.06	31.50	28.04	29.70	26.86	30.36	30.40	31.08
■ 咸阳	54.29	54.80	52.18	51.41	43.97	43.89	38.60	43.60	45.44	45.80
▨ 临潼	42.62	45.00	41.95	41.07	30.66	29.36	20.12	29.09	31.50	31.32
▨ 华县	42.89	42.09	37.92	36.60	28.88	29.90	24.18	30.71	30.51	30.08

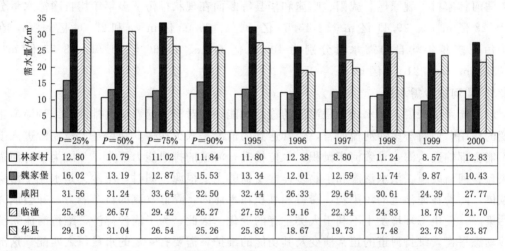

图 6.5　达标排污下渭河各断面年自净需水量过程图

	$P=25\%$	$P=50\%$	$P=75\%$	$P=90\%$	1995	1996	1997	1998	1999	2000
□ 林家村	12.80	10.79	11.02	11.84	11.80	12.38	8.80	11.24	8.57	12.83
■ 魏家堡	16.02	13.19	12.87	15.53	13.34	12.01	12.59	11.74	9.87	10.43
■ 咸阳	31.56	31.24	33.64	32.50	32.44	26.33	29.64	30.61	24.39	27.77
▨ 临潼	25.48	26.57	29.42	26.27	27.59	19.16	22.34	24.83	18.79	21.70
▨ 华县	29.16	31.04	26.54	25.26	25.82	18.67	19.73	17.48	23.78	23.87

与流域综合整治制定良好的方案。为此，除了对不同来水频率下自净需水量应有清楚的认识外，也需要对多年自净需水量有大概的掌握。渭河水质呈恶化之趋势，而渭河来水量却呈现减少之趋势，由此，以现状年 1995—2000 年污染水平为基准，将其污染控制在此水准之下，以这 6 年自净需水量的平均值作为渭河多年平均自净需水量，供今后水资源开发利用及渭河生态环境改善参考。计算结果见表 6.15。

表 6.15　　　　　　　　　　渭河各断面多年平均自净需水量计算结果　　　　　　　　　　单位：亿 m^3

时间	林家村		魏家堡		咸　阳		临　潼		华　县	
	现状排污	达标排污	现状排污	达标排污	现状排污	达标排污	现状排污	达标排污	现状排污	达标排污
1月	2.30	0.83	2.19	0.78	3.12	2.09	1.68	1.49	1.70	1.59
2月	2.08	0.75	1.98	0.73	2.77	1.91	1.43	1.35	1.62	1.29
3月	2.33	0.87	2.21	0.85	3.16	2.29	1.72	1.74	1.89	1.60

时间	林家村		魏家堡		咸　阳		临　潼		华　县	
	现状排污	达标排污	现状排污	达标排污	现状排污	达标排污	现状排污	达标排污	现状排污	达标排污
4 月	2.33	0.93	2.41	0.97	3.62	2.44	2.43	1.93	2.26	1.92
5 月	2.43	0.96	2.59	1.05	3.91	2.57	2.75	2.05	2.66	1.97
6 月	2.35	0.88	2.53	0.96	3.74	2.23	2.57	1.62	2.53	1.58
7 月	2.47	1.01	2.74	1.19	4.17	2.70	3.14	2.18	3.32	2.11
8 月	2.51	1.06	2.76	1.22	4.16	2.82	3.10	2.33	3.04	2.47
9 月	2.42	1.00	2.64	1.11	4.00	2.61	2.94	2.14	2.72	2.11
10 月	2.49	0.98	2.77	1.07	4.22	2.57	3.20	2.08	3.05	1.99
11 月	2.30	0.89	2.37	0.95	3.58	2.28	2.42	1.73	2.40	1.65
12 月	2.29	0.79	2.22	0.80	3.11	2.03	1.66	1.39	1.88	1.28
全年	28.28	10.94	29.41	11.66	43.55	28.53	29.03	22.03	29.04	21.56

渭河林家村、魏家堡、咸阳、临潼和华县等断面在现状排污下多年年均自净需水量分别为 28.28 亿 m^3/a、29.41 亿 m^3/a、43.55 亿 m^3/a、29.03 亿 m^3/a 和 29.04 亿 m^3/a，在达标排污下多年年均自净需水量分别为 10.94 亿 m^3/a、11.66 亿 m^3/a、28.53 亿 m^3/a、22.03 亿 m^3/a 和 21.56 亿 m^3/a。

6.3.5　渭河输沙需水量

对河流系统来说，输水输沙是河流的输运功能，它对河流起着泄洪排沙、维持河道正常演变的作用。但对于多沙河流而言，经常遇到的情况是水少沙多，结果是大量泥沙进入下游后不能全部输送入海，导致河床淤积，水位抬升，河道的排泄能力下降，并成为下游河道堤防决口、河流改道、洪水泛滥和生物多样性受损的主要根源。同时，泥沙又是水流中污染物的载体，附着在泥沙上的污染物，滞留和堆积在水体内，降低水流的自净能力，并会成为新的污染源，使生态环境发生不利于人类生存的变化。因此，为了输沙排沙，维持河流系统的水沙动态平衡，维持河道的正常演变及其功能的维护，需要有一定的水量与之匹配，这部分水量就称为河流输沙需水量。

河流输沙需水量是一个宏观的概念，是维持河流系统功能健康的重要方面，是河流生态环境需水的一个重要方面。体现了河流的输沙能力，是河流沿程水流挟沙力调整的结果，也是河流水沙输送关系的宏观表现形式。河流输沙水量的研究是流域水资源管理、水库优化调度的理论依据之一。

1. 河流输沙需水量计算方法建立

一般情形下，当发生泥沙冲刷的时候，必定是水流有富余的挟带泥沙的能力；当发生泥沙淤积的时候，必定是水流挟带的泥沙已经超过它的能力。在某一个河段水流可能没有发生淤积，说明此时的河宽、流速、泥沙的粒径、水深、比降等条件使得水流有充裕的挟带泥沙的能力；在其上游或者下游的另一河段，如果其间没有支流汇入，河道水流的流量就没有改变，但河道比降、河宽、水深和流速会发生变化，或者变得窄深，或者变得宽浅；流速（断面平均流速）或者增大，或者减小等。水流挟带泥沙的能力将随之发生相应的变化，或者增大，或者减小，河床或者冲刷，或者淤积。

不难想象，既然悬移质泥沙悬浮在水流当中随水流前进，就必然要消耗能量。因此，一定条件下的河道水流，其挟带悬移质泥沙，尤其是与水流条件关系密切的床沙质的能力，具有一定限度的，即存在一个临界的数量。这个临界的数量就是水流挟沙能力 S^*，其单位为 kg/m^3。当水流中悬移质中的床沙质含沙量 $S = S^*$ 时，为饱和输沙，河流处于水沙平衡，河床相对稳定；当 $S > S^*$ 时，水流处于超饱和状态，河床将发生淤积。反之，当 $S < S^*$ 时，水流处于次饱和状态，水流将向床面层寻求补给，河床将发生冲刷。河流水流可以通过淤积或冲刷，使悬移质中的床沙质含量恢复临界数值，达到不冲不淤的新的平衡状态。

事实上，从大江大河到小沟小溪，水流的输沙经常处于非饱和状态，即或为超饱和输沙状态或为次饱和输沙状态。由于来水来沙条件以及水流边界条件的时空变化，饱和输沙状态很难长期、长河段地存在。也正由于这种输沙的不饱和性，才造成了河道的冲刷与淤积。一般有两类重要情形：一是来水来沙搭配不协调，造成河床的冲淤；二是因水流剪切力超过了泥沙的起动拖曳力而引起的河岸或河床冲刷。前者可归纳为不饱和输沙引起的冲淤过程，后者可归纳为非恒定水流造成的冲刷过程。在河流输沙需水量的研究中，一般考虑的是第一种情况。

在水流从上游到下游的运动过程中，既可能一直处于超饱和输沙状态或次饱和输沙状态中，也可能某一河段输沙处于次饱和状态，而到达另一河段则处于超饱和状态，或反之。换句话说，水流输沙运动经常大量出现的情况只有两类：一类是强烈地或一般地向不平衡状态继续发展的情况；另一类是各种程度不同地向新的相对平衡作自我调整的状态。前者如长河段清水冲刷，后者如大多冲积河流的冲刷和淤积变化。

如果将河流输沙需水量定义为：河流某一河段或某一断面输送单位重量泥沙所需要的水的体积。这里所指的水有的学者认为是清水。但实际上，河流一般都携带泥沙，水、沙二相性是河道水流的第一个特性，在任何河段中都完全不携带泥沙的天然河流几乎没有。河流输沙需水量可以表示为

$$W_s = \frac{1}{S} \tag{6.18}$$

式中：W_s 为输沙需水量，m^3/kg；S 为某一河段或断面平均含沙量，kg/m^3。

对于某一河段而言，影响河段泥沙冲淤的因素主要有：河段进口（上游断面）的水沙特性（主要指含沙量），河道的输沙能力特性和边界（比降）特性。当河段输沙能力与边界条件沿程不变或变化不大时，河段泥沙冲淤变化主要由河段进口即上游断面的含沙量（S_u）与水流挟沙力（S_u^*）决定。由此，可以通过分析上游断面的水沙特性便可以建立起求解该河段输沙需水量的公式。

首先，计算出计算时段内的平均含沙量（S_u）和平均水流挟沙力（S_u^*）。

1）当 $S_u \leqslant S_u^*$ 时，进入该河段的泥沙处于次饱和状态，水流在携带走全部泥沙的过程存在富裕的水量，从而发生河床冲刷的可能，这时，由式（6.17）便可得

$$W_s \geqslant \frac{1}{S_u^*} \tag{6.19}$$

如果将河流输沙需水量界定为当河流输沙基本上处于冲淤平衡状态时所需要的水的体积（即最小需水量）。很显然：

$$W_{s\,min} = \frac{1}{S_u^*} \tag{6.20}$$

式中：$W_{s\,min}$ 为某一河段或断面在某一时段的最小输沙需水量，m^3/kg；S^* 为某一河段或断面在某一时段平均水流挟沙力，kg/m^3。

输沙需水总量则为

$$W_s = W_{s\,min} T_s \tag{6.21}$$

式中：W_s、T_s 为某一河段或断面在某一时段的输沙需水总量和来沙总量，单位分别为 m^3，kg。

2）当 $S_u > S_u^*$ 时，进入该河段的泥沙处于超饱和状态，河流水流只能携带走其中一部分泥沙，水沙比例中因水量的不足（或泥沙过多）而发生泥沙淤积。在这种情况下，河流输沙需水量不能由式（6.6）来确定。为使进入该河段的泥沙基本上能够全部携带走，此时需要增加河流流量 Q（m^3/s）以提高水流挟沙力，使 S_u^*（提高后的水流挟沙力）$=S_u$，从而达到平衡输沙。实现这一过程的基本思路是：先通过求解与计算时段同一时期（或相接近的某一时段）的不同流量（Q_i）下的水流挟沙力（S_i^*），即

$$\begin{cases} Q_1, Q_2, \cdots, Q_i, \cdots, Q_n \\ S_1^*, S_2^*, \cdots, S_i^*, \cdots, S_n^* \end{cases} \tag{6.22}$$

然后，建立起 $Q_i - S_i^*$ 函数关系，即

$$Q = f(S^*) \tag{6.23}$$

最后，将 S_u 代入式（6.23）中，从而求解出该河段在计算时段内的输沙需水量（Q_s'）。即

$$Q_s' = f(S_u) \tag{6.24}$$

此时，输沙需水总量则为

$$W_s = Q_s' t \tag{6.25}$$

式中：W_s 为某一河段或断面在某一时段的输沙需水总量，m^3；t 为时间，s。

2. 渭河输沙量计算

在计算中，采用式（6.26）对渭河下游年输沙需水量进行计算，即

$$W_s = \frac{W_{up}}{M_{up} - D} \tag{6.26}$$

式中：W_{up} 为某时段（汛期和非汛期）河段上游来水量，亿 m^3；M_{up} 为河段上游在对应时段来沙量，亿 t；D 为河段在对应时段冲淤量，亿 t，冲为负，淤为正。

为了便于分析输沙需水的缺乏程度，将上游断面的来水量与其同时段来沙量之比作为其该河段的实际输沙水量。对于临潼—华县段，其 D 值为渭淤 10～渭淤 26 之和，华县以下河段，在计算中 D 值为渭淤 1～渭淤 10 之和。同样，河段输沙需水量是要求上游断面有相应的来水量，因此，将河段内输沙需水量计入上游断面。计算结果见表 6.16。

表 6.16　　　　渭河下游输沙需水量、输沙水量、含沙量计算结果

时 间	临 潼			华 县		
	需水量 /(m^3/t)	输沙水量 /(m^3/t)	含沙量 /(kg/m^3)	需水量 /(m^3/t)	输沙水量 /(m^3/t)	含沙量 /(kg/m^3)
1960 年	15.03	15.03	66.52	22.66	22.51	44.43
1961 年	35.67	35.61	28.08	64.90	40.31	24.81
1962 年	27.06	26.59	37.61	36.26	29.60	33.78

续表

时 间	临 潼			华 县		
	需水量 /(m³/t)	输沙水量 /(m³/t)	含沙量 /(kg/m³)	需水量 /(m³/t)	输沙水量 /(m³/t)	含沙量 /(kg/m³)
1963 年	41.30	37.49	26.68	36.96	35.83	27.91
1964 年	17.59	17.69	56.52	18.44	17.70	56.50
1965 年	47.79	44.04	22.71	46.87	44.45	22.49
1966 年	9.64	8.84	113.163	13.19	9.12	109.68
1967 年	32.03	29.13	34.33	71.25	30.23	33.08
1968 年	24.21	20.63	48.48	35.73	23.11	43.27
1969 年	20.31	17.80	56.18	20.44	18.83	53.10
1970 年	13.23	12.78	78.23	11.80	12.34	81.03
1971 年	25.38	22.89	43.70	31.73	25.93	38.57
1972 年	64.17	59.71	16.75	56.13	62.35	16.04
1973 年	7.49	6.62	151.02	7.76	7.46	133.99
1960—1973 年	**27.21**	**25.35**	**55.71**	**33.87**	**27.13**	**51.33**
1974 年	29.54	27.99	35.73	28.94	30.09	33.23
1975 年	26.26	30.25	33.06	22.95	28.84	34.67
1976 年	27.65	29.09	34.37	29.84	29.92	33.42
1977 年	6.73	6.72	148.72	7.78	6.53	153.23
1978 年	13.01	12.62	79.24	12.20	12.00	83.33
1979 年	16.56	15.82	63.20	17.33	15.92	62.80
1980 年	18.56	19.14	52.25	17.62	18.32	54.60
1981 年	29.60	28.12	35.56	27.21	26.69	37.47
1982 年	36.61	35.65	28.05	42.09	36.16	27.66
1983 年	51.07	64.02	15.62	45.30	51.78	19.31
1984 年	28.31	30.93	32.33	29.72	30.71	32.56
1985 年	33.86	30.16	33.16	35.16	31.68	31.57
1986 年	28.34	25.44	39.31	25.35	24.81	40.30
1987 年	49.41	43.66	22.91	47.09	44.12	22.67
1988 年	16.18	15.98	62.59	15.19	15.50	64.50
1989 年	44.41	42.22	23.69	40.32	35.99	27.78
1990 年	33.15	32.33	30.93	28.37	26.56	37.65
1974—1990 年	**28.78**	**28.83**	**45.34**	**27.79**	**27.39**	**46.87**
1991 年	23.29	23.16	43.18	20.94	20.82	48.03
1992 年	15.56	14.35	69.67	17.52	13.18	75.87
1993 年	38.71	46.24	21.63	18.58	22.01	45.44
1994 年	11.38	10.36	96.49	11.95	9.78	102.27
1995 年	10.56	8.25	121.27	9.02	7.36	135.92
1996 年	10.18	9.77	102.31	8.98	9.14	109.4
1997 年	13.79	12.54	79.71	10.99	10.2	98.04
1998 年	26.72	28.18	35.49	19.1	21.83	45.81

续表

时　间	临　潼			华　县		
	需水量 /(m³/t)	输沙水量 /(m³/t)	含沙量 /(kg/m³)	需水量 /(m³/t)	输沙水量 /(m³/t)	含沙量 /(kg/m³)
1999 年	20.07	24.13	41.45	16.84	16.94	59.04
2000 年	39.48	30.98	32.28	25.5	23.85	41.92
2001 年	24.93	22.9	43.67	22.82	20.33	49.18
1991—2001 年	21.33	20.99	62.47	16.57	15.95	73.72
1960—2001 年	27.25	26.12	48.36	28.51	25.45	48.96

注　临潼站 1960 年流量、输沙量为咸阳＋张家山。

在不同时期,渭河下游输沙需水量及输沙缺水程度不同,在三门峡水库全年控制运用前期(1960—1973 年),临潼站输沙缺水体现在水库枢纽改建期,而华县输沙缺水量主要反映在水库枢纽改建前期的 1961 年、1962 年及水库改建期间的 1966—1971 年,其中缺水最严重的年份是 1961 年和 1967 年,其缺水程度分别高达 37.89％和 57.57％。在三门峡水库全年控制运用时期,由于实行了蓄清排浑的运行方式,使得输沙缺水程度有所改善。在 1974—1990 年,无论是临潼还是华县,除了个别年份存在较大的输沙缺水量外,绝大多数年份都能基本上满足输沙需水要求。但进入 20 世纪 90 年代以来,渭河下游输沙缺水程度又开始增加,在 1994 年后临潼—华县段和华县以下河段均基本上处于输沙缺水状态(1998 年、1999 年除外)。

造成河流输沙缺水主要是由河流泥沙淤积引起的,在三门峡水库运用初期,水库蓄水拦沙和滞洪排沙运用,库水位较高,库区淤积严重。潼关高程大幅度抬升,汇流区壅水滞沙和渭河河口拦门沙的增长,致使渭河下游发生了严重的溯源淤积,由此在渭河下游华县以下河段出现输沙严重缺水的现象,同时随着泥沙淤积重心的上移,临潼也出现较严重的输沙缺水问题。1973 年汛后,三门峡水库采取蓄清排浑运用,潼关高程基本上得到控制,在此期间渭河下游水沙条件比较有利,渭河下游泥沙淤积减缓,基本维持冲淤平衡。从而致使输沙需水量基本上能够得到满足,缺水程度大幅减少。1990 年后,由于渭河水量大幅减少,洪峰流量降低,潼关高程回升,尤其是 1994 年及 1995 年泥沙淤积后发生河槽的严重萎缩,导致渭河下游淤积进一步加剧。这种河床条件的变化,致使滩地上出现一定淤积外,其淤积主要是沿程淤积。从而对临潼和华县均造成较严重的输沙缺水。

3. 渭河下游年输沙需水量合理性分析与确定

三门峡水库实行蓄清排浑后的 1974—1990 年,渭河河道的边界条件较为稳定,有利于排沙输沙,在此期间,泥沙冲淤变幅不大,淤积量少,基本上能达到冲淤平衡。由于渭河下游来水量具有减少之趋势而来沙量呈现多变的特点,对于其多年平均来沙量和多年平均含沙量的确定应以水库全年控制运用后的 1974—2001 年的平均值来计算较为适宜。对于四个代表年,由于 P＝50％代表年 1990 年、P＝75％代表年 1982 年和 P＝90％代表年 1979 年均在 1974—1990 年,因此,对于这三个代表年的年输沙需水量可由前面表 6.17 中相应年的计算结果而求得。而 P＝25％代表年 1963 年属于三门峡水库枢纽改建期,改建后的河床条件发生了较大变化。同时,由于河流输沙需水量的计算是为今后的水资源开发利用保护提供参考,因此,采用表 6.16 中 1963 年的实际输沙需水量,其应用价值不大。

表 6.17   **渭河下游年输沙需水量计算结果**

断 面		年输沙量 /(亿 t/a)	年含沙量 /(kg/m³)	输沙需水量	
				单位泥沙需水量/(m³/t)	输沙需水总量/(亿 m³/a)
临潼	P=25%	2.40	26.68	37.21	89.31
	P=50%	2.50	30.93	33.15	82.87
	P=75%	1.47	28.05	36.61	53.82
	P=90%	2.13	63.20	16.56	35.27
	多年平均	2.63	44.76	22.60	59.43
华县	P=25%	2.45	27.91	39.98	97.95
	P=50%	2.95	37.65	28.37	83.69
	P=75%	1.51	27.66	42.09	63.56
	P=90%	2.11	62.8	17.33	36.57
	多年平均	2.80	48.18	24.31	68.07

4. 渭河月输沙需水量计算与分析

以月为计算时段，对渭河不同代表年进行月输沙需水量计算。先计算月水流挟沙力（S^*），视月水流挟沙力与月含沙量（S）的大小采用不同的计算方法。当 $S \leqslant S^*$ 时，采用式（6.19）～式（6.21）计算当月输沙需水量；

当 $S > S^*$ 时，采用式（6.22）～式（6.25）来确定当月输沙需水量，对 $S > S^*$ 的月份，先计算当月每日的日均水流挟沙力，由当月日均流量与日均水流挟沙力建立 $Q = f(S^*)$，进而计算当月输沙需水量。由于渭河泥沙的 90% 以上集中在汛期（6—10 月），输沙需水量主要反映在汛期，因此，在非汛期（11 月—次年 4 月），当月含沙量与月水流挟沙力相差不大时，也由式（6.19）～式（6.21）来计算输沙需水量。

从表 6.18 来看，渭河输沙需水量主要集中在汛期，这与"多来多排多淤"的输沙特性相一致。由水流挟沙力 S^* 与含沙量 S 的比较中，也反映出输沙缺水问题，从表 6.19～表 6.22 中的数据来看，渭河各断面汛期都存在不同程度的输沙缺水量，尤其是主汛期（7—9 月）需水量更多，同时缺水量也多。而非汛期除了个别月份（主要是 5 月）$S^* < S$ 外，绝大多数月份都能基本输沙平衡。从咸阳、临潼、华县三站非汛期输沙需水量与径流量的比较中可以看出，虽然非汛期个别月份存在输沙缺水量，但就整个非汛期而言，渭河下游基本上不存在输沙缺水问题。从全年来看，渭河下游都存在不同程度的输沙缺水量，其缺水程度也同汛期缺水一样，从咸阳站至华县站在加重。

表 6.18   **渭河各断面输沙需水量计算结果**   单位：亿 m³

代表年	断面	1 月	2 月	3 月	4 月	5 月	6 月	7 月	8 月	9 月	10 月	11 月	12 月
丰水年 (P=25%, 1963 年)	林家村	0.0674	0.2176	1.0772	1.3813	3.6913	3.3135	2.2142	1.5038	4.8340	1.6422	1.5892	0.0832
	魏家堡	0.5795	0.5234	1.7188	0.899	5.4811	3.8814	4.0107	4.6523	6.8499	1.2014	1.2225	0.6508
	咸阳	2.2078	1.7369	2.8600	3.1535	10.888	9.0240	4.4980	6.4618	14.5400	2.6342	3.9866	1.7101
	临潼	1.5710	0.9441	4.2719	5.5823	18.988	11.2803	10.1329	10.5971	20.6310	5.1493	6.1209	2.6784
	华县	2.3082	2.0608	3.9455	7.4848	19.1250	9.0510	10.6290	10.4272	25.1070	5.2218	5.4263	2.5471

代表年	断面	1月	2月	3月	4月	5月	6月	7月	8月	9月	10月	11月	12月
平水年 (P=50%, 1990年)	林家村	0.0146	0.1021	0.7504	0.4909	1.4846	0.9578	1.7159	2.1384	2.9242	0.2927	0.8041	0.0514
	魏家堡	0.0425	0.1210	1.7044	1.3593	5.1877	2.2196	6.1936	6.4003	6.0118	3.7787	1.1973	0.0412
	咸阳	0.0638	0.1442	2.5704	3.6965	6.0235	2.1393	10.4377	7.7478	8.9878	5.9783	1.6772	0.2786
	临潼	0.1260	0.4362	4.6872	3.8203	9.8249	7.1620	17.1809	14.0783	14.7780	8.5726	2.4505	0.1560
	华县	0.0661	0.6491	4.4474	4.7377	10.286	4.0878	16.3578	14.9600	15.7620	9.1790	4.1280	0.4139
枯水年 (P=75%, 1982年)	林家村	0.0223	0.1027	0.5413	0.5168	1.8384	0.8206	0.7465	1.4908	1.6298	0.4683	0.1722	0.3272
	魏家堡	0	0.2585	1.0034	2.0651	3.0951	0.9578	1.0562	4.2962	4.4077	0.7100	0.4066	0.1539
	咸阳	0.1291	0.4621	1.2410	2.7965	3.2317	2.8521	3.2571	5.8887	6.3915	2.2140	1.5402	0.1728
	临潼	0.8903	0.9691	1.5626	4.2928	8.2385	4.2234	10.3076	9.2997	7.4588	4.2913	2.5095	1.0945
	华县	0.5755	1.2679	2.6784	4.1193	6.9017	6.6747	10.0010	13.7190	10.6120	3.5548	3.3418	0.5721
特枯水年 (P=90%, 1979年)	林家村	0.0218	0.1100	0.0484	0.0586	0.0211	0.0734	3.5316	3.2848	1.8500	0.3650	0.3329	0.0417
	魏家堡	0.0383	0	0.0558	0.1320	0.0352	0.0603	4.6331	5.8935	3.5144	1.0081	0.3294	0.1307
	咸阳	0.0291	0.0711	0.2129	0.6055	0.1704	0.1152	7.5369	7.1985	4.5649	2.2097	0.5503	0.0308
	临潼	0.0609	0.1962	1.5948	2.7677	1.2722	0.432	12.0924	8.2663	7.0324	3.8551	0.5184	0
	华县	0.0893	0.0508	1.0288	2.2481	1.9975	0	14.1168	8.7095	7.3168	2.8930	0.466	0

表 6.19　　　　　　　　P=25%典型年（1963年）渭河各断面输沙需水计算表

	月 份	1月	2月	3月	4月	5月	6月	7月	8月	9月	10月	11月	12月
林家村	含沙量 $S/(kg/m^3)$	0.75	2.18	12.61	9.98	17.8	134.88	54.82	151.04	26.88	4.08	1.80	0.70
	水流挟沙力 $S^*/(kg/m^3)$	9.54	8.45	14.77	9.42	18.4	136.11	55.04	206.6	27.68	5.79	9.70	10.55
	需水量 $1/S^*/(m^3/kg)$	0.105	0.118	0.068	0.110	0.050	0.007	0.018	0.005	0.037	0.173	0.100	0.095
	需水量 $Q'_s/(m^3/s)$												
魏家堡	含沙量 $S/(kg/m^3)$	0.46	0.83	5.10	3.70	17.20	90.38	29.70	114.32	22.02	1.99	1.48	0.72
	水流挟沙力 $S^*/(kg/m^3)$	2.08	2.08	5.08	10.60	25.90	94.16	33.04	80.08	32.58	6.22	3.88	2.14
	需水量 $1/S^*/(m^3/kg)$	0.481	0.481	0.197	0.090	0.040	0.011	0.030		0.031	0.161	0.260	0.467
	需水量 $Q'_s/(m^3/s)$								173.7				
咸阳	含沙量 $S/(kg/m^3)$	0.72	1.21	3.58	3.63	13.10	70.24	20.64	92.69	21.91	1.71	1.54	0.78
	水流挟沙力 $S^*/(kg/m^3)$	0.74	1.17	2.95	3.97	150.0	13.36	21.02	21.23	22.71	3.64	1.84	1.30
	需水量 $1/S^*/(m^3/kg)$	1.351	0.855	0.339	0.250	0.070		0.046		0.044	0.275	0.540	0.769
	需水量 $Q'_s/(m^3/s)$						348.2		241.3				
临潼	含沙量 $S/(kg/m^3)$	0.63	0.59	2.82	3.52	20.50	39.23	55.29	139.26	40.32	1.99	1.50	0.64
	水流挟沙力 $S^*/(kg/m^3)$	1.04	1.23	2.37	3.97	22.70	14.23	22.36	30.04	40.58	2.84	1.66	0.87
	需水量 $1/S^*/(m^3/kg)$	0.746	0.699	0.422	0.250	0.040				0.025	0.352	0.380	0.599
	需水量 $Q'_s/(m^3/s)$						435.2	378.3	395.7				
华县	含沙量 $S/(kg/m^3)$	1.02	0.79	3.08	5.65	26.80	29.21	32.96	103.17	53.75	3.84	3.80	1.33
	水流挟沙力 $S^*/(kg/m^3)$	1.23	1.78	3.81	4.98	32.40	29.44	16.75	21.79	38.68	8.06	4.92	2.04
	需水量 $1/S^*/(m^3/kg)$	0.813	0.562	0.262	0.200	0.03	0.034				0.124	0.200	0.490
	需水量 $Q'_s/(m^3/s)$							396.8	389.3	965.2			

表 6.20   *P＝50％典型年（1990 年）渭河各断面输沙需水计算表*

	月　份		1月	2月	3月	4月	5月	6月	7月	8月	9月	10月	11月	12月
林家村	含沙量 $S/(kg/m^3)$		0.05	0.42	14.71	4.08	21.50	32.72	10.66	67.80	34.39	8.55	2.67	0.41
	水流挟沙力 $S^*/(kg/m^3)$		1.83	2.37	31.98	12.50	48.0	38.70	22.79	104.46	52.74	15.83	5.48	6.78
	需水量	$1/S^*/(m^3/kg)$	0.546	0.422	0.031	0.080	0.020	0.026	0.044	0.010	0.019	0.063	0.180	0.148
		$Q_s'/(m^3/s)$												
魏家堡	含沙量 $S/(kg/m^3)$		0.10	0.31	9.97	2.62	14.8	30.73	57.94	56.42	33.52	7.68	1.50	0.07
	水流挟沙力 $S^*/(kg/m^3)$		0.63	0.80	10.12	6.14	13.9	18.28	58.38	32.94	36.13	9.64	1.97	0.65
	需水量	$1/S^*/(m^3/kg)$	1.587	1.250	0.163	0.160	0.070		0.017		0.028	0.104	0.510	1.539
		$Q_s'/(m^3/s)$						85.63		238.9				
咸阳	含沙量 $S/(kg/m^3)$		0.13	0.18	6.25	3.59	11.60	7.62	32.64	37.30	30.04	8.98	1.22	0.28
	水流挟沙力 $S^*/(kg/m^3)$		1.68	1.51	6.45	3.52	11.70	8.76	23.68	19.56	21.28	9.05	2.04	1.25
	需水量	$1/S^*/(m^3/kg)$	0.595	0.662	0.155	0.280	0.090	0.114				0.111	0.490	0.800
		$Q_s'/(m^3/s)$							389.7	289.3	346.8			
临潼	含沙量 $S/(kg/m^3)$		0.07	0.13	2.91	2.00	8.49	15.61	55.79	74.86	54.86	11.29	1.83	0.19
	水流挟沙力 $S^*/(kg/m^3)$		0.85	0.61	3.08	3.19	8.56	7.21	32.94	34.05	32.89	12.56	3.48	2.06
	需水量	$1/S^*/(m^3/kg)$	1.177	1.639	0.325	0.240	0.120					0.080	0.290	0.485
		$Q_s'/(m^3/s)$						276.3	641.5	525.6	570.1			
华县	含沙量 $S/(kg/m^3)$		0.04	0.41	4.75	3.55	13.00	8.39	59.39	88.22	69.82	23.22	4.00	0.32
	水流挟沙力 $S^*/(kg/m^3)$		0.81	1.23	4.83	4.11	12.90	8.56	48.54	33.09	33.27	24.19	4.32	1.10
	需水量	$1/S^*/(m^3/kg)$	1.235	0.813	0.207	0.240	0.080	0.117				0.041	0.230	0.909
		$Q_s'/(m^3/s)$							625.5	558.5	588.5			

表 6.21   *P＝75％典型年（1982 年）渭河各断面输沙需水计算表*

	月　份		1月	2月	3月	4月	5月	6月	7月	8月	9月	10月	11月	12月
林家村	含沙量 $S/(kg/m^3)$		0.21	1.31	11.07	8.83	43.40	36.09	39.26	180.9	12.38	3.63	1.34	3.12
	水流挟沙力 $S^*/(kg/m^3)$		7.22	10.13	30.68	39.10	50.40	37.27	21.26	126.0	19.88	8.58	5.72	3.52
	需水量	$1/S^*/(m^3/kg)$	0.139	0.099	0.033	0.030	0.02	0.027			0.050	0.117	0.170	0.284
		$Q_s'/(m^3/s)$							27.87	55.66				
魏家堡	含沙量 $S/(kg/m^3)$		0.00	0.91	8.37	7.80	30.90	29.92	20.61	110.4	9.76	2.44	1.10	0.25
	水流挟沙力 $S^*/(kg/m^3)$		0.40	2.34	10.41	9.79	31.20	30.85	8.69	37.18	11.82	6.79	2.55	0.87
	需水量	$1/S^*/(m^3/kg)$	2.500	0.427	0.096	0.100	0.030	0.032			0.085	0.147	0.390	1.149
		$Q_s'/(m^3/s)$							39.44	160.4				
咸阳	含沙量 $S/(kg/m^3)$		0.13	0.38	3.12	4.32	10.20	29.28	7.37	58.83	9.84	1.60	0.48	0.11
	水流挟沙力 $S^*/(kg/m^3)$		0.83	0.89	3.82	4.69	10.90	8.90	4.40	44.22	12.45	2.48	0.69	0.62
	需水量	$1/S^*/(m^3/kg)$	0.769	0.400	0.163	0.110	0.060				0.080	0.287	0.420	0.276
		$Q_s'/(m^3/s)$						110.0	121.6	219.9				

续表

月　份		1月	2月	3月	4月	5月	6月	7月	8月	9月	10月	11月	12月
临潼	含沙量 $S/(kg/m^3)$	0.11	0.20	1.35	2.88	20.30	40.22	127.3	98.52	9.86	1.99	0.70	0.10
	水流挟沙力 $S^*/(kg/m^3)$	1.78	2.29	3.68	5.63	14.20	12.39	23.94	60.74	16.75	2.74	1.70	1.70
	需水量 $1/S^*/(m^3/kg)$	0.562	0.437	0.272	0.180					0.061	0.365	0.590	0.588
	需水量 $Q'_s/(m^3/s)$					248.0	132.9	384.8	347.2				
华县	含沙量 $S/(kg/m^3)$	0.49	1.18	2.29	3.82	9.94	35.93	69.3	92.95	19.2	4.73	1.36	0.44
	水流挟沙力 $S^*/(kg/m^3)$	1.21	1.66	2.22	4.09	7.79	8.22	8.98	42.51	25.89	8.74	1.59	1.03
	需水量 $1/S^*/(m^3/kg)$	0.826	0.602	0.451	0.240					0.039	0.114	0.630	0.971
	需水量 $Q'_s/(m^3/s)$					258.0	257.5	373.4	512.2				

表 6.22　　　　　　$P=90\%$ 典型年（1979 年）渭河各断面输沙需水计算表

月　份		1月	2月	3月	4月	5月	6月	7月	8月	9月	10月	11月	12月
林家村	含沙量 $S/(kg/m^3)$	0.27	1.49	2.29	2.39	0.83	6.64	129.4	83.8	21.10	4.04	5.14	0.68
	水流挟沙力 $S^*/(kg/m^3)$	8.62	9.68	37.61	25.70	11.40	25.79	156.9	101.1	40.12	24.95	15.60	10.27
	需水量 $1/S^*/(m^3/kg)$	0.116	0.103	0.027	0.040	0.09	0.039	0.006	0.010	0.025	0.040	0.060	0.097
	需水量 $Q'_s/(m^3/s)$												
魏家堡	含沙量 $S/(kg/m^3)$	0.16	0.00	0.30	1.09	0.09	0.42	88.44	104.8	19.82	4.08	3.48	0.47
	水流挟沙力 $S^*/(kg/m^3)$	0.70	0.55	1.92	7.67	0.76	1.29	88.45	75.50	23.97	9.83	3.62	0.82
	需水量 $1/S^*/(m^3/kg)$	1.429	1.818	0.521	0.130	1.320	0.775	0.011		0.042	0.102	0.280	1.220
	需水量 $Q'_s/(m^3/s)$								220.0				
咸阳	含沙量 $S/(kg/m^3)$	0.06	0.12	0.53	1.03	0.24	0.31	54.34	113.2	24.36	3.73	1.41	0.09
	水流挟沙力 $S^*/(kg/m^3)$	0.92	0.68	1.51	2.44	1.10	0.90	22.94	34.20	25.04	5.20	1.79	0.87
	需水量 $1/S^*/(m^3/kg)$	1.087	1.471	0.662	0.410	0.910	1.111			0.040	0.192	0.560	1.149
	需水量 $Q'_s/(m^3/s)$							281.4	268.8				
临潼	含沙量 $S/(kg/m^3)$	0.03	0.09	1.43	1.03	0.53	0.83	162.9	147.9	23.56	3.01	0.77	0.00
	水流挟沙力 $S^*/(kg/m^3)$	0.44	0.37	1.31	1.18	0.80	0.96	66.69	45.20	24.40	3.05	1.50	0.49
	需水量 $1/S^*/(m^3/kg)$	2.273	2.703	0.763	0.850	1.250	1.042			0.038	0.328	0.670	2.041
	需水量 $Q'_s/(m^3/s)$							451.5	308.6				
华县	含沙量 $S/(kg/m^3)$	0.14	0.13	1.35	1.87	1.11	0.00	140.5	185.4	27.56	3.95	0.99	0.00
	水流挟沙力 $S^*/(kg/m^3)$	1.20	1.43	1.51	3.09	1.18	0.79	34.9	47.24	29.58	5.74	1.78	0.61
	需水量 $1/S^*/(m^3/kg)$	0.833	0.699	0.662	0.320	0.850	1.266			0.034	0.174	0.560	1.639
	需水量 $Q'_s/(m^3/s)$							527.1	325.2				

（1）由于表 6.18 是针对月输沙需水量的计算结果，因此无论是渭河中游还是下游，表中不同代表年内月输沙需水量的计算结果对相同频率年各月输沙需水量具有很好的应用价值。

（2）由于渭河中游林家村站、魏家堡站在四个代表年中出现 $S^* < S$ 的月份很少，除了汛期个别月份存在输沙缺水量外，基本上能达到冲淤平衡，就整个汛期而言，即使出现输沙缺水量，其缺水幅度很小。因此，对于渭河中游林家村和魏家堡站，其汛期、非汛期和全年的输沙需水量都具有较好的参考价值。

（3）对于渭河下游咸阳、临潼、华县。在四个代表年中，汛期存在 $S^* < S$ 的月份和 $S^* > S$ 的月份并存的现象，从而存在 $S^* > S$ 的月份对 $S^* < S$ 的月份淤积下来的泥沙进行冲刷的问题，这对整个汛期输沙需水量的确定而言，需要进行认真的分析。从表6.19～表6.22中汛期各月 S^* 与 S 的对比可以看出，当 $S^* > S$ 时，其 S^* 超过 S 的幅度较小，有些甚至水流挟沙力略大于含沙量，这就是说对于汛期 $S^* > S$ 的月份，当河流水流在将其携带的泥沙全部输送的同时对淤积的泥沙进行冲刷携带的能力较弱，冲刷量较小。因此，这样的水流挟沙力对由各月输沙需水量相加而得到的汛期输沙需水量的值改变不是很大，所以，汛期输沙需水量也具有一定的参考价值；对于非汛期，由于出现 $S^* < S$ 的月份很少（只有1982年的临潼5月和华县5月），基本上都处于非超饱和状态，对于全年而言，由于汛期较多 $S^* < S$ 的月份和非汛期各月 $S^* > S$ 的出现，存在不同月份间泥沙的冲刷与淤泥，致使由上述各月输沙需水量相加而得到的年输沙需水量的值偏大，在应用中应根据实际情况做以调整。对于渭河下游临潼、华县站年输沙需水量可以采用前面年输沙需水量中的计算结果。

6.3.6　渭河生态环境需水量确定与缺水过程

1. 渭河生态环境需水量确定

渭河生态环境需水量并不是输沙需水量、自净需水量、维持水生生境最小需水量、河道蒸发需水量和渗流需水量这五项需水量的简单相加，而是这五项需水量的有机组合。从这五项需水量的相互关系中可以看出，渭河生态环境需水量的合理取值应该是自净需水量、维持水生生境最小需水量、输沙需水量等三项需水量取其最大值之后与另外两项河道蒸发需水量、渗流需水量相加。自净需水量以现状排污下的自净需水量计。在以上计算原则下，分别对 $P = 25\%$ 年份（1963年）、$P = 50\%$ 年份（1990年）、$P = 75\%$ 年份（1982年）、$P = 90\%$ 年份（1979年）生态环境需水量进行组合计算，如图6.6～图6.10所示。

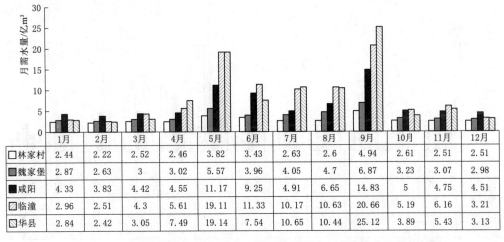

图6.6　$P = 25\%$ 典型年（1963年）渭河各断面生态环境需水量月过程图

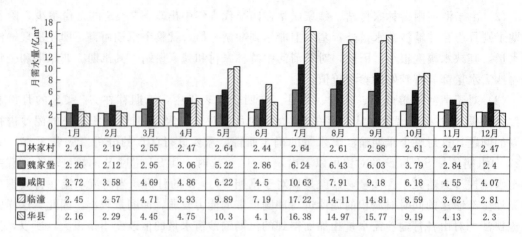

	1月	2月	3月	4月	5月	6月	7月	8月	9月	10月	11月	12月
林家村	2.41	2.19	2.55	2.47	2.64	2.44	2.64	2.61	2.98	2.61	2.47	2.47
魏家堡	2.26	2.12	2.95	3.06	5.22	2.86	6.24	6.43	6.03	3.79	2.84	2.4
咸阳	3.72	3.58	4.69	4.86	6.22	4.5	10.63	7.91	9.18	6.18	4.55	4.07
临潼	2.45	2.57	4.71	3.93	9.89	7.19	17.22	14.11	14.81	8.59	3.62	2.81
华县	2.16	2.29	4.45	4.75	10.3	4.1	16.38	14.97	15.77	9.19	4.13	2.3

图 6.7 P＝50％典型年（1990 年）渭河各断面生态环境需水量月过程图

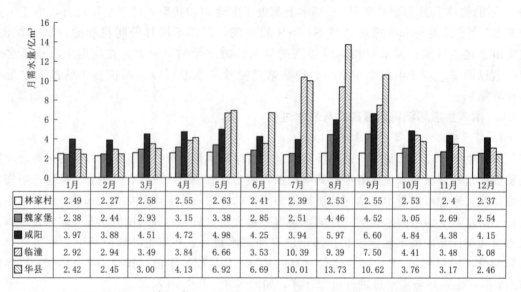

	1月	2月	3月	4月	5月	6月	7月	8月	9月	10月	11月	12月
林家村	2.49	2.27	2.58	2.55	2.63	2.41	2.39	2.53	2.55	2.53	2.4	2.37
魏家堡	2.38	2.44	2.93	3.15	3.38	2.85	2.51	4.46	4.52	3.05	2.69	2.54
咸阳	3.97	3.88	4.51	4.72	4.98	4.25	3.94	5.97	6.60	4.84	4.38	4.15
临潼	2.92	2.94	3.49	3.84	6.66	3.53	10.39	9.39	7.50	4.41	3.48	3.08
华县	2.42	2.45	3.00	4.13	6.92	6.69	10.01	13.73	10.62	3.76	3.17	2.46

图 6.8 P＝75％典型年（1982 年）渭河各断面生态环境需水量月过程图

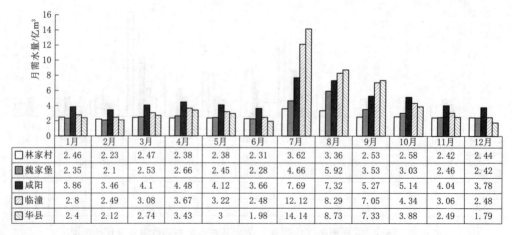

	1月	2月	3月	4月	5月	6月	7月	8月	9月	10月	11月	12月
林家村	2.46	2.23	2.47	2.38	2.38	2.31	3.62	3.36	2.53	2.58	2.42	2.44
魏家堡	2.35	2.1	2.53	2.66	2.45	2.28	4.66	5.92	3.53	3.03	2.46	2.42
咸阳	3.86	3.46	4.1	4.48	4.12	3.66	7.69	7.32	5.27	5.14	4.04	3.78
临潼	2.8	2.49	3.08	3.67	3.22	2.48	12.12	8.29	7.05	4.34	3.06	2.48
华县	2.4	2.12	2.74	3.43	3	1.98	14.14	8.73	7.33	3.88	2.49	1.79

图 6.9 P＝90％典型年（1979 年）渭河各断面生态环境需水量月过程图

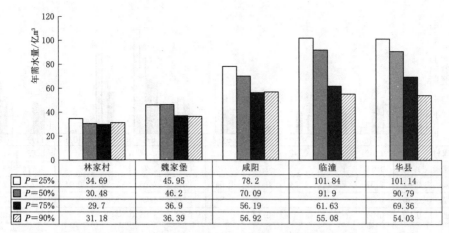

图 6.10 渭河各断面不同代表年生态环境需水量年过程图

	林家村	魏家堡	咸阳	临潼	华县
P=25%	34.69	45.95	78.2	101.84	101.14
P=50%	30.48	46.2	70.09	91.9	90.79
P=75%	29.7	36.9	56.19	61.63	69.36
P=90%	31.18	36.39	56.92	55.08	54.03

2. 渭河生态环境需水与缺水过程分析

渭河生态环境需水量大小主要由自净需水量和输沙需水量决定。从两者大小来看，在非汛期，自净需水量往往比输沙需水量大；在汛期，反之。因此，对于渭河而言，在非汛期和汛期，生态环境需水量分别主要体现在自净需水量和输沙需水量。从渭河生态环境需水量月过程来看，汛期生态环境需水量较非汛期大，而非汛期各月生态环境需水量变化不大。这主要是由于自净需水量月变化不大，而输沙需水量主要集中在汛期。同时由于有些代表年非汛期5月输沙需水量也较大，因此其相应的生态环境需水量也较大。渭河中游林家村断面到下游华县断面，水流在经不同断面时，生态环境需水量依次升高，年生态环境需水量更加清楚地反映了这一变化过程。除了林家村断面生态环境需水量在四个代表年变化不大外，其余四个断面都是由丰水年到枯水年，生态环境需水量变小。

对于管理决策者来说关心的是生态环境需水的盈缺过程，尤其是在规划时期生态环境缺水量的大小，水量如何进行调配才能满足渭河生态环境需水要求。由此，将生态环境需水量与其天然来水量过程进行比较分析，如果生态环境需水量比天然来水量小，则该月份不缺水，反之，将天然来水量比生态环境需水量少的部分称为生态环境缺水量。计算与分析结果如图6.11～图6.15所示。

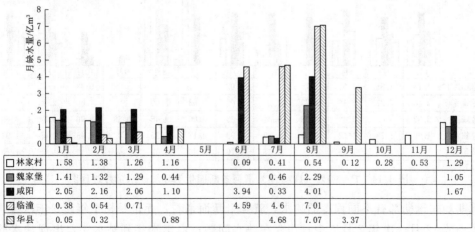

	1月	2月	3月	4月	5月	6月	7月	8月	9月	10月	11月	12月
林家村	1.58	1.38	1.26	1.16		0.09	0.41	0.54	0.12	0.28	0.53	1.29
魏家堡	1.41	1.32	1.29	0.44			0.46	2.29				1.05
咸阳	2.05	2.16	2.06	1.10		3.94	0.33	4.01				1.67
临潼	0.38	0.54	0.71			4.59	4.6	7.01				
华县	0.05	0.32		0.88			4.68	7.07	3.37			

图 6.11 P=25%典型年（1963年）渭河各断面生态环境缺水量月过程图

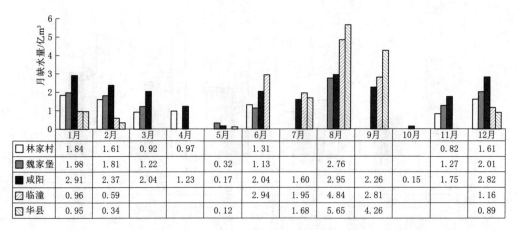

	1月	2月	3月	4月	5月	6月	7月	8月	9月	10月	11月	12月
□林家村	1.84	1.61	0.92	0.97		1.31					0.82	1.61
▨魏家堡	1.98	1.81	1.22		0.32	1.13		2.76			1.27	2.01
■咸阳	2.91	2.37	2.04	1.23	0.17	2.04	1.60	2.95	2.26	0.15	1.75	2.82
▨临潼	0.96	0.59				2.94	1.95	4.84	2.81			1.16
▨华县	0.95	0.34			0.12		1.68	5.65	4.26			0.89

图 6.12　$P=50\%$（1990 年）渭河各断面生态环境缺水量月过程图

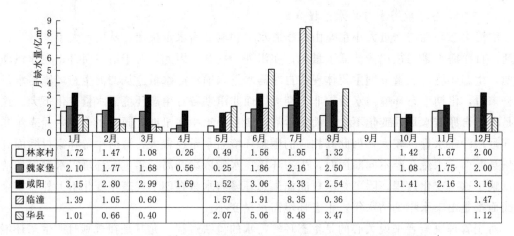

	1月	2月	3月	4月	5月	6月	7月	8月	9月	10月	11月	12月
□林家村	1.72	1.47	1.08	0.26	0.49	1.56	1.95	1.32		1.42	1.67	2.00
▨魏家堡	2.10	1.77	1.68	0.56	0.25	1.86	2.16	2.50		1.08	1.75	2.00
■咸阳	3.15	2.80	2.99	1.69	1.52	3.06	3.33	2.54		1.41	2.16	3.16
▨临潼	1.39	1.05	0.60		1.57	1.91	8.35	0.36				1.47
▨华县	1.01	0.66	0.40		2.07	5.06	8.48	3.47				1.12

图 6.13　$P=75\%$（1982 年）渭河各断面生态环境缺水量月过程图

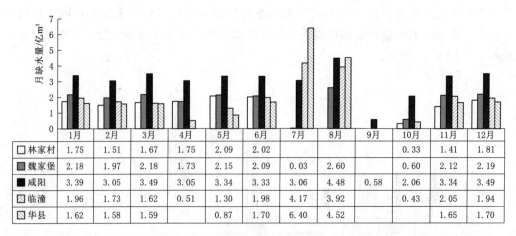

	1月	2月	3月	4月	5月	6月	7月	8月	9月	10月	11月	12月
□林家村	1.75	1.51	1.67	1.75	2.09	2.02				0.33	1.41	1.81
▨魏家堡	2.18	1.97	2.18	1.73	2.15	2.09	0.03	2.60		0.60	2.12	2.19
■咸阳	3.39	3.05	3.49	3.05	3.34	3.33	3.06	4.48	0.58	2.06	3.34	3.49
▨临潼	1.96	1.73	1.62	0.51	1.30	1.98	4.17	3.92		0.43	2.05	1.94
▨华县	1.62	1.58	1.59		0.87	1.70	6.40	4.52			1.65	1.70

图 6.14　$P=90\%$（1979 年）渭河各断面生态环境缺水量月过程图

　　汛期和非汛期都有不同程度的缺水，就每个断面来看，无论是枯水年还是丰水年，在来水量较小的 12 月—次年 2 月三个月均存在缺水问题；由丰水年到枯水年，出现缺水的月份

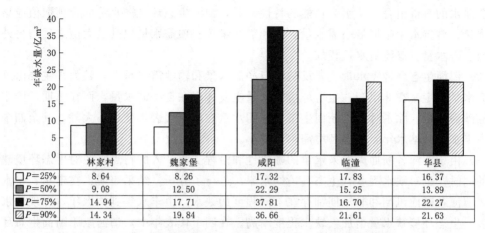

图 6.15 渭河各断面不同代表年生态环境缺水量年过程图

增多，生态环境缺水量增加。相较而言，渭河中游林家村站和魏家堡站，除了在枯水期（$P=75\%$）年份汛期出现 6 月、7 月、8 月、10 月较大缺水量外，其余三个代表年均反映出非汛期生态环境缺水量大，汛期生态环境缺水量小；咸阳站无论在汛期还是非汛期出现缺水的月份较多，除了丰水年（$P=25\%$）5 月、9 月、10 月、11 月和枯水年（$P=75\%$）的 9 月不缺水外，其余各月都存在缺水，汛期和非汛期月生态环境缺水量都较大；而渭河下游临潼和华县在汛期和非汛期都有缺水的月份出现，但汛期月生态环境缺水量大于非汛期月生态环境缺水量。

由于渭河各断面天然来水量的随机性和沿程支流汇入的特点，各断面生态环境缺水量的大小并不能反映出断面缺水程度的高低，因此，通过断面生态环境缺水量与生态环境需水量的百分比即生态环境缺水率来分析断面缺水程度（图 6.16）。

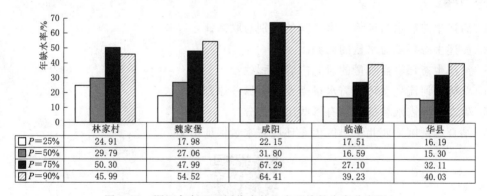

图 6.16 渭河各断面不同代表年生态环境缺水率分布图

从图 6.16 可以看出，渭河咸阳断面缺水程度最高，其次渭河中游林家村和魏家堡两个断面较下游临潼和华县两断面缺水程度高。中游林家村和魏家堡两个断面较下游临潼和华县两断面缺水程度高的现象恰好与生态环境缺水量的大小相反。除特枯水年（$P=90\%$）外，林家村断面较魏家堡断面缺水程度高，而临潼和华县两断面缺水程度在同一代表年相差不大。同时，由丰水年到枯水年，渭河各断面生态环境缺水程度增高。

（1）河流生态环境需水量并不是单项生态环境功能需水的简单相加，而是各单项生态环境功能需水的有机组合。从水多功能的特性来看，渭河生态环境需水量的合理取值应该是自净需水量、维持水生生境最小需水量、输沙需水量等三项需水量取其最大值之后与另外两项河道蒸发需水量、渗流需水量相加。

（2）渭河生态环境需水量主要反映在自净需水量和输沙需水量上，其大小主要由这两方面的需水量决定。在非汛期，生态环境需水量主要体现在自净需水量，而在汛期，则主要体现在输沙需水量。除了林家村断面生态环境需水量在四个代表年变化不大外，其余四个断面都是由丰水年到枯水年，生态环境需水量变小。

（3）由于渭河各断面天然来水量的随机性和沿程支流汇入的特点，在对生态环境缺水量计算的同时，也对缺水程度（生态环境缺水率）进行了分析。结果表明：在丰水、平水、枯水年，渭河各断面汛期和非汛期都存在不同程度的缺水，由丰水年到枯水年，出现缺水的月份增多，生态环境缺水量增加，缺水程度增高。在四个代表年中，渭河咸阳断面生态环境缺水量最大，缺水程度最高。渭河下游临潼和华县两个断面较渭河中游林家村和魏家堡两个断面生态环境缺水量大，但缺水程度却是中游林家村和魏家堡两个断面较下游临潼和华县两断面严重。

6.3.7　渭河生态环境需水量保障措施

为了改善渭河生态环境现状，以达到渭河生态环境健康发展，首先要更新观念。改变长期以来只强调农业、工业和城市生活需水，忽视河流生态系统本身的生态环境需水的观念。今后，在研究水资源供需问题、水资源配置问题时，除了考虑经济和生活需水外，还必须同时考虑生态环境需水。并合理分配。在生态环境脆弱的河段，对生态环境需水需要赋予更高的优先级。只有这样，才能保证水资源的良性循环，实现渭河水资源的可持续利用，恢复和重建生态环境，渭河生态环境需水量保障措施［详见数字资源 6（6.3）］。

思考题

1. 简述生态需水与环境需水之间的区别与联系。
2. 简述生态环境需水量的内涵。
3. 河流生态环境需水量的研究内容有哪些？
4. 要确定河流生态环境需水量需要遵循哪些原则？
5. 生态环境需水量的计算有哪些组成部分？
6. 结合实例阐述西北干旱区生态环境需水量保证措施。

第 6 章　数字资源

第7章　生态水文模型与应用

水文模型就是对复杂水循环过程的抽象或概化，能够模拟水循环过程的主要或大部分特征。开发水文模型的目的就是建立输入和输出的物理关系。水文模型在水资源开发利用、防洪减灾、面源污染评价、人类活动的流域响应等诸多方面都得到了十分广泛的应用，当今的一些研究热点，如生态环境需水、水资源可再生性等均需要水文模型的支持。流域水文模型是在计算机技术和系统理论的发展中产生的，20 世纪 60—80 年代中期是蓬勃发展的时期，涌现出许多流域水文模型，Stanford 流域模型（stanford watershed model，SWM）、Sacramento 模型和新安江模型等是这一时期的典型代表。近几年来，随着计算机技术和一些交叉学科的发展，流域水文模型研究工作也产生了根本性的变化。其突出趋势主要反映在计算机技术、空间技术、遥感（remote sensing，RS）技术等的应用，分布式水文模型得到了广泛关注，遥感与地理信息系统（geographic information system，GIS）技术为水文模型的研究和应用带来了新的机遇和挑战。本章主要阐述了生态水文模型的理论、进展、分类、前景及生态水文模型的应用实例，共介绍了 14 种国内外典型生态水文模型。

7.1　生态水文模型的理论与进展

7.1.1　生态水文模型的理论

生态水文模型是生态水文学的重要内容，由于水文条件本身的复杂性以及影响水文行为要素时空分布的不均匀性和变异性（如离散性、周期性和随机性），增加了生态水文过程的复杂性，生态水文变化量化成为生态水文学面临的重大难题，随着实验和信息技术水平的提高，生态水文模型成为模拟生态水文物理、化学过程和生物效应的重要手段，也是奠定生态水文学理论发展的重要基础。

广义地讲，可以用于生态水文过程研究的模型都可以认为是生态水文模型，目前主要有以下一些生态水文模型：

（1）集总模型。如用于流域生态水文模拟的 RHES 模型、XAJ 模型、TANK 模型和 SLT 模型等多个模型；而就局部土地单元来进行生态水文过程模拟就是常说的土壤-植被-大气连续体研究，主要有 WAVES 模型、SWIMV2.1 模型、PATTERN 模型、植被界面过程模型等多种 SVAT 模型；用于森林生态水文过程模拟的 RUTTER 模型、MASSMAN 模型。

（2）要素模型。模拟土壤水分的 PHILIP 模型、HOTTAN 模型等，模拟土地利用变化对水文过程影响的 LUCID 模型等。地理信息系统（geographic information system，GIS）和遥感（remote sensing，RS）的发展极大地推动了生态水文模型的发展。应用 GIS、RS 和数学模型耦合为量化生态水文变化提供了帮助。在此基础上构建的决策模型系统可以衡量水文景观管理和国家耕作政策对生态水文过程的影响，已经逐步成为决策的有力工具（表 7.1）。

表 7.1　　　　　　　　　　　　　部分生态水文模型及其应用领域

模型识别	生态水文模型	应用领域
经验模型	Rutter 模型，Gash 模型，Dalton 模型，DCA 模型，回归模型，Philip 模型	森林水文生态过程、植物水环境排序、预测与模拟植物对水文的影响过程
机理模型	Penman - Monteit 模型，Horton 模型，系统响应模型，透水系数模型，Pattern 模型，分布式水文模型，Mariola 模型，FOREST - BGC 模型	生态水文平衡要素测定、生态与水文耦合过程模拟与预测、植物的水文生态效应分析
随机模型	Monte Carlo 模型、马尔可夫模型	水文与生态过程的随机性模拟、参数与要素模拟
确定性模型	Darly - Richards 模型、Boussinesque 模型、Hagan - Poiseuille 模型、Laplace 模型、Manning 模型	土壤水流、河川径流运动与土壤侵蚀、溶质迁移过程、植被对河川径流的影响
集总模型	SVAT 模型、HYDROM 模型、SWIMV.2.1 模型、SHE 模型、新安江模型、SCS 模型、SPAC 模型、系统动力学模型、HYDRROM 模型	土壤-植被-大气间物质能量传输过程，区域气候、径流、植被与土壤侵蚀之间的相互关系、不同自然条件下土壤水分、溶质传输过程，区域生态与水文耦合过程、流域水文循环与水文过程

在生态水文模型中，SWAT 模型具有代表性。SWAT 模型（Arnold et al.，1994；1998；2005）是美国农业部（United States Department of Agriculture，USDA）农业研究局（Agricultural Research Service，ARS）开发的流域尺度模型，用于模拟地表水和地下水水质和水量，预测土地管理措施对不同土壤类型、土地利用方式和管理条件的大尺度复杂流域的水文、泥沙和农业化学物质产量的影响，其中主要子模型有水文过程子模型、土壤侵蚀子模型和污染负荷子模型。模型考虑了气候、水分平衡、土壤条件、侵蚀、营养、植物生长、耕作、残渣管理、地表水流和壤中流和地下径流等。模型采用 SCS 径流曲线数法模拟地表径流，可以模拟壤中流和地下径流；对泥沙模拟采用 MUSLE 方程，主要模拟的污染物为氮、磷，考虑了地表径流流失、入渗淋失、化肥输入等物理过程，有机氮矿化、反硝化等化学过程以及作物吸收等生物过程，氮除了具有溶解和非溶解两种物理状态外，还分为有机氮、作物氮和硝酸盐氮三种化学状态，氮的生物固定、有机氮向无机氮的转化以及溶解性氮随侧向壤中流的迁移等过程，有机氮又被划分为活泼有机氮和惰性有机氮两种状态，以及氨态氮挥发过程的模拟。

7.1.2　生态水文模型进展

水文模型是对自然界中复杂水循环过程的近似描述，是水文科学研究的一种手段和方法，也是对水循环规律研究和认识的必然结果。水文模型的发展最早可以追溯到 1850 年 Mulvany 所建立的推理公式。1932 年 Sherman 的单位线概念、1933 年 Horton 的入渗方程、1948 年 Penman 的蒸发公式等，标志着水文模型由萌芽时代开始向发展阶段过渡。进入 20世纪 50 年代后期至 70 年代末期，水文学家结合室内外试验等手段，不断探索水文循环的成因变化规律，并在此基础上，通过一些假设和概化，确定模型的基本结构、参数以及算法，开始水文模型的快速发展阶段。在此期间，各国水文学家积极探索，勇于开拓，研究和开发了很多简便实用的概念性水文模型，如美国的斯坦福流域水文模型（stanford watershed model，SWM）、萨克拉门托模型（Sacramento）、SCS 模型，澳大利亚的包顿模型（Boughton），欧洲的 HBV 模型，日本的水箱模型（Tank）以及我国的新安江模型等。进入 20 世纪 90 年代以来，随着地理信息系统、全球定位系统 （global positioning system，GPS） 以及卫星遥感技术在水文学中的应用，反映水文变量空间变异性的分布式流域水文模型日益受到重视。尽管早在 1969 年，Freeze 与 Harlan 就提出了基于水动力学偏微分物理方程的分布式水文模型概念，但主要由于计算手段的限制，直到 20 世纪 80 年代后期，随着计算机技术的快速发展，分布式水文模型才得到发展。目前，较为常见的分布式水文模型有英国的 IHDM （1995） 模型，欧洲的 SHE 模型和 TOPMODEL （1995） 模型，美国的 SWAT 模型、SWMM 模型和 VIC 模型等。我国在分布式水文模型的研制方面起步较晚，目前尚缺乏国际上普遍认可的分布式水文模型 （金鑫等，2006）。但近几年来，我国水文学家也在积极探索，勇于开拓，陆续研制和开发出一些基于不同时空尺度的分布式水文模型。

水文模型的研究和应用经过了漫长的岁月，社会的需求是水文模型诞生和不断发展完善的根本动力，而计算机技术，尤其是 20 世纪 60 年代以后计算机技术的发展为水文模型的快速发展提供了可靠的物质保障。总结过去 100 多年来水文模型研究和开发工作所走过的历程，可以将水文模型的发展概括为萌芽阶段、概念性水文模型阶段和分布式水文模型阶段 ［详见数字资源 7 （7.1）］。

7.2 典型生态水文模型

7.2.1 概念性水文模型

7.2.1.1 新安江模型

新安江模型是由原华东水利学院 （现为河海大学） 赵仁俊等提出来的，从降雨径流经验相关图研究开始，水文预报教研室的十余位教师、研究生和上百位本科生前后经历了约 20 年才形成了蓄满产流概念、理论及其二水源新安江模型。之后提出三水源新安江模型 （赵人俊，1984），并开始在水情预报和遥测自动化的实时洪水预报系统中大量应用，通过对模型的结构、考虑的因素不断改进和完善，发展至今已形成了理论上具有一定系统性、结构较为完善、应用效果较好的流域水文模型，并被联合国教科文组织列为国际推广模型而广为国内外水文学家所了解和应用。

新安江模型研究概括起来可以分为二水源新安江模型、三水源新安江模型。

1. 二水源新安江模型

二水源新安江模型包括直接径流和地下径流，产流计算用蓄满产流方法，流域蒸发采用二层或三层蒸发，水源划分用的是稳定下渗法，直接径流坡面汇流用单位线法，地下径流坡面汇流用线性水库，河道汇流采用马斯京根分河段演算法。

2. 三水源新安江模型

二水源新安江模型在应用中常遇到降雨空间分布不均匀和稳定下渗率参数随洪水变化而变化两个问题。分析其原因，主要是由于降雨和稳定下渗的时空变化。为考虑这些影响因素，提出三水源划分方法和以雨量站划分产流计算单元，再结合二水源新安江模型其他结构构成了三水源新安江模型。

7.2.1.2 SWMM 模型

1. 概述

美国环境保护署开发的暴雨洪水管理模型 （storm water management model，SWMM）

是一个基于水动力学的降雨-径流模拟模型，它是一个内容相当广泛的城市暴雨径流水量、水质模拟和预报模型，既可以用于城市径流场次洪水也可以用于长期连续模拟。SWMM 径流部分的模拟需对研究区域进行分区，在这一系列子区域上汇集降水并产生径流和污染负荷。SWMM 的演算部分计算径流沿着管道、渠道、调蓄/处理设备等的输送。SWMM 还可以模拟每一个子区域产生径流的水量和水质，包括流速、径流深、每条管道和渠道的水质。

SWMM 于 1971 年开发，然后经过发展升级产生了很多新的版本。在全世界被广泛应用于规划、分析和设计暴雨洪水径流、混合下水道、卫生排污系统及其他的城市排水系统。现在的版本是第 5 版，该版本是早期版本的更新和完善，在 Windows 系统中操作。SWMM5 为研究区的输入资料、运行水文资料、模拟水力和水质以及查看最后输出结果均提供了一个完整的环境和平台。

SWMM 计算产生城市径流的各种水文过程，包括时变降雨、地面水蒸发、积雪和融雪、洼地引起的降雨截留、降雨至不饱和土壤层的下渗、下渗雨水向地下水的渗透、地下水和排水系统之间的交换、地表径流非线性水库演算所有这些过程的空间变异性是通过将研究区划分成一系列更小的、相似的子区域来反映的，每一个子区域有各自的透水和不透水面积比例。地表径流可以在子区域之内或于流域之间输送。SWMM 也包括水力模型性能的灵活设置，它们常用于径流和来自排水管网、渠道等的外部入流演算，包括无约束的处理网络，使用大量类似自然渠道的封闭或开放式的管道，如调蓄/处理单元、流量隔板、泵站、拦河坝等，利用运动波或完全动力波流量演算方法模拟各种流量情势，如回水逆向流等。

另外，为模拟径流过程和污染物的输送，SWMM 可以估算与径流相关的污染物负荷。应用下面的过程就可以针对用户定义的水质进行模拟：①不同土地使用类型干旱天气下的污染物；②在暴雨产生时，特定土地使用类型的污染物冲刷；③降雨沉积的直接贡献；④道路清洁引起的干旱天气下污染物的减少；⑤BMP（Best Management Practice）引起的冲刷负荷减少；⑥干旱天气下公用系统径流的流入和排水系统任何一点的外部入流；⑦排水系统水质因子的演算；⑧储存单元的处理或管道中自然过程所引起的污染物浓度减小。

2. 模型基本结构

SWMM 的功能可以通过它所包含的各模块具体体现出来，主要包括五个模块：径流模块、输送模块、扩展输送模块、调蓄/处理模块和受纳水体模块。

（1）径流模块。径流模块用于模拟排水区域的水量和水质以及流至主要排水管线的流量演算和污染物运移过程演算。径流模块可以模拟的时段从分钟到年，短于一个星期的称为单一事件模拟，更长时间的模拟称为连续模拟。根据输入的任何形式雨量过程线、土地利用状况和地形特征，计算出地表径流，并以排水系统进水口处的流量过程线和污染物浓度过程线的形式储存其计算结果。

（2）输送模块。输送模块用于估算下渗和干旱天气下的流量，进而计算储蓄量。该模块也可用于对管道、检查井和地表渠道在干旱时期或降水时期的流量演算，输送模块将暴雨下水道系统看作一系列由检查井连接的管道，这些作为系统的直接输入。下水道特征参数包括坡度、长度、糙度和尺寸，这些由管道的几何性质决定。SWMM 元件各种管道形状，如圆形、矩形等。模型的输入是来自各个地表子流域的径流过程线和污染物浓度过程线。洪水单位线和污染物浓度过程线通过下水道来演算，而且结合了干旱流量和地下水下渗过程。

（3）扩展输送模块。扩展输送模块可以模拟一些特殊的水力条件，如回水过程、回路型下水道系统和洪水过量时出现的有压流等。

（4）调蓄/处理模块。调蓄/处理模块主要模拟污水处理设施对"输送"或"扩展输送"模块得到的径流过程线和"污染物浓度"的调蓄与降解作用。使用者可以根据实际情况启用该模块。可以模拟下列要素：污水蓄水池、拦污格栅、筛网、上浮和气浮、砂滤、高速过滤、旋流分离器、涡旋浓缩、加氯器以及其他一些化学处理设施等。只要使用者输入处理设施的尺寸和所要求的处理程序，程序可自动计算。

该模块还同时兼有计算各项处理设施的工程费用、土地利用费用以及运行与维护费用的功能。

（5）受纳水体模块。它的输入是"输送"或"扩展输送"模块的出流（分流制排水系统出流或合流制排水系统溢流），也包括"调蓄处理"模块的出流（即经污水处理厂处理过的污水出流）。程序计算它们对受纳水体水质的影响。受纳水体一般为具有广阔水面的水体。可描述成与排水系统相连的节点网络系统进行分析，其边界条件可以是堰闸或某种潮汐水流条件。

在运算中，输送模块、扩展输送模块及调蓄/处理模块，可接受除受纳水体模块以外任何其他模块的输入。各模块的输出过程可以再次输入到任何其他模块（包括其自身）中，但是径流模块例外，它不能接受任何模块的输入，同样，受纳水体模块不能将其输出作为其他模块的输入。

在实际应用 SWMM 时，以上几个计算模块可以同时应用，也可以根据用户的需要选用其中的任意个或几个使用。除了上述五个计算模块以外 SWMM 还包括三个服务模块，即执行模块、联结模块和统计模块。

SWMM 的输出项目有：输入资料清单；系统中任何位置的流量过程线和污染物浓度过程线；超负荷水量及所需的泄流能力；对连续模拟，统计输出有关参数逐日、逐月、逐年及模拟期间总的计算值大小，并进行频率分析，计算各阶矩阵。

7.2.1.3 水箱模型

详见数字资源 7（7.2）。

7.2.2 分布式与半分布式水文模型

7.2.2.1 SWAT 模型

详见第 2 章。

7.2.2.2 VIC 模型

1. 引言

大尺度陆面水文模型是应气候系统模式发展和陆面过程模型研究的需要，在传统水文模型的基础上发展起来的。大尺度是相对于传统水文学研究中以研究尺度不大的流域（1～1000km²）为对象的传统水文模型而言的，其研究区域尺度大致为 10000～100000km²。这里的陆面过程是指能够影响气候变化的发生在陆地表面和土壤中控制地气之间动量、热量及水分交换的那些过程，主要包括地面上的热力过程、动量交换、水文过程、地表与大气间的物质交换、地面以下土壤的热传导和孔隙中的热输送以及地下的水文过程等。这些过程受大气环流和气候的影响，反过来又影响大气的运动。大尺度陆面水文模型需要保持传统水文模型能较真实地预报地表径流、河网流量，以及预报流入海洋的淡水通量的功能，这对于改进大洋环流、全球海-陆-气耦合过程的模拟，以及进一步改善气候科学的研究水平是十分重要的。除此而外，更能体现多圈层系统中水圈所扮演的重要角色，即要通过大尺度水文过程与陆面蒸发过程和能量平衡过程的真实耦合，体现水文过程与大气圈、海洋圈的相互作用。因此，只有对陆地尺度上的水文循环进行良好的描述，才能更好地预测人类活动、土地利用等条件改变下的未来全球气候可能发生的变化，以及水资源、水文气候的极端过程和极端事件。

可变下渗能力（variable infiltration capacity，VIC）模型是一个于 1994 年提出并开发而成（Liang et al.，1994）的大尺度陆面水文模型，可同时进行陆-气间能量平衡和水量平衡的模拟，也可只进行水量平衡的计算，输出每个网格上的径流深和蒸发，再通过汇流模型将网格上的径流深转化成流域出口断面的流量过程，弥补了传统水文模型对热量过程描述的不足。VIC 模型在一个计算网格内分别考虑裸土及不同的植被覆盖类型，并同时考虑陆-气间水分收支和能量收支过程。模型最初设置一层地表覆盖层、两层土壤、一层雪盖，主要考虑了大气-植被-土壤之间的物理交换过程，反映土壤、植被、大气之间的水热状态变化和水热传输，称为 VIC-2L，后来为了加强对表层土壤水动态变化以及土层间土壤水的扩散过程的描述，将 VIC-2L 上层分出一个约 0.1m 的顶薄层，而成为三层，称为 VIC-3L（Liang et al.，1998）。该模型已作为大尺度水文模型分别用于美国的 Mississippi、Columbia、Arkansas-Red、Delaware 等流域的大尺度区域径流模拟（Abdulla et al.，1996；Nijssen et al.，1997；Lohmann and Raschke，1998）。之后，发展成为能同时考虑蓄满产流和超渗产流机制以及土壤性质的次网格非均匀性对产流影响的新的地表径流机制，并用于 VIC-3（Liang and Xie，2001；Liang，2003）。在此基础上，可以建立气候变化对中国径流影响的评估模型及大尺度陆面水文模型框架（苏凤阁和谢正辉，2003；谢正辉等，2004a）。在上述模型框架下，能够模拟量对气候变化对海河流域水文特性的影响（Yuan et al.，2004，2005a，2005b）。此外，可以将地下水位的动态表示问题归结为运动边界问题，并利用有限元集中质量法数值计算方案，建立地下水位的动态表示并用于 VIC-3L，从而建立能动态模拟地下水位的大尺度陆面水文模型框架（Liang et al.，2003；杨宏伟和谢正辉，2003；谢正辉等，2004b）。

2. 模型基本原理

VIC-3L 模型设置一层地表覆盖层、三层土壤，其水平和垂直特性概化如图 7.1 所示。

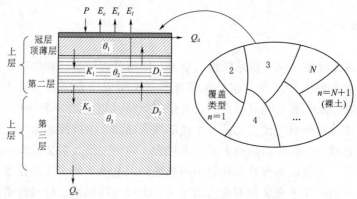

图 7.1　VIC-3L 水平和垂直特性概化

模型基于简化的 SVATS 植被覆盖分类，认为陆地表面由 $N+1$ 种地表覆盖类型描述，这里 $n=1, 2, \cdots, N$，表示 N 种植被覆盖类型，$n=N+1$ 代表裸土。陆面覆盖类型由植物叶面积指数（leaf area index，LAI）、叶面气孔阻抗以及根系在不同层之间的分配比例来确定，每种植被的蒸散发量由该植被覆盖层的蒸散发潜力以及空气动力学阻抗、地表蒸发阻抗和叶面气孔阻抗来计算，和每种地面覆盖类型联系在一起的是单层的地表植被层以及垂直方向的三个土壤层。

模型将土壤分为三层，其中第一层顶薄层对小降雨事件较为敏感，主要用于反映土壤水分的动态变化，上层（第一层和第二层）土壤用来反映土壤对降雨过程的动态影响，下层土壤（第三层）反映暴雨过程影响的缓慢变化过程，用来刻画土壤含水量的季节特性。

模型考虑了地表覆盖以及土壤类型的次网格水平不均匀性。在每一网格内，对每类地表覆盖独立计算冠层截留、入渗、地表径流、基流、蒸散发、潜热通量以及感热通量等，最终累计网格内所有地表覆盖类型的计算结果，就可以得到向大气传输的感热通量、潜热通量、有效的地表温度以及总的地表径流和基流过程等。

7.2.2.3 DTVGM 模型

DTVGM（Distributed Time Variant Gain Model）模型最初由夏军等于 2002 年提出，该模型以 GIS/DEM 为基础，利用 GIS 手段提取坡度、坡向、水流路径、河流网格和流域边界等地形地貌信息，而在水文物理过程的考虑上，采用了分布式水文模型构建的通用模式，以水量平衡方程为核心，将水文循环中各个过程（融雪、蒸散发、地表径流、壤中流、地下径流、汇流等）进行整合，DTVGM 模型结构如图 7.2 所示。

分布式时变增益水文模型是将单元时变增益通过拓广到流域分布式水文模拟的一种新的系统分析途径。通过提取流域下垫面空间变化信息，包括单元坡度、流向、水流路径、河流网络、流域边界、土地利用和土壤类型等。在基于划分的流域单元子流域或网格上对非线性产流、冠层截留、蒸散发、融雪、下渗、上层下层土壤水产流水量平衡方程和蓄渗方程等物理过程进行模拟，基于动力网络原理利用提取的汇流无尺度网络进行分级网格汇流演算，从而得到流域水循环要素的时空分布特征以及流域各单元的出口断面流量过程。

该模型将水文非线性系统理论与分布式模型框架有机地结合起来，有明确的水文意义，能够反映流域下垫面土壤类型土地利用植被覆盖变化等的复杂空间变异性，同时模型简单易用，对于不同流域、水文资料信息不完整或不确定性干扰下的水文模拟具有较强的适应能力，已经在很多流域得到验证，同时模型也广泛应用于气候变化和人类活动影响评估等方面的研究，此外，将模型与遥感模型的耦合为提供高分辨的多源驱动信息进一步解决了模型在无资料或缺资料地区的水文模拟。

分布式时变增益模型（distributed time variant gain model，DTVGM）是非线性方法的扩展，用于使用 GIS/RS 平台和局部水文过程信息模拟分布式水文流域。可基于 DEM 网格和空间数字信息描述降雨、蒸发蒸腾和土地覆盖的时空变化；将径流生成过程和流量演算过程结合土壤含水量，进行基于网格元素的水文模拟。DTVGM 包括分布式输入数据处理、网格单元径流模型和分层网格收敛模型。其中主要应用如下所述。

1. DTVGM - WEAR 模型

DTVGM - WEAR 模型的核心模块包括水循环及其伴随的生物地球化学过程的模拟及评估（evaluation）、水资源配置（allocation）及其调度（regulation）。水循环及其伴随过程

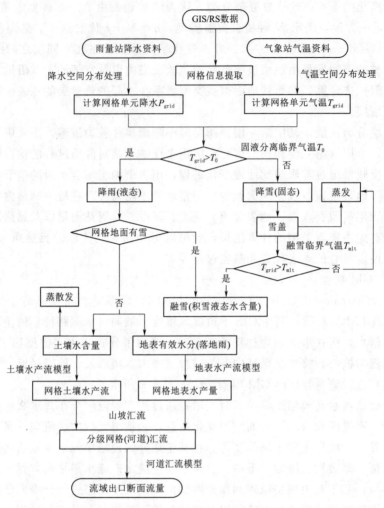

图 7.2　DTVGM 模型结构

的模拟。根据流域数字高程模型（DEM）划分不同的计算单元（子流域或网格），进一步考虑流域下垫面的空间变异性（土地利用及土壤类型的不同）将计算单元划分为多个亚计算单元（次网格或水文响应单元）。在每个亚单元内进行能量传输包括冠层辐射传输、土壤热运动、能量平衡的模拟以及水分交换包括植被截留、蒸散发、产流、土壤水和地下水的模拟。同时考虑水循环伴随的生物地球化学过程的模拟包括植被（作物）的生长过程、碳、氮、磷循环的流域面源产污过程。流域内横向水分传输包括在计算单元内的进行坡面汇流计算以及在计算单元间通过构建自然水系网络图进行河道汇流演算。

　　水资源配置及其调度过程的模拟。根据自然水系网络图、水源工程及用水户分布，水源工程与用水户之间的供用水关系，通过自然水系及概化渠系将水源工程、用水户进行供、排连接，形成自然-人工相互作用与反馈的水资源配置系统网络图（water allocation network），其实质是一个有向无环图。

　　在流域计算单元及水资源系统网络的统一编码基础上，将水循环及其伴随过程的模拟结果作为水资源系统配置的边界条件，进行水资源配置过程的综合"在线"模拟，即在每个水文单元上进行水文过程及其伴随过程的模拟,在进入河网系统后,基于一定配置规则集合,各供水工程对用水户进行水资源分配,同时用水户退水又对自然水循环发生反馈。在考虑简化计算时,模型可以进行水资源配置的"离线"模拟,即将实测或还原的径流资料作为边界条件直接输入水资源配置系统网络对应节点进行水资源配置。

2. DTVGM-CASACNP 模型

生态水文双向耦合模型 DTVGM-CASACNP 由流域水循环模块、能量平衡模块、光合作用模块、碳氮磷生物地球化学循环模块四大部分组成。其中流域水循环模块主要包括垂直方向大气水-植物水-地表水-土壤水-地下水等的转化以及水平方向的径流传输模拟;能量平衡主要包括冠层辐射传输、冠层及地表能量平衡以及土壤热传导中能量转化过程的模拟;光合作用模块主要包括光合有效辐射吸收、光合作用及气孔导度等碳同化相关过程的模拟,碳、氮、磷生物地球化学循环模块主要包括植物生长,碳、氮、磷元素在不同生物地球化学库包括植物库、凋落物库以及土壤库中的相互转化过程的模拟。

DTVGM-CASACNP 生态水文双向耦合模型基于 DTVGM 和 CASACNP 模型构建。DTVGM 模型是夏军提出并发展的通过结合空间数字化信息将集总水文模型拓展应用到流域时空变化模拟的分布式水文模型(夏军等,2004),该模型将水文非线性系统理论与分布式模型框架进行有机结合,对于不同流域、水文资料信息不完整或不确定性干扰下的水文模拟具有较强的适应能力,已经在多个流域得到较好的验证(Zhan et al.,2013)。为了描述生态水文耦合的相互作用过程,本节对 DTVGM 进行改进,将 DTVGM 中基于水量平衡的两层土壤水模块改为基于 Richards 方程的土壤水数值模拟模型,将基于 Bagrov 的蒸散发模块改为土壤-植被双源蒸散发模型,增加了能量平衡模拟以及土壤热运动模块。生物地球化学模型 CA-SACNP 是由 Wang(2007)等和 Houlton(2008)等基于 CASA(Carnegie-Ames-Stanford Approach)模型发展而来的,可以模拟植被动态过程以及碳、氮、磷的循环,该模型已经用于全球或区域碳、氮、磷循环的研究,并得到了较好的验证(Wang et al.,2010)。本耦合模型中植物的光合作用采用基于瞬时尺度的 Farquha(Farquhar et al.,1980)光合作用模型,气孔导度模型采用具有一定物理机制的 Leuning(Leuning,1995)冠层导度模型。

生态水文双向耦合模型各模块主要运行机制如下:①流域水循环模块,主要计算各单元内的冠层截留、蒸散发、产流、土壤水运动、坡面汇流以及河网汇流等自然水文过程;②能量平衡模块,主要计算各单元冠层及土壤各项能量收支项包括短波辐射、长波辐射、潜热通量、感热通量、土壤热通量等能量通量以及冠层和地表、土壤温度变化等;③光合作用模块,主要计算冠层吸收的光合有效辐射、水汽及 CO_2 气孔导度、光合作用净光合速率、初级生产力(gross primary productivity,GPP)等碳同化相关过程;④碳、氮、磷生物地球化学循环模块,主要计算植物自养呼吸、净初级生产力(net primary production,NPP)及其分配、叶面积指数,碳、氮、磷在植物库、凋落物库以及土壤库中的相互转化通量以及异养呼吸等生物地球化学过程。

DTVGM-CASACNP 以流域水循环为纽带,耦合了伴随的能量通量以及碳、氮、磷的生物地球化学过程,通过本架构实现水、能量通量、碳、氮、磷过程的紧密耦合以及反映其相互作用及反馈的实时动态关系,可以实现陆面水文-生物地球化学过程的耦合模拟,为陆地水、碳、氮、磷循环研究和水资源及生态管理提供基础支撑。

3. 模型理论方法

（1）水文过程模拟。DTVGM 将水文非线性系统理论与分布式模型框架有机地结合起来，有明确的物理意义，能够反映流域下垫面土壤类型及土地利用/植被覆盖变化等的复杂空间变异性。同时模型简单易用，对于不同流域、水文资料信息不完整或不确定性干扰下的水文模拟具有较强的适应能力，已经在很多流域得到验证，如黑河流域（夏军等，2003）、黄河流域（叶爱中等，2006）、淮河流域（Zhan et al.，2013）、滦河流域（曾思栋等，2014）等。DTVGM 产流模型是一个水量平衡模型，通过迭代求解各水文要素包括蒸散发、土壤含水量、地下含水量、地表径流、壤中流与地下径流。汇流过程通过数字高程模型 DEM（Digital Elevation Model）得到每个网格的流向、水流累积值，提取河网水系，将河网建立成有向无环图的网络，在每个子流域内用运动波计算坡面汇流，通过网络连接采用运动波或马斯京根法进行河网汇流计算。

（2）水质及水生态过程模拟。目前，水资源配置研究大多是针对水量进行、较少考虑不同用水户对水质的要求，然而满足水质要求的水资源才能对相应的用水户产生效益。考虑水质要求的水资源配置的基础是流域及河道内水质的模拟，包括流域面源污染、人类活动点源排放、河道内污染物迁移转化模拟。本模型中流域生态过程以 DTVGM-CASACNP（曾思栋等，2014）对碳、氮、磷循环的模拟为基础，进一步耦合通用流域污染负荷模型 GWLF 关于各源汇项的计算进行流域非点源估算（Haith et al.，1992）。河道内水质水生态过程以 DTVGM-QUAL2E 为基础（Xia et al.，2014），根据计算步长选择零维或一维污染物迁移转化模型进行模拟，河流中水生态过程主要反映在物质循环包括各物质的生物、物理、化学过程，如藻类生长、生物降解等。对于缺乏数据情况下，可采用集中反映河流生态要求的生态流量对生态过程要求进行概化处理，实现水量-水质-水生态过程的耦合。

7.3　生态水文模型应用实例——RS-DTVGM 模型

7.3.1　研究区概况

1. 位置面积

济南市（东经 116.2°～117.7°，北纬 36.0°～37.5°）位于山东省中西部，南部临近泰山，北部跨过黄河，地处鲁中南地区丘陵与鲁西北冲积平原的交接带上，地势整体南高北低，区域总面积为 8227km²。山地、丘陵和冲积平原从南到北横跨济南市，地形可分为三带：南部丘陵山区带、中部山前平原带以及北部临黄带，境内主要山峰有长城岭、跑马岭、梯子山、黑牛寨等，境内山地丘陵 3000 多 km²，平原 5000km²；最高海拔 1108.4m，最低海拔 5m，高差 1103.4m。

2. 自然条件

（1）地质。济南地处鲁中南低山丘陵与鲁西北冲积平原交接带，南依泰山，北跨黄河，地层南老北新，南部以古生界石灰岩为主，北部以新生界松散堆积物为主。大地构造处于华北板块的华北拗陷区的济阳坳陷和鲁西隆起区之鲁中隆起的衔接地带。北部为济阳坳陷、淄博-茌平坳陷，南部为鲁中隆起，属向北倾斜的单斜构造。

（2）地形。地势南高北低，呈现由南向北依次为低山丘陵、山前冲积-洪积倾斜平原和黄河冲积平原的地貌形态。

　　（3）气候。济南属于暖温带大陆性季风气候区，四季分明，日照充分，全市年平均气温14.2℃。1月最冷，平均气温为-0.2℃；7月气温最高，平均气温为28.3℃。年平均降水量548.7mm。

　　（4）水文。济南市河流分属黄河、淮河、海河三大水系。湖泊有芽庄湖、大明湖、白云湖等。山区北麓有众多泉群出露，仅市区就有趵突泉、黑虎泉、五龙潭、珍珠泉四大泉群。

7.3.2　产汇流过程模拟

　　目前，流域产汇流在大多数情况下都是应用流域水文模型来进行模拟的。流域水文模型是由描述流域降雨径流形成的数学函数构成的一种数学物理模型，它严格满足流域水量平衡原理。

　　水文模型将流域概化成一个系统，包括系统输入、系统主体和系统输出三部分，它根据输入条件，通过模型结构来求解输出结果，其实质是对流域内的产汇流过程进行模拟计算。

　　在进行流域产汇流模拟时，一般将流域划分为若干子流域，这些子流域或网格构成了流域内不同的水文响应单元；接着对各个水文响应单元进行产流模拟和汇流模拟，得到单元的出流过程；然后将得到的各个单元出流过程通过河道洪水演算方法，即得到其在流域出口的出流过程；最后将各个单元在流域出口的出流过程叠加，即求出流域出口的流量过程。

　　分布式水文模型是当前研究的热点之一，它应用数字高程模型（DEM），自动把流域分成不同的网格，每个网格构成一个水文响应单元，同时生成流域的河网；接着在各个网格内进行产流计算，得到每个网格内的产流量；然后根据网格间的流向，依据一定的方法汇流（如线性水库等），直至汇入生成的河网；最后再进行河网内的汇流演算。

　　总的来说，流域产汇流模拟主要包括产流模拟、汇流模拟以及洪水演算三个部分。产流模拟即是对流域内的降水进行扣除损失的计算；汇流模拟主要指水文响应单元内的汇流计算或者网格间的汇流计算（即扣除损失后的净雨向径流转化的计算）；而洪水演算则主要指河道或河网内上下断面间的流量演算（有时也进行水位演算）。

　　流域产汇流过程是一个高度非线性和空间变异的复杂过程，传统水文模拟方法对产汇流过程中的许多问题采用简化或线性化的处理方法，很难描述水文过程非线性与空间分布不均匀性的特征。

7.3.3　气候变化对产汇流过程影响

　　变化环境下流域水循环及水资源演变研究已成为国内外水科学领域的研究热点，气候变化和人类活动作为变化环境的重要组成部分，其带来的水文效应受到广泛关注（Barnett et al.，2008；Piao et al.，2010）。目前，在评估气候变化和人类活动对径流变化影响方面，主要有两类方法：基于水文模拟的方法和基于Budyko假设的水量平衡方法（Wang，2014）。前者的优点是水文模型有一定机理性解释，且从日到年等不同时间尺度上，模型模拟有显著优势。但模型结构和参数的不确定性及流域内地形、土壤、植被和气候之间关系的复杂性等，影响了模型响应范围以及模型变异性（Sivapalan et al.，2003）。此外，模型模拟对数据质与量的要求较高，分布式模型尤其如此（Yang et al.，2014），而并非所有流域均有如此完备的数据。基于Budyko水热耦合平衡理论的水量平衡法较传统的数理统计经验法具有明显物理意义，且计算过程相对简单，参数较易获取，在年及多年时间尺度上，是一种理想的分析方法（Dooge et al.，1992），已被广泛应用于流域径流变化归因研究（Zheng et al.2009；Xu et al.，2014）。

在流域径流变化特征归因分析方面，在具体流域尺度上已有较多研究。许多学者对中国各大江河流域径流变化进行了归因分析，如长江流域的支流岷江流域以及鄱阳湖流域。所用的研究方法较多，有统计方法，如线性回归法（Zhao et al.，2015）、双累积曲线法（Zhang et al.，2016）等。也有部分研究综合运用统计方法、水文模型模拟以及基于 Budyko 假设的灵敏度分析法等（Zhang et al.，2016）。相关研究在黄河流域、海河流域、西北地区等也有较多开展（Liang et al.，2015；Xu et al.，2014）。上述研究对于理解具体流域径流变化成因具有重要意义。然而，上述研究运用的方法不同，对比时段不同，难以进行大空间尺度对比研究。事实上，已有少量在全国尺度探讨气候变化对径流变化影响的研究，而已有研究主要针对的是气候变化的影响，对于人类活动对径流变化的影响，并未开展定量研究，缺乏径流对人类活动响应的系统研究（Yang et al.，2014）。同时，在运用基于 Budyko 假设的水热耦合平衡方程开展相关研究时，考虑不同气象因子对径流变化影响的尚少（Yang et al.，2011），如太阳辐射、气温、相对湿度等的影响。已有诸多研究表明（Zhu et al.，2009），FAO 修正的 Penman - Monteith 模型适用于不同气候类型区潜在蒸散发量计算及气候变化对水循环影响研究。因此，可以尝试以修正的 Penman - Monteith 蒸发来推导各气象因子对径流的弹性系数，进一步量化蒸发因子（最高气温、最低气温、太阳辐射、风速和相对湿度）对径流变化的影响。

基于目前径流变化归因研究现状，结合中国气候变化与人类活动影响下水资源时空特征、机理及归因研究的实际需求，针对中国水资源 10 大流域片区 372 个水文站点的月径流数据，基于 Budyko 假设的水热耦合平衡方程，系统地量化气候变化与人类活动对中国各流域径流变化影响，并结合 FAO 修正的 Penman - Monteith 模型，进一步推求太阳辐射、最高气温、最低气温、风速、相对湿度五个蒸发因子对径流变化的弹性系数，量化各蒸发因子对径流变化的影响。该研究对全面而深入探讨变化环境下水循环过程及水资源演变机理，理解气候变化和人类活动对中国各大流域径流演变相对贡献具有重要理论意义，对于中国水资源规划管理，防灾减灾及保障水资源安全具有重要现实意义。

以济南市行政区内完整的玉符河流域为例，利用 IPCC5 三种情景（RCP2.5、RCP4.5、RCP8.5）预测数据，驱动 RS - DTVGM 模型对 2030 年气候变化下径流量进行预测；水量的变化引起水质的联动变化，基于此探究水量与水体污染物浓度的关系，在水文、水质因子变异研究的基础上，结合构建的水文-水质-水生物多维响应模型预测未来河流水生物状况，从而预测河流健康发展趋势，与河流健康现状对比，明确气候变化对河流健康的影响。

RS - DTVGM 模型是在 DTVGM 的基础上，经 EcoHAT 遥感水文小组改进，在充分考虑数据的可获取性的同时，增加了模型参数的物理意义，加强了与遥感数据的耦合，模型输入变量与参数尽可能地通过直接或间接的手段以遥感技术获取，使得模型能够在遥感数据的驱动下即可运转，减少其他输入数据的需求。

本节取玉符河上游为典型研究区，该区域河段属于山区河流，同时下游的卧虎山水库为济南市唯一大型水库和极为重要的地表饮用水源，上游无工厂，农田规模较小，因而受面源与点源污染影响小，其污染主要来源于居民聚居区的生活污染，但由于是山区，居民区规模受限、难以发展，因此预测 2030 年河流健康趋势时可不考虑人类活动对河流健康造成的影响。

1. 区域水循环驱动下的未来河流水文状况预测

本节利用分布式水文模型 RS-DTVGM，结合 IPCC AR5 三种情景模式预测数据，模拟气候变化下玉符河流域代表性点位（J1）径流量，进而计算未来河流健康水文指标（生态需水供需比和流速）。

（1）典型流域及控制断面选取。玉符河发源于济南南部山区，全长 41km，流域面积为 827.3km^2。该流域是济南市内重要的水源涵养区，受人类活动影响小，也是水生态文明城市建设工作中的重点保护区。玉符河流域内包括并渡口（J1）、宅科（J5）、睦里闸（J16）三个水生态采样点，J1 控制着玉符河三大支流，综合反映了上游河流健康状况；J1 下游的卧虎山水库是济南市唯一大型水库和重要的地表水源地，从水量、水质、水生物多方面保障 J1 河流健康可有效保障济南市用水安全；此外 J1 及其上游全部为山区河流受人类活动影响小，其未来变化主要取决于气候因素的变化。综上，J1 是研究玉符河流域河流健康的最佳控制断面，且其河流健康状况直接影响到济南市水资源安全，故本章以 J1 为例进行气候变化对河流健康影响预测研究。

（2）基于区域水循环的径流量模拟。监测点 J1 位于玉符河河口的卧虎山水文站附近。本节基于卧虎山水文站 2013—2015 年水文数据，使用 2013 年、2014 年数据进行参数率定，2015 年数据用于精度验证，模型数据准备见表 7.2，其中遥感数据空间分辨率为 1km；DEM 分辨率 30m，重采样为 1km。

表 7.2　　　　　　　　　　RS-DTVGM 模型输入数据库

数据代码	数据说明	数据来源	单位
DEM	高程	ASTER-GDEM	m
LST	地表温度	MODIS 产品 MOD11A2	K
LAI	叶面积指数	MODIS 产品 MOD15A2	
SnowCover	积雪覆盖度	MODIS 产品 MOD10A2	
Albedo	地表反射率	MODIS 产品 MCD43B3	
T_{air}	气温	IPCC 5	K
P	降水	IPCC 5	mm
Landuse	土地利用类型	基于遥感影像目视解译	
VegCover	植被覆盖度	遥感反演	mm
RootDepth	根系深度	遥感反演	m
ET_p	潜在蒸散发	遥感反演	mm
SnowMelt	融雪量	遥感反演	mm
WCF_T	表层土壤田间持水量	HWSD、SPAW	%
WCF_S	下层土壤田间持水量	HWSD、SPAW	%
WCS_T	表层土壤饱和含水量	HWSD、SPAW	%
WCS_S	下层土壤饱和含水量	HWSD、SPAW	%
WCW_T	表层土壤凋萎含水量	HWSD、SPAW	%
WCW_S	下层土壤凋萎含水量	HWSD、SPAW	%

径流量模拟结果如图 7.3［彩图见数字资源 7（7.3）］、图 7.4 所示，结果显示 Nash 系数和 R^2 分别为 0.5、0.72，表明模型可用于模拟该区域径流量。

图 7.5［彩图见数字资源 7（7.4）］给出了 RS-DTVGM 模型模拟得到的 2030 年玉符

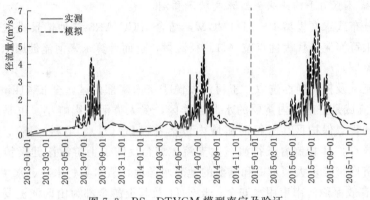

图 7.3　RS-DTVGM 模型率定及验证

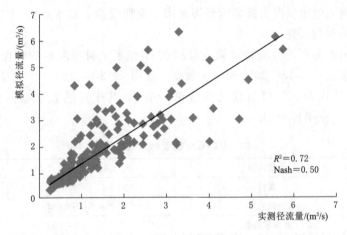

图 7.4　模拟值与实测值对比

河流域日尺度径流过程曲线。由图可知，气候变化下，2030 年径流量相比现状年有明显抬升，RCP2.5 情景下年均径流量为 $1.45m^3/s$ 是 2013—2015 年平均径流量的 1.53 倍，峰值径流量为 $8.68m^3/s$；RCP4.5 情景下年均径流量为 $1.49m^3/s$ 是 2013—2015 年平均径流量的 1.57 倍，峰值径流量为 $8.94m^3/s$；RCP4.5 情景下年均径流量为 $1.55m^3/s$ 是 2013—2015 年平均径流量的 1.63 倍，峰值径流量为 $9.29m^3/s$，可见气候变化增加了河道径流，主要体现在降水频次增加和峰值流量增加。不同 RCP 情景对径流量影响区别不大。

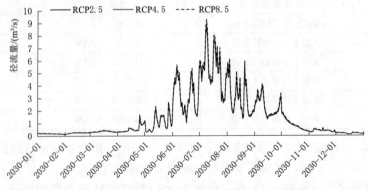

图 7.5　2030 年 J1 气候变化情景下日径流过程

（3）气候变化情景下生态需水供需比计算。由 DTVGM 模拟结果，统计可得到月平均径流量，由此通过（径流量/生态需水量）计算得到生态需水供需比见表 7.3。气候变化下导致生态需水供需比大幅上升，6—9 月可以完全满足生态需水量，5 月可基本满足生态需水，可以为生物提供更大的产卵场所，其余月份生态需水不能得到满足。

表 7.3　　　　　　　　　气候变化场景下逐月生态需水供需比

月　份	RCP2.5	RCP4.5	RCP8.5
1	0.17	0.18	0.18
2	0.22	0.23	0.24
3	0.31	0.32	0.33
4	0.48	0.50	0.52
5	0.90	0.93	0.97
6	2.84	2.92	3.03
7	4.71	4.85	5.04
8	2.61	2.68	2.79
9	2.03	2.09	2.18
10	0.76	0.79	0.82
11	0.33	0.34	0.35
12	0.15	0.15	0.16
平均	1.29	1.33	1.38

（4）气候变化情景下流速反推。由历史水文数据拟合流量-水位曲线后可根据流量数据推算水深，由水深和大断面数据计算得到过水断面后根据 $v = Q/A$ 计算流速。由于 J1 点位河段属于山区河流，河床多为石质，且两岸护坡经人工修葺，稳定性较强，可认为自然情况下 2030 年大断面与现状差异极小，故以现状年大断面作为计算未来流速依据。

2030 年流速计算结果见表 7.4。气候变化下径流量的升高引起流速相应增大，全年流速均在 0.2m/s 以上，鱼类产卵期流速均在 0.3m/s 以上，基本可以满足鱼类产卵需求。RCP2.5 情景下流速最大为 1.06m/s，最小为 0.25m/s，全年平均流速 0.49m/s；RCP4.5 情景下流速最大为 1.09m/s，最小为 0.25m/s，全年平均流速 0.51m/s；RCP8.5 情景下流速最大为 1.11m/s，最小为 0.26m/s，全年平均流速 0.53m/s。

表 7.4　　　　　　　　气候变化场景下月平均流速　　　　　　　　单位：m/s

月　份	RCP2.5	RCP4.5	RCP8.5
1	0.29	0.3	0.31
2	0.28	0.28	0.29
3	0.33	0.34	0.35
4	0.36	0.37	0.37
5	0.42	0.43	0.44
6	0.9	0.93	0.95
7	1.06	1.09	1.11
8	0.79	0.81	0.83
9	0.67	0.69	0.7
10	0.38	0.4	0.4
11	0.29	0.3	0.3
12	0.25	0.25	0.26
平均	0.49	0.51	0.53

2. 气候变化情景下河流水质状况预测

由于水质指标主要受人类活动影响，而人类在未来的活动难以预测，导致水质指标预测成为难题。本节中基于以下假设对河流水质进行预测：

（1）排污状况不变（包括污染物种类与排污量）。

（2）对于同一站点、同一月份，水体中污染物总量变化不大。

在这种情况下，水体中污染物浓度与流量可简化为以下模型：

$$\text{Vol} = \int (F \cdot C)\,\mathrm{d}t \tag{7.1}$$

$$F' \cdot C' = F \cdot C \tag{7.2}$$

$$C' = \frac{1}{F'} \cdot \frac{\mathrm{d}\text{Vol}}{\mathrm{d}t} = \frac{F \cdot C}{F'} \tag{7.3}$$

式中：F 为实测流量，m^3/s，C 为实测浓度，$\mathrm{mg/L}$；F' 为变化后的流量，m^3/s；C' 为流量变化后的浓度，$\mathrm{mg/L}$。

计算时 C 取三年同期平均值。由于在 9 次采样中采样的月份只包括 5 月、7 月、8 月、9 月、10 月以及 11 月，其他月份并无水质数据，因此本节仅讨论以上几个月份的水质变化情况。

图 7.6 [彩图见数字资源 7（7.5）] 给出了气候变化下简算的水质状况，可见除 TN 外，其余几个水质指标状况较好，未出现超标现象，仅 BOD 在 11 月指标状况略有下降。现状年大范围、大幅度超标的 TN 指标在气候变化引起的流量增加下超标状况得以缓解，仅 9 月与 11 月尚存在大幅超标现象，其余月份状况较好。由此可见，在现有排污条件下气候变化引起的流量增加可以稀释水体中污染物浓度，提高水质达标率。

3. 水文-水质-水生物多维响应模型构建

通过 PLSR 建立水生物与水文、水质关系。同时通过本节研究结果，应有关系 $\Delta H \sim \Delta HY$，其中 ΔH、ΔWQ、ΔHY 分别代表生物多样性变化量、水质指标变化量、水文指标变化量。则对于水生物多样性变化矩阵 Z 应有 $Z = f(X, Y)$，其中 X、Y 分别为水质指标变化矩阵和水文指标变化矩阵，即

$$Z = \begin{bmatrix} \Delta H_1 \\ \Delta H_2 \\ \vdots \\ \Delta H_i \end{bmatrix}, \ X = \begin{bmatrix} \Delta x_{11} & \Delta x_{12} & \cdots & \Delta x_{1j} \\ \Delta x_{21} & \Delta x_{22} & \cdots & \Delta x_{2j} \\ \vdots & \vdots & \ddots & \vdots \\ \Delta x_{i1} & \Delta x_{i2} & \cdots & \Delta x_{ij} \end{bmatrix}, \ Y = \begin{bmatrix} \Delta y_{11} & \Delta y_{12} & \cdots & \Delta y_{1j} \\ \Delta y_{21} & \Delta y_{22} & \cdots & \Delta y_{2j} \\ \vdots & \vdots & \ddots & \vdots \\ \Delta y_{i1} & \Delta y_{i2} & \cdots & \Delta y_{ij} \end{bmatrix} \tag{7.4}$$

式中：x_{ij} 为第 j 个指标对应于第 i 个多样性变化的水质指标变化量；y_{ij} 为第 j 个指标对应于第 i 个多样性变化的水文指标变化量。

在 SPSS（Statistical Package for the Social Sciences）中利用 PLSR（Partial Least Squares Regression），结合前文分析得到的水生物多样性关键驱动因子，以 Z 为因变量，分别以 X、Y 为自变量，做 X、Y 对于 Z 的 PLSR 分析，得到水质分量 $\frac{\partial Z}{\partial Y}$ 与水文分量 $\frac{\partial Z}{\partial X}$，即水质总体对水生物的影响和水文总体对水生物的影响，然后在 1stOpt 中进行 Z 对于 $\frac{\partial Z}{\partial X}$ 与 $\frac{\partial Z}{\partial Y}$ 的回归，最终得到 Z 与 X 和 Y 的关系。水质分量与水文分量的回归系数见表 7.5。

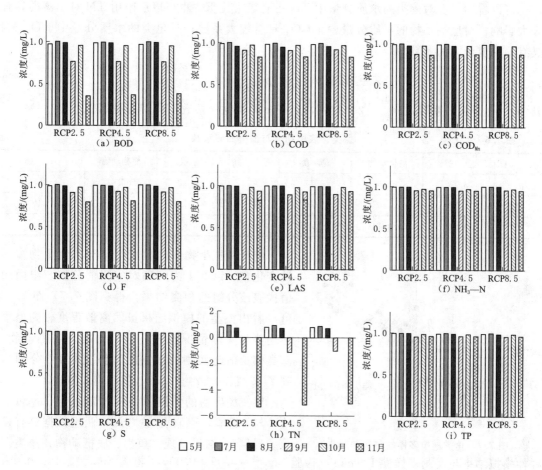

图 7.6 水质指标预测情况

表 7.5 水质分量与水文分量的回归系数

	藻 类		底栖动物		鱼 类	
水质	常数	2.93	常数	2.55	常数	2.50
	CO_3	−0.02	CO_3	−0.03	CO_3	−0.01
	COD_{Mn}	−0.03	Ca	0.02	DO	0.03
	Ca	0.01	Cond	0.01	HCO_3	0.02
	Cl	0.01	HCO_3	0.17	NH_3-N	−0.05
	NO_3-N	−0.05	TH	0.05	NO_2-N	−0.91
	TN	0.30	TP	−0.30	TA	−0.03
	Tem_a	−0.01	Tem_a	−0.03	TN	−0.01
	Tran	0.01	—		TP	−0.25
水文	常数	2.30	常数	1.69	常数	1.79
	Flow	0.21	Dep	−0.26	Dep	−0.38
	Vel	−0.18	Wid	0.30	Vel	0.59

可以看出，在对藻类的水质分量中 TN 占有较大比重，也可以反映出 TN 对于藻类具有较大影响；对底栖动物的水质分量中 HCO_3 具有较大系数；对鱼类的水质分量中 NO_2-N 具有绝对值最大的系数。

$$Z = p_1 + p_2 \frac{\partial Z}{\partial Y} + p_3 \frac{\partial Z}{\partial X} + p_4 \left(\frac{\partial Z}{\partial X}\right)^2 \qquad (7.5)$$

其中，p_i 为回归系数，$i = 1$、2、3、4，对于不同类物种系数不同，见表 7.6。

表 7.6　　　　　　　　　　　　鱼类、底栖动物与藻类回归系数

项　　目	鱼　类	底栖动物	藻　类	项　　目	鱼　类	底栖动物	藻　类
p_1	3.41	3.45	2.47	p_4	-0.12	-0.01	-0.32
p_2	1.36	0.55	1.95	R^2	0.67	0.47	0.45
p_3	0.04	-0.14	-0.68	RMSE	2.18	3.15	5.53

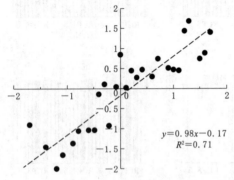

图 7.7　鱼类模拟多样性与实测对比

统计模拟生物多样性变化量与实测生物多样性变化量，以 0.1 为间隔对实测值分组，组内均值代表该分组的预测结果，得到图 7.7～图 7.9。可以看出模型的模拟结果虽然离散程度较高但整体趋势与实际情况比较符合，鱼类、底栖动物、藻类模拟值与实测值散点图趋势线的 R^2 分别达到了 0.71、0.57 与 0.51，斜率也较接近 1。

对三类生物的实测值与模拟值进行 Levene's 检验与 t 检验，原假设为"H_0：两组数据具有显著差异性"，结果发现：鱼类、底栖动物、藻类多样性模拟结果与实测多样性 Levene's 检验 Sig.❶$= 0.09 > 0.05$，t 检验 Sig. $= 0.49 > 0.05$，表明在置信水平为 95% 时模拟值与实测值的方差、均值差异性不显著；换言之，从统计学角度可认为两者在方差、均值方面差异性不显著，说明模型模拟结果精度较高，可以应用于实际。三类生物模拟值 Levene's 检验与 t 检验汇总见表 7.7。

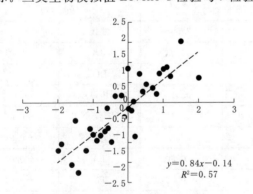

图 7.8　底栖动物模拟多样性与实测对比

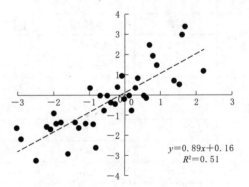

图 7.9　藻类模拟多样性与实测对比

---

❶　Sig. 为置信度。

表 7.7 三类生物模拟值 Levene's 检验与 t 检验汇总

类型	自由度	F	Sig.	t	Sig.
鱼类	138	2.81	0.09	0.68	0.49
底栖动物	172	7.32	0.07	0.51	0.61
藻类	168	5.34	0.20	−0.58	0.56

4. 气候变化情景下河流水生物状况预测

前两节中计算得到了气候变化下水文与水质指标，本节基于这些指标，结合 3. 小节中构建的水文-水质-水生物多维响应模型 $\left[Z=p_1+p_2\dfrac{\partial Z}{\partial Y}+p_3\dfrac{\partial Z}{\partial X}+p_4\left(\dfrac{\partial Z}{\partial X}\right)^2\right]$ 预测未来河流水生物的变化情况。受水质指标观测时间影响，对于水生物的讨论侧重于 5 月、7 月、8 月、9 月、10 月以及 11 月，计算结果如图 7.10 [彩图见数字资源 7 (7.6)] 所示。

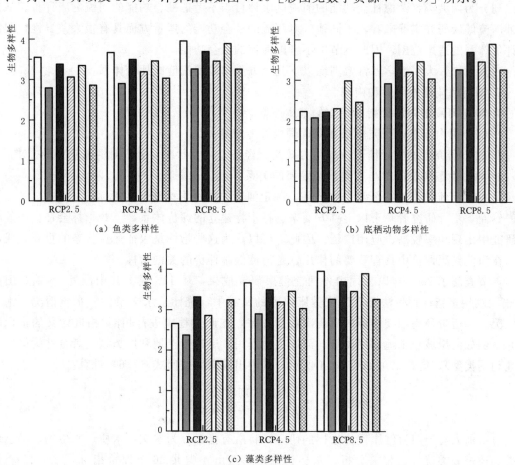

图 7.10 水生物指标预测情况

从图 7.10 可以看出，气候变化三种模式下水生物的变化比较均衡，气候变化下水生物状况总体而言 RCP2.5 < RCP4.5 < RCP8.5。鱼类、底栖动物、藻类三种生物的多样性具有一定的同步性，总体而言 5 月、8 月和 10 月较好。

5. 河流健康评价体系构建

构建一个适用性强、可用性好的河流健康评价体系是开展河流健康研究的基础，本章查阅了 2005 年至今的河流健康相关文献，分别从水文、水质、水生物、栖息地四个方面遴选河流健康评价指标，在此基础上探究指标的量化方法，并利用熵权法为指标赋权重，计算各级指标的加权和作为河流健康得分。

（1）评价指标遴选。河流健康评价指标的筛选是构建河流健康评价体系的前提，本节总结前人对于河流健康的相关研究，将所有指标分为水文、水质、水生物、栖息地四类，统计河流健康评价方法中选用的评价指标，建立候选指标集，然后通过统计分析、机理讨论剔除冗余指标，得到河流健康评价指标。

（2）候选指标集构建。自从"河流健康"这一概念被提出，众多学者从不同角度提出了自己对这一概念的理解，但在学界至今没有统一的定义。但从河流健康评价方面来看，大致可以划分为两大类：考虑社会功能的河流健康评价与不考虑社会功能的河流健康评价。从国内外河流健康研究实践来看，不同地区对河流的社会功能的考量方面具有很大差异性，限制了评价体系的适用范围，因此本节中不考虑河流的社会功能。

一直以来，大多数学者常常围绕以下几个方面构建河流健康评价体系：

a. 剖析河流健康概念和内涵。

b. 确定河流健康评价指标建立的基本原则。

c. 综合国内外典型研究成果和咨询国内外专家意见。

d. 结合研究区的实际情况（如地方政治、经济、社会状况）分析对河流功能的需求。

e. 考虑生态环境保持与人类社会发展的关系。

f. 根据河流的基本特征和个体特征，确定河流的共性指标和个性指标。

然而，不管研究者基于以上哪方面来选择指标建立的评价体系，一些指标会在国内外不同研究中出现频率较高、应用广泛。因此，可以认为这些指标是表征河流状态的重要组成部分，在河流健康评价中具有重要的作用，是河流健康评价的关键指标。

本节查阅了 2005 年以来国内外河流健康研究成果，从 116 篇（其中国外 56 篇，国内 60 篇）利用多指标评价法开展河流健康研究的文献中，统计了水文条件、水质情况、水生物状况、岸边带环境四类指标的出现次数及频率，在此过程中进行相同/相近含义的指标的合并（例如河岸坡顶土地利用类型、河岸土地利用、岸边带土地利用类型三者合并为岸边带土地利用类型），统计结果如图 7.11 所示，其中出现频率按照式（7.6）计算。

$$出现频率 = \frac{指标出现次数}{参与统计的文献量} \times 100\% \qquad (7.6)$$

总结前人对于河流健康评价指标的研究，将所有指标分为水文、水质、水生物、栖息地四类，通过分类统计、相关分析、指标讨论，筛选出 4 类共 26 个评价指标，水质指标 12 个：生化需氧量、化学需氧量、高锰酸盐指数、氯化物、溶解氧、氟化物、阴离子表面活性剂、氨氮、硫化物、硫酸盐、总磷、总氮；水文指标 2 个：生态流量供需比及流速；水生物指标 3 个：鱼类多样性、底栖动物多样性及藻类多样性；栖息地指标 9 个：堤岸稳定性、河道弯曲程度、河岸植被覆盖率、栖境复杂性、河床底质状况、河岸面源污染、速度和深度结合特征、河岸带植被宽度及堤岸改造程度。

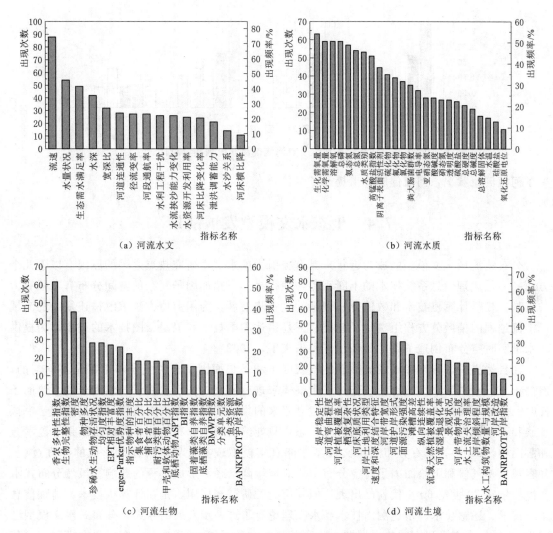

图 7.11 国内外研究使用指标统计

（由于指标数量庞大，因此总出现次数少于 5 次的未体现在图中）

6. 气候变化情景下河流健康趋势预测

由以上几节得到气候变化下基于区域水循环的未来水文、水质以及水生物指标状况，在此基础上，利用 5. 小节构建的河流健康评价体系，计算得到未来河流健康的发展趋势，如图 7.12 [彩图见数字资源 7（7.7）] 所示。

由 7.12 可以看出，相对于现状年，2030 年的河流健康状况总体好转，在 RCP2.5、RCP4.5 以及 RCP8.5 情景下的河流健康得分均大于现状年，且河流健康得分 RCP2.5 ＜ RCP4.5 ＜ RCP8.5，但三种情景下河流健康得分差别并不大。预测结果中，7 月河流健康得分最高，RCP2.5、RCP4.5 以及 RCP8.5 三种情景下分别为 2.72、2.82、2.86，其次为 8 月 (1.72、1.79、1.81)、9 月 (1.52、1.58、1.60)，最差的月为 11 月 (1.02、1.05、1.06)，该规律与径流量变化规律相近；现状年中河流健康状况最好的为 9 月 (1.28)，其次为 7 月 (0.76)，由以上数据可以看出，气候变化对水循环的影响传递到了生态系统中，改

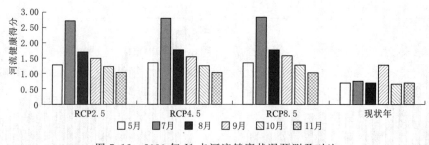

图 7.12　2030 年 J1 点河流健康状况预测及对比

变了河流健康状况，河流健康峰值提升了两倍。

7.4　生态水文模型发展前景

分布式流域水文模型能成为近年来具有吸引力的水文学研究热点之一的原因有以下几个方面：一是地理信息系统技术的不断完善，使得描述下垫面因子复杂的空间分布有了强有力的工具；二是计算机技术和数值分析理论的进一步发展，为用数值方法求解描述复杂的流域产汇流过程的偏微分方程组奠定了基础；三是雷达测雨技术和卫星云图技术的进步，为提供降水量实时空分布创造了条件（芮孝芳和朱庆平，2002）。

在自然界中，影响降雨径流形成的气候因子和下垫面因子在时空分布上都是不均匀的，但多年来，水文学家一直将流域作为一个整体来进行研究，从而忽视了气候因子和下垫面条件时空分布不均的事实。根据这种观点建立起来的集总式概念性水文模型一般只能用于模拟气候和下垫面因子空间分布均匀的虚拟状态，只能给出时空分布均化后的模拟结果（芮孝芳和黄国如，2004）。只有分布式水文模型才能真实模拟现实世界降雨径流形成的物理过程，并客观反映气候和下垫面因子时空分布不均对流域降雨径流形成过程的影响。虽然分布式水文模型早在 20 世纪 60 年代就已出现，但其广泛的研究与应用，是在计算机技术、地理信息系统技术、遥感技术、雷达测雨技术和水文理论有了进一步发展的今天，分布式水文模型已成为 21 世纪水文学研究的热点课题之一（芮孝芳和黄国如，2004）。分布式水文模型，尤其是具有物理机制的分布式水文模型，由于它们明显优于传统的集总式概念性水文模型，能为真实地描述和科学地揭示现实世界的降雨径流形成机理提供有力工具，因此，是一种具有广阔发展前景的新一代水文模型。

地理信息系统和遥感技术在水文学研究中的应用给水文模型的开发带来了良好的机遇。就目前的研究工作来看，水文模型和 GIS 的集成，有的是"相互独立"形式的集成，有的是松散或相对紧密型的集成，还都不是完全意义上的耦合。RS 技术对于水文模型能够提供流域空间特征信息，是描述流域水文变异性的最为可行的方法，尤其是在地面观测缺乏地区。但遥感资料还没有完全融入水文模型的结构中，直接应用还有很大的困难，又缺乏普遍可用的从遥感数据中提取水文变量的方法，这使得遥感技术在水文模型中的应用水平还比较低。因此，加强遥感技术与水文模型的集成和从遥感数据中提取水文数据的方法研究，将是未来相当长一段时间内水文模型发展的方向和重要研究领域。

7.4.1　地理信息系统技术的应用

地理信息系统是一种在计算机硬件和软件的支持下，基于系统工程和信息科学的理论，进行管理和综合分析具有空间分布性质的地理数据系统。与流域产汇流有关的地理数据主要有地面高程和反映土壤、植被、地质、水文地质特性的参数等，其中以数字高程模型最为有用，因为 DEM 不仅表达了地面高程的空间分布，而且据此可以自动生成流域水系和分水线、自动提取地形坡度和其他地貌参数，将 DEM 与表达土壤、植被、地质、水文地质特性参数的空间分布叠加在一起，还可以描述这些下垫面参数与地面高程之间的关系（芮孝芳等，2002）。

地理信息系统是用数字化方法描述具有复杂空间变化的水文过程的必要技术支撑。加强水文学与地理信息系统技术的结合，不断开发适用于水理论领域的地理信息系统技术，是水文学家的一项重要任务。地理信息系统技术是快速、自动、合理划分子流域的强有力工具。现有的地理信息系统软件已能自动形成网格和不规则三角形网格，根据网格型数字高程模型可以自动生成流域水系和分水线，自动按分水线划分子流域，并能自动提取每个子流域的地形地貌特征值，还能自动绘制泰森多边形和等时线等。如果将划分的子流域分布图与土壤、植被、地质、水文地质和土地利用图叠加，还可以提取各子流域或子区域的土壤、植被、地质、水文地质和土地利用特征。现在，由地理信息系统构建的数字化平台已成为描写水文现象时空分布和探讨降雨径流形成机理新的研究手段。

近年来，GIS 技术在水文模型开发中得到了广泛的应用。借助 GIS 强大的空间数据分析处理功能，水文模型的研究手段得到了根本性的转变。GIS 不仅可以管理空间数据，用于模型的输入、输出，而且还可以将水文模块植入 GIS，用户只需要根据 GIS 开发的界面操作，不需要涉及水文模型本身。就目前的研究及应用来看，GIS 与水文模型的结合主要表现为三种方式，即 GIS 软件中嵌入水文分析模块、水文模型软件中嵌入部分 GIS 工具（松散型结合）以及相互耦合嵌套的形式（紧密型结合）（吴险峰等，2002）。

分布式水文模型开发中，地形是十分关键的因素，GIS 用于分布式水文模型，可以用来获取、操作、显示这些与模型有关的空间数据和计算成果，使模型进一步细化，从而深入认识水文现象的物理本质。通过 GIS 可以提取流域的基本特征，包括下垫面特征、水系、河网等，并可以依据河网等级对流域进行任意子流域划分或者进行网格化划分，这不仅可以与传统的概念性流域水文模型相结合，管理提供基本的数据信息，并实现输入输出功能，更重要的是为分布式水文模型研制提供了平台。由 GIS 可以实现不同数据的可视化结合、数据转换，并可以减少模型输入时的数据误差（吴险峰等，2002）。

7.4.2 遥感技术的应用

遥感技术是 20 世纪 60 年代以后发展起来的新兴边缘学科，是一门先进的、实用的探测技术。在水循环领域，作为一种信息源，遥感技术可以提供土壤、植被、地质、地貌、地形、土地利用和水系水体等许多有关下垫面条件的信息，也可以获取降雨的空间分布特征、估算区域蒸散发、监测土壤水分等，这些信息是确定产汇流特性和模型参数所必需的。流域水文模拟的结果在很大程度上依赖于输入数据，只有获得详细的地形、地质、土壤、植被和气候资料，对大范围流域气候变化和土地利用产生的水文影响研究才有可能。通过遥感技术，能够弥补传统监测资料的不足，在无常规资料地区可能是唯一的数据源（吴险峰等，2002），大大丰富了水文模型的数据源。国外早期的研究主要是利用遥感资料提取流域地物信息、估算水文模型参数等，如进行土壤分类、应用一些经验性的模型估算融雪径流、估算损失参数等，后期主要集中在适应于遥感信息水文模型的开发和研制。国内也有这方面应用的尝试，主要集中在运用遥感资料获取流域水文模型的输入和率定有关的参数方面。

确切地掌握降水量的空间分布是开发分布式水文模型的重要条件。传统的定点测雨的雨量站难以给出复杂多变的降雨空间分布，而测雨雷达不同，它可以直接测得降雨的空间分布，提供流域或区域的面降雨量，并具有实时跟踪暴雨中心走向和暴雨空间变化的能力。尽管在当前科学水平下，测雨雷达的精度还有待提高，但它仍然是测雨技术必然的发展方向之一。雷达测雨是遥感测雨技术中的一种，应用卫星遥感测雨技术也在研究之中。大力发展雷达和卫星遥感测雨技术势在必行，相信随着雷达和卫星遥感测雨技术的进步，将会有力地推动分布式水文模型的研究和应用。

7.4.3 其他问题研究

水文尺度问题自 20 世纪 90 年代初被正式提出以后，在水文科学中一直受到国内外学者的广泛关注和重视。水文科学的理论研究与实践证明，不同时间和空间尺度的水文系统规律通常有很大的差异。不同尺度的水文循环机理是不同的，水文模型的结构也不尽相同，如何考虑流域水文过程的时空不均匀性和变异性是尺度问题的关键，影响这种不均匀性和变异性的主要因素有流域地形、植被覆盖、土壤及降雨、蒸发等气候因素，而采用新技术（如GIS、RS）获取更多的信息源是水文模型发展的一个趋势。尺度问题的存在，涉及这些信息源的时空分辨率问题。因此，对尺度问题的研究可以确定采集信息源的分辨率，如 DEM 的空间分辨率、遥感数据源的时空分辨率等，而分辨率的不同直接影响水文模型的模拟精度。不同的尺度对数据源的时空分辨率有不同的要求，但就具体的一般流域尺度而言，如果流域的时空不均匀性和变异性大，对反映这些特性的信息源的精度就有更高的要求，这里又同时涉及计算机的处理能力问题。由于水文变量时空分布的不均匀性和水文过程转换的复杂性，水文尺度问题和不同尺度之间水文信息转换的研究还存在很多困难，尺度问题还远未得到解决。因此，在分布式水文模型开发中，无论是从宏观综合还是微观研究，尺度问题始终是关注和研究的焦点。

由于没有足够的输入数据，这就限制了分布式水文模型模拟的精度。大气环流模型的不断开发，为水文模型提供了可选择的数据源。水文模型和大气模型中模拟的资料互相应用，可以取得较好的结果。而大气环流模型不适合模拟边界层的变量，如蒸散发和径流，没有包括陆地水循环中水的横向运动，对蒸散发的模拟完全是根据垂直方向的水量平衡。因此，加强水文模型与大气环流模型的耦合研究，仍然是今后水文模型研究的热点。

水循环深刻地影响着全球生态系统的结构和演变，影响着自然界中一系列的物理过程、化学过程和生物过程，也影响着人类社会的进步和人民的生产生活，在地圈-生物圈-大气圈的相互作用中占有显著的地位。因此，水文模型不仅在水循环研究领域有着重要的地位，在与水循环有关的其他系统的模拟研究中，水文模型也发挥着重要的作用。目前，水文模型除了在水资源评价、地表水污染和水环境预测中有较好的应用外，在农业灌溉、水土流失、地下水污染、土地利用变化影响、生态系统健康评价以及气候变化影响等方面的研究及应用都有待加强。加强水文模型与其他系统模型的耦合研究，以充分利用水文模型的研究成果是值得研究的工作。另外，水循环过程的物理规律是对水文过程进行准确描述的基础，而目前还远未完全掌握，这也限制了水文模型的发展。因此，充分利用新技术和新手段，加强水文物理规律的研究仍是今后水文模型研究的重点内容之一。

思考题

1. 简述分布式与半分布式水文模型的概念与应用领域。

2. 简述概念性水文模型的分类及其应用领域。

3. 简述概念性水文模型与分布式水文模型的区别。

4. SWMM 模型由哪几个模块构成？各个模块的作用分别是什么？

5. 简述 SHE 模型的基本结构及计算方法。

6. 简述使用生态水文模型的意义与未来发展方向。

7. 练一练：请搜集模型相关数据，任选一水文模型进行实际操作。

第 7 章　数字资源

第8章 水生态健康保护

随着社会经济的高速发展，科学确定生态流量、恢复河流生态、保护河流生态系统健康引起中央和国家领导人的高度重视。国务院于 2015 年 4 月发布《水污染防治行动计划》明确，系统推进水污染防治、水生态保护和水资源管理，科学确定生态流量，维持河湖生态用水需求，恢复河流生态。

本章首先概述水生态健康的发展和常用的水生态健康评价方法；其次，以淮河流域典型水生态调查为例，进一步展开介绍水生态健康调查分析、水生态健康评估的理论和方法；再次，介绍水生态健康保护措施、人类工程对水生态健康的影响评价等方面内容；最后，分单一河段和流域整体两个方面介绍水生态健康保护相关的评价方法并有针对性地提出了水生态健康保护的对策建议。

8.1 概　　述

8.1.1 水生态健康发展

河流生态系统健康常简称河流健康（敖偲成等，2020），河流生态系统管理和生态治理是河流生态学的研究热点，而河流健康评价是河流管理的基础性工作，是河流治理与管理的重要导向，因此，对河流生态系统进行健康评价极为重要（薛雯等，2019）。目前，河流健康尚无统一定义，受到广泛认同的是澳大利亚河流健康委员会提出的定义，"健康的河流应该是能够支撑社会所希望的河流的生态系统、经济行为和社会功能的河流"（张欧阳等，2010）。健康的河流生态系统包括三个方面：①河流生态系统的物理空间连续性；②种群及群落生态过程和生命历程的可持续性；③抵御外来物种竞争性的能力（刘悦忆等，2016）。

2017 年 6 月 27 日，《全国人民代表大会常务委员会关于修改〈中华人民共和国水污染防治法〉的决定》指出，保护和改善水环境水生态，推进生态文明建设，促进经济社会可持续发展。2018 年 4 月 24 日，习近平总书记强调，长江经济带建设要把长江生态修复放在首位。2019 年 2 月 18 日，中共中央、国务院《粤港澳大湾区发展规划纲要》强调绿色发展，要着重保护生态、构建全区域绿色生态水网、实施重要生态系统保护和修复重大工程；同年 9 月 18 日，习近平总书记在黄河流域生态保护和高质量发展座谈会上的讲话中特别强调，黄河局部地区生态系统退化、污染问题突出、生态流量偏低导致河口湿地萎缩、流域生态环境脆弱，需要大力推进污染治理、促进河流生态系统健康，提高生物多样性。《中华人民共和国长江保护法（2020 年）》指出，国家加强长江流域生态用水保障；恢复河湖生态流量，维护河湖水系生态功能。2021 年 10 月 8 日，中共中央、国务院印发《黄河流域生态保护和高质量发展规划纲要》指出，保障河道基本生态流量和入海水量；建立健全干流和主要支流生态流量监测预警机制，到 2035 年，黄河流域生态环境全面改善，生态系统健康稳定。

2022 年，中央一号文件指出，要复苏河湖生态环境。国情表明：亟须科学确定生态流量、提高生物多样性、维持河流生态系统健康、坚持河流高质量发展。科学确定生态流量，取之有度、尊重自然，才能和谐持续发展。系列讲话、国家文件及现实国情表明：保障河流生态流量、恢复河流生态、保护河流生态系统健康刻不容缓、形势严峻，核心与关键是科学确定生态流量、准确评估并恢复河流生态系统健康。

我国在长期的河流管理工作中，大体形成四类管理模式：①以生态保护目标为核心的生态流量管理，不仅要保证足够的水量、良好的水质，还要保障目标生物生殖繁育的流速、水温等水文过程条件；②维持基本水量（水位）的生态流量管理，只要能够保证基本水量，不发生脱水现象而造成水生生物灭绝即可；③实行总量控制的生态水量管理调度，只要在特定时段保证河湖下泄一定水量，满足河湖下游或尾闾地区的用水需求即可；④应对干旱缺水、环境污染等突发事件而进行的应急补水，基本形成防汛抗旱调度、应急水量调度及日常水量调度三种生态流量调度模式（王建平等，2019）。管理应用中，各行业的技术标准在表达形式上也呈现出多元化，结果合理性的验证多为两种以上方法对照分析、取结果外包线或以不超过多年平均天然径流量来验证，验证方法粗放，缺乏严谨的以河流生态系统健康为目标的客观标准评估这些结果的合理性［《河湖生态环境需水计算规范》（SL/Z 712—2014），《水电工程生态流量计算规范》（NB/T 35091—2016）］，亟须开展严谨定量的合理性验证，保障河流生态系统健康。

河流不仅是资源的提供者，同时也是生命的载体，应当并重河的资源和生态功能（张代青等，2019），在河流健康研究中需平衡河流生态系统与社会经济的需求，维持社会-经济-生态功能均衡发挥，保障河流的资源与生态功能可持续。目前，研究者的关注点已拓展到全面量化研究与生态系统整体息息相关的多个方面，提出包含水质、水力学、地形地貌、河床形态等在内的，集成水文-水质-水生物的多因素-生态耦合模型，作为河流生态健康的有效评价工具（刘悦忆等，2016）。

随着国内外河流管理者及利益相关者对河流健康的重视，大量学者开展河流健康研究，对河流健康的内涵、评价指标、评价方法已有较全面的认识，形成一系列适用于不同地区的河流健康评价体系。但在三类经典方法中，各类多样性指数适用范围差异大、表征属性的差异大，生物完整性指数（Index of Biotic Integrity，IBI）参照河流的选择缺乏客观标准、物种入侵导致以往研究结论失效，综合评价法中不同区域不同作者的研究对指标的选择不同，缺乏定量客观选择的依据，整体评价过程主观模糊、缺乏客观定量的健康标准，存在不同区域评价结果难比较、健康基准点难确定、入河关系难协调等问题。

综上可知，能体现河流健康的主要因子包括水文、水质、多样性指数、IBI 指数、河流形态、社会服务等方面，其中水文、水质、河流形态构成的栖息地是生物的生存空间，其适应性的高低常影响多样性指数、IBI 指数反映的水生生物健康状况，为此，栖息地适应性指数（HabitatSuitabilityIndex，HIS）常用于反映生物健康状况，常与生态学中的生态位宽度（Niche Breadth，NB）、生态位重叠（Niche Overlap，NO）一起构成理想生境（即最高的生态位宽度、最低的生态位重叠、最高的栖息地适应性指数）来评价河流生态系统修复优先级，生态位宽度大表示物种适应性强，生态位重叠大表示物种之间竞争激烈。理想生境表示河流健康处于最佳状态，生物多样性最高、生物完整性最好，生态系统具有很强的恢复力（resilience）、抵抗力（resistance）和稳定性（stability）（Zhao et al.，2012；Zhao et al.，

2015)。

8.1.2　常用的水生态健康评价方法

近 20 年来，世界各国学者对河流健康开展大量研究，积累了丰富的、各具特色的河流健康评价方法（Cox et al.，2019；郑保，2019）。国际流行方法主要包括美国的快速生物评价协议法（Rapid Bioassessment Protocols，RBPs）、生物完整性指数（IBI）、河岸带与河道环境细则（Riparian Channel and Environmental Inventory，RCE），英国的河流生境调查（River Habitat Survey，RHS），澳大利亚（Index of Stream Condition，ISC）等（敖偲成等，2020）。从评价原理上可分为模型预测法、单指标评价法和多指标评价法。

模型预测法利用单一物种对河流健康进行评价，并且假设河流任何变化都会在这一物种上体现，一旦出现河流健康状况遭到破坏，但在所选物种上并未体现，该方法就会失效，具有一定的局限性（毛建忠等，2013）；单指标评价法以一个评价标准对河流的物理、化学、生物等特征中的一个方面进行评分，常见的单指标评价法是生物多样性指数，该方法通过评价河流中的某一类生物（鱼类或者底栖动物等）的物种丰富程度作为河流健康依据（庞碧剑等，2019）。多指标评价法是目前世界上应用最广泛的方法，又可进一步分为生物监测法和综合评价法（李冰等，2014）：生物监测法基于"河流物理化学特性与河流中水生物的属性相互影响"的原则，以河流生物状况作为河流健康状况，代表方法是 IBI 法（薛雯等，2019）；综合评价法考虑河流结构、功能各个方面的因素，通过结合不同领域的指标对河流健康进行评价，指标涵盖物理、化学、生物甚至人文、社会条件，可更加全面地评价河流健康状况，代表方法有 RBPs、ISC、RHS、澳大利亚河流评估系统（Australian River Assessment System，AUSRIVAS）、河流无脊椎动物预测与分类系统（River Invertebrate Prediction and Classification System，RIVPACS）等（何建波等，2018）。在所有方法中，单指标法中的生物多样性指数、多指标法中的 IBI 以及综合评价法自 2000 年以来的在中国得到了广泛应用（图 8.1）。

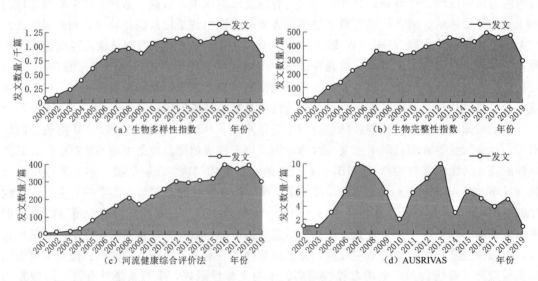

（a）生物多样性指数　　　（b）生物完整性指数

（c）河流健康综合评价法　　　（d）AUSRIVAS

图 8.1（一）　河流健康评价方法 CNKI 趋势图（2000—2019 年）

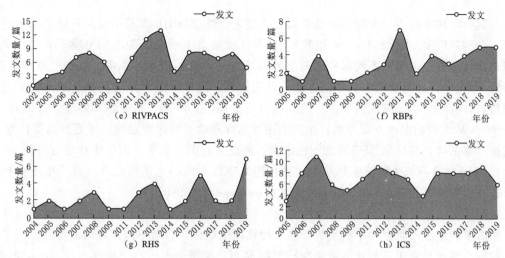

图 8.1（二）　河流健康评价方法 CNKI 趋势图（2000—2019 年）

具体的经典方法见表 8.1。

表 8.1　　　　生物多样性指数、生物完整性指数以及河流健康综合评价法应用

方　法	文　献	指　数	应用研究区
生物多样性指数	庞碧剑等，2019	F-香农多样性指数、B-香农多样性指数	中国北部湾
	Nestlerode et al.，2019	B-香农多样性指数	美国 Northwest Florida Estuary
	Wu et al.，2018	F-香农多样性指数	中国广东省
	Marques et al.，2018	F-香农多样性指数	巴西 Neotropical reservoirs
	刘硕然等，2020	B-香农多样性指数	中国滇西北
生物完整性指数	刘麟菲等，2019	F-IBI、B-IBI	中国济南市
	Shang et al.，2019	F-IBI	中国济南市
	Abhijna & Kumar，2017	F-IBI	印度 Veli-Akkulam
	Zhao et al.，2019	F-IBI	中国济南市
	付岚等，2018	B-IBI	中国东江流域
	刘春彤等，2018	B-IBI	中国小清河流域
综合评价法	敖偲成等，2020	改进的河流健康综合评价指数	中国独龙江水系
	杨希等，2019	分段-综合评价法	中国闽江下游
	Zhao et al.，2019	定量、客观的评价体系	中国济南市
	令志强等，2019	河流健康评价体系	中国石葵河流域
	高万超等，2019	河流健康评估体系	中国湘江
	张雷等，2017	基于熵值法的综合健康指数法	中国大宁河
	陈兰洲等，2019	AHP-综合指数	中国广水河
	Brysiewicz & Czerniejewski，2019	RHS	波兰 Wardynka
	Liu et al.，2019	考虑生物耐受性的评价体系	中国青藏高原
	陈鹏等，2017	RBPs	中国广东省典型中小河流
	Chen et al.，2019	ISC	中国扬子江
	Yang et al.，2019	二维灰色云聚类-模糊熵综合评价模型	中国太湖流域

在这些经典方法中，生物多样性指数、生物完整性指数 IBI 多基于鱼类和底栖动物进行计算（分别对应 F-IBI 和 B-IBI 指数），综合评价法由于研究区的不同呈现多元化，学者可因地制宜地提出适合于不同研究区的河流健康综合评价体系（苏瑶等，2019；刘麟菲等，2019）。综合评价法可反映河流不同方面信息的指标，能够从多个维度反映复杂河流生态系统的特点，有利于全面描述河流存在的问题（庞治国等，2006；蔡守华和胡欣，2008）。其中，RBPs 从生境和生物方面考虑，包括流速及水深参数、河床稳定性、河道形态变化等 13个指标（陈鹏等，2017）；ISC 考虑河流水文、河岸带状况、水质、水生生物等五方面 19 个指标，RHS 包含河流生物、河岸状况、栖息地完整性在内的七类指标并可将生境指标和河流形态、生物组成相联系（Brysiewicz & Czerniejewski，2019）。

我国针对河流健康的研究主要集中在北方的黄河、渭河、辽河和淮河等流域；与国外相比，国内多侧重于水质评价，将生物标准与理化因子结合，针对不同区域河流特性发展了符合地域特点的评价方法，涉及的重要指标包括水文、水质、水生物、咸潮入侵、河流形态、河岸植被、流域特征和社会服务等方面（张雷等，2017；李超等，2019）。

岸边带和水生生物的多样性是河流健康的重要表征，物种多样性高，生态系统中功能相似而对环境反应不同的物种保障着整个生态系统可自我调整、虽环境变化却能维持各项功能的正常发挥，拥有较高的恢复力稳定性（杨庚等，2019）。生物多样性常用于衡量区域的物种丰富程度，是评估人类活动对生态系统影响的有效指标和监测标准（Marques et al.，2018；Wu et al.，2018；Fernando et al.，2018），通常分为 α、β、γ 多样性（林翔，2019）。其中，α 多样性（生境内）主要关注局域均匀生境下的物种数目；β 多样性（生境间）指沿环境梯度不同生境群落之间物种组成的相异性或物种沿环境梯度的更替速率；γ 多样性（区域）描述区域或大陆尺度的多样性（Hayashi et al.，2020）。单一的多样性指数并不能有效地描述某一区域或群落的多样性特征（刘贤等，2018）。为此，许多学者提出一系列的多样性指数，全世界针对三类生物多样性提出了 60 余个指数模型（Pavitra et al.，2020；Mamun et al.，2020；Zhang et al.，2020；Mulik et al.，2020；Al-Zinati et al.，2019），尽管如此，由于各多样性指数的适用范围及表征属性存在差异，因此，针对不同的研究选择合适的指数显得尤为重要（陈廷贵，1999；王强，2011）。群落优势种的变动情况会对群落结构产生显著影响，因此应该选择对优势种敏感的多样性指数（Wiryawan et al.，2019；Casero et al.，2019；Schveitzer et al.，2020；Vargas-Gast et al.，2019）。

8.2　生态调查分析及重点数据汇总

8.2.1　调查方法

据生态学（王慧敏，2000）和《环境影响评价技术导则　生态影响》（HJ 19—2022）等相关的研究成果，目前较为常用的生态环境现状调查方法主要有：资料收集法、现场勘查法、专家和公众咨询法、生态监测法、遥感调查法等。

（1）资料收集法。收集现有的能反映生态现状或生态背景的资料，从表现形式上分为文字资料和图形资料。从时间上可分为历史资料和现状资料。从收集行业类别上可分为农、林、牧、渔和环境保护部门。

（2）现场勘查法。现场勘查应遵循整体与重点相结合的原则，在综合考虑主导生态因子结构与功能的完整性的同时，突出重点区域和关键时段的调查，并通过对影响区域的实际踏勘，核实收集资料的准确性，以获取实际资料和数据。

（3）专家和公众咨询法。专家和公众咨询法是通过咨询有关专家和当地公众，收集评价工作范围内的公众、社会团体和相关管理部门对项目影响的意见，发现现场踏勘中遗漏的生态问题。专家和公众咨询应与资料收集和现场勘查同步开展。

（4）生态监测法。根据监测因子的生态学特点和干扰活动的特点确定监测位置和频次，有代表性地布点。生态监测方法与技术要求须符合国家现行的有关生态监测规范和监测标准分析方法。对于生态系统生产力的调查，必要时需现场采样、实验室测定。

（5）遥感调查法。宏观信息的获取主要依靠遥感技术，当涉及区域范围较大或主导生态因子的空间等级尺度较大，通过人力踏勘较为困难或难以完成评价时，可采用遥感调查法。由于遥感技术具有观测范围广、获取信息快、信息量大，尤其是访问周期短等特点，使得遥感技术成为生态现状调查中最有力的技术手段。遥感调查过程中必须辅助必要的现场勘查工作。

8.2.2 生物量调查分析

本节以 2006 年 4 月淮河流域生物量调查为例展开（赵长森等，2008）。

8.2.2.1 底栖动物种类组成、数量与分布

1. 种类组成及分布

初步鉴定出 19 种底栖生物（表 8.2），其中软体动物门 11 种（瓣鳃纲 6 种，腹足纲 5 种），占 57.9%；环节动物门 4 种（寡毛纲 3 种，蛭纲 1 种），占 21.1%；甲壳纲 3 种，占 15.8%；昆虫纲 1 种。

表 8.2 研究区底栖动物名录

属 名	拉 丁 名	属 名	拉 丁 名
瓣鳃纲	***Lamellibranchia***	黑螺科	Melaniidae
贻贝科	Mytilidae	方格短沟蜷	*Semisulcospira cancellata*（Benson）
淡水壳菜	*Limnoprna lacustris*（Martens）	椎实螺科	Lymnaeidae
蚌科	Unionidae	卵萝卜螺	*Radix ovata*（Draparnaud）
圆顶珠蚌	*Unio douglasiae*（Gray）	**寡毛纲**	***Oligochaeta***
舟形无齿蚌	*Anodonia euscaphys*	颤蚓科	Tubificidae
蚬科	Corbiculidae	颤蚓	*Tubifex*
河蚬	*Corbicula fluminea*（Müller）	尾鳃蚓	*Branchiura*
闪蚬	*Corbicula nitens*（Philippi）	水丝蚓	*Limnodrilus*
球蚬科	Sphaeriidae	**蛭纲**	***Hirudinea***
湖球蚬	*Sphaerium lacustre*（Müller）	水蛭科	Hirudinidae
腹足纲	***Gastropoda***	**甲壳纲**	***Crustacea***
田螺科	Viviparidae	日本沼虾	*Macrobrachuim Nipponensis*
梨形环棱螺	*Bellamya quadrata*（Benson）	鳌虾	*Cambarus*
铜锈环棱螺	*Bellamya aeruginosa*（Reeve）	钩虾	*Gammarus*
觿螺科	Hydrobiidae	**昆虫纲**	***Aquatic insecta***
长角涵螺	*Alocinma longicornis*（Benson）	摇蚊幼虫	*Tendipestans ten*

调查表明，底栖生物种类分布最多的是蚌埠（闸上）、蚌埠（闸下）、周口（闸上）、宿鸭湖水库这 4 个断面，有 6 种；其次是溮河六安断面、白龟山水库、班台（闸上）这 3 个断面，有 5 种；种类最少的断面为贾鲁河（闸上）、涡河付家闸，仅有 1 种。各站平均种类为 3.3 种（表 8.3）。各断面常见种类有水丝蚓、摇蚊幼虫和铜锈环棱螺等。

表 8.3 各断面底栖动物出现种数统计

采 样 断 面	寡毛纲	蛭纲	瓣鳃纲	腹足纲	甲壳纲	昆虫幼虫	合计
沭河青峰岭水库（闸上）	0	0	0	0	0	0	0
沭河大官庄（闸上）	1	0	1	2	0	0	4
沭河大官庄（闸下）	0	0	1	1	0	0	2
沭河太平庄（闸上）	1	0	0	0	0	0	1
沭河太平庄（闸下）	1	0	0	0	0	0	1
沭河王庄（闸上）	0	0	0	0	0	0	0
淮河三河（闸上）	0	0	1	1	0	0	2
淮河三河（闸下）	2	0	0	1	0	0	3
涡河付家闸	1	0	0	0	0	0	1
涡河惠济河东孙营（闸上）	2	0	0	0	0	0	2
蒙城（闸上）	2	0	0	0	0	1	3
蚌埠（闸上）	1	0	4	0	1	0	6
蚌埠（闸下）	1	0	4	0	1	0	6
东淝河茶庵附近断面	0	0	1	2	0	0	3
溮河六安断面	0	0	2	1	2	0	5
临淮岗	0	0	0	0	0	0	0
北关橡胶坝（坝上）	0	0	0	0	0	0	3
白龟山水库	2	0	0	2	0	1	5
周口（闸上）	2	0	0	3	0	1	6
贾鲁河（闸上）	0	0	0	0	0	1	1
槐店（闸上）	2	0	0	1	0	1	4
槐店（闸下）	2	1	0	0	0	0	3
颍上（闸上）	1	0	0	1	0	0	2
石漫滩水库	1	0	0	0	0	0	2
宿鸭湖水库	2	0	1	1	0	1	6
班台（闸上）	2	0	2	0	0	1	5
佛子岭水库（坝上）	0	0	0	0	0	0	0
佛子岭水库（坝下）	1	0	0	0	0	0	2
总 计	3	1	6	5	3	1	19

从各类群的底栖动物在各个断面的出现率来看，在总共 78 种次之中，亦以软体动物（瓣鳃纲和腹足纲）最多，共出现 34 次，占 43.6%。其次是环节动物（寡毛纲和蛭纲），共出现 30 次，占 38.4%，见表 8.4。

表 8.4 各种类底栖动物出现次数统计

底栖动物种类	寡毛纲	蛭纲	瓣鳃纲	腹足纲	甲壳纲	昆虫幼虫	合 计
出现次数	27	3	17	17	4	10	78
出现率/%	34.6	3.8	21.8	21.8	5.1	12.8	100

2. 数量组成和分布

各断面底栖动物总平均生物量为 100.69g/m²，总平均单位面积生物数量为 281 个/m²。底栖生物各类群数量组成见表 8.5，从表中可看出，寡毛类的平均数量居首位，占总平均数量的 42%，其次为昆虫幼虫，占 36%，甲壳动物的平均数量为最低；软体动物的平均生物量最高，占 79%，其他几类动物的平均生物量均不高，昆虫幼虫的平均生物量最低。

表 8.5   底栖生物各类群数量组成表

底栖动物种类	寡毛纲	蛭纲	瓣鳃纲	腹足纲	甲壳纲	昆虫幼虫	合 计
总平均数量/(个/m²)	119	2	18	38	2	102	281
总平均生物量/(g/m²)	6.62	5.95	31.44	48.13	7.99	0.56	100.69

综合各断面底栖生物数量和生物量分布情况（图 8.2、图 8.3 和表 8.3）可见，数量分布最高值位于蒙城（闸上），高达 1251 个/m²，主要分布种为摇蚊幼虫（987 个/m²）；最低的仅 40 个/m²，在东淝河茶庵附近断面；高于总平均数量的断面有 7 个，为槐店（闸上）、周口（闸上）、涡河惠济河东孙营（闸上）、沭河太平庄（闸下）、北关橡胶坝（坝上）、班台（闸上）和蒙城（闸上）。生物量与数量分布不同，生物量分布最高值在淠河六安断面，达 676.71g/m²，构成该站生物量的主要种类是铜锈环棱螺；其次是北关橡胶坝（坝上），为 321.30g/m²；生物量最低分布于沭河太平庄（闸上），仅 0.09g/m²；高于总平均生物量的断面有 8 个，为淠河六安断面、周口（闸上）、沭河大官庄（闸上）、沭河大官庄（闸下）、淮河三河（闸上）、淮河三河（闸下）、北关橡胶坝（坝上）和班台（闸上）。各断面底栖生物的数量和生物量分布差异很大。

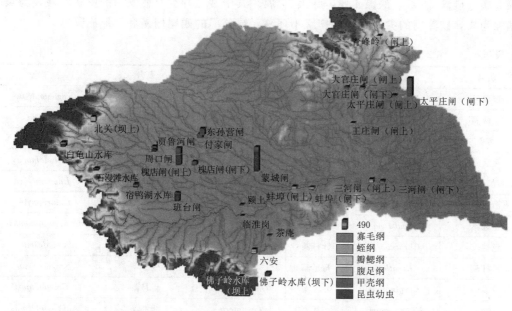

图 8.2 各断面底栖动物数量分布及种类组成图 [彩图见数字资源 8 (8.1)]

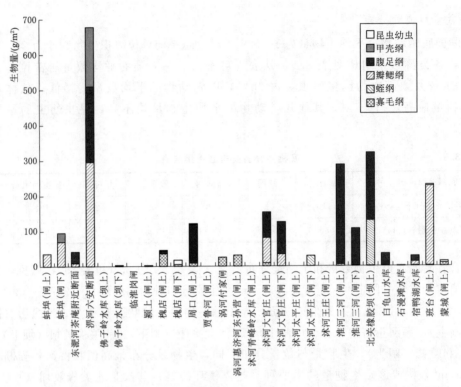

图 8.3　各断面底栖动物生物量分布及种类组成图［彩图见数字资源 8 (8.2)］

8.2.2.2 浮游植物种类组成、数量与分布

1. 种类组成和分布

通过水样测定，共记录了浮游植物 6 门，54 属（表 8.6）。其中蓝藻 8 属，隐藻 2 属，甲藻 2 属，硅藻 21 属，裸藻 4 属，绿藻 17 属。其中常见种类有蓝藻门的皮状席藻，隐藻门的啮蚀隐藻，硅藻门的尖针杆藻、广缘小环藻，绿藻门的四尾栅藻和二形栅藻等。

表 8.6　　　　　　　　　　　　　浮 游 植 物 名 录

属名	拉丁名	属名	拉丁名	属名	拉丁名
蓝藻门	**Cyanophyta**	**硅藻门**	**Bacillariophyta**	**裸藻门**	**Euglenophyta**
念珠藻	*Nostoc*	星杆藻	*Asterionella*	裸藻	*Euglena*
席藻	*Phorimidium*	直链藻	*Melosira*	扁裸藻	*Phacus*
平裂藻	*Merismopedia*	布纹藻	*Gyrisigma*	囊裸藻	*Trachelomonas*
颤藻	*Oscillatoria*	等片藻	*Diatoma*	鳞孔藻	*Lepocinclis*
点形黏球藻	*Gloeocapsa*	脆杆藻	*Fragilaria*	**绿藻门**	**Chlorophyta**
鱼腥藻	*Anabaena*	卵形藻	*Cocconeis*	衣藻	*Chlamydomonas*
色球藻	*Chroococcus*	针杆藻	*Synedra*	栅藻	*Scenedesmus*
粘杆藻	*Gloeothece*	舟形藻	*Navicula*	弓形藻	*Schroederia*
隐藻门	**Cryptophyta**	异极藻	*Gomphonema*	新月藻	*Closterium*
隐藻	*Cryptomonas*	小环藻	*Cyclotella*	纤维藻	*Ankistrodesmus*

属名	拉丁名	属名	拉丁名	属名	拉丁名
蓝隐藻	*Chroomonas*	曲壳藻	*Achnanthes*	四星藻	*Tetrastrum*
甲藻门	**Pyrrophyta**	菱形藻	*Nitzschia*	小球藻	*Chlorella*
裸甲藻	*Gymnodinium*	桥弯藻	*Cymbella*	空球藻	*Eudorina*
角甲藻	*Ceratium*	辐节藻	*Stauroneis*	空星藻	*Coelastrum*
		羽纹藻	*Pinnularia*	盘星藻	*Pediastrum*
		长篦藻	*Neidium*	十字藻	*Crucigenia*
		圆筛藻	*Coscinodiscus*	卵囊藻	*Oocystis*
		双菱藻	*Surirella*	四角藻	*Tetraedron*
		双壁藻	*Diploneis*	集星藻	*Actinastrum*
		波缘藻	*Cymatopleura*	丝藻	*Ulothrix*
		骨条藻	*Skeletonema*	韦氏藻	*Westella*
				实球藻	*Pandori*

2. 浮游植物数量和生物量

淮河各断面的浮游植物（藻类）数量和生物量见表8.7。各断面浮游植物数量和生物量差异较大（图8.4、图8.5）。涡河付桥闸断面最高，数量有408.76万个/L，生物量为17.3988mg/L。数量较多的还有佛子岭水库（坝上）（330.15万个/L）、佛子岭水库（坝下）（128.49万个/L）和北关橡胶坝（坝上）（189.50万个/L）。淠河六安断面的数量最低，只有0.49万个/L。

表8.7　　　　　　　淮河各断面的浮游植物（藻类）数量和生物量

断面	数量（万个/L）/生物量	各门藻类数量所占比/%					
		蓝藻门	隐藻门	甲藻门	硅藻门	裸藻门	绿藻门
沭河青峰岭水库（闸上）	22.2871/0.5609	13.66	0.64	0	78.64	0.09	6.97
沭河大官庄（闸上）	16.8104/1.0347	8.73	0	0	70.74	0	20.52
沭河大官庄（闸下）	19.4793/1.2894	55.72	0	0	21.53	0	22.75
沭河太平庄（闸上）	89.8984/5.0219	3.06	0	0.15	88.15	0.13	8.52
沭河太平庄（闸下）	13.4231/0.6819	48.83	0	0	47.66	0.78	2.73
沭河王庄（闸上）	5.0866/0.0390	82.10	0	0.52	12.91	0.17	4.30
淮河三河（闸上）	8.6148/0.1421	42.07	10.82	0	42.84	0	4.27
淮河三河（闸下）	5.0034/0.0641	36.22	7.09	0	56.17	0	0.52
涡河付家闸	408.7649/17.3988	17.69	6.97	0.07	25.34	4.87	45.05
涡河惠济河东孙营（闸上）	64.8742/0.7271	79.92	0	0	11.32	0.42	8.35
蒙城（闸上）	11.1763/0.08	16.09	6.24	0.49	7.72	0	69.46
蚌埠（闸上）-1	1.367/0.0053	66.67	3.60	0	5.41	0	24.32
蚌埠（闸上）-2	1.5823/0.0230	5.26	38.01	5.85	30.99	1.17	18.71
蚌埠（闸下）-1	1.0241/0.0120	34.94	21.08	2.41	10.24	1.20	30.12

断　面	数量（万个/L）/生物量	各门藻类数量所占比/%					
		蓝藻门	隐藻门	甲藻门	硅藻门	裸藻门	绿藻门
东淝河茶庵附近断面	2.8183/0.0752	0	0	3.72	77.21	4.19	14.88
淠河六安断面	0.4938/0.0140	15.34	0	0	80.23	0.18	4.26
临淮岗闸	3.015/0.1916	0	0.43	0	90.43	0	9.13
北关橡胶坝（坝上）	189.4966/5.5538	0.45	0.11	0.15	97.96	0.02	1.32
白龟山水库1	1.5035/0.0062	60.00	0	0	0.87	0	39.13
白龟山水库2	0.9298/0.0032	47.95	0	0	8.19	0	43.86
周口（闸上）	4.2745/0.0532	3.87	0.65	1.08	56.77	1.50	36.13
贾鲁河（闸上）	27.9409/0.2030	26.11	0	0	12.64	2.30	58.95
槐店（闸下）	26.0457/0.1675	17.31	0	0	1.51	0	81.18
颍上（闸上）	14.7899/0.1139	62.98	0	0	17.40	0.28	19.34
石漫滩水库	14.4858/0.1329	62.42	0.59	0.08	24.58	0	12.33
宿鸭湖水库	55.0484/0.4068	74.76	0	0.08	11.49	0.83	12.83
班台（闸上）	4.8353/0.0675	8.17	1.33	0.95	47.53	2.09	39.92
佛子岭水库（坝上）	330.1594/6.4075	36.74	0.01	0.21	62.33	0.65	0.07
佛子岭水库（坝下）	128.4865/3.3068	16.89	0	0	82.68	0	0.43

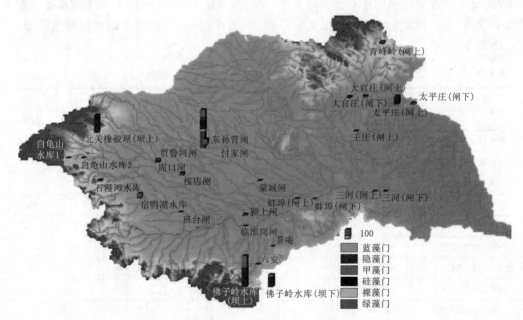

图 8.4　各断面浮游植物数量分布及种类组成图［彩图见数字资源 8（8.3）］

3. 各断面种类组成的差异

大部分断面硅藻所占的比例都很大，在 29 个断面中有 13 个断面硅藻所占的比例是最大的。其中北关橡胶坝断面的硅藻数量所占比例最大，达到了 97.96%；其次，蓝藻所占比例最大的断面有 11 个；另有 4 个断面以绿藻为主，1 个断面以隐藻为主。

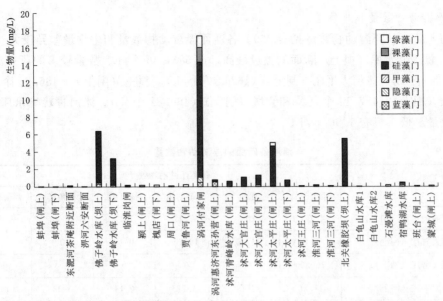

图 8.5 各断面浮游植物生物量分布及种类组成图［彩图见数字资源 8（8.4）］

8.2.2.3 浮游动物种类组成、数量与分布

1. 浮游动物种类组成和分布

各断面采集的浮游动物经鉴定有 47 属（原生动物 13 属，轮虫 19 属，桡足类 9 属，枝角类 6 属），名录见表 8.8。各断面常见种类有：原生动物的钟虫、砂壳虫、餂毛虫；轮虫的龟甲轮虫、三肢轮虫、臂尾轮虫；桡足类的温剑水蚤、华哲水蚤、中剑水蚤；枝角类的象鼻溞、裸腹溞等。

表 8.8 浮 游 动 物 名 录

属名	拉丁名	属名	拉丁名	属名	拉丁名
原生动物		轮虫		桡足类	
长颈虫	*Dileptus*	龟甲轮虫	*Keratella*	原镖水蚤	*Eodiaptomus*
似铃壳虫	*Tintinnopsis*	多肢轮虫	*Polyarthra*	荡镖水蚤	*Neutrodiaptumus*
砂壳虫	*Difflugia*	聚花轮虫	*Conochilus*	温剑水蚤	*Thermocyclops*
餂毛虫	*Askenasia*	泡轮虫	*Pompholyx*	华哲水蚤	*Sinocalans*
累枝虫	*Epistylis*	三肢轮虫	*Flinia*	真剑水蚤	*Eucyclops*
钟虫	*Vorticella*	腔轮虫	*Lecane*	新镖水蚤	*Neodiaptomus*
喇叭虫	*Stentor*	单趾轮虫	*Monostyla*	中剑水蚤	*Mesocyclops*
侠盗虫	*Strobilidium*	异尾轮虫	*Trichocerca*	剑水蚤	*Cyclops*
刺胞虫	*Acanthocystis*	臂尾轮虫	*Brachionus*	许水蚤	*Schmackeria*
表壳虫	*Arcella*	晶囊轮虫	*Asplanchna*	枝角类	
筒壳虫	*Tintinnidium*	须足轮虫	*Euchlanis*	溞	*Daphnia*
豆形虫	*Colpidium*	水轮虫	*Epiphanes*	象鼻溞	*Bosmina*
草履虫	*Paramecium*	狭甲轮虫	*Colurella*	裸腹溞	*Moina*
		轮虫	*Rotaria*	网纹溞	*Ceriodaphina*
		鞍甲轮虫	*Lepadella*	平直溞	*Pleuroxus*
		叶轮虫	*Notholca*	秀体溞	*Diaphanosom*
		同尾轮虫	*Diurella*		
		鬼轮虫	*Trichotria*		
		巨腕轮虫	*Hexarthra*		

2. 浮游动物数量和生物量

淮河各断面的浮游动物数量见表 8.9。各断面浮游动物数量和生物量差异较大（图 8.6、图 8.7）。佛子岭水库（坝上）断面的数量最高，达 5854.46 个/L。数量较多的还有涡河付家闸（923.91 个/L）、沭河太平庄（闸上）（1629.47 个/L）、颍上（闸上）（486.25 个/L）、北关橡胶坝（坝上）（487.14 个/L）和蒙城（闸上）（466.82 个/L）。沭河青峰岭水库（闸上）断面的数量最低，只有 1.96 个/L。

表 8.9 　　　　　　　　　　　　淮河各断面的浮游动物数量

断　　面	各类浮游动物数量所占比/%					
	原生动物	轮虫	无节幼虫	桡足类	枝角类	浮游动物总数
沭河青峰岭水库（闸上）	0	0	57.47	1.15	41.38	1.96
沭河大官庄（闸上）	65.82	14.26	19.75	0.18	0	184.86
沭河大官庄（闸下）	100.00	0	0	0	0	57.94
沭河太平庄（闸上）	11.56	86.49	1.78	0.14	0.03	1629.47
沭河太平庄（闸下）	82.66	16.53	0.26	0.41	0.13	175.24
沭河王庄（闸上）	0	99.64	0.18	0.18	0	15.99
淮河三河（闸上）	83.06	8.31	8.31	0.33	0	17.44
淮河三河（闸下）	99.97	0	0.02	0.02	0	188.36
涡河付家闸	36.58	51.95	5.85	0.45	5.17	923.91
涡河惠济河东孙营（闸上）	69.61	17.40	10.44	0.17	2.37	291.31
蒙城（闸上）	26.06	6.95	39.53	24.24	3.21	466.82
蚌埠（闸上）	20.34	18.31	61.03	0.28	0.04	50.18
蚌埠（闸上）-2	28.77	15.82	50.35	4.32	0.75	70.96
蚌埠（闸下）	48.59	14.58	35.63	1.17	0.03	63.02
东淝河茶庵附近断面	38.58	46.78	13.99	0.50	0.15	300.36
淠河六安断面	99.24	0	0.07	0.31	0.38	5.84
临淮岗闸	62.19	24.88	12.44	0.37	0.12	23.29
北关橡胶坝（坝上）	0	20.40	79.09	0.43	0.07	487.14
白龟山水库1	0	95.46	0.90	3.41	0.23	200.16
白龟山水库2	18.05	12.64	2.60	11.48	55.23	24.97
周口（闸上）	70.26	7.03	1.41	3.20	18.10	72.15
贾鲁河（闸上）	0	100.00	0	0	0	314.32
槐店（闸下）	96.15	3.85	0	0	0	150.64
颍上（闸上）	8.34	59.64	27.94	0.87	3.21	486.25
石漫滩水库	8.08	91.92	0	0	0	334.60
宿鸭湖水库	54.90	43.14	1.96	0	0	172.37

断　面	各类浮游动物数量所占比/%					
	原生动物	轮虫	无节幼虫	桡足类	枝角类	浮游动物总数
班台（闸上）	36.01	28.81	34.21	0.58	0.40	56.31
佛子岭水库（坝上）	93.77	2.25	3.59	0.15	0.24	5854.46
佛子岭水库（坝下）	80.00	13.71	5.71	0.41	0.16	126.74

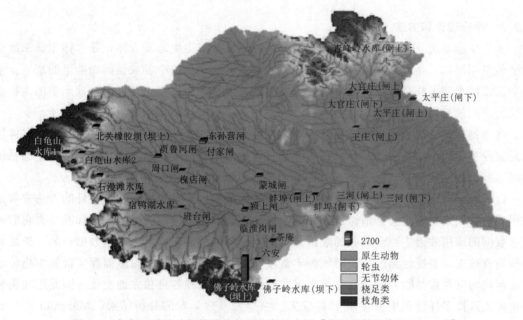

图 8.6　各断面浮游动物数量分布及种类组成图［彩图见数字资源 8（8.5）］

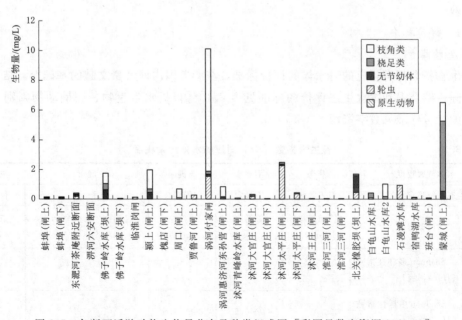

图 8.7　各断面浮游动物生物量分布及种类组成图［彩图见数字资源 8（8.6）］

3. 各断面种类组成的差异

大部分断面原生动物所占的比例都很大，在 29 个断面中有 15 个断面原生动物所占的比例是最大的；其次，轮虫所占比例最大的断面有 8 个；另有 5 个断面以无节幼虫为主，1 个断面以枝角类为主。

8.3　水生态健康评估

8.3.1　评价理论和方法

水生生态系统是水生生物群落与其周围环境形成的水生生态复合体，是水体生命系统中重要的组织层次，是自然界的基本单位之一，它强调的是系统中各成员间功能上的统一。水生生态系统类型多样，其组成、结构、分布和动态等特征极富变化，可为其他水平的生物多样性研究提供有用的资料。

将生物多样性或群落多样性划分为 α 多样性、β 多样性和 γ 多样性，一般认为 α 多样性就是物种多样性。物种多样性是指物种种类与数量的丰富程度，是一个区域或一个生态系统可测定的生物学特征。

目前，已有大量的群落多样性测度的指数和模型提出，要想选择一个最好的方法常常是很困难的，但这种选择又必须做出。一种较好的体验各种多样性测度方法的标准是看它们对一组数据的应用效果。用于检验的数据分为两类：一类是理论数据或虚拟数据；另一类是真实的调查数据。多样性测度方法对物种丰富度和均匀度变化的反应，然而现实世界中物种丰富度与均匀度常常是相关的，并非像大多数理论数据中那样各自独立地变化。因此用现实数据比较或选择多样性测度方法就更有意义。综合大多数学者的分析结果，Margalef 种类丰富度指数 (d)，Shannon（香农）多样性指数 H，Simpson 指数 D 等是值得推荐的群落多样性指数。

8.3.1.1　评价标准

1. 生物指数

各生物指数都有相应的对水体的评价标准，在参考国内外大量文献的基础上，结合淮河具体实际，综合得到本次生态评价的标准见表 8.10 [根据水生生物、底栖动物判别水体污染程度的参考标准见数字资源 8 (8.7)]。

表 8.10　　　　　　　　各生物指数 (BI) 对应的水体污染程度

水体健康程度		病态	不健康	亚健康	健康		很健康
生态系统稳定程度		极不稳定	不稳定	脆弱	稳定		很稳定
水体污染程度		严重污染 (αps)	重污染 (βps)	中污染 (αms)	轻污染 (βms)	寡污染 (os)	清洁水 (K)
生物指数名称	Shannon 多样性指数 (H)（河流）	0	0~1	1~2	2~3		>3
	Shannon 多样性指数 (H)（水库）	0	0~0.5	0.5~1.5	1.5~2.5		>2.5

续表

水体健康程度		病态	不健康	亚健康	健康	很健康
生物指数名称	Simpson 指数（D）	D 值越大表示物种多样性越好				
	Margalef 种类丰富度指数（d）	d 越大表示越清洁				
	Pielou 种类均匀度指数（J）	J 越大表示底质越好，受污染越轻				
	King 指数（KI）	数值越大，污染越轻				
	Goodnight 修正指数（GBI）*	0	0~0.2	0.2~0.4	0.4~1.0	
	污染耐受指数 PTI（即 Hilsenhoff 生物指数）	>8.8	7.71~8.8	6.61~7.7	5.5~6.6	<5.5

注　0 代表样品中无底栖动物存在；0.2 代表样品中底栖动物全为寡毛类；表中数据是参考大量文献所涉及标准，经认真分析淮河流域的具体情况综合而成；水体污染情况所用色标及分类法参考国际通用标准。

2. 水生生物指示环境

根据水生生物（浮游植物、浮游动物、底栖动物）生存环境的不同，可以作为水体环境的指示［浮游植物、浮游动物、底栖动物生存环境指示污染程度表见数字资源 8（8.8）］。由于一类生物可能在多种水质条件下存活，因此对于断面中同时存在多种水生生物的情况，则根据密度从大到小的顺序对生存的水体环境进行综合分析（侧重密度大的水生生物），大多数水生生物共同指示的水体环境就是该断面的实际水体环境，可以作为河流水体污染程度评价的重要参考依据。

鱼对水质的变化非常敏感，后藤及他（1971）在日本长良川中游连续 3 年定量采集说明，用化学分析方法还测不出来的轻度污染就能使鱼种的数量组成发生很大变化。因此，鱼类作为水质的指示生物应该是很有价值的。但是，鱼类作为水体污染的指示生物受限制非常大。其原因在于：①鱼类标本采集有困难，很难掌握地域性群落的数量，比如，在渔民不配合的情况下，在污水区域不可能像清水区那样直接进行潜水调查；②鱼类同环境的对应关系很复杂，而且鱼类移动性很大，所以很难弄清同水质的关系。

鉴于鱼类作为指示生物的价值和指示的局限性，本次评价中也将鱼类作为指示生物之一，但其对水质的指示性所占权重要比底栖动物、浮游生物的指示性小很多，仅仅作为后两者的核对及参考［鱼类生存环境污染状况指示表见数字资源 8（8.9）］。

3. 生态流量

国内外针对生态流量的研究尚未形成共识，不同区域确定生态流量时存在一定随意性，生态流量保障效果评价困难，如何科学量化各项参数、定量评价生态流量、规范评估依据，是生态流量管理亟须解决的问题。亟须根据不同区域的实际情况选择方法、确定参数，进一步完善理论和方法，加强生态流量保障效果评价，保障计算合理性（陈昂等，2017；林炜等，2018）。各类方法发展时大部分都基于水文要素与生态环境功能状况间的关系，以维持或提升生物群落结构功能完整、生物多样性、生态系统健康或生态环境质量为目标［《河湖生态环境需水计算规范》（SL/Z 712—2014）］，但由于不同流域气候条件、水文条件、地形条件不同，不同流域侧重的生态影响因子不同，导致生态流量计算结果差别很大，如水文学不同方法计算的最小生态流量占多年实测平均流量的比例变化范围为 9.6%～67.1%，而水力学中 R2CROSS 方法计算的最小生态流量是湿周法计算结果的 7 倍左右（叶植滔等，2016；侯婷娟等，2019；冯夏清，2019）。

传统生态流量计算方法往往将栖息地的适应度作为种群适应度，使用历史流量代替未来流量条件，假定水文序列具有平稳性，而实际气候变化下的水文是非平稳的，经常产生水文变异，由此引起的环境条件变化经常导致物种入侵，现有生物群落已发生了巨大改变，历史记载的水量可能不太相关于现存的生物，导致历史水文水质数据不能反映现在和未来生物-水文响应关系，从而导致传统方法在实际生态管理和应用中经常失效，难以应对极端气候变化。另外随着人类引水取水、发电灌溉、防洪航运等需求日益增长，人类活动对河流的干扰程度日渐强烈，水文变异日益加剧，如何维持水资源开发利用程度较高河流（比如，海河流域水资源开发利用率达 112%）的生态功能和生态效益，是未来亟待解决的问题（朱玉伟，2005；Poffe et al.，2010）。

已有方法研究的生态机理缺乏也往往给计算结果带来很大不确定性，比如，水文-生物分析法展示的流量—生物种群关系不够明确，并且它与生境模拟法均针对单一种群从而导致生态学方法的结果并不一定能够满足河流生物的需水要求；湿周法中湿周－流量关系转折点的确定尚缺乏较系统的基于河流生态系统健康的机理分析；水文学方法仅利用简单的统计学方法表征极为复杂的水生生态系统，而不能精确反映不同河流生态需求的差异（郭旭阳等，2017；吉小盼等，2018；王琲等，2018）。为此，急需要加强各方法应用中的生态机理，尤其需要以保障河流生态系统健康为目标，分析各方法计算的生态流量对河流生态系统健康的影响，确定保障河流生态系统健康的生态流量阈值。

8.3.1.2　生态评价数学模型

本节中分浮游植物、浮游动物和底栖动物分别计算各采样断面的生物指数，为了将三类指示生物的指数统一起来作为断面评价的依据，需要有一个合适的数学模型。

底栖动物固定于河底，不会随着水流漂移，并且易于采集，是河流生物指数计算的最好依据；浮游动物会游动，有趋向喜好环境的特点，可在某一河段聚集，形成数量、生物量的高峰，但其移动速度缓慢，因此在很大程度上受水流作用而漂移；浮游植物基本上随水流而四处漂浮，因此，用浮游植物作为指示生物来进行河段生态评价，精确性最低；相比之下，底栖动物是河段沉积环境的最好指示生物，是河段生态评价的最有效的工具。鉴于以上考虑，结合淮河枯水期具体现状，在计算生物指数时，给底栖动物赋权重 0.5，浮游动物权重为 0.3，浮游植物权重为 0.2。若某一断面缺三者之一的试验资料，则其权重按以上比例分配给有试验资料的指示生物，例如，若某断面没有采集到底栖动物，则浮游动物与浮游植物的权重分别为 0.6、0.4。具体计算模型为

$$BI = w_1 I_1 + w_2 I_2 + w_3 I_3 \tag{8.1}$$

式中：BI 为综合生物指数；w 为权重；I 为各类指示生物的生物指数，下标 1、2、3 分别代表底栖动物、浮游动物、浮游植物。这里，$w_1 = 0.5$，$w_2 = 0.3$，$w_3 = 0.3$。

根据实地调查资料计算出断面各类生物指数（BI）（本节中 BI 包括 H、PTI、D、d、J、KI、GWI、GBI）后，需要将各类生物指数进行有效综合，作为评价断面生态系统稳定性、水体污染程度与河流健康程度的依据。这里，采用多极关联量化评估模型作为断面综合生态评价的数学模型。

多级关联评价是一种复杂系统综合评价方法，其特点是：①评价的对象可以是一个多层结构的动态系统，即同时包括多个子系统；②评价标准的级别可以用连续函数表达，也可以采用在标准区间内做更细致的分级；③方法简单可操作，易与现行方法对比。

1. 多级关联评价的概念

依据监测样本与质量标准序列间的几何相似分析与关联测度，来度量监测样本中多个序列相对某一级别质量序列的关联性。关联度越高，就说明该样本序列越贴近参照级别，这就是多级关联综合评价的信息和依据。图8.8为多级关联分析示意图。

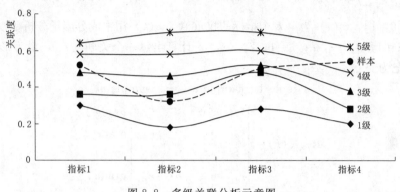

图 8.8　多级关联分析示意图

2. 多级关联评价的计算步骤

（1）先将样本矩阵和质量标准矩阵进行归一化处理（可参阅指标标准化处理方法），转变为 $[0, 1]$ 内取值数。

归一化后的实测样本矩阵为

$$\boldsymbol{A}_{m \times n}(I) = \begin{matrix} \text{index 1} & \text{index 2} & \cdots & \text{index } n \\ \begin{pmatrix} a_1(1) & a_1(2) & \cdots & a_1(n) \\ a_2(1) & a_2(2) & \cdots & a_2(n) \\ \vdots & \vdots & \ddots & \vdots \\ a_m(1) & a_m(2) & \cdots & a_m(n) \end{pmatrix} & \begin{matrix} \text{sample 1} \\ \text{sample 2} \\ \vdots \\ \text{sample } m \end{matrix} \end{matrix} \qquad (8.2)$$

归一化后的质量标准矩阵为

$$\boldsymbol{B}_{l \times n}(I) = \begin{matrix} \text{index 1} & \text{index 2} & \cdots & \text{index } n \\ \begin{pmatrix} b_1(1) & b_1(2) & \cdots & b_1(n) \\ b_2(1) & b_2(2) & \cdots & b_2(n) \\ \vdots & \vdots & \ddots & \vdots \\ b_l(1) & b_l(2) & \cdots & b_l(n) \end{pmatrix} & \begin{matrix} \text{grade 1} \\ \text{grade 2} \\ \vdots \\ \text{grade } l \end{matrix} \end{matrix} \qquad (8.3)$$

（2）计算关联离散函数 $\xi_{ij}(k)$。从实测样本矩阵 $\boldsymbol{A}_{m \times n}(I)$ 中取第 j 个监测样本向量 $[\vec{a}_j = a_j(1), a_j(2), \cdots, a_j(n)]$，$(j = 1, 2, \cdots, m)$ 作为参考序列（母序列）。把质量标准矩阵 $\boldsymbol{B}_{l \times n}(I)$ 中的每一个行向量 $[\vec{b}_i = b_i(1), b_i(2), \cdots, b_i(n)]$，$(i = 1, 2, \cdots, n)$ 作为比较序列（子序列）。对于固定的 j（如 $j = 1$），令 i 从 1 到 l，分别计算对应每个 k 指标的关联离散函数 $\xi_{ij}(k)$（$k = 1, 2, \cdots, n$）。

关联离散函数 $\xi_{ij}(k)$ 计算公式（夏军，1996）为

$$\xi_{ij}(k)=\frac{1-\Delta_{ij}(k)}{1+\Delta_{ij}(k)} \quad (i=1,2,\cdots,l;\ j=1,2,\cdots,m;\ k=1,2,\cdots,n) \tag{8.4}$$

其中：
$$\Delta_{ij}(k)=|a_j(k)-b_i(k)|$$

（3）关联度 r_{ij} 的计算。关联度 r_{ij} 是子序列向量与母序列的关联程度，定义为 $\{\xi_{ij}(k)\}$ 面积测度。一种加权平均的计算方法为

$$r_{ij}=\sum_{k=1}^{n}w(k)\xi_{ij}(k) \quad (i=1,2,\cdots,l;\ j=1,2,\cdots,m;\ k=1,2,\cdots,n) \tag{8.5}$$

式中：$r_{ij}\in[0,1]$，$w(k)$ 为第 k 个指标的权重值。$w(k)$ 用主成分因子分析赋权方法计算。

分别令 $i=1,2,\cdots,l$；$j=1,2,\cdots,m$ 计算出每一个关联度 r_{ij}，最后形成综合评价关联矩阵，记为

$$\mathbf{R}_{l\times m}(I)=\begin{matrix} \text{sample 1} & \text{sample 2} & \cdots & \text{sample } m \end{matrix}\begin{bmatrix} r_{11} & r_{12} & \cdots & r_{1m} \\ r_{21} & r_{22} & \cdots & r_{2m} \\ \vdots & \vdots & \ddots & \vdots \\ r_{l1} & r_{l2} & \cdots & r_{lm} \end{bmatrix}\begin{matrix} \text{grade 1} \\ \text{grade 2} \\ \vdots \\ \text{grade } l \end{matrix} \tag{8.6}$$

基于多级关联分析原理，便可确定第 i 个监测样本的评价级别，即取 $\mathbf{R}_{l\times m}(I)$ 矩阵第 i 列向量中关联度最大者对应的 k^* 级别，即 $r_{ik^*}=\max(r_{ij})$。不难看到，$\mathbf{R}_{l\times m}(I)$ 矩阵从整体上描述了每个点 n 项指标相对于各级标准的关联度。它是一种实测序列与标准序列（分级）间距离的一种量度。二者越接近，隶属性就越大，反之亦然。为了提高评价的精度，引入关联差异度的概念，进一步完善多级关联评价模型。

（4）关联差异度 d_{ij} 的计算。根据多级关联空间分析理论，关联度是衡量指标序列间相似程度的测度，其变化区间为 $(0,1)$。关联度越接近于 1，序列间相似程度越大；关联度越接近于 0，相似程度就越小。为了衡量序列间的差异程度，改进提出关联差异度作为序列间差异程度的度量标准。

关联差异度的物理意义与关联度正好相反，它们的计算关系为

$$d_{ij}=\mu_{ij}(1-r_{ij})=\mu_{ij}\left[1-\sum_{k=1}^{n}w(k)\xi_{ij}(k)\right] \tag{8.7}$$

式中：μ_{ij} 为第 i 个质量样本从属于第 j 级质量等级标准的从属度。

为了从理论上解出最优的 μ_{ij}，构造如下目标函数：全体监测样本与各级质量标准模式之间的加权关联差异度平方和最小，即

$$\min\{F(\mu_{ij})\}=\min\left\{\sum_{i=1}^{l}\sum_{j=1}^{m}\left[\mu_{ij}(1-\sum_{k=1}^{n}w(k)\xi_{ij}(k))\right]^2\right\} \tag{8.8}$$

求解可得

$$\mu_{ij}=\frac{1}{\sum_{i=1}^{l}\left[\dfrac{1-\sum_{k=1}^{n}w(k)\xi_{ij}(k)}{1-\sum_{k=1}^{n}w(k)\xi_{ij}(k)}\right]^2} \quad (i=1,2,\cdots,l;\ j=1,2,\cdots,m;\ k=1,2,\cdots,n) \tag{8.9}$$

（5）综合评价指数 GC 的计算为

$$GC = (\mu_{ij}) \times S = U \times S \qquad (8.10)$$

式中：GC 为多级关联评价的综合指数，$GC \in [1, l]$；S 为质量标准级别向量，$S = (1, 2, \cdots, l)$。

8.3.2 评价原则和步骤

由于生物指数大多是生态系统群落结构的反映，在某些特殊情况下，时有反常现象发生，不能生搬硬套评价标准，因此，最可靠的评价手段是从水生生物的生活环境入手，分析它们的耐污性，辅助以生物指数，要因地制宜，具体情况具体分析。这样，虽然工作量增大了，但结果却更可信。并且，生物指数的计算对样本的代表性要求特别高，本次生态调查由于时间紧，任务重，在样本采集时，多为一个生态断面取一到两个点，无疑，这会对样本的代表性产生很大影响，因此，在本次生态评价中，以采集到的水生生物的指示生存环境为主，以生物指数为辅助手段进行断面的水生态综合评价。步骤如下：

首先，以在 2006 年 4 月下旬进行的流域闸坝断面生态调查采集到的各断面实际浮游植物、浮游动物、底栖动物的生物种类作为依据，经室内化验分析，根据它们的耐污性对水体的污染程度进行综合分析，由于底栖动物一般固定在水体底部，是最可靠的水体污染指示生物，因此，在评价综合时，给底栖动物的评价结果赋予较高权重。

再次，辅助以各种生物指数，生物指数是根据本次生态调查的浮游植物、浮游动物、底栖动物的取样分析结果计算的。同样，在指数综合时，底栖动物被赋予较浮游植物、动物高的权重。利用计算得到的各种生物指数利用下面将要叙述的多级关联评价方法对断面水体污染程度、生态系统稳定性及水体健康程度进行综合评价。

最后，对以上两者的评价结果进行分析综合，作为评价断面的水生态评价结果。

8.3.3 评价指标

1. 生物指数

本节所涉及的生物指数（BI）包括浮游生物、底栖动物的多样性指数、丰富度指数、均匀度指数、污染耐受指数及以某一类生物的多寡进行水污染程度评价的生物指数。

物种多样性表达物种的数量变化和物种的生物学多样性程度，多样性指数又称差异指数（discrepancy index），指的是应用数理统计方法求得表示生物群落和个体数量的数值，以评价环境质量。在清洁的沉积环境中，通常生物种类极其多样，但由于竞争，各种生物不仅以有限的数量存在，且相互制约而维持着生态平衡。当沉积环境及水体受到污染后，不能适应的生物或者死亡淘汰，或者逃离；能够适应的生物生存下来。由于竞争生物的减少，使生存下来的少数生物种类的个体数大大增加。因此，清洁水域中生物种类多，每一种的个体数少；而污染水域中生物种类少，每一种的个体数多，这是建立种类多样性指数式的基础。

在反映物种变化的多样性指数中，Simpson 指数被认为是反映群落优势度较好的一个指数，又称为优势度指数，是对多样性的反面即集中性的度量；Margalef 指数则被认为是反映物种丰富度较好的一个指数；Shannon 多样性指数计算时有三个前提条件，在生态学上的意义可以理解为：①种数一定的总体在各种间数量分布均匀时，多样性最高；②两个物种个体数量分布均匀的总体，物种数目越多多样性越高；③多样性可以分离成几个不同的组成部分，即多样性具有可加性，从而为生物群落等级特征引起的多样性的测度提供了可能。研究表明，以密度（数量）计算的 H 值比以生物量计算的 H 值更能反映污染状况；Shannon 多样性指数（H）

比 Margalef、Simpson 和 Pielou 指数更能反映污染状况；Shannon 多样性指数能反映季节变化，但敏感度不够。鉴于此，本节中多样性指数均以水生生物密度（数量）为基础计算。

多样性指数常用来监测淡水、海水生物群落结构的变化，被认为是个较好的评价污染程度的工具，一般而言，水质越好，多样性指数值越高。但在有些污染情况下，指数反而增高；在有些情况下，多样性指数指示污染不敏感。因此，在具体的应用过程中要将指数评价与周围环境结合，运用多种指数进行综合评价，具体情况具体分析，而不能生硬套搬评价标准。

综上所述，生物指数在评价水体污染方面具有一定优越性，但不是万能工具，因此下面根据淮河流域实测资料筛选出本节中用到的 8 种生物学指数，作为水生生物生活环境及其耐污性的辅助手段，用于评价淮河水生生态系统的稳定健康情况以及水体的污染情况。

（1）Shannon 多样性指数（H）。

$$H = -\sum_{i=1}^{s}\left[\left(\frac{n_i}{N}\right)\ln\left(\frac{n_i}{N}\right)\right] \tag{8.11}$$

式中：n_i 为第 i 类个体数量，ind/L；N 为样本中所有个体数量，ind/L；s 为样本中的种类数。

当收集的个体在不同种中平均分布时，H 达到最大。

（2）污染耐受指数（Pollution Tolerance Index，PTI）（即 Hilsenhoff 生物指数，FBI）。

$$PTI = \frac{\sum_{i=1}^{s}(n_i \times t_i)}{N} \tag{8.12}$$

式中：t_i 为第 i 类生物的污染耐受值；其他符号意义同 Shannon 多样性指数。

（3）Simpson 指数（D）。Simpson 指数是对多样性的反面，即集中性 Concentration 的度量，它假设从包含 N 个个体的 S 个种的集合中，其中属于第 i 种的有 n_i 个个体，$i = 12, \cdots, s$，并且 $\sum n_i = N$，随机抽取两个个体并且不再放回。如果这两个个体属于同一物种的概率大，则说明其集中性高，即多样性程度低。其概率可表示为

$$\lambda = \sum[n_i(n_i-1)/N(N-1)] \tag{8.13}$$

式中：n_i/N 为第 i 物种第一次被抽中的概率；$(n_i-1)/(N-1)$ 为第 i 物种第二次被抽中的概率。

显然，λ 是集中性的测度，而非多样性的测度。为了克服由此带来的不便，Greenberg（1956）建议用

$$D = 1 - \sum_{i=1}^{s}\frac{n_i(n_i-1)}{N(N-1)} \tag{8.14}$$

作为多样性测度的指标。式中，各符号意义同前。

（4）Margalef 种类丰富度指数（d）。

$$d = \frac{s-1}{\ln N} \tag{8.15}$$

Margalef 种类丰富度指数是多样性指数的一种，又称丰度指数。d 值的高低表示种类多样性的丰富与匮乏，其越大表示水质越好，式中各符号意义同前。

（5）Pielou 种类均匀度指数（J）。

$$J = \frac{H}{\log_2 s} \tag{8.16}$$

式中：各符号意义同前。

（6）King 指数（King Index，KI）。

$$KI = \frac{水生昆虫类的湿重}{寡毛类的湿重} \tag{8.17}$$

KI 反映的湿生物的比重，KI 越大底质污染越轻，水质越好；KI 越小底质污染越严重，水质越差。

（7）Goodnight 修正指数（GBI）。

$$GBI = \frac{N - N_{\text{oil}}}{N} \tag{8.18}$$

式中：N_{oil} 为寡毛类个体数；其他符号意义同前。

（8）底栖动物群落恢复指数（I_{ZR}）。戴雅奇等（2005）基于 Chandler 指数、科级生物指数等常用生物指数的特点以及前人关于生物指数的研究，结合上海苏州河及其附近水系底栖动物群落结构特征，建立了底栖动物恢复指数（I_{ZR}）。该指数结合了 Chandler 指数和科级生物指数的特点，在污染评价均值法的基础上进行修正和扩展。与其他生物指数相比，I_{ZR} 指数使用简单快捷，所涉及种类为太湖流域常见种，容易辨认，如辨认技术要求较高的水生昆虫只需辨认到科，而且该指数放大了少数敏感种的指示效果。此外该指数能明确地反映底栖动物群落的结构状况，比如某水体的 $I_{ZR} = 4.5$，该值为 $4 \sim 5$，该水体的底栖动物群落主要由腹足纲和双壳纲的软体动物组成。

$$I_{ZR} = \sum \left[(P_i / N) \times I_{ci} \right] \tag{8.19}$$

式中：P_i 为第 i 种类个体数，ind/m^2，如果 P_i / N 小于 5%，则按 5% 计算，如果 N 为 0，则 I_{ZR} 为 0；I_{ci} 为每个种类对应的清洁指数，清洁指数权值的衡量标准参考科级生物指数，并根据当地底栖动物群落结构情况进行调整；其他符号意义同前。

2. 生态流量

生态流量又称生态环境需水、生态需水、环境流量，其内涵源于保障河流生态系统健康，目标在于维持河流生态系统结构稳定、功能健全、生物多样、健康持续（严登华等，2001；钟华平等，2006；王芳等，2002；段红东和段然，2017），目的在于提出维持生态系统健康、避免生态系统发生不可逆退化的流量推荐值（陈敏建等，2006；康玲等，2010），是保持水生/岸栖生物群落物种稳定（钟华平等，2006；夏军和朱一中，2002）和维持河流水盐/水沙平衡、河口咸淡平衡、地下水采补平衡的重要手段（陆海明等，2019；李丽娟和郑红星，2003；倪晋仁，2002；石伟和王光谦，2002）的重要手段，是生态恢复与环境质量改善的重要依据（赵文智和程国栋，2001；刘昌明等，2007），既包括维持河流生态系统所需流量的总量和过程，也包括与河道相连的湖泊、河口、湿地、地下水等系统的需水量，国际公认的概念是 2007 年的布里斯班宣言，维持河道及河口的自然生态系统和维持人类生存发展所依赖的生态系统所需要的水量、时间和水质（Poff & Matthews，2013；刘悦忆等，2016）。

生态流量研究的核心问题是探索河流生态系统健康对生态流量的响应机制，影响最终取值的生态流量相关因子主要包括河流水文、泥沙、水质、水动力、生物、河流形态、地下水位、生态环境敏感保护目标等，其中水文水质因子是核心，其他因子都受到这两个因子直接或间接的影响。满足河流的水量、水质、水动力等方面的适宜条件并维持不同水期水量的不同消长，可以提高水体自净能力、维持由水生/岸边带动植物群落的健康与动态平衡，同时满足生物保护、栖息地维持、泥沙沉积、污染控制和景观维护等功能（王西琴等，2003；许新，2005；刘静玲等，2010）。研究中采用的水文因子超过了170个，包括大小、频率、发生时间、持续时间和变化率五方面（刘悦忆等，2016），通过年内变化和极端条件影响生物种群的结构和生命过程，制约生物栖息地的水温、溶解氧、水化学、泥沙、水质等特性的变化，通过水文水质因子的耦合维持着栖息地和生命历程完整，并防止非本地物种的入侵。

当前，围绕满足河流各项社会-经济-生态功能制定河流生态管理目标，计算生态流量总量与过程，维持社会-生态耦合系统的共同发展，越来越成为研究者和管理者的共同认知，气候、水文、水动力、地形地貌、生物以及人类需求等方面的综合作用将成为影响河流生态流量研究及其管理不可或缺的要素（刘悦忆等，2019）。

8.3.4 综合评价与分析

1. 生物指数评价分析

根据调查的各典型断面数据，计算各生物指数，如图8.9所示。

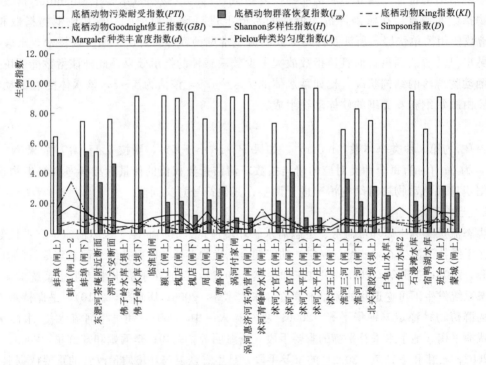

图8.9 流域典型闸坝断面水生生物指数 ［彩图见数字资源8（8.10）］

从图8.9中可见，前四种（PTI、I_{ZR}、KI、GBI）都是专门针对底栖动物而设计的；后面几种应用比较广泛，对浮游植物、浮游动物、底栖动物均适用，图中所绘即为对应断面这三种水生生物指数的加权平均值。各指数详见前面各典型断面"断面综合评价中"所列表格。由于生物指数的计算对样本的代表性要求特别高，本次生态调查由于时间紧，任务重，在样本采集时，多为一个生态断面取一到两个点，无疑，这会对样本的代表性产生很大影响，因此，在本次生态评价中，以采集到的水生生物的指示生存环境为主，以生物指数为辅助手段进行断面的水生态综合评价。

本次生态调查的30个断面中均对浮游植物、浮游动物进行了取样，由于当时底泥采集条件不具备，共有 24 个断面采集到了底栖动物。底栖动物污染耐受指数 PTI 是描述水生底栖动物对污染的耐受程度，其值越大表示指示水体污染越厉害，水生态系统遭受破坏越严重。在 24 个断面中，根据表 8.10 所列标准，有一半断面水体受到重度污染（$PTI>8.8$），生态系统不稳定，其中沭河太平庄污染最严重；有 7 个断面水体受到轻度污染（PTI 为 $6.61\sim7.7$）。底栖动物群落恢复指数 I_{ZR} 值越大，表示水体的自净恢复能力越强，水体水生态越好。由图 8.9 可以看出，蚌埠闸下断面底栖动物群落恢复指数最高；最低点在涡河的付家闸、东孙营闸和沭河的太平庄闸。King 指数（KI）与 Goodnight 修正指数（GBI）的计算对象分别是水生昆虫和寡毛类，值越大表示水体受污染越轻，水质越好。由于这两类生物并非在所有断面底泥中均能找到，因此，这里不做详述。下面重点分析水生生物的多样性指数、丰度指数与均匀度指数。

　　生物多样性指数描述的是水体中生物种类的多寡，丰度指数是指水生生物数量的多少，均匀度指数反映的是水体中各类生物是否比较均匀，优势种是否存在。一般来讲，在清洁水体中，水生生物往往表现为种类多，数量少，分布均匀，没有绝对优势种的存在；相反，在污染较重的水体中，水生生物的多样性降低，一种或几种耐污性强的种类数量多，形成绝对优势种，其他耐污性弱的种类很少或没有，但也会有反常案例出现。由图中可以看出，水生生物多样性最好的断面是蚌埠（闸上）-2 断面，即闸上靠近左岸的河道，其次是宿鸭湖水库、白龟山水库（坝上）-2 断面即白龟山库区 3m 深断面，多样性最差的是贾鲁河闸断面；水生生物丰度最高的断面也是蚌埠（闸上）-2 断面，其次是蚌埠（闸上）断面即闸上靠近右岸的河道，丰度最差的是贾鲁河闸断面；水生生物 pielous 指数最大，各种类分布最均匀的是沭河大官庄断面，佛子岭水库（坝上）断面水生生物各类分布最不均匀。

　　2. 生态流量评价分析

　　河流生态流量（或生态需水、生态环境需水）的应用是一种水资源可持续利用与管理模式，强调水资源、生态系统和人类社会的相互协调（Rolls et al.，2017；Almazán-Gómez et al.，2018），改变了传统的以人类需求为中心的流域管理观念，更有利于人与自然和谐发展。生态系统服务功能是人类生存与现代文明的基础，只有河流生态系统的基本需水要求得到满足，生态系统才能保持健康，才能更好地维持必要的服务功能，因此，合理准确地计算生态流量至关重要（Yang et al.，2013）。

　　水文变异对生态流量的影响受气候变化和人类活动的双重影响，河流生态系统适应了变异前的水文状态，变异后水流形态、水温都发生变化，直接影响到水生物的生存，若仍基于历史的水文-生态关系估算生态流量，势必导致结果具有很大不确定性；水生态系统的生物完整性随水量减少而改变，水文变异引起的不利水文情势变化往往会导致生态流量保障率降低（陈敏建等，2007；梅亚东等，2009；刘剑宇等，2015）。不利的水文变异（如干旱）会对河流生态系统产生显著影响，引起食物网中物质和能量、栖息地的面积与深度、栖息地之间的联系减少，水生生物捕食竞争性加剧，水环境恶化，水生生物的空间分布特征改变，导致水生生物的多样性降低、繁殖能力下降、种群规模减小（黄彬彬等，2019），需要基于野外水文-水质-水生态现场调查数据，构建食物网模型，分析水生生物捕食关系，通过生态学中的生态位方法分析河流生物群落物种的竞争关系，以及在水文变异后对水文水质因子的适应性改变，以此为基础，分析水文变异后的新型水文-生态响应关系，合理计算生态流量，保障河流健康。

目前，生态流量-生态系统关系的研究假定生态流量能得到 100% 满足，基础和前提是不存在水文变异或河流地貌特征是稳定的（Poff et al.，2010），可以用流量或地形条件的历史代替未来，这不利于应对未来极端气候变化引起的水文变异，适应性不强，导致传统流量计算方法失效，保障效果评估困难，结果难以推广应用。在水资源开发利用率高的河流上或未来极端气候条件下，年内或年际间不同时段随着降雨产流与取水比例的不同会造成生态流量得到不同程度的满足（万东辉等，2008；Zhao et al.，2017），针对生态流量满足程度不同对河流生态系统健康造成的影响，缺乏定量的研究，更缺乏针对各类方法计算结果的满足率不同对河流生态系统健康的定量模拟。

8.4　水生态健康保护措施

本节以 2006 年 4 月淮河流域水生态健康保护为例展开（赵长森等，2008）。

8.4.1　生物多样性保护（以底栖动物为例）

（1）上游需要关闸修坝拦蓄河水，下游需要提闸拆坝疏通河道。由表 8.11 可以看出，闸坝越靠近下游，其对下游水生态的综合消极作用越大，越往上游，消极作用越小，到了源头水库后，闸坝的作用由消极变为积极，但其积极作用仍然不如污染物排放造成的消极作用大。由此可见，越往下游，由于排污负荷不断增大，河流承载的污染越来越重，高负荷的污水被拦蓄停滞，会使河流自净能力减小，适应清洁水体的水生生物因不能适应高负荷的污染物而逐渐消失，代之以具有较强耐污能力的物种，并且因为有了繁殖的条件，往往形成单个强耐污能力的生物大量繁衍，数量激增，生物量减少，逐步夺取了耐污能力弱的生物的生存空间，使水体物种单一，生态系统原先的食物链被打断，并且形成恶性循环，生态系统质量不断下滑。因此，这就需要加强对闸坝的调控，增加水流速度，只有这样，水体的自净能力才有望修复，生态系统质量才有望提高。

表 8.11　　　　　　　闸坝和污染物排放对下游河流生态系统的影响

重点评估闸坝名称（自下游到上游）	闸坝对下游水生态综合影响		污染物排放对下游水生态综合影响	
	综合影响值 $\eta_{综闸}$	闸坝的作用	综合影响值 $\eta_{综污}$	污染的作用
蚌埠闸	−0.58	消极、不利	−0.43	消极、不利
颍上闸	−0.67	消极、不利	−0.33	消极、不利
阜阳闸	−0.63	消极、不利	−0.38	消极、不利
槐店闸	−0.52	消极、不利	−0.48	消极、不利
沙河周口闸	−0.38	消极、不利	−0.37	消极、不利
沙河橡胶坝	−0.33	消极、不利	−0.48	消极、不利
马湾拦河闸	−0.33	消极、不利	−0.31	消极、不利
白龟山水库	0.30	积极、有利	−0.32	消极、不利

（2）削减污染物。由表 8.11 可知，在研究范围内，污染物的排放对水生态造成的影响永远是消极的。由于上游排污负荷小，水体的自净能力尚没有遭到破坏，大坝对水流进行拦蓄，在适当时候提闸放水，可增加下游水流速度，在放水期间会使下游自净能力提高，下游水生态系统得到改善和修复。越往下游，随着污染负荷的增加，水体自净能力遭到破坏的程度越来越大，削减排污的需求越来越高。

（3）构建食物网模型。不利的水文变异（比如，干旱）会对河流生态系统产生显著影响，引起食物网中物质和能量、栖息地的面积与深度、栖息地之间的联系减少，水生生物捕食竞争性加剧，水环境恶化，水生生物的空间分布特征改变，导致水生生物的多样性降低、繁殖能力下降、种群规模减小（黄彬彬等，2019），需要基于野外水文-水质-水生态现场调查数据，构建食物网模型，分析水生生物捕食关系，通过生态学中的生态位方法分析河流生物群落物种的竞争关系以及在水文变异后对水文水质因子的适应性改变。

（4）围绕鱼类、两栖类、鸟类等高级别生物群落，用生物多样性、IBI 指标而非历史栖息地反映真实生物群落状态，分析在水文变异条件下年内、年际间乃至更长时间尺度的水文周期内生物群落可能产生的适应性改变，以预测未来气候、人类活动等极端条件下的水文变异对生物群落的影响，以便管理部门提前应对。

8.4.2　生态流量保障措施

维持合理的生态流量是保障河流健康的基础，目前，主要研究工作集中在：①分析、评价河流水文过程的改变对生态系统造成的不利影响；②提出维持河流生态健康的相关水文、水力学、泥沙等要素的合理阈值范围；③以生态流量为依据的生态保护实践。基于水文水质因子的变化，河流生态学家侧重研究流量要素-生态响应之间的关系，提出了生态流量管理目标计算方法，能够积极推进保护河流的生态流量模式，但当前研究多从统计学角度出发，物理机制和生态机理不足，耦合水文模型与生态模型，形成具有严格物理机制的、一体化的水文-生态模拟系统是研究的新方向（万东辉等，2008；刘悦忆等，2016）。

在生态流量的实际管理中，存在重总量而轻过程、保护目标不明确等一系列问题，亟须进一步摸清重要河湖水生生物的种群、数量和分布等状况，准确界定生态保护目标，探究水文水质过程与生态系统演变的内在机理，加强生态流量对河流生态系统健康的保障的生态学机理研究，应用中既要重总量也要重过程，构建天地一体化的生态流量信息监测网络，加强生态流量监管（王建平等，2019）。

因此，需要在使用之前系统对比筛选、严谨定量地分析各方法计算结果对河流生态系统健康影响，充分考虑地域、河流类型、生态保护对象、敏感时期等因素，分类形成能够合理确定符合地域特点的生态流量的计算体系；全面考虑地形地貌、水文水质条件及生态功能，以河流生态系统结构、功能健康为目标，围绕大小、频率、发生时间、持续时间、变化率等 170 余个水文参数及相应水质变化过程，计算有益于社会-生态系统动态平衡的生态流量总量和过程，确定能维持本地物种基本生境条件，通过年内变化保持本地种群结构、极端条件有益于本地水生物生命过程的关键水文水质因子，维持栖息地完整和生命历程完整，并降低物种入侵的风险；用河流水资源利用率来衡量水资源开发利用程度，在生态流量计算时充分考虑水资源开发利用程度较高河流的生态功能和生态效益（刘悦忆等，2016；王建平等，2019）。

马湾拦河闸及以下水系闸坝和污染物排放对下游水生态造成了很大的不利影响，不利影响逐年累积，使下游水生态严重恶化。因此，必须从政策、工程等多方面对下游的水生态进行保护，停止或减少从河道进行水量、水质掠夺的活动，从水量、水质方面还河流水生态一个基本的生存环境，这首先需要满足下游水生态对生态需水的要求。

从维持生态系统结构和功能的角度，探索气候变化和人类活动共同影响下水文变异对生物栖息地（水温、溶解氧、水化学特性、泥沙特性、水质特性等）的定量影响，探讨水文水质-生态-人类活动相互作用及机制，推进极端条件下（如干旱）河流生态流量保障模式，研究河流健康对生态流量保障率的需求阈值,维持栖息地完整、生命历程完整,并防止非本地物种的入侵;采用适应性管理策略,平衡生态与社会经济用水需求的关系,达到系统多目标利益的最大化,确定人类-自然的协同机制与关键阈值,提出耦合社会-生态的综合管理模式。

8.5 人类工程对水生态健康的影响

淮河流域闸坝众多,对水生态的影响由来已久。经过不断探索和大胆尝试,根据淮河流域水文、水质、生态、环境等资料的具体特点,最终找到了一套适合于评价淮河闸坝对河流生态环境影响的理论和方法,为了便于与污染物排放对水体生态的影响大小进行比较,在方法的探索过程中,也考虑了控制污染物排放对河流生态的影响,因此,这套方法实际上同时进行了闸坝和上游排污对下游河流水生态的影响。其内容和具体步骤如下。

(1)根据 2006 年 4 月进行的实际生态调查资料,分析淮河流域水生生物与水体水质指标、水温、流速、流量等的关系。

(2)在对水生生物与水质、水量相关分析的基础上,根据关系的密切程度总结出适用于淮河流域的经验关系。

(3)提出评价有无闸坝和不同排污情景下的生态评价指标和闸坝、污染物对生态的影响计算指标:淮河流域闸坝和排污是影响水体生态的主要因素,通过设置不同情景,利用SWAT 模型输出不同情景下的流量,利用水质模型输出不同情景下水体水质,根据提出的评价及影响计算指标,将三者耦合在一起对闸坝及污染物排放对水生生态的影响进行分析。

8.5.1 人类工程水生生态系统影响计算的指标

(1)闸坝对淮河流域水生态的影响贡献分析。闸坝对淮河流域水生态的影响采用有无闸坝水生生物生物量或数量的变化率来计算,即

$$\eta_闸 = (E01 - E11)/E11 \qquad (8.20)$$

式中:$\eta_闸$ 为有无闸坝水生生物数量或生物量的变化率;Emn 为水生生物生物量或数量:m为有无闸坝,0:无,1:有;n 为污染物削减前后,0:削减后,1:削减前;$Emn = K \times Cmn + b$,Cmn 为有、无闸坝水质指标浓度;K、b 为经验公式的斜率和截距,见表 8.12~表 8.14。

表 8.12　　　　淮河流域水体中相应于 BOD_5 浓度的水生生物数量和生物量

自变量	4.61	BOD_5浓度 X	0	2.31	3.69	4.15	4.61	5.07	5.53	6.92	9.22	K	b
因变量		$Y(X=4.61)$	水生生物数量或生物量										
浮游植物 甲藻门	数量	0.04		0.02	0.03	0.04	0.05	0.07	0.11	0.17		0.03	-0.083000
	生物量	0		0	0	0	0	0	0	0.01		0	-0.002900
硅藻门	数量	9.95		5.52	7.73	9.95	12.17	14.39	21.04	32.13		4.81	-12.228000
	生物量	1.10		0.51	0.80	1.10	1.39	1.69	2.58	4.06		0.64	-1.862600
裸藻门	数量	2.34		0.68	1.51	2.34	3.16	3.99	6.48	10.62		1.80	-5.947800
	生物量	0.20		0.06	0.13	0.20	0.26	0.33	0.54	0.89		0.15	-0.498300

续表

自变量			4.61	BOD₅浓度X									K	b
因变量			Y(X=4.61)	0	2.31	3.69	4.15	4.61	5.07	5.53	6.92	9.22		
							水生生物数量或生物量							
浮游动物	轮虫	数量	92.39		30.04	67.45	79.92	92.39	104.86	117.33	154.74	217.10	27.05	-32.315000
		生物量	0.14		0.05	0.09	0.14	0.18	0.22	0.35	0.57		0.09	-0.297000
	无节幼体	数量	46.52	3.66	25.09	37.94	42.23	46.52	50.80	55.09	67.94	89.37	9.30	3.658000
		生物量	0.14	0.01	0.08	0.11	0.13	0.14	0.15	0.17	0.20	0.27	0.03	0.011000
	枝角类	数量	10.44		1.60	6.90	8.67	10.44	12.20	13.97	19.27	28.11	3.83	-7.234100
		生物量	1.26		0.74	1.00	1.26	1.52	1.78	2.57	3.88		0.57	-1.356400
底栖动物	腹足纲	生物量	97.79	204.83	151.31	119.19	108.49	97.79	87.08	76.38	44.26		-23.22	204.830000
	瓣鳃纲	生物量	98.67	204.67	151.67	119.87	109.27	98.67	88.07	77.47	45.67		-22.99	204.670000

表 8.13　　淮河流域水体中相应于 COD_{Cr} 浓度的水生生物数量和生物量

自变量			21.47	COD_{Cr}浓度									K	b
因变量			Y(X=21.47)	0.00	10.74	17.18	19.32	23.62	25.76	32.21	42.94	64.41		
							水生生物数量或生物量							
浮游植物	蓝藻门	数量	10.72		0.73	6.73	8.73	12.72	14.72	20.72	30.72	50.71	0.93	-9.27
		生物量	0.07		0.04	0.06	0.09	0.11	0.15	0.23	0.40		0.01	-0.09
	隐藻门	数量	3.62		1.73	2.68	4.57	5.52	8.37	13.11	22.59		0.44	-5.86
		生物量	0.07		0.03	0.05	0.09	0.11	0.17	0.26	0.45		0.01	-0.12
	绿藻门	生物量	0.09		0.04	0.06	0.11	0.14	0.22	0.34	0.60		0.01	-0.17
浮游动物	原生动物	数量	79.79		34.56	61.70	70.74	88.84	97.88	125.02	170.24	260.69	4.21	-10.66
		生物量	0.00		0.00	0.00	0.00	0.00	0.01	0.01	0.01		0.00	0.00
底栖动物	寡毛纲	数量	116.82	19.00	67.91	97.25	107.04	126.60	136.38	165.73	214.64	312.46	4.56	19.00
		生物量	7.63		2.15	5.44	6.54	8.73	9.83	13.12	18.61	29.59	0.51	-3.34
	瓣鳃纲	数量	32.94	103.57	68.26	47.07	40.01	25.88	18.82				-3.29	103.57

表 8.14　　淮河流域水体中相应于氨氮浓度的水生生物数量和生物量

自变量			1.60	氨氮浓度										K	b
因变量			Y(X=1.60)	0.00	0.80	1.28	1.44	1.76	1.92	2.40	3.20	4.80	6.40		
								水生生物数量或生物量							
浮游植物	绿藻门	数量	4.6264	1.3046	2.9655	3.9620	4.2942	4.9585	5.2907	6.2872	7.9481	11.2699	14.5916	2.076100	1.304600
浮游动物	桡足类	数量	9.4056		3.1701	6.9114	8.1585	10.6527	11.8998	15.6410	21.8765	34.3473	46.8182	7.794300	-3.065300
		生物量	0.3940		0.1380	0.2916	0.3428	0.4452	0.4964	0.6500	0.9060	1.4180	1.9300	0.320000	-0.118000
底栖动物	昆虫幼虫	数量	234.4670	54.8030	144.6350	198.5342	216.5006	252.4334	270.3998	324.2990	414.1310	593.7950	773.4590	112.290000	54.803000
		生物量	1.2855	0.2668	0.7762	1.0818	1.1836	1.3874	1.4893	1.7949	2.3042	3.3230	4.3417	0.636700	0.266800

（2）染物对淮河流域水生态的影响贡献分析。污染物对淮河流域水生态的影响采用污染物削减前后水生生物的生物量或数量的变化率来计算，即

$$\eta_{污}=(E10-E11)/E11 \tag{8.21}$$

式中：$\eta_{污}$ 为污染物削减前后水生生物生物量或数量的变化率；其他符号意义同上。

（3）闸坝和污染物对下游水生态影响贡献综合模型。

$$\eta_{综}=(-1)^m \sqrt{\frac{\sum_{i=1}^{n}\eta_i^2}{n}} \tag{8.22}$$

$$m=\begin{cases}0 & 若各类水生生物数量、生物量的 \eta_i 正值个数大于负值个数时 \\ 1 & 若各类水生生物数量、生物量的 \eta_i 正值个数小于负值个数时\end{cases}$$

式中：$\eta_{综}$ 为闸坝或污染对水生态的综合影响贡献值；η_i 为闸坝或污染对第 i 种水生生物数量或生物量的影响值；n 为有存在计算影响值的水生生物数量或生物量的个数；m 决定 $\eta_{综}$ 的符号，$\eta_{综}<0$ 表示影响贡献是消极的、不利的，$\eta_{综}>0$ 表示影响贡献是积极的、有利的。

8.5.2　人类工程对下游河流生态系统的影响——重点断面分析

1. 蚌埠闸断面不同情景下水量水质变化过程

通过 SWAT 模型模拟得到的有闸、无闸情景下的流量过程如图 8.10 所示。

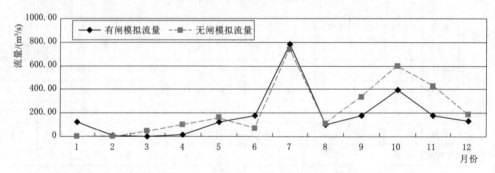

图 8.10　蚌埠闸有闸和无闸情景下流量过程线 ［彩图见数字资源 8（8.11）］

通过水质模型模拟得到有闸、无闸、有污染、无污染情景下的氨氮、COD_{Mn}、COD_{Cr} 浓度过程如图 8.11 和图 8.12 所示。

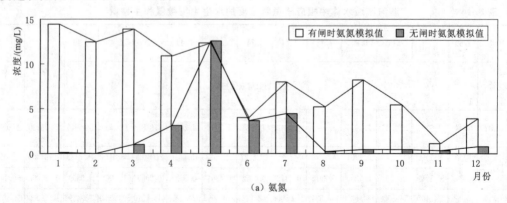

（a）氨氮

图 8.11（一）　蚌埠闸氨氮、COD_{Mn} 和 COD_{Cr} 有闸和无闸情景下浓度过程线 ［彩图见数字资源 8（8.12）］

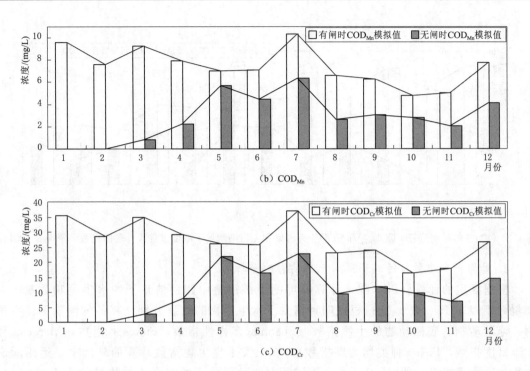

图 8.11（二） 蚌埠闸氨氮、COD_{Mn} 和 COD_{Cr} 有闸和无闸情景下浓度过程线 [彩图见数字资源 8（8.12）]

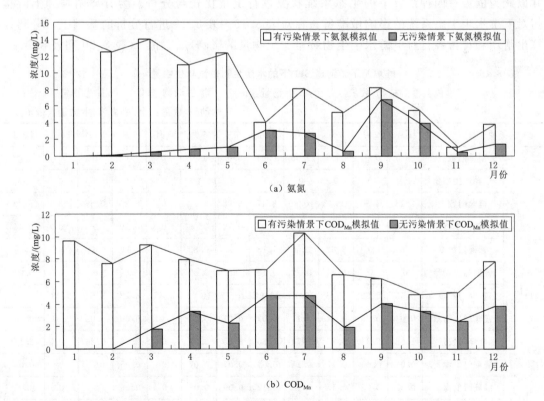

图 8.12（一） 蚌埠闸氨氮、COD_{Mn} 和 COD_{Cr} 有污染和无污染情景下浓度过程线 [彩图见数字资源 8（8.13）]

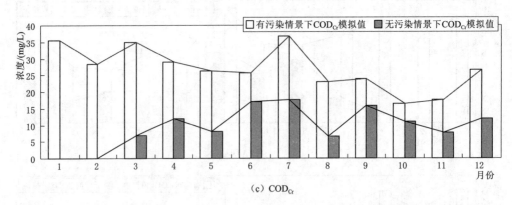

(c) COD$_{Cr}$

图 8.12（二） 蚌埠闸氨氮、COD$_{Mn}$ 和 COD$_{Cr}$ 有污染和无污染情景下浓度过程线 ［彩图见数字资源 8 (8.13)］

2. 蚌埠闸和上游排污对下游水生态的影响分析

根据既定的计算分析步骤，计算蚌埠闸下游河道中四种情景下的水生生物数量、生物量列于表 8.15～表 8.18；根据四种情景下水生生物的数量分别计算各种情景下浮游植物、浮游动物、底栖动物的生物指数（Shannon 多样性指数，Simpson 指数，Margalef 种类丰富度指数，Pielou 种类均匀度指数），在三类水生生物指数计算的基础上，运用断面生物指数计算模型 ［式 (8.1)］，计算该断面四种情景下的综合生物指数，列于表 8.19，并以此为依据对四种情景下的生态系统状况进行定量比较与分析，为分离闸坝和上游排污对下游水生生态系统的影响做准备；在对表 8.15～表 8.19 进行分析的基础上，分离计算出闸坝和排污各自对下游水生生物数量、生物量的影响 $\eta_{闸}$、$\eta_{污}$（表 8.20 和表 8.21）。

表 8.15　　　　　　蚌埠闸下游河道 S11 下的水生生物数量和生物量

（单位：浮游植物 数量：万个/L 生物量：mg/L；浮游动物 数量：个/L 生物量：mg/L；底栖动物 数量：个/平方米 生物量：g/m²）

	项　目	1月	2月	3月	4月	5月	6月	7月	8月	9月	10月	11月	12月
浮游植物	甲藻门数量	0	0.01	0.05	0.05	0.03	0.03	0.02	0	0	0	0	0.01
	甲藻门生物量	0	0	0	0	0	0	0	0	0	0	0	0
	硅藻门数量	2.18	3.50	10.43	10.66	8.47	6.98	5.92	0	3.25	0.57	0	5.02
	硅藻门生物量	0.06	0.24	1.16	1.19	0.90	0.70	0.56	0	0.20	0	0	0.44
	裸藻门数量	0	0	2.52	2.6	1.78	1.23	0.83	0	0	0	0	0.49
	裸藻门生物量	0	0	0.21	0.22	0.15	0.1	0.07	0	0	0	0	0.04
	蓝藻门数量	6.53	8.02	15.3	15.19	12.91	10.77	10.05	2.67	8.72	3.62	2.48	7.66
	蓝藻门生物量	0.04	0.05	0.11	0.11	0.09	0.07	0.07	0.01	0.06	0.02	0.01	0.05
	隐藻门数量	1.63	2.34	5.79	5.74	4.66	3.65	3.31	0	2.68	0.26	0	2.17
	隐藻门生物量	0.03	0.05	0.12	0.11	0.09	0.07	0.07	0	0.05	0	0	0.04
	绿藻门生物量	0.03	0.05	0.15	0.15	0.12	0.09	0.08	0	0.06	0	0	0.05
	绿藻门数量	5.12	7.91	15.05	3.80	22.75	8.97	6.95	2.63	12.97	9.32	2.51	5.00

项　目		1月	2月	3月	4月	5月	6月	7月	8月	9月	10月	11月	12月
浮游动物	轮虫数量	48.7	56.13	95.1	96.37	84.04	75.71	69.72	32.03	54.68	39.64	35.47	64.65
	轮虫生物量	0	0.01	0.15	0.15	0.11	0.08	0.06	0	0.01	0	0	0.04
	无节幼体数量	31.50	34.05	47.45	47.88	43.65	40.78	38.73	25.77	33.56	28.39	26.95	36.98
	无节幼体生物量	0.09	0.10	0.14	0.14	0.13	0.12	0.12	0.08	0.10	0.09	0.08	0.11
	枝角类数量	4.25	5.30	10.82	11.00	9.25	8.07	7.23	1.88	5.09	2.96	2.37	6.51
	枝角类生物量	0.34	0.50	1.32	1.34	1.08	0.91	0.78	0	0.47	0.15	0.07	0.68
	原生动物数量	60.79	67.53	100.48	100.01	89.69	80.00	76.76	43.35	70.73	47.65	42.51	65.93
	原生动物生物量	0	0	0	0	0	0	0	0	0	0	0	0
	桡足类数量	11.28	21.72	48.53	6.29	77.45	25.7	18.14	1.92	40.74	27.02	1.46	10.81
	桡足类生物量	0.47	0.90	2.00	0.27	3.19	1.06	0.75	0.09	1.68	1.12	0.07	0.45
底栖动物	腹足纲生物量	135.29	128.91	95.46	94.37	104.95	112.11	117.24	149.6	130.15	143.07	146.65	121.6
	瓣鳃纲生物量	135.81	129.49	96.37	95.29	105.76	112.85	117.93	149.98	130.72	143.51	147.05	122.25
	寡毛纲数量	96.27	103.56	139.19	138.69	127.53	117.05	113.54	77.41	107.02	82.06	76.50	101.83
	寡毛纲生物量	5.33	6.15	10.14	10.09	8.84	7.66	7.27	3.21	6.54	3.73	3.11	5.95
	瓣鳃纲数量	47.78	42.52	16.79	17.15	25.21	32.78	35.31	61.40	40.01	58.04	62.06	43.77
	昆虫幼虫数量	261.42	411.89	798.16	189.55	1214.76	469.15	360.23	126.67	685.87	488.24	119.93	254.68
	昆虫幼虫生物量	1.44	2.29	4.48	1.03	6.84	2.62	2.00	0.67	3.85	2.72	0.64	1.40

由表 8.15 可以看出，在有闸有排污（S11）的情景下，从综合层面来讲：

浮游植物中，耐污性较强的蓝藻数量最大（8.66 万个/L），生物量较低（0.06mg/L）；其次才是耐污性更强的绿藻（数量/生物量＝8.58/0.09）；耐污性较弱的硅藻（数量/生物量＝5.70/0.61）也占有很大比例。单从数量上来讲，蓝藻和绿藻占有绝对优势。

浮游动物中，耐污性强的原生动物数量（70.45 个/L）处于绝对优势，但其生物量很低（≈0）；其次是耐污性较弱的轮虫（数量/生物量＝62.69/0.08）；多出现于微污或清洁水体中的桡足类也占有一定比例（数量/生物量＝24.25/1）。

底栖动物中，耐污性较强的昆虫幼虫数量最多（448.38 个/m²），生物量最低（2.5g/m²），昆虫幼虫是该断面底栖的优势种类；耐污性更强的寡毛纲（数量/生物量＝106.72/6.5），居于第二位；耐污性较弱的瓣鳃纲（数量/生物量＝40.23/123.92）也占有一定份额。

从年内时间分布的角度来讲：浮游动物 3—7 月是繁殖的旺盛时期，具有较高的数量和生物量；浮游动物中，轮虫与枝角类具有较强的季节性，在 3—7 月数量生物量较多，其他浮游动物则看不出明显的随时间变化的趋势；所有底栖动物在一年内的分布比较均匀，无明显随时间变化的趋势。三类水生生物数量和生物量随时间变化的特性，可能与它们在水体中的空间位置有关，多生长于上层的浮游植物受气温变化影响较大，而位于水底的底栖动物则年内分布比较均匀，基本不受大气温度变化的影响。

表 8.16　　　　　　　　　　　蚌埠闸下游河道 S01 下的水生生物数量和生物量

（单位：浮游植物 数量：万个/L 生物量：mg/L；浮游动物 数量：个/L 生物量：mg/L；
底栖动物 数量：个/m² 生物量：g/m²）

项　目		1月	2月	3月	4月	5月	6月	7月	8月	9月	10月	11月	12月
浮游植物	甲藻门数量	0	0	0	0	0	0	0	0	0	0	0	0
	甲藻门生物量	0	0	0	0	0	0	0	0	0	0	0	0
	硅藻门数量	0	0	0	0	1.73	1.05	0	0	0	0	0	0.38
	硅藻门生物量	0	0	0	0	0	0	0	0	0	0	0	0
	裸藻门数量	0	0	0	0	0	0	0	0	0	0	0	0
	裸藻门生物量	0	0	0	0	0	0	0	0	0	0	0	0
	蓝藻门数量	0	0	0	0	5.94	4.68	0.11	0	0	0	0	3.61
	蓝藻门生物量	0	0	0	0	0.03	0.02	0	0	0	0	0	0.02
	隐藻门数量	0	0	0	0	1.36	0.76	0	0	0	0	0	0.25
	隐藻门生物量	0	0	0	0	0.03	0.01	0	0	0	0	0	0
	绿藻门生物量	0	0	0	0	0.03	0.01	0	0	0	0	0	0
	绿藻门数量	1.33	1.30	1.95	1.55	18.91	7.70	3.11	1.41	1.51	1.82	1.53	2.65
浮游动物	轮虫数量	0	0	0	0	46.16	42.36	13.90	9.91	0	3.03	4.30	38.55
	轮虫生物量	0	0	0	0	0	0	0	0	0	0	0	0
	无节幼体数量	3.78	3.72	6.65	12.94	30.63	29.32	19.54	18.17	12.5	15.8	16.24	28.01
	无节幼体生物量	0.01	0.01	0.02	0.04	0.09	0.09	0.06	0.05	0.04	0.05	0.05	0.08
	枝角类数量	0	0	0	0	3.89	3.35	0	0	0	0	0	2.81
	枝角类生物量	0	0	0	0	0.29	0.21	0	0	0	0	0	0.13
	原生动物数量	0	0	0	13.82	58.14	52.45	31.76	25.02	12.38	19.04	18.83	47.60
	原生动物生物量	0	0	0	0	0	0	0	0	0	0	0	0
	桡足类数量	0	0	0	0	63.03	20.94	3.72	0	0	0	0	2.00
	桡足类生物量	0	0	0	0	2.60	0.87	0.16	0	0	0	0	0.09
底栖动物	腹足纲生物量	204.52	204.67	197.36	181.65	137.47	140.73	165.16	168.58	182.74	174.49	173.40	144.00
	瓣鳃纲生物量	204.36	204.52	197.28	181.72	137.96	141.20	165.38	168.77	182.79	174.63	173.55	144.43
	寡毛纲数量	19.41	19.09	27.47	45.47	93.40	87.25	64.88	57.59	43.92	51.12	50.89	82.01
	寡毛纲生物量	0	0	0	0	5.01	4.32	1.81	0.99	0	0.26	0.24	3.73
	瓣鳃纲数量	103.27	103.50	97.45	84.46	49.85	54.29	70.44	75.71	85.58	80.38	80.54	58.07
	昆虫幼虫数量	55.93	54.80	89.61	68.28	1007.02	400.66	152.50	60.42	66.03	82.88	67.15	127.79
	昆虫幼虫生物量	0.27	0.27	0.46	0.34	5.67	2.23	0.82	0.30	0.33	0.43	0.34	0.68

由表 8.16 可以看出，在无闸有排污（S01）的情景下，从综合层面来讲：

浮游植物中，耐污性强的绿藻数量最大（3.73 万个/L），生物量较低（0.02mg/L）；其次是耐污性较强的蓝藻（数量/生物量＝3.59/0.03）；耐污性较弱的硅藻（数量 1.05 万个/L，生物量≈0）。单从数量上来讲，蓝藻和绿藻还是占绝对优势。

浮游动物中，耐污性强的原生动物数量（31 个/L）处于绝对优势，但其生物量很低

（≈0）；其次是耐污性较弱的轮虫（数量 22.6 个/L，生物量≈0）；多出现于微污或清洁水体中的桡足类也占有一定比例（数量/生物量＝22.42/0.93）。

底栖动物中，耐污性较强的昆虫幼虫数量最多（186.09 个/m²），生物量最低（1.01g/m²），昆虫幼虫是该断面底栖的优势种类；耐污性更强的寡毛纲（数量/生物量＝53.54/2.33）居于第二位；耐污性较弱的瓣鳃纲（数量/生物量＝78.63/173.05）也占有一定份额。

表 8.17　　　　蚌埠闸下游河道 S10 下的水生生物数量和生物量

（单位：浮游植物 数量：万个/L 生物量：mg/L；浮游动物 数量：个/L 生物量：mg/L；

底栖动物 数量：个/m² 生物量：g/m²）

项 目		1月	2月	3月	4月	5月	6月	7月	8月	9月	10月	11月	12月
浮游植物	甲藻门数量	0	0	0	0	0	0	0.01	0	0	0	0	0
	甲藻门生物量	0	0	0	0	0	0	0	0	0	0	0	0
	硅藻门数量	0	0	0	0	0	3.18	3.47	0	0.34	0	0	0
	硅藻门生物量	0	0	0	0	0	0.19	0.23	0	0	0	0	0
	裸藻门数量	0	0	0	0	0	0	0	0	0	0	0	0
	裸藻门生物量	0	0	0	0	0	0	0	0	0	0	0	0
	蓝藻门数量	0	0	0	1.77	0	6.66	7.56	0	5.46	1.08	0	1.96
	蓝藻门生物量	0	0	0	0	0	0.04	0.05	0	0.03	0	0	0
	隐藻门数量	0	0	0	0	0	1.70	2.12	0	1.13	0	0	0
	隐藻门生物量	0	0	0	0	0	0.03	0.04	0	0.02	0	0	0
	绿藻门生物量	0	0	0	0	0	0.04	0.05	0	0.02	0	0	0
	绿藻门数量	1.33	1.49	2.18	3.01	4.02	8.80	6.76	2.61	12.97	8.92	2.30	4.17
浮游动物	轮虫数量	0	0	0	27.68	8.46	54.32	55.95	2.12	38.37	27.31	12.27	35.29
	轮虫生物量	0	0	0	0	0	0	0.01	0	0	0	0	0
	无节幼体数量	3.78	3.78	14.56	24.28	17.67	33.43	33.99	15.49	27.95	24.15	18.98	26.89
	无节幼体生物量	0.01	0.01	0.04	0.07	0.05	0.10	0.10	0.05	0.08	0.07	0.06	0.08
	枝角类数量	0	0	0	1.27	0	5.04	5.27	0	2.78	1.22	0	2.35
	枝角类生物量	0	0	0	0	0	0.46	0.50	0	0.13	0	0	0.06
	原生动物数量	0	0	17.86	39.26	22.83	61.38	65.47	17.35	55.99	36.14	22.62	40.15
	原生动物生物量	0	0	0	0	0	0	0	0	0	0	0	0
	桡足类数量	0	0	0.21	3.33	7.15	25.07	17.43	1.85	40.74	25.54	0.68	7.69
	桡足类生物量	0	0	0.02	0.14	0.3	1.04	0.72	0.08	1.68	1.06	0.04	0.32
底栖动物	腹足纲生物量	204.50	204.50	177.60	153.30	169.80	130.40	129.00	175.20	144.10	153.60	166.50	146.80
	瓣鳃纲生物量	204.36	204.306	177.71	153.68	170.01	131.03	129.64	175.4	144.59	153.98	166.77	147.21
	寡毛纲数量	19.32	19.18	49.84	72.99	55.22	96.91	101.3003	49.30	91.08	69.62	54.99	73.95
	寡毛纲生物量	0	0	0.12	2.72	0.72	5.4	5.9	0.06	4.75	2.34	0.7	2.82
	瓣鳃纲数量	103.30	103.40	81.30	64.59	77.42	47.32	44.13	81.69	51.53	67.02	77.58	63.9
	昆虫幼虫数量	55.93	64.91	101.90	146.80	201.90	460.10	350.13	125.50	685.80	466.90	108.70	209.70
	昆虫幼虫生物量	0.27	0.32	0.53	0.79	1.10	2.57	1.94	0.67	3.85	2.60	0.57	1.15

由表 8.17 可以看出，在有闸无排污（S10）的情景下，从综合层面来讲：

浮游植物中，耐污性强的绿藻数量最大（4.88 万个/L），生物量较低（0.04mg/L）；其次是耐污性较强的蓝藻（数量/生物量＝4.08/0.02）；耐污性较弱的硅藻（数量 2.33 万个/L，生物量 0.21mg/L）。单从数量上来讲，蓝藻和绿藻还是占绝对优势。

浮游动物中，耐污性强的原生动物数量（37.91 个/L）处于绝对优势，但其生物量很低（≈0）；其次是耐污性较弱的轮虫（数量 29.09 个/L，生物量 0.01mg/L）；多出现于微污或清洁水体中的桡足类也占有一定比例（数量/生物量＝12.97/0.54）。

底栖动物中，耐污性较强的昆虫幼虫数量最多（248.22 个/m^2），生物量最低（1.36g/m^2），昆虫幼虫是该断面底栖的优势种类；耐污性更强的寡毛纲（数量/生物量＝62.8/2.55）居于第二位；耐污性较弱的瓣鳃纲（数量/生物量＝71.94/163.23）也占有一定份额。

表 8.18   蚌埠闸下游河道 S00 下的水生生物数量和生物量

（单位：浮游植物 数量：万个/L 生物量：mg/L；浮游动物 数量：个/L 生物量：mg/L；

底栖动物数量：个/m^2 生物量：g/m^2）

项　目		1月	2月	3月	4月	5月	6月	7月	8月	9月	10月	11月	12月
浮游植物	甲藻门数量	0	0	0	0	0	0	0	0	0	0	0	0
	甲藻门生物量	0	0	0	0	0	0	0	0	0	0	0	0
	硅藻门数量	0	0	0	0	0	0	0	0	0	0	0	0
	硅藻门生物量	0	0	0	0	0	0	0	0	0	0	0	0
	裸藻门数量	0	0	0	0	0	0	0	0	0	0	0	0
	裸藻门生物量	0	0	0	0	0	0	0	0	0	0	0	0
	蓝藻门数量	0	0	0	0	0	0.31	0	0	0	0	0	0
	蓝藻门生物量	0	0	0	0	0	0	0	0	0	0	0	0
	隐藻门数量	0	0	0	0	0	0	0	0	0	0	0	0
	隐藻门生物量	0	0	0	0	0	0	0	0	0	0	0	0
	绿藻门生物量	0	0	0	0	0	0	0	0	0	0	0	0
	绿藻门数量	1.30	1.30	1.35	1.41	2.70	7.47	2.92	1.39	1.51	1.64	1.41	1.93
浮游动物	轮虫数量	0	0	0	0	0	19.7	4.48	0	0	0	0	12.63
	轮虫生物量	0	0	0	0	0	0	0	0	0	0	0	0
	无节幼体数量	3.66	3.66	4.47	7.58	7.83	21.53	16.30	8.02	10.07	13.37	11.07	19.11
	无节幼体生物量	0.01	0.01	0.01	0.02	0.02	0.06	0.05	0.02	0.03	0.04	0.03	0.06
	枝角类数量	0	0	0	0	0	0.14	0	0	0	0	0	0
	枝角类生物量	0	0	0	0	0	0	0	0	0	0	0	0
	原生动物数量	0	0	0	0	0	32.65	24.26	0	6.02	12.51	5.85	24.81
	原生动物生物量	0	0	0	0	0	0	0	0	0	0	0	0
	桡足类数量	0	0	0	0	2.16	20.08	3.01	0	0	0	0	0
	桡足类生物量	0	0	0	0	0.10	0.83	0.13	0	0	0	0	0

续表

项　目		1月	2月	3月	4月	5月	6月	7月	8月	9月	10月	11月	12月
底栖动物	腹足纲生物量	204.83	204.83	202.81	195.03	194.41	160.18	173.25	193.94	188.81	180.56	186.32	166.25
	瓣鳃纲生物量	204.67	204.67	202.67	194.96	194.35	160.45	173.4	193.89	188.8	180.64	186.34	166.46
	寡毛纲数量	19.00	19.00	21.28	29.98	30.07	65.84	56.77	29.75	37.04	44.06	36.86	57.36
	寡毛纲生物量	0	0	0	0	0	1.91	0.90	0	0	0	0	0.96
	瓣鳃纲数量	103.57	103.57	101.93	95.64	95.58	69.75	76.30	95.81	90.54	85.48	90.67	75.87
	昆虫幼虫数量	54.80	54.80	57.05	60.42	130.04	388.30	142.39	59.29	66.03	72.77	60.42	88.49
	昆虫幼虫生物量	0.27	0.27	0.28	0.30	0.69	2.16	0.76	0.29	0.33	0.37	0.30	0.46

由表 8.18 可以看出，在无闸无排污（S00）情景下，从综合层面来讲：

浮游植物中，耐污性强的绿藻数量最大（2.19 万个/L），生物量≈0；其次是耐污性较强的蓝藻（数量 0.31 万个/L，生物量≈0）；其他浮游植物数量生物量都基本上为 0。单从数量上来讲，绿藻和蓝藻还是占绝对优势；

浮游动物中，耐污性强的原生动物数量（17.68 个/L）处于绝对优势，但其生物量很低（≈0）；耐污性较弱的轮虫（数量 12.27 个/L，生物量≈0）；多出现于微污或清洁水体中的桡足类也占有一定比例（数量/生物量＝8.42/0.35）；

底栖动物中，耐污性较强的昆虫幼虫数量最多（102.9 个/m²），生物量最低（0.54g/m²），昆虫幼虫是该断面底栖的优势种类；耐污性更强的寡毛纲（数量/生物量＝37.25/1.26）居于第二位；耐污性较弱的瓣鳃纲（数量/生物量＝90.39/187.61）也占有一定份额。

综上所述，若仅无闸（S01）或者无排污（S10）或者既无闸又无排污（S00），则蓝藻、绿藻、硅藻、轮虫、桡足类、昆虫幼虫、寡毛纲、瓣鳃纲数量和生物量均有不同程度的减少，原生动物数量减少、生物量没有体现出变化，瓣鳃纲数量和生物量均有不同程度的增加。

一般来讲，水质质量与水生生态系统的健康状况关系比较密切，在污染严重的水体中，通常耐污性强的个体数量大、生物量少，往往这些耐污性强的个体形成水体的优势种群，其他耐污性弱的个体则很少出现，整个生态系统呈现出生物种类少，耐污性强的个体数量多的特点。随着污染的减轻，首先是一些弱耐污的生物种类逐渐开始繁衍，生物的多样性越来越好，物种丰富程度越来越高，并且，由于多种耐污性弱的物种先后陆续出现，生物均匀度得到提高，水体的自净能力得到提高，生态系统质量向着良性方向发展。

表 8.19 是基于 2006 年 4 月进行的生态调查中获得的水生生物物种，筛选出与水质指标关系较好的水生生物进行计算分析，得到四种情景下的生物指数（H、D、d、J），但是，那些与水质指标关系不密切的生物物种和随着水体污染的减轻本来不存在，而后来出现的生物物种不能参与到生物指数的计算中，因此，在某种意义上，计算得到的生物指数只是目前水生生物数量生物量在四种情景下变化的辅助分析工具，并不能单独按照计算得到的生物指数来确定生态系统质量和水体健康程度。

表 8.19　　　四种情景下蚌埠闸下游河道水生生物的综合生物指数（BI）

指　数		1月	2月	3月	4月	5月	6月	7月	8月	9月	10月	11月	12月
Shannon 多样性指数（H）	S11	1.09	1.04	0.97	1.09	0.9	1.05	1.08	1.03	0.95	0.93	1.03	1.12
	S01	0.46	0.46	0.49	0.74	0.84	1.01	0.90	0.86	0.74	0.81	0.83	1.09

指　数		1月	2月	3月	4月	5月	6月	7月	8月	9月	10月	11月	12月
Shannon 多样性指数（H）	S10	0.46	0.46	0.75	1.02	0.85	1.02	1.06	0.83	0.88	0.84	0.87	1.00
	S00	0.46	0.46	0.47	0.50	0.64	0.82	0.84	0.50	0.72	0.74	0.71	0.86
Simpson 指数（D）	S11	0.77	0.70	0.62	0.85	0.55	0.69	0.74	0.85	0.61	0.60	0.85	0.79
	S01	0.45	0.45	0.41	0.66	0.50	0.67	0.68	0.69	0.67	0.65	0.68	0.87
	S10	0.45	0.44	0.70	0.80	0.61	0.67	0.73	0.68	0.56	0.53	0.70	0.73
	S00	0.45	0.45	0.45	0.45	0.66	0.53	0.67	0.45	0.71	0.67	0.72	0.66
Margalef 种类丰富度指数（d）	S11	0.62	0.65	0.61	0.66	0.60	0.67	0.69	0.56	0.62	0.62	0.56	0.73
	S01	0.19	0.19	0.19	0.28	0.55	0.63	0.56	0.34	0.28	0.35	0.35	0.74
	S10	0.19	0.19	0.36	0.57	0.40	0.65	0.66	0.43	0.58	0.50	0.41	0.54
	S00	0.19	0.19	0.19	0.19	0.31	0.52	0.41	0.19	0.30	0.28	0.30	0.33
Pielou 种类均匀度指数（J）	S11	0.57	0.52	0.46	0.54	0.42	0.51	0.53	0.63	0.47	0.48	0.63	0.56
	S01	0.29	0.29	0.31	0.54	0.52	0.52	0.53	0.54	0.54	0.51	0.52	0.59
	S10	0.29	0.29	0.47	0.62	0.49	0.51	0.54	0.48	0.45	0.47	0.50	0.60
	S00	0.29	0.29	0.30	0.46	0.46	0.45	0.49	0.32	0.53	0.54	0.52	0.54

根据表 8.19 中的计算结果可以看出，从综合意义上来讲，生态系统的生物多样性在有闸无污（S10）情景下要比无闸有污（S01）情景下好（0.98＞0.95），优势度（指数 D）则在有闸无污（S10）情景下和无闸有污（S01）情景下相同（0.75），丰度（指数 d）在有闸无污（S10）情景下和无闸有污（S01）情景下也相同（0.58），均匀度（指数 J）则在无闸有污（S01）情景下比有闸无污（S10）情景略大（0.57＞0.56）。

为了量化在各种情景下闸坝和污染对下游水体生态的影响，我们引入了 $\eta_\text{闸}$、$\eta_\text{污}$ 两个参数，计算结果列于表 8.20 和表 8.21，并绘制成图 8.13。

表 8.20　　　　　　　蚌埠闸对下游水生生物数量生物量的影响贡献 $\eta_\text{闸}$

项　目		1月	2月	3月	4月	5月	6月	7月	8月	9月	10月	11月	12月
浮游植物	甲藻门数量		-0.50	-0.50	-0.50	-0.50	-0.54	-0.59		-0.50			-0.50
	甲藻门生物量	-0.50	-0.50	-0.50	-0.50	-0.46	-0.61	-0.69		-0.50	-0.50		-0.50
	硅藻门数量	-0.50	-0.50	-0.50	-0.50	-0.44	-0.61	-0.71		-0.53	-0.50		-0.48
	硅藻门生物量	-0.50	-0.50	-0.50	-0.50	-0.50	-0.58	-0.63		-0.50			-0.50
	裸藻门数量			-0.50	-0.50	-0.50	-0.50	-0.50					-0.50
	裸藻门生物量			-0.50	-0.50	-0.50	-0.50	-0.50					-0.50
	蓝藻门数量	-0.50	-0.50	-0.50	-0.53	-0.35	-0.60	-0.80	-0.50	-0.73	-0.59	-0.50	-0.42
	蓝藻门生物量	-0.50	-0.50	-0.50	-0.50	-0.38	-0.60	-0.77	-0.50	-0.69	-0.50	-0.50	-0.42
	隐藻门数量	-0.50	-0.50	-0.50	-0.50	-0.41	-0.60	-0.74		-0.63	-0.50		-0.47
	隐藻门生物量	-0.50	-0.50	-0.50	-0.50	-0.42	-0.60	-0.74		-0.63	-0.50		-0.47
	绿藻门生物量	-0.50	-0.50	-0.50	-0.50	-0.43	-0.60	-0.71		-0.60			-0.50
	绿藻门数量	-0.50	-0.51	-0.50	-0.74	-0.17	-0.88	-0.95	-0.98	-1.00	-0.95	-0.82	-0.74

项 目		1月	2月	3月	4月	5月	6月	7月	8月	9月	10月	11月	12月
浮游动物	轮虫数量	−0.50	−0.50	−0.50	−0.58	−0.33	−0.61	−0.8	−0.43	−0.77	−0.75	−0.57	−0.47
	轮虫生物量		−0.50	−0.50	−0.50	−0.50	−0.52	−0.55		−0.50			−0.50
	无节幼体数量	−0.50	−0.50	−0.55	−0.60	−0.33	−0.61	−0.80	−0.43	−0.79	−0.75	−0.57	−0.47
	无节幼体生物量	−0.50	−0.50	−0.55	−0.60	−0.33	−0.61		−0.43	−0.79	−0.75	−0.57	−0.47
	枝角类数量	−0.50	−0.50	−0.50	−0.53	−0.37	−0.61	−0.79	−0.50	−0.69	−0.63	−0.50	−0.47
	枝角类生物量	−0.50	−0.50	−0.50	−0.42	−0.61	−0.73		−0.58	−0.50	−0.50	−0.47
	原生动物数量	−0.50	−0.50	−0.55	−0.59	−0.32	−0.60	−0.80	−0.41	−0.80	−0.71	−0.54	−0.42
	原生动物生物量	−0.50	−0.50	−0.56	−0.59	−0.32	−0.60	−0.80	−0.41	−0.80	−0.71	−0.54	−0.42
	桡足类数量	−0.50	−0.50	−0.50	−0.68	−0.17	−0.88	−0.95	−0.96	−1.00	−0.95	−0.65	−0.74
	桡足类生物量	−0.50	−0.50	−0.50	−0.69	−0.17	−0.88	−0.95	−0.96	−1.00	−0.95	−0.68	−0.74
底栖动物	腹足纲生物量	−0.50	−0.50	0.55	0.60	0.33	0.61	0.80	0.43	0.79	0.75	0.57	0.47
	瓣鳃纲生物量	−0.50	−0.50	0.55	0.60	0.33	0.61		0.43	0.79	0.75	0.57	0.47
	寡毛纲数量	−0.50	−0.50	−0.56	−0.59	−0.32	−0.60	−0.80	−0.41	−0.8	−0.71	−0.54	−0.42
	寡毛纲生物量	−0.50	−0.50	−0.56	−0.59	−0.32	−0.60	−0.80	−0.41	−0.79	−0.71	−0.54	−0.42
	瓣鳃纲数量	−0.50	−0.50	0.56	0.59	0.32	0.60	0.80	0.41	0.8	0.71	0.54	0.42
	昆虫幼虫数量	−0.50	−0.51	−0.50	−0.74	−0.17	−0.88	−0.95	−0.98	−1.00	−0.95	−0.82	−0.74
	昆虫幼虫生物量	−0.50	−0.51	−0.50	−0.74	−0.17	−0.88	−0.95	−0.98	−1.00	−0.95	−0.82	−0.74
对水生态的综合影响贡献		−0.50	−0.50	−0.52	−0.58	−0.37	−0.65	−0.78	−0.64	−0.76	−0.72	−0.61	−0.52

由闸坝对下游水生生物数量生物量的影响指标计算表 8.20 可知，除闸坝对瓣鳃纲数量和生物量影响为正值外，闸坝对其他生物的数量和生物量的影响均为负值，即拆坝以后瓣鳃纲的数量和生物量会有所上升，而其他生物的数量和生物量会出现不同程度的减少。由表 8.20 可以看出，闸坝对瓣鳃纲的影响在 7 月、9 月最大，而在 5 月影响最小；在对其他影响为负的生物中，对桡足类数量和生物量、昆虫幼虫的生物量的影响最大值、最小值波动幅度最大，最大值一般出现在 9 月，而最小值一般出现在 5 月。从闸坝对下游水生态的综合影响可以看出，在 5 月对水生态的综合影响贡献最小（−0.37），7 月综合影响最大（−0.78）。

通过以上对蚌埠闸对底栖动物数量和生物量的影响贡献的分析可知，寡毛纲数量、瓣鳃纲数量在 7 月、9 月受蚌埠闸影响最大，昆虫幼虫数量和生物量都是在 9 月受蚌埠闸影响最大，其他底栖动物的数量和生物量都是在 7 月受蚌埠闸影响最大，在 5 月受影响最小。综合来讲，蚌埠闸对耐污性强的底栖动物寡毛纲、昆虫幼虫的影响贡献值为负值，即蚌埠闸的存在会使耐污性强的水生生物数量、生物量增加，对耐污性弱的底栖动物瓣鳃纲、腹足纲的影响贡献值为正值，即蚌埠闸的存在会使耐污性弱的水生生物数量、生物量减少，由此看来，蚌埠闸的存在对底栖动物的作用是消极的、不利的。

综上所述，蚌埠闸的存在对浮游植物与底栖动物都是消极、不利的，仅对浮游动物的作用是积极、有利的，但总体来看，蚌埠闸的存在对下游河道生态系统的影响是消极的、不利的。

由污染对下游水生生物数量生物量的影响指标计算表 8.21 可知，除污染对瓣鳃纲数量和生物量影响为正值外，污染对其他生物的数量和生物量的影响均为负值，即去除点源污染后瓣鳃纲的数量和生物量会有所上升，而其他生物的数量和生物量会出现不同程度的减少。由表 8.21 可以看出，污染对瓣鳃纲的影响在 7 月、9 月最小，而在 5 月影响最大；在对其他影响为负的生物中，对桡足类数量和生物量、昆虫幼虫的生物量的影响最大值、最小值波动幅度最大，最大值一般出现在 5 月，而最小值一般出现在 9 月。从污染对下游水生态的综合影响可以看出，在 5 月对水生态的综合影响贡献最大（−0.65），7 月影响最小（−0.26）。

表 8.21 蚌埠闸上游排污对下游水生生物数量生物量的影响贡献 $\eta_{污}$

	项　目	1月	2月	3月	4月	5月	6月	7月	8月	9月	10月	11月	12月
浮游植物	甲藻门数量		−0.50	−0.50	−0.50	−0.50	−0.46	−0.41		−0.50			−0.50
	甲藻门生物量	−0.50	−0.50	−0.50	−0.50	−0.54	−0.39	−0.31		−0.50	−0.50		−0.50
	硅藻门数量	−0.50	−0.50	−0.50	−0.50	−0.56	−0.39	−0.29		−0.47	−0.50		−0.52
	硅藻门生物量	−0.50	−0.50	−0.50	−0.50	−0.50	−0.42	−0.37		−0.50			−0.50
	裸藻门数量			−0.50	−0.50	−0.50	−0.50	−0.50					−0.50
	裸藻门生物量			−0.50	−0.50	−0.50	−0.50	−0.50					−0.50
	蓝藻门数量	−0.50	−0.50	−0.50	−0.47	−0.65	−0.40	−0.20	−0.50	−0.27	−0.41	−0.50	−0.58
	蓝藻门生物量	−0.50	−0.50	−0.50	−0.50	−0.62	−0.40	−0.23	−0.50	−0.31	−0.50	−0.50	−0.58
	隐藻门数量	−0.50	−0.50	−0.50	−0.50	−0.59	−0.40	−0.26		−0.37	−0.50		−0.53
	隐藻门生物量	−0.50	−0.50	−0.50	−0.50	−0.58	−0.40	−0.26		−0.37	−0.50		−0.53
	绿藻门生物量			−0.50	−0.50	−0.57	−0.40	−0.29		−0.40			−0.50
	绿藻门数量	−0.50	−0.49	−0.50	−0.26	−0.83	−0.12	−0.05	−0.02	0	−0.05	−0.18	−0.26
浮游动物	轮虫数量	−0.50	−0.50		−0.42	−0.67	−0.39		−0.20	−0.57	−0.23	−0.43	−0.53
	轮虫生物量		−0.50	−0.50	−0.50		−0.48	−0.45		−0.50			−0.50
	无节幼体数量	−0.50	−0.50	−0.45		−0.67	−0.39	−0.20		−0.21	−0.25	−0.43	−0.53
	无节幼体生物量	−0.50	−0.50	−0.45	−0.40	−0.67	−0.39	−0.20	−0.57	−0.21	−0.25	−0.43	−0.53
	枝角类数量	−0.50	−0.50	−0.50	−0.47	−0.63	−0.39	−0.21		−0.31	−0.37	−0.50	−0.53
	枝角类生物量	−0.50	−0.50	−0.50	−0.50	−0.58	−0.39	−0.27		−0.42	−0.50	−0.50	−0.53
	原生动物数量	−0.50	−0.50	−0.45	−0.41	−0.68	−0.40	−0.20	−0.59	−0.20	−0.29	−0.46	−0.58
	原生动物生物量	−0.50	−0.50	−0.44	−0.41	−0.68	−0.40	−0.20	−0.59	−0.20	−0.29	−0.46	−0.58
	桡足类数量	−0.50	−0.50	−0.50	−0.32	−0.83	−0.12	−0.05	−0.04	0	−0.05	−0.35	−0.26
	桡足类生物量	−0.50	−0.50	−0.50	−0.31	−0.83	−0.12	−0.05	−0.04	0	−0.05	−0.32	−0.26
底栖动物	腹足纲生物量	−0.50	−0.50	0.45	0.40	0.67	0.39	0.20	0.57	0.21	0.25	0.43	0.53
	瓣鳃纲生物量	−0.50	−0.50	0.45	0.40	0.67	0.39	0.20	0.57	0.21	0.25	0.43	0.53
	寡毛纲数量	−0.50	−0.50	−0.44	−0.41	−0.68	−0.40	−0.20	−0.59	−0.20	−0.29	−0.46	−0.58
	寡毛纲生物量	−0.50	−0.50	−0.50	−0.42	−0.68	−0.40	−0.20	−0.59	−0.21	−0.29	−0.46	−0.58
	瓣鳃纲数量	−0.50	−0.50	0.44	0.41	0.68	0.40	0.20	0.59	0.20	0.29	0.46	0.58
	昆虫幼虫数量	−0.50	−0.49	−0.50	−0.26	−0.83	−0.12	−0.05	−0.02	0	−0.05	−0.18	−0.26
	昆虫幼虫生物量	−0.50	−0.49	−0.50	−0.26	−0.83	−0.12	−0.05	−0.02	0	−0.05	−0.18	−0.26
对水生态的综合影响贡献		−0.50	−0.50	−0.49	−0.44	−0.65	−0.38	−0.26	−0.48	−0.31	−0.33	−0.41	−0.50

　　通过以上对蚌埠闸上游污染排放对底栖动物数量和生物量的影响贡献的分析可知，寡毛纲数量、瓣鳃纲数量 7 月、9 月受蚌埠闸上游污染排放影响最小，昆虫幼虫数量和生物量都是在 9 月受蚌埠闸上游污染排放影响最小，其他底栖动物的数量和生物量都是在 7 月受蚌埠闸上游污染排放影响最小，在 5 月受影响最大。综合来讲，蚌埠闸上游污染排放对耐污性强的底栖动物寡毛纲、昆虫幼虫的影响贡献值为负值，即蚌埠闸上游污染排放会使耐污性强的水生生物数量、生物量增加，对耐污性弱的底栖动物瓣鳃纲、腹足纲的影响贡献值为正值，即蚌埠闸上游污染排放会使耐污性弱的水生生物数量、生物量减少，由此看来，蚌埠闸上游污染排放对底栖动物的作用是消极的、不利的。

　　综上所述，蚌埠闸上游污染排放对浮游植物、浮游动物、底栖动物都是消极、不利的，因此，蚌埠闸上游污染排放对下游河道生态系统的影响是消极的、不利的。

　　图 8.13 显示了闸坝和污染对各种水生生物数量和生物量的综合影响，由图中可以看出，闸坝和污染对腹足纲生物量、瓣鳃纲生物量、瓣鳃纲数量的影响为正值，即无闸坝或无污染情况下，这三者会有不同程度的增长，结合表 8.20、表 8.21 可知，闸坝对这三者的影响程度均大于污染对它们的影响程度；闸坝和污染对其他生物数量生物量的影响均为负值，即无闸坝或无污染情况下，它们会有不同程度的减少，结合表 8.20、表 8.21 可知，闸坝和污染对裸藻门数量和生物量的影响程度相等（均为 −0.5），蚌埠闸对剩余生物数量或生物量的影响程度均大于污染引起的影响，即无闸会比上游无点源排放引起剩余生物数量或生物量减少更多。

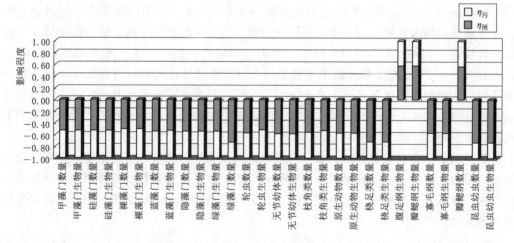

图 8.13　蚌埠闸和闸上游污染物排放对下游水生生物数量和生物量的影响［彩图见数字资源 8 (8.14)］

　　由图 8.13 可看出，所有浮游植物（藻类）、浮游动物，无论耐污性强的还是耐污性弱的，在无闸或无污染状态下它们的数量和生物量都减少；而对于底栖动物，耐污性强的物种（寡毛纲和昆虫幼虫）数量和生物量会在无闸或无污染状态下减少，而耐污性弱的腹足纲生物量、瓣鳃纲数量生物量会增加，由于底栖动物常生存于水体底泥中，受水流影响最小，不像浮游植物和浮游动物那样可能随水流四处漂移（除非底泥被冲刷），是水生态环境质量最真实最可靠的指示生物。并且，现有水生生物数量和生物量的减少意味着水体中会有更多的物种（可能现状下不存在）出现，因此，从图 8.13 中和以上分析可以得出结论：蚌埠闸的存在和上游污染物的排放对下游生态系统的影响都是负面的，都会使下游水生态恶化，而蚌埠闸的影响要大于污染物排放的影响。

3. 蚌埠闸和上游污染物排放对下游水生态的影响评价分析结论

通过以上对蚌埠闸和其上游污染排放对下游生态造成的影响的分析，可初步得到如下结论：

（1）蚌埠闸和污染对腹足纲生物量、瓣鳃纲生物量、瓣鳃纲数量的影响为正值，即无闸或无污染情况下，这三者增长；对其他生物数量生物量的影响均为负值，即无闸坝或无污染情况下，其他生物数量生物量减少。

（2）蚌埠闸在 5 月对水生态的综合影响贡献最小（-0.37），7 月综合影响最大（-0.78）；污染在 5 月对水生态的综合影响贡献最大（-0.65），7 月影响最小（-0.26）。

（3）从蚌埠闸和污染对下游生态系统的综合影响来看，前者的影响大于后者（|-0.58|>|-0.43|），即蚌埠闸的存在对下游水生生态系统的综合影响大于闸上游点源排放的综合影响。

（4）蚌埠闸的存在和上游污染物的排放对下游生态系统的影响都是负面的，都会使下游水生态恶化，而蚌埠闸的影响要大于污染物排放的影响。

8.5.3 人类工程对生物多样性的影响

1. 有利影响

水库的底部泄流具有有利的一面，比如，会促进某些在夏季喜欢在凉水或冷水中生活的物种，如湖泊钩虾的生长。大坝的投入运行使坝前水流缓慢，适应于静水的外来寄生虫 Lernaea cyprinacea Linn 在鱼类产卵场大量繁殖，寄生在至少三种当地鱼体内，对当地鱼类的生长发育造成了很大威胁。河底藻类的大量繁殖，因呼吸而使水中溶解氧大幅度减少，最终结果导致加拿大 Shand 大坝下游河道中三种肉食性昆虫石蝇的灭绝。美国 Colorado 河上的 Glen Canyon 大坝建成前大坝下游的平均悬移质含沙量要比投入运行后高出 3.5 倍。综合各方面研究，大坝的作用体现在以下几个方面：①减少径流的季节性变化；②调节洪峰；③人造洪峰；④澄清河水；⑤恒定水温；⑥增加底泥量；⑦改变营养传输模式；⑧导致水库下层出现喜静水的浮游生物。

拆坝对河流生态具有有利的一面，包括可以恢复天然的径流、可将水温控制在一定变动范围内，可以恢复上下游以往的泥沙运移模式，为水生昆虫和底栖动物提供新的栖息地，恢复鱼类的产卵场，削减堤岸侵蚀程度；可以恢复当地的生物物种；无需任何投入即可维持健康的生态系统。

2. 不利影响

大坝对水流进行拦蓄后，会使流速缓慢的水底滋生大量藻类，或者由于泥沙沉积等原因，使得河底没有了裸露的岩石，这样会对依靠吸管或吸盘固定自身的水生生物的生存造成很大影响。水库底部泄下的径流因温度变化幅度不大，导致下游河道水体温度变化幅度变小，对于某些大型无脊椎动物来说，无法完成一个完整的生命周期，无疑会对它们的繁殖造成不利影响。Crayton and Sommerfeld（1978）报告，在大坝投入运行后，硅藻数量大幅度减少，大坝投入运行前是运行后的 1600 多倍。由于大坝都是从水库底部泄流，这样泄到下游的水中会缺失某些营养有机物，从而对下游大型无脊椎动物的生存造成一定影响；大坝投入运行后，下游大个体浮游动物消失，对于下游对食物具有选择性的底栖动物而言，由于从水库底部泄下的水体中浮游动物不符合它们的要求，因此这些底栖动物的生存会受到严重的不利影响。大坝的修建对大型无脊椎动物的影响是使种类多样性减少，而某几种的生物量和密度大大升高。由于大坝修建，水体表面积增大，增大了流域的总水面蒸发损失，从而会使流域的年径流量减少，引起流域内盐分滞留量过大，增加流域的土壤盐碱度。水流从山区型水库泄下后，会在下游距离大坝比较远的地方恢复筑坝前的状态。

同时，大坝的拆除对生态系统具有有害的一面，比如会影响适应静态水体的生物；会使下游河道水体水温升高，溶解氧在短期内达到过饱和，使鱼类发生病变死亡；泥沙的短期内急剧下泄会破坏下游的鱼类产卵场、生物栖息地，若上游的水被污染，下泄的水流会对下游造成致命的影响；大坝的存在会对上下游的鱼类等不同水生生物形成天然分隔屏障，防止外来物种的侵袭，拆坝后这种作用消失，会对河流生物群落造成一定影响。

人类剧烈活动引起的水文变异通过水文水质因子及河流地貌改变了栖息地，增大河流污染风险，加速洪泛区的退化，导致淡水生物多样性迅速减少（Tockner et al.，2002）。由于污染的严重影响，人们更加关注水质的变化，河流水文水质因子变化引起自然栖息地和生物组成的改变，提高了物种入侵风险，河岸带植物、无脊椎动物和鱼类都受到明显影响（Bunn et al.，2002；Elosegi et al.，2013）。例如，水利设施会改变河流自然的季节流量模式，引起河流的温度、水位、化学成分等发生变化；滋生诸如蚊子类的传播媒介，使疾病四处蔓延，将河谷生命网络间的联系切断，阻断鱼类洄游通道，导致鱼类资源减少，生物多样性退化，使生物多样性减少；搅乱了河流的侵蚀、搬运和沉积地质作用过程，引起河岸滑塌，而且诱发水库地震；拦住了淤积洪泛平原与入海的沉积物，使河道形态发生变化，降低水体自净能力，对流域生态环境造成严重影响，甚至破坏（赵惠君等，2002；索丽生，2005）。

8.5.4　人类工程对生态流量的影响

1. 有利影响

山区水库众多，水生态与水环境质量较好。临淮岗至蚌埠的淮干接受了全部来自颍河、涡河的污水，污水团的存在与移动对水生生物造成了致命伤害，幸运的是，该段河流同时接受淮干南部清水的稀释，至蚌埠闸断面，水体污染程度有所减轻。

因此，可以在枯水期加大淮干以南及上游山区水库的下泄流量，对途经河段闸门进行联合调度，保持河道畅通和一定流速，在减轻河流水体污染的同时，使水体自净能力得到加强，水生态系统逐步得到改善。当然，在此过程中，必须配合进行颍河、涡河上游污染物排放量的削减，争取能够达标排放。只有水量与水质联合作用，淮河水生态才能尽快得到改善恢复。

2. 不利影响

水文变异对生态流量的影响受气候变化和人类活动的双重影响，河流生态系统适应了变异前的水文状态，变异后水流形态、水温都发生变化，直接影响到水生物的生存，若仍基于历史的水文～生态关系估算生态流量，势必导致结果具有很大不确定性；水生态系统的生物完整性随水量减少而改变，水文变异引起的不利水文情势变化往往会导致生态流量保障率降低（陈敏建等，2007；梅亚东等，2009；刘剑宇等，2015）。比如，闸坝可能对生态产生的不利影响大致可以归结为四个方面：①引起河湖形态变化，河道淤积；②导致潮汐变形，河口淤塞，使河流的行蓄洪能力降低；③导致水流流速趋缓，河道径流减少；④水体自净能力降低，水体污染加剧（索丽生，2005）。

8.6　淮河流域水生态健康保护

8.6.1　淮河流域单一河段水生态健康评价

本节选择蚌埠闸为例展开详细介绍。蚌埠闸位于蚌埠市西郊，为蚌埠市生活、社会经济用水提供了可靠保障。蚌埠闸以上干流河长 642km，流域面积为 12 万 km^2。主要承担蓄水灌溉任务，兼有航运、发电和供水等作用，是一座综合利用的水利工程。枢纽由新、老节制闸、电站、船闸等建筑物和分洪道组成，如图 8.14（a）所示。设计流量为 13000m^3/s，其中新闸 3410m^3/s，老闸 8650m^3/s。老闸始建于 1958 年，闸型为开敞式实用堰，28 孔，闸门为 10m×7.5m，闸底板高程为 12.0m。新闸位于老闸北端与淮北大堤之间，共 12 孔，每孔净宽 10m。

蚌埠市位于安徽省的东北部，淮河中游，东经 116°45′～118°04′，北纬 32°43′～33°30′，总面积为 5917km^2，总人口 330 万人。市区总面积为 601.5km^2，其中，淮河以北面积为 240.66km^2，淮河以南面积为 360.84km^2，建成区面积为 70km^2。地处江淮丘陵和淮北平原的交界处，市区地跨淮河两岸，淮河以北受淮北大堤保护，以南受蚌埠圈堤保护，另外席家沟以西无堤防，洪水高时自然漫淹，蚌埠市区及规划发展区主要在淮河以南。

蚌埠史称"采珠之地"，素有"珍珠城"之美誉。千里淮河穿市而过，干流自怀远县马城镇新城口入境，从五河县黄盆窑出境，全长 146km，占淮河总长的 14.6%。淮河蚌埠境内有一、二级支流 13 条，河流总长度为 659.8km，水域总面积为 389.35km^2，占辖区总面积 6.7%。淮河蚌埠段受人工闸坝高度控制，加之河床平缓，河水流速慢，河流生态系统脆弱，自净能力差，水体极易受到污染。

蚌埠河段断面比较规则，如图 8.14（b）所示。闸上游 2～3km 处为蚌埠市饮水水源取水口。调查时还发现，闸下游右岸有沙场，下游右岸离闸 1500m 左右有一排污口，水面宽为 5～8m，流速为 0.3～0.5m/s，污水散发出难闻的臭味，三个生态取样断面均在此排污口以上。

淮河蚌埠闸以上流域面积为 12.13 万 km^2，多年平均实测流量 841m^3/s，年径流量约为 267 亿 m^3。特别丰水年径流可达 667 亿 m^3，特别干旱年来水量仅为 26.8 亿 m^3，最大丰、枯水量比近 25 倍，一般年份 7 月、8 月、9 月三个月为丰水期，10 月至次年 6 月为少水期或枯水期。蚌埠吴家渡水文站（因区间无来水可视为蚌埠闸）实测 50%、75%、97%、99% 保证率的实测径流量分别是 230 亿 m^3、139 亿 m^3、45 亿 m^3 和 27 亿 m^3。随着上游水资源的不断开发，枯水期年径流越来越少，往往是汛期大水成灾，枯季无水引用或污染严重。淮河蚌埠闸上水资源的特点：

一是降水径流年内分布不均，年际变化差异较大。新中国成立以来，最大年降水 1559mm（1956 年）是最少年降水 450mm（1978 年）的 3.3 倍，多年平均年内最大月与最小月降水之比为 9:1，6—9 月降水占全年的 60%，径流年内年际与降雨基本一致。

二是过境水量丰富，多以洪水形式出现，大量利用水资源十分困难。干旱年份过境水量逐渐减少，甚至发生断流现象。由于蚌埠闸上各市工农业迅速发展和生活水平的逐步提高，导致蚌埠闸以上用水量迅速增加。

三是地下水质良好，分布不均，淮河以北地下水资源丰富，无法集中供给位于淮河以南城市利用。

在2006年4月进行的生态监测与调查中，在蚌埠闸共施测了3个生态断面，对河道内的浮游植物、浮游动物及底栖动物进行了取样，并对鱼类进行了调查采样。蚌埠闸附近水面呈现黄灰色，所取底泥为灰褐色，在岸边附近水域采集到维管束植物芦苇、竹叶眼子菜。选取的3个生态断面中，2个位于蚌埠（闸上）[蚌埠（闸上）-1断面、蚌埠（闸上）-2断面]，1个位于蚌埠（闸下）[蚌埠（闸下）-1断面]。蚌埠（闸上）-1断面（N 32.9549°，E 117.2652°）位于靠近右岸的河道内水深7.5m处；蚌埠（闸上）-2断面（N 32.9585°，E 117.2651°）则位于靠近左岸的河道内水深6.6m处，蚌埠（闸下）-1断面（N 32.9529°，E 117.2997°）靠近左岸的河道内水深5.0m处。

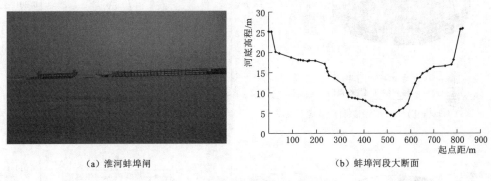

(a) 淮河蚌埠闸　　　　　　　　　　(b) 蚌埠河段大断面

图8.14　淮河蚌埠闸及过水断面面积

下面就3个生态监测断面浮游植物、浮游动物、底栖动物和鱼类及维管束植物的室内化验与分析结果对蚌埠闸的生态状况进行综合分析。

1. 浮游植物

蚌埠（闸上）-1断面主要浮游植物中优势种是蓝藻，其次是绿藻。该断面共发现藻类19属，其中绿藻类种类最多（表8.22），为11属；就数量组成而言，蓝藻占总浮游植物的66.67%（主要是窝形席藻，其数量占断面总数量的64%），其次是绿藻，占24.32%[图8.15（a）]；蓝藻的数量和生物量均高于其他藻类，绿藻排在第二位，硅藻主要是由大个体的针杆藻、螺旋颗粒直链藻、异极藻组成，它们的数量虽少，但生物量很大，如图8.15（b）所示。根据表8.10，该断面大部分藻类的生存环境为轻度污染或更好（βms～K），因此，该断面最差是轻度污染，生态系统稳定；但藻类多样性一般，多样性指数为1.29。

蚌埠（闸上）-2断面主要浮游植物中优势种是隐藻和硅藻。该断面共发现藻类16属，其中硅藻藻类种类最多，为8属；就数量组成而言，隐藻占总浮游植物的38.01%（主要是啮蚀隐藻，占总量的33.92%），其次是硅藻，占30.99%[图8.15（c）]；隐藻的数量和生物量最高，其次是硅藻；与隐藻相比，该断面硅藻个体较小，但仍比绿藻大，反映在硅藻的数量较大，生物量较小，如图8.15（d）所示。根据表8.10，该断面大部分藻类的生存环境为中度或轻度污染（αms～βms），因此，该断面属于中度或轻度污染，生态系统趋向脆弱；但藻类多样性较丰富，多样性指数为2.04。

蚌埠（闸下）-1断面主要浮游植物中蓝藻、绿藻、隐藻的分布占总浮游植物藻类的比例超过4/5。该断面共发现藻类12属，硅藻、绿藻各有4属；就数量组成而言，蓝藻、绿藻、隐藻所占比例分别为 34.94％、30.12％、21.08％ [图 8.15（e）]，其中蓝藻中的皮状席藻占 27.71％，隐藻中的啮蚀隐藻占 21.08％，是该断面的优势种；蓝藻的数量最高，但生物量却最低，其原因是断面中的皮状席藻和黏球藻个体较小，而绿藻恰好与其相反，如图 8.15（f）所示。由表 8.10，该断面大部分藻类的生存环境为中度或轻度污染（αms～βms），因此，该断面属于中度或轻度污染，生态系统趋向脆弱；藻类多样性较丰富，多样性指数为 2.07。

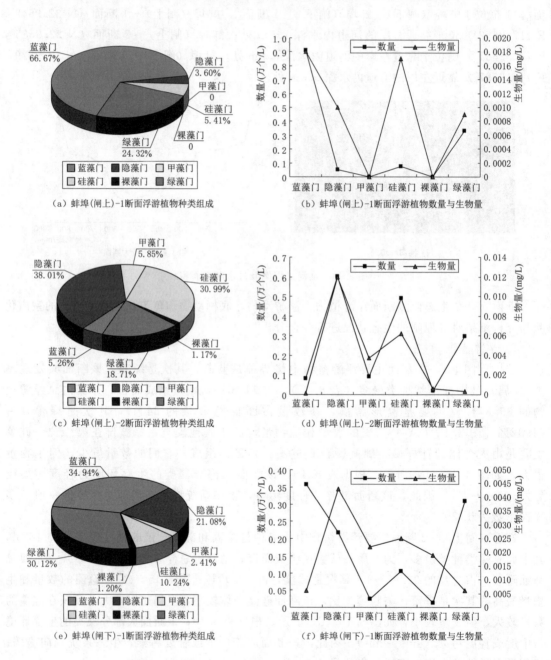

（a）蚌埠(闸上)-1断面浮游植物种类组成

（b）蚌埠(闸上)-1断面浮游植物数量与生物量

（c）蚌埠(闸上)-2断面浮游植物种类组成

（d）蚌埠(闸上)-2断面浮游植物数量与生物量

（e）蚌埠(闸下)-1断面浮游植物种类组成

（f）蚌埠(闸下)-1断面浮游植物数量与生物量

图 8.15　蚌埠闸上、下断面浮游植物组成、数量与生物量

表 8.22 蚌埠闸段浮游植物

浮游植物	蚌埠（闸上）-1	蚌埠（闸上）-2	蚌埠（闸下）-1
蓝藻门	窝形席藻 色球藻	鱼腥藻	皮状席藻 粘球藻
隐藻门	啮蚀隐藻	啮蚀隐藻 卵形隐藻	啮蚀隐藻
甲藻门		裸甲藻	裸甲藻
硅藻门	钝脆杆藻 针杆藻 螺旋颗粒直链藻 异极藻 小环藻	长等片藻 羽纹脆杆藻 尖针杆藻 橄榄形异极藻 缢缩异极藻 广缘小环藻 曲壳藻 小环藻	广缘小环藻 螺旋颗粒直链藻 偏肿桥弯藻 普通等片藻
裸藻门		囊裸藻	尖尾裸藻
绿藻门	短棘盘星藻 短棘四星藻 对对栅藻 二形栅藻 空星藻 四尾栅藻 四足十字藻 新月藻 镰形纤维藻 镰形纤维藻奇异变种 针形纤维藻	四尾栅藻 空星藻 四角十字藻	二形栅藻 四尾栅藻 衣藻 单棘四星藻

　　综上所述，根据浮游植物的监测化验与分析结果来看，蚌埠闸河段生物多样性一般，席藻和隐藻是该河段的优势种，席藻在各种水质环境下都有分布，而隐藻的生存环境为轻度污染或者更差，可见，根据以上对 3 个断面的分析，蚌埠段水体应属于中度或轻度污染（αms～βms），生态系统趋向脆弱，河流趋向亚健康。

　　根据《淮河干流水产资源调查报告》（1982 年 5 月与 1982 年 8 月 2 次取样，取样断面在蚌埠闸上，这里取与 2006 年 4 月下旬生态调查基本同期的 5 月数据），1982 年枯水期蚌埠段浮游植物种类分别为绿藻 58%、隐藻 0、蓝藻 4%、裸藻 19%、硅藻 4%、甲藻 15%，而现状闸上两断面平均值则分别为 21.31%、22.07%、33.73%、0.63%、19.13%、3.14%。前后两次监测结果相比，耐污性较强的种类（绿藻、隐藻、蓝藻）所占比例上升，水质变坏。又根据《淮河蚌埠段浮游生物调查概况》[进行了 3 次取样调查，取样时间分别为 1979 年 12 月 28 日，1980 年 1 月 22 日，1980 年 2 月 27 日，蚌埠（闸下）]，绿藻 5 类、隐藻 0、蓝藻 2 类、裸藻 1 类、硅藻 2 类、甲藻 1 类、黄藻 1 类、金藻 1 类，而现状年绿藻 4 类、隐藻 1 类、蓝藻 2 类、裸藻 1 类、硅藻 4 类、甲藻 1 类、黄藻 0 类、金藻 0 类，前后 2 次调查相比，耐污种类变化不大，清洁种类（黄藻、金藻）从有到无，可以推断，蚌埠闸下水环境质量有所降低。综上，可得出结论，根据浮游植物的变化情况，现在的淮河蚌埠段与 20 世纪 80 年代相比，污染情况加重，生物多样性一般。

2. 浮游动物

蚌埠（闸上）－1 断面主要浮游动物中优势属是无节幼虫。该断面共发现浮游动物 8 属，其中轮虫 4 种，桡足类 2 种，无节幼虫、原生动物、枝角类各 1 种（表 8.23）；就数量组成而言，无节幼虫占总浮游动物的 61.03%，原生动物、轮虫分别为 20.34% 和 18.31%，桡足类、枝角类很少，两者所占比例之和还不到 1%〔图 8.16（a）〕；无节幼体的数量和生物量均高于其他种类，处于绝对优势地位，为该断面浮游动物的优势种类；由图 8.16（b）可以看出，与无节幼虫、桡足类、枝角类相比，原生动物和轮虫的数量很大而生物量却很小，这是由于该断面占比例较大的砂壳虫、螺旋龟甲轮虫个体相对较小所致。原生动物中的砂壳虫生存在污染较轻或者没有污染的水体中，轮虫中的多肢轮虫则生长于中等或者轻污染的水体中，综合各种类生物的指示环境，该断面属于中度或者轻度污染（αms～βms），生态系统稳定但有趋向脆弱的趋势，浮游动物生物多样性一般，多样性指数为 1.38。

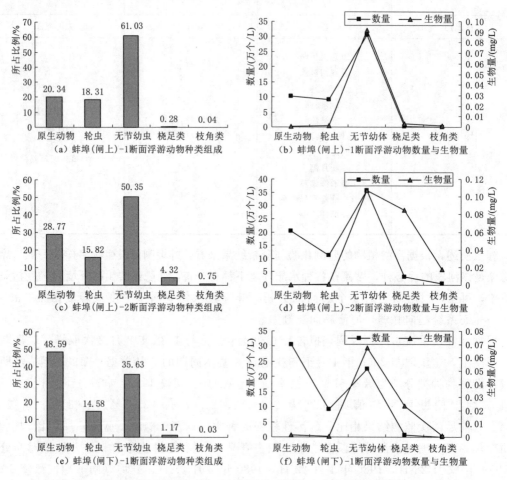

图 8.16　蚌埠闸上、下断面浮游动物组成、数量与生物量

蚌埠（闸上）－2 断面主要浮游动物中优势属也是无节幼虫。该断面共发现浮游动物 16 属，其中桡足类 8 种、轮虫 4 种，枝角类 2 种、原生动物、无节幼虫各 1 种；就数量组成而

言，无节幼虫占总浮游动物的 50.35%，原生动物、轮虫分别为 28.77% 和 15.82%，而桡足类、枝角类很少，前三者占了超过 95% 的比例，是该断面浮游动物中的优势群种 [图 8.16（c）]；无节幼体的数量和生物量均高于其他种类，处于绝对优势地位；由图 8.16（d）可以看出，以无节幼虫为界，原生动物和轮虫的数量很大而生物量很小，桡足类、枝角类则刚好与之相反，这是由于该断面累枝虫、螺旋龟甲轮虫、聚花轮虫个体相对较小而桡足类与枝角类中大部分种类个体相对较大所致。由表 8.10 可知，该断面大部分浮游动物可生活在中度污染或者轻度污染（αms～βms）的水体中，据此可推断，该断面属中度至轻度污染，生态系统脆弱；浮游动物多样性比蚌埠（闸上）-1 好，多样性指数为 1.68。

蚌埠（闸下）-1 断面主要浮游动物中优势属是原生动物。该断面共发现浮游动物 16 属，其中桡足类 8 种、原生动物、轮虫各 3 种，无节幼虫、枝角类各 1 种；就数量组成而言，原生动物占总浮游动物的 48.59%，无节幼虫、轮虫分别为 35.63% 和 14.58%，而桡足类、枝角类很少不足 2%，原生动物、无节幼虫、轮虫是该断面浮游动物中的优势群种 [图 8.16（e）]；无节幼体的数量小于原生动物，居第 2 位，但生物量远高于其他种类，处于绝对领先地位；由图 8.16（f）可以看出，原生动物和轮虫，尤其是原生动物的数量很大而生物量很小，反映在这两种浮游动物分布密集但个体小，而无节幼体与桡足类则刚好与之相反。据表 8.10，该断面大部分浮游动物常分布于轻污或者寡污（βms～os）的水域中，因此，该断面水体污染程度应属于轻污或者寡污（βms～os），生态系统稳定；浮游动物生物多样性一般，多样性指数为 1.52。

表 8.23   蚌 埠 闸 段 浮 游 动 物

浮游动物	蚌埠（闸上）-1	蚌埠（闸上）-2	蚌埠（闸下）-1
原生动物	砂壳虫	累枝虫	中华似铃壳虫 湖沼似铃壳虫 湖沼砂壳虫
轮虫	螺旋龟甲轮虫 针簇多肢轮虫 迈氏三肢轮虫	螺旋龟甲轮虫 针簇多肢轮虫 聚花轮虫 长刺异尾轮虫	螺旋龟甲轮虫 迈氏三肢轮虫 长刺异尾轮虫
无节幼虫（体）	无节幼虫	无节幼虫	无节幼虫
桡足类	桡足幼体 近邻剑水蚤	桡足幼体 近邻剑水蚤 温剑水蚤 锯缘真剑水蚤 中华水蚤 原镖水蚤 大尾真剑水蚤 许水蚤	桡足幼体 原镖水蚤 荡镖水蚤 温剑水蚤 汤匙华哲水蚤 真剑水蚤属 新镖水蚤 中剑水蚤
枝角类	透明溞	象鼻溞 透明溞	透明溞

一般来讲，在正常水体中清洁型水体浮游动物显示种类多数量少的特点；在较严重或中度富营养化的水体中往往是些耐污种类形成优势种群以较高的数量出现；在污染严重的水体

中，往往原生动物的数量非常多。轮虫和甲壳动物也能反映水的污染状况，轮虫随着污染的加重，种类数量往往减少，特别是在严重污染地区甲壳动物中的枝角类和桡足类种类和数量往往减少。浮游动物的数量消长除了与其他环境因素有关外与水质污染的程度密切相关。因此，综合上面对 3 个断面浮游动物的分析可得出以下结论：蚌埠闸河段生物多样性一般，原生动物、无节幼虫、轮虫是断面的优势种，种类少，数量多。一些在富营养化程度较高的水体中存在的枝角类、桡足类种类如温剑水蚤、透明溞在 3 个断面均有出现，两者均属于高度耐污的种类，但占比例很小。淮河蚌埠段浮游动物生物多样性指数为 1.3～1.7，根据表8.10 中有关指标标准，属中度污染，生物多样性一般，生态系统脆弱，河流处于亚健康状态。

《淮河干流水产资源调查报告》中记载，1982 年枯水期蚌埠段浮游动物数量分别为：原生动物 765 个/L（占浮游动物总数比例为 83.97%）、轮虫 30 个/L（3.29%）、无节幼体 24个/L（2.63%）、桡足类 35 个/L（3.84%）、枝角类 57 个/L（6.26%），耐污性强的原生动物占有相当高的比例，说明当时已有相当程度的污染。而现状年（2006 年）蚌埠闸上两断面平均的各种浮游动物数量分别为：15.31 个/L（25.28%）、10.21 个/L（16.86%）、33.17 个/L（54.76%）、1.60 个/L（2.64%）、0.28 个/L（0.45%）。与 1982 年相比，浮游动物总数由原来的 911 个/L 减少到现在的 60.57 个/L，降幅为 93.35%；除无节幼体外，其他各类数量生物量都有下降，降幅为 65.97%（轮虫）～99.18%（枝角类），《淮河蚌埠段浮游生物调查概况》的资料显示，1979—1980 年蚌埠闸下断面各种浮游动物种类分别为：原生动物 3 类、轮虫 12 类、桡足类 2 类、枝角类 2 类，而 2006 年数据则为原生动物 1 类、轮虫 3 类、桡足类 2 类、枝角类 1 类，轮虫种类锐减，由原来的 12 类减少到现在的 3 类，可见，2006 年生态调查时段蚌埠段水体环境不如 1980 年调查时期适于轮虫生存，当然，这也可能受冬季与春季水温变化的影响。由此，可以得出结论，根据浮游动物的变化情况，现在的淮河蚌埠段与 20 世纪 80 年代相比，污染程度有所减轻，生物多样性指数由1982 年的 0.94 上升到 2006 年的平均值 1.53，生物多样性比以前丰富，河流健康程度有所提升。

3. 底栖动物

蚌埠（闸上）断面主要底栖动物中优势种是瓣鳃纲。该断面共发现底栖动物 6 种，瓣鳃纲 4 种，寡毛纲和甲壳纲各 1 种（表 8.24），瓣鳃纲中主要是蚬科的河蚬与闪蚬、贻贝科的淡水壳菜、球蚬科的湖球蚬；就数量组成而言，瓣鳃纲处于绝对优势，占总底栖动物的75.86%，寡毛纲和甲壳纲分别为 17.93% 和 6.21%［图 8.17（a）］；从数量和生物量上看，瓣鳃纲也远远高于其他种类，处于绝对优势地位（其中尤以湖球蚬最多，占底栖动物总数的42.42%，其次是淡水壳菜，占 27.27%），为该断面浮游动物的优势种类［图 8.17（b）］。由数字资源 8 中 8.8 可知，淡水壳菜常生长在轻度污染或者更清洁（βms～K）的水体中，水丝蚓则易在严重污染或者重污染（αps～βps）的水体中形成优势种，但在此断面占比例小；由数字资源 8 中 8.8 可知，瓣鳃纲生物在中度污染或者更清洁（αms～K）的水体中才能存活，寡毛类多在严重污染（αps～βps）的水体中形成极高的密度，而甲壳纲的生活环境应该属于轻度污染或者更清洁（βms～K）水体；底栖动物群落恢复指数为 5.33，根据数字资源 8 中 8.7 中内容可知，该断面水体受到轻度污染，群落结构受损较轻，水质大约为Ⅳ类，表层底泥为灰色或黄褐色，这与现场取样一致，有沉水植被。

表 8.24　　　　　　　　　　　　　　蚌 埠 闸 段 底 栖 动 物

浮游动物	蚌埠闸上	蚌埠闸下
寡毛纲	水丝蚓	水丝蚓
蛭纲		
瓣鳃纲	河蚬 闪蚬 湖球蚬 淡水壳菜	河蚬 闪蚬 湖球蚬 淡水壳菜
腹足纲		
甲壳纲	钩虾	日本沼虾
昆虫幼虫		

综上所述，该断面水体属于中度或者轻度污染（αms～βms），生态系统稳定但趋向脆弱，底栖动物生物多样性贫乏，多样性指数为 1.00。

蚌埠（闸下）断面跟闸上断面基本一致，主要底栖动物中优势种是瓣鳃纲。两者的区别在于：闸上断面出现钩虾，而闸下则为日本沼虾，两者的耐污程度基本一致；就数量组成而言，瓣鳃纲仍处于绝对优势，但所占比例有所下降，占总底栖动物数量的 71.54%（其中湖球蚬占总底栖动物数量的 35.71%；淡水壳菜 14.29%；河蚬 14.29%），甲壳纲所占比例略有上升，为 14.63%［图 8.17 (c)］，这说明该断面水体污染程度比闸上断面轻；从数量和生物量上看，瓣鳃纲依然是该断面浮游动物的优势种类［图 8.17 (d)］。该断面底栖动物群落恢复指数为 5.43，根据数字资源 8 中 8.7 内容可知，该断面水体受到轻度污染，群落结构受损较轻，水质大约为Ⅳ类。由数字资源 8 中 8.8 内容综合分析，该断面水体属于中度偏轻度污染（αms～βms），生态系统稳定但有脆弱趋向，底栖动物生物多样性一般，多样性指数为 1.16。

综合闸上、闸下底栖动物的监测结果，淮河蚌埠河段底栖动物优势物种是瓣鳃纲，其组成比例占总底栖动物的 70% 以上，但耐污性强的寡毛纲所占比例较小，每平方米 18～26 个，未发现颤蚓和摇蚊幼虫，说明淮河蚌埠段污染不是非常严重。根据该断面底栖动物指示环境及生物多样性指数计算结果（$1.0 < H < 1.5$），本河段生物多样性一般，属于中度至轻度污染（αms～βms），生态系统稳定但有脆弱趋向，河流基本处于健康状态，但倾向于亚健康。

与 20 世纪 80 年代调查结果相比，耐污性强的寡毛类大大下降（由 248 个/m² 下降到目前的 26 个/m²，降幅为 89.52%），生存环境为中度污染或者更清洁水体的瓣鳃纲数目上升（由原来的 90 个/m² 上升到目前的 110 个/m²，上升幅度为 22.22%），大量分布于轻污染或者清洁水体中的甲壳类生物从无到有（9 个/m²），多高密度生存于污染水体中的水生昆虫幼虫由 80 年代占底栖动物总数的 6.63% 到至今消失。

综上所述，与 20 世纪 80 年代相比，淮河蚌埠段水体污染程度减轻，但多样性指数有所降低（由 1982 年的 1.13 下降到现在的 1.00）。

4. 断面综合评价

上面从浮游植物、浮游动物、底栖动物三个方面，分别评价了蚌埠河段的水体污染程度，多样性情况，生态系统稳定程度及河流健康情况。断面指数计算结果见表 8.25。

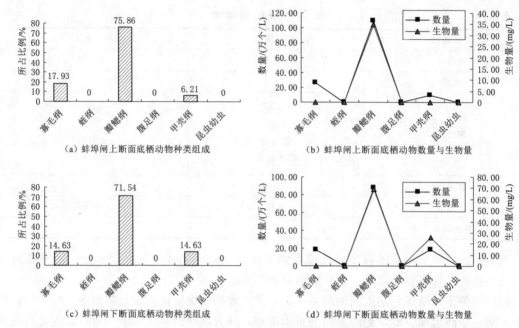

（a）蚌埠闸上断面底栖动物种类组成　　（b）蚌埠闸上断面底栖动物数量与生物量

（c）蚌埠闸下断面底栖动物种类组成　　（d）蚌埠闸下断面底栖动物数量与生物量

图 8.17　蚌埠闸上下断面底栖动物种类、数量与生物量

表 8.25　　　　　　　　淮河蚌埠河段生物指数计算结果

断面名称	计算对象	蚌埠（闸上）	蚌埠（闸上）-2	蚌埠（闸下）	断面平均值
Shannon 多样性指数（H）	浮游植物	1.29	2.04	2.07	1.80
	浮游动物	1.38	1.68	1.52	1.53
	底栖动物	1.00		1.16	1.08
	综合	1.17	1.83	1.45	1.48
Simpson 指数（D）	浮游植物	0.49	0.72	0.73	0.65
	浮游动物	0.56	0.65	0.63	0.61
	底栖动物	0.34		0.16	0.25
	综合	0.44	0.67	0.41	0.51
Margalef 种类丰富度指数（d）	浮游植物	6.65	7.55	146.13	53.44
	浮游动物	0.71	0.65	0.67	0.68
	底栖动物	0.28		0.29	0.29
	综合	1.68	3.41	29.57	11.55
Pielou 种类均匀度指数（J）	浮游植物	0.64	0.79	0.80	0.74
	浮游动物	0.59	0.73	0.65	0.66
	底栖动物	0.63		0.73	0.68
	综合	0.62	0.75	0.72	0.70
King 指数（KI）	底栖动物	0		0	0
Goodnight 修正指数（GBI）	底栖动物	0.82		0.85	0.84
底栖动物污染耐受指数（PTI）	底栖动物	6.43		7.44	6.94
底栖动物群落恢复指数（I_{ZR}）	底栖动物	5.33		5.43	5.38

在蚌埠（闸下）调查采集到的鱼类包括寡鳞飘鱼、间下鱵、鲫鱼、刀鲚、似鳊、子陵栉鰕虎鱼，植物有芦苇、竹叶眼子菜。由数字资源 8 中 8.9 内容可知，鲫鱼耐污能力较强，生存环境比较广泛，从重度污染到清洁水体（βps～K）中都有存在，但似鳊的生存环境污染区间为中度污染到清洁水（αms～K），由电子资源 8 中 8.8 内容可知，眼子菜科在重度污染到清洁水体（βps～K）环境中都有存在，因此，根据该河段存在的鱼类和水生维管束植物可以推断，该河段水体属于中度污染或者更好（αms～）。

根据断面综合平均的 Shannon 多样性指数（$H=1.48$）与表 8.10 可推断，该断面属于中度污染（αms）；而 Goodnight 修正指数（GBI）则显示该断面属于轻度污染（βms）或者更好，污染耐受指数（PTI）显示该断面属于轻度污染（βms）或者更好，底栖动物群落恢复指数（I_{ZR}）指示该断面属于轻度污染（βms）。利用多级灰关联评价方法对该断面各生物指数进行综合评价，评价结果为：该断面水体属于轻度污染（βms），水生态系统稳定，河流健康。

综合以上分析结果，可得出结论：淮河蚌埠段水体污染不是非常严重，应属于中度或轻度污染（αms～βms），生物多样性一般，生态系统趋向脆弱，河流趋向亚健康。

8.6.2 淮河流域整体健康评价

整理本次生态调查取样化验结果，并逐个重点评价河段的进行生态评价，评价结果汇总见表 8.26。

表 8.26 　　　　　　　　　　　淮河流域典型河流断面生态质量评价汇总

闸坝断面	生态系统稳定性	水体污染程度	河流/水库健康程度
蚌埠闸	趋向脆弱	中度或轻度污染（αms～βms）	趋向亚健康
东淝河茶庵附近断面	稳定	轻污或寡污（βms～os）	健康
淠河六安断面	稳定	轻污或寡污（βms～os）	健康
佛子岭水库	稳定	轻度污染或更好（βms～）	健康
临淮岗闸	稳定	轻污或寡污（βms～os）	健康
颍上闸	脆弱不稳定	重度到中度污染（βps～αms）	亚健康或不健康
槐店闸	不稳定或极不稳定	重度污染倾向于严重污染（αps～βps）	不健康甚至病态
周口闸	脆弱	中度污染（αms）	亚健康
贾鲁河闸	脆弱	中度污染（αms）	亚健康
涡河付家闸	不稳定	污染严重（βps）	不健康
涡河惠济河东孙营闸	不稳定	污染严重（βps）	不健康
沭河青峰岭水库	稳定	轻度污染或更好（βms～）	健康
沭河大官庄闸	脆弱	中度污染（αms）	亚健康
沭河太平庄闸	脆弱不稳定	重度到中度污染（βps～αms）	亚健康至不健康
沭河王庄闸	不稳定	重度污染（βps）	不健康
淮河三河闸	有脆弱倾向	中度或轻度污染（αms～βms）	倾向于亚健康
北关橡胶坝	处于稳定边缘，有脆弱趋势	中度或轻度污染（αms～βms）	倾向于亚健康

续表

闸坝断面	生态系统稳定性	水体污染程度	河流/水库健康程度
白龟山水库	稳定	轻度污染或更好（βms）	健康
石漫滩水库	稳定	轻度污染或更好（βms）	健康
宿鸭湖水库	稳定	轻度污染或更好（βms）	健康
班台闸	脆弱	中度或轻度污染（αms～βms）	亚健康
蒙城闸	不稳定	重度到中度污染（βps～αms）	亚健康至不健康

流域内评价结果汇总如图 8.18 所示。图中圆点越大表示水体受人类活动影响越大，污染越严重，生态系统遭受破坏越严重，河流/水库健康程度越低。

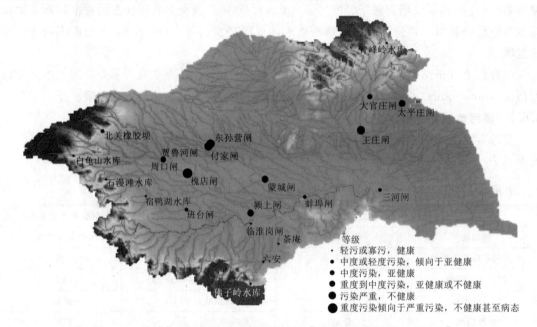

图 8.18　流域典型闸坝断面生态评价结果［彩图见数字资源 8（8.15）］

由评价结果可以看出，流域内河流生态系统遭受破坏最严重的区域有 2 片：一个是槐店闸所在的颍河中下游区；另一个是太平庄闸、王庄闸所在的沭河中下游区，这两片区域内由于上游城市工业发达，人口密集，污染物大量排入河道，远远超过水体的纳污能力，导致水环境恶化，生态系统遭受致命损害，河流大多处于病态。

沭河王庄闸、塔山闸位于太平庄闸上游，该河段由于接纳了大量上游未达标排放的城市与工业废水，河流遭受严重污染，生态系统非常脆弱，水生生物少，只有耐污性极强的种类或者厌氧类生物才能生存。涡河从付家闸、东孙营闸到下游的蒙城闸也是污染严重的区域，点源与面源污染导致涡河中下游生态系统受到损害，处于不稳定状态，河流也属于不健康行列。但由于中间接受含污染物较少的支流水稀释，涡河越往下游，生态有恢复迹象，河流健康程度有所提升。颍河整条河都受到严重污染，不存在自净河段。从沙河周口闸、贾鲁河闸经槐店闸至颍上闸河段，污染物严重超标导致河流水生态，污染逐步加重，水环境不断恶化。这与该区域城市与工业发展规模关系密切。从沙河周口闸、贾鲁河闸往上游越往上游，接受污染物越少，水生态与水环境质量越好。班台闸、宿鸭湖水库所在的洪汝河受污染较轻，水生态系统结构虽然受到破坏，河流大多属于亚健康状态，通过进一步削减排污量、闸坝调度增加下泄流量等措施，可以使河流自净作用加强，水生态与水环境可以很好地自修复。淮河上游的东淝河、浕河受污染程度较轻，水环境与水生态良好，河流较健康。流域内大多数水库仅受面源影响，水质很好。

综上所述，淮河干流水生态与水环境优劣的突变点在临淮岗闸，临淮岗闸以上的淮河段水体接受污染物少，污染较轻；临淮岗闸以下的淮河接受来自颍河、涡河的大量污染物，污染加重。淮干以南河流水生态质量较好，污染较轻，淮干以北在平原区的河流，位于人口与工农业密集区，受人类活动影响剧烈，水体受到严重污染，水生态环境质量很差。山区水库众多，水生态与水环境质量较好。临淮岗闸至蚌埠闸的淮干接受了全部来自颍河、涡河的污水，污水团的存在与移动对水生生物造成了致命伤害，幸运的是，该段河流同时接受淮干南部清水的稀释，至蚌埠闸断面，水体污染程度有所减轻。

因此，可以在枯水期加大淮干以南及上游山区水库的下泄流量，对途经河段闸门进行联合调度，保持河道畅通和一定流速，在减轻河流水体污染的同时，使水体自净能力得到加强，水生生态系统逐步得到改善。当然，在此过程中，必须配合进行颍河、涡河上游污染物排放量的削减，争取能够达标排放。只有水量与水质联合调度，淮河水生态才能尽快得到改善。

思考题

1. 健康河流生态系统的定义是什么？

2. 模型预测法、单指标评价法和多指标评价法的异同点有哪些？三者的关系如何？

3. 底栖动物、浮游植物、浮游动物哪个种类是水生态健康状态最好的指示生物？为什么？

4. 根据现有研究基础，探讨如何确定保障河流生态系统健康的生态流量阈值？

5. 生态流量的影响因子有些哪些？

6. 人类工程从哪些方面影响了生物多样性和生态流量？

7. 根据自己的理解和阅读资料，提出更多的保护措施。

8. 从 8.5.2 一节中，分析有闸和无闸、有污染和无污染情况下的氨氮、COD_{Mn} 和 COD_{Cr} 含量对水生态健康有什么影响？

9. 举例说明水利工程从哪些方面对生物多样性造成影响？

10. 你认为水利工程对生物多样性和生态流量有哪些影响？

第 8 章　数字资源

第9章 其他环境生态水文学问题

除前几章所述的环境生态水文学问题以外，仍有一些其他问题值得关注。例如快速城市化发展带来的各类问题及我国的对策，水利工程中的生态水文效应与调控手段以及城市内河生态修复等。本章首先概述了城市化效应及其对环境的影响与海绵城市建设相关内容，同时用西咸新区沣西新城的海绵城市建设经典案例进行展示。其次揭示了水利工程建设的生态水文效应，主要包括水文物理效应、河流泥沙动力学效应、河道的水质效应、水生生物效应等方面，阐明了水利工程生态水文效应产生的原因及其对水文要素及生态环境的影响。最后介绍了城市河流生态修复的定义、手段和实施方法，并以深圳市布吉河为例进行河流生态修复整体过程的阐述。

9.1 城市化效应与海绵城市建设

9.1.1 城市生态水文过程

1. 城市水循环的概念

城市化、工业化及人口增长的共同作用会影响流域的自然地貌和水文响应。虽然诸多自然环境要素，如水循环途径和水文损失，均受到了人类活动的影响，但城市地区的水文循环主体结构仍保持完整。受城市化对环境的影响，以及城市化带来的为城市人口提供供水服务的需求（包括供水、排水、废水收集和管理以及受纳水体的有效利用等），城市的水循环更为复杂，存在很多外部影响和干预。城市水循环包括自然状态下的水循环过程和人工强化构筑物功能作用的社会水循环过程，且两者能够融会贯通。

2. 城市水循环要素

城市水循环要素主要包括水源、取水、供水、用水、雨污水排放、水文损失、地下调蓄、壤中流和管网径流、暴雨径流和受纳水体。目前，我国城市水系统也经历了从传统城市建设水循环系统到多尺度系统的转变进程，提出的城市水系统有以下版本：

（1）城市水循环 1.0 版本，是饮用水源和城镇两者之间供水、排水及污水处理过程，均直接利用自然的能力。

（2）城市水循环 2.0 版本，是目前是我国城市中存在的主要系统，其中根据上游城市的用水需求建造了取水、供水、排水及污水处理等设施，对资源和能源的消耗都很大，用水用户产生的大量污水通过自然能力作用和设施处理后依然会有黑臭水体及其他水环境问题。

（3）城市水循环 3.0 版本，是灰绿联结系统，增加了资源和能源吸收、污水回用、营养物归田、生态补水等环节，基于城市梯级建设管理的需要兴建了海绵城市设施及人工湿地等，充分发挥自然水体的净化能力和各种处理设施对雨水的处理能力，最终达到高效使用水资源和减轻众多水安全问题的目标。

（4）城市水循环 4.0 版本，是在 3.0 版本的基础上发展，并增加了大排水系统，通过大排水系统最终实现城市排涝和环境宜居的目标,此版本较为关键的是黑臭水体整治、暴雨径流管理和城镇生活污水处理三个方面。

(5) 城市水循环及水系统 V5.0 版本(图 9.1),是基于多个空间尺度结合的水循环系统,强调小海绵、中海绵及大海绵多尺度的水循环过程,其本质是水循环联系并支撑人与城市规模、人与城市规模是否反过来影响和制约水循环健康及人-水-城形成城市的水环境与水生态。

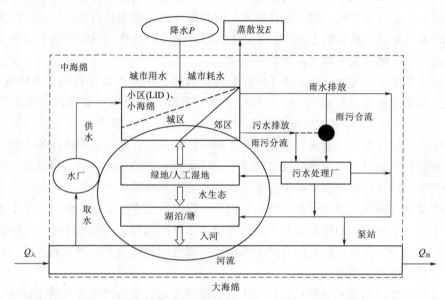

图 9.1 城市水循环及水系统 V5.0 版本(夏军,2020)

9.1.2 城市化效应及其对环境的影响

1. 城市化的定义

人口向城市地区集中,致使城市区域不断扩张的过程称为城市化。城市化总是和工业化互为因果关系的,代表了当今社会的发展趋势。现在全世界 50% 的人口集中居住在仅占大陆面积 5% 的城市范围之内,势必要造成资源、能源、交通、住房和排污等全面紧张,尤其是水资源。随着城市化的发展,水的供需矛盾日益尖锐,同时城市化的发展直接或间接地改变着水环境,这将成为城市居民生活质量和社会福利水平有所下降的重要原因之一。城市地区出现的多重影响可能会作用于任何一类城市环境要素,笼统地可以划分为物理影响、化学影响以及微生物影响,现实中的综合影响往往是三者共同作用的结果。

2. 城市化效应的特征

城市化过程改变了城市地区的地貌以及物质和能源通量,从而对城市环境产生了影响。其主要特征主要可以分为:

(1) 地面不透水性增加。城市化带来最直观的变化是不透水地面面积增加,这限制了水下渗的可能性,其中城市中心的不透水程度尤其高,不透水面积比例可能超过了 95%。在很多国家,流域不透水面积的迅速增加是现代社会出现的现象。以法国为例,1955—1985年,法国的不透水表面面积增加了 10 倍。

(2) 径流传播路径的改变。随着城市化地区的发展,天然渠道和河床被人工渠道和污水管网所取代，导致径流传播方式发生了深刻变化。总体而言，这些变化提高了径流传播速度，增加了径流传播的水力效率。径流传播过程从流域源头处的坡面漫流开始，逐渐汇集到受纳溪流和河道中。为了提高其过水能力，保护河床不受侵蚀，这些溪流和河道通常都被改造成渠道。此外，城市地区需要建设交通运输廊道，这也会对流域的总体排水形势产生影响。

（3）用水量增加。城市地区的人口增长和卫生条件的不断改善会导致用水量增加。但这一影响并非总是显而易见的，因为城市需水量通常要比农业需水量低很多。出于经济原因的考虑，城市通常都是从最近的水源（河道或含水层）取水，这样会对该处的水资源带来过多的压力，造成地下水水位下降或流量严重减少。

（4）城市化效应的时间尺度。关于时间尺度，需要认识城市废水排放带来的两种效应，即急性效应和累积效应（Harremoes，1988）。急性效应几乎是即时显现的，可能是由于流量忽然增大（如洪水）、生物可降解物质（会对溶解氧水平产生影响）、有毒化学物质（会引起急性中毒）和粪便细菌（会对休闲娱乐产生影响）的排放等诸多原因造成的。对于急性效应，污染事件发生的频率和持续时间非常重要。污染物在受纳水体中的传播过程，包括污水的混合和扩散，以及污染物腐烂等都很重要，并且会对环境浓度产生影响。急性效应的发生频率与降雨及融雪事件的频率有关，然而，因为"降水后效应"周期（降水天气干扰结果的持续）的影响，急性效应的周期会长于降雨及融雪事件的周期。"降水后效应"周期时间长短不一，在冲刷条件良好或稳定的受纳水系中，持续时间可能为几小时；而在流通条件不好的水体中，持续时间可能超过 1 天。

（5）受纳水体的类型和空间尺度。城市废水排放对地表水体产生的影响还取决于所排放废水的量级和受纳水体的类型及物理特征。所有受纳水体都能承受一定程度的污染物输入，这不会对其完整性带来严重损害，但当输入的污染物数量超过受纳水体的承载能力时，便会产生问题。城市废水排放的地表受纳水体包括溪流、河道、湖泊或各种大小的水库以及河口和海洋等。受纳水体中不同过程的空间和时间尺度，如图 9.2 所示。

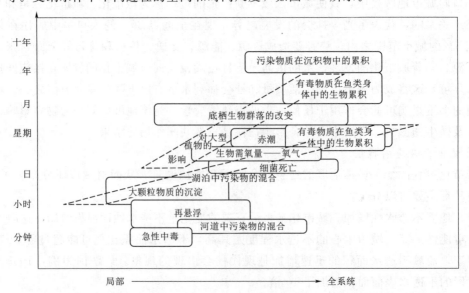

图 9.2 不同效应的反应过程快慢与时空尺度之间的关系（Lijklema et al.，1993）

3. 城市化效应的影响

（1）对大气的影响。城市中空气与水资源最显著的影响包括气温升高对城市降水和融雪的影响、空气污染对城市地区的干湿沉降带来的影响、降水污染以及由于大量凝结核的存在而导致的降水量增加等。由于热平衡的差异，城市地区的气温要高于周围农村地区，称为"城市热岛效应"。城市气温偏高的因素众多，包括：①由于相对缺乏地表水面或植被的蒸散发，净太阳能收益缺少了蒸发冷却过程的调节；②城市建筑和交通运输方式释放的废热；③高层建筑的"峡谷结构"会捕获太阳能，减少红外线损失。

（2）对地表水的影响。城市化对地表水带来的影响很大，尤其是溪流、小河、蓄水设施及湖泊中的水资源和河口及沿海的水资源，主要包括物理影响、化学影响和微生物影响，如图9.3所示。城市化过程的影响包括流域的高度不透水性增加（径流量增加）、快速径流（径流速度加快）和流域对临界雨量的响应时间变短，这些都会导致径流洪峰流量增加。城市化地区的土壤侵蚀状况更为严重，原因有两个：一是建设过程中土壤表面的天然保护植被铲除；二是径流量增加，径流量增加会造成片状侵蚀，无衬砌河道中的土壤成为侵蚀源头，而被侵蚀的物质随水流被输送到下游地区（Booth，1990；Urbonas et al.，1992）。

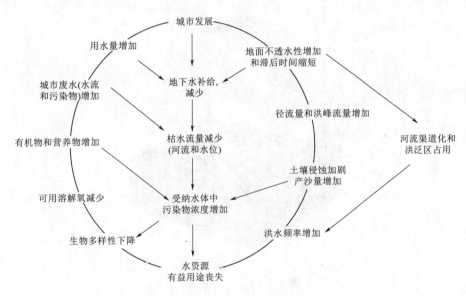

图 9.3 城市化对水生环境的影响

（3）对不同类型受纳水体的影响。城市受纳水体主要有溪流、河道、湖泊和水库，各种城市化现象对不同受纳水体均有一定影响。城市地区的溪流和湖泊水质主要受废水下泄的影响，因此水温、悬浮固体、有机物质、浑浊度和粪便污染指示生物等也会发生变化。湖泊和水库的主要特征是蒸发导致大量的水分损失。水库的情况虽然与湖泊类似，但是水库通常有多重目标，包括供水、防洪和水力发电，因此水库经常会出现较大的波动。

（4）对土壤的影响。在城市地区，土壤和城市水文循环各种要素通过土壤侵蚀、污染土壤淋溶作用、水资源下渗（渗滤作用）和土地污泥（生物固体）处理等过程相互影响。

（5）其他环境影响。除了以上详细介绍的环境影响外，还包括对地下水的影响，例如废水下泄对地下水含水层的影响；对生物群的影响，例如生物多样性的丧失等。

9.1.3　海绵城市理念

1. 海绵城市概念

海绵城市指在城市开发建设过程中采用源头削减、中途转输、末端调蓄等多种手段，通过渗、滞、蓄、净、用、排等多种技术，实现城市良性水文循环，提高对径流雨水的渗透、调蓄、净化、利用和排放能力，维持或恢复城市的"海绵"功能，其概念图如图 9.4 所示。海绵城市通过加强城市规划建设管理，充分发挥建筑、道路和绿地、水系等生态系统对雨水的吸纳、蓄渗和缓释作用，从"源头减排、过程控制、系统治理"着手，采用多种技术措施，统筹协调水量与水质、生态与安全、分布与集中、绿色与灰色、景观与功能、岸上与岸下、地上与地下等关系，有效控制城市降雨径流，最大限度地减少城市开发建设行为对原有自然水文特征和水生态环境造成的破坏。使城市能够像"海绵"一样，在适应环境变化、抵御自然灾害等方面具有良好的"弹性"，实现自然积存、自然渗透、自然净化的城市发展方式，有利于达到修复城市水生态、涵养城市水资源、改善城市水环境、保障城市水安全、复兴城市水文化的多重目标。海绵城市由低影响开发雨水系统、城市雨水管渠系统及超标雨水径流排放系统组成，海绵城市建设应统筹三套系统［详见数字资源 9 (9.1)］。

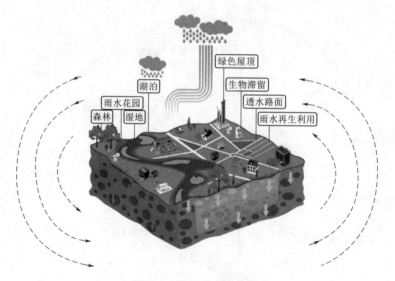

图 9.4　海绵城市概念图

2. 海绵城市建设的必要性

城市热岛效应的加剧导致雨水转移，逢雨必涝，边"涝"边"旱"，我国显著的季风气候与地理位置导致国内多水患。当暴雨来临时，自然环境内，因为土壤的涵水和缓冲作用，大量的雨水在短时间内并不会迅速汇入地表水系，河流的水位也不会在短时间内大起大落。城市硬化面积过大，这是引发产流量增加的最主要原因，从而加大了排水系统的压力城市排水规划不合理，排水系统跟不上城市的发展脚步排水系统的维护维修问题得不到保障在中国社会飞速发展的大形势之下，"摊大饼式的城市建设"中，有人只重视"看得见"的"标志性建筑"，不重视"看不见"的"城市里子"。城市发展建设得光鲜亮丽，高楼耸立，宽敞的柏油马路，却不知地下排水系统的建设是怎样的简陋与落后，人们注重地上建设，忽略了地下城建设。随着城镇化的快速建设，我国对水资源的过度开发导致河流、湿地和湖泊大面积消失，并引发生态污染。北方的许多地下水资源面临枯竭危机，全国约有50%的城市地下水污染较为严重。地表水质状况虽逐年改善，但也不容乐观，据我国生态环境部2022年第三季度数据显示，3641个国家地表水考核断面中，水质优良（Ⅰ～Ⅲ类）断面比例为79.0%；劣Ⅴ类断面比例为1.1%，主要污染指标为化学需氧量、高锰酸盐指数和总磷。水质的污染带来严重的富营养化现象，水生物生存环境质量下降，直接导致生态环境遭到破坏。在这种背景下建设海绵城市的有很大的必要性。具体可以总结为：①建设海绵城市是避免和减少城市内涝的必要手段；②海绵城市建设是降低径流污染的重要途径；③缓解水资源短缺的有效措施

3. 海绵城市的发展历程

海绵城市建设进程如图9.5所示。

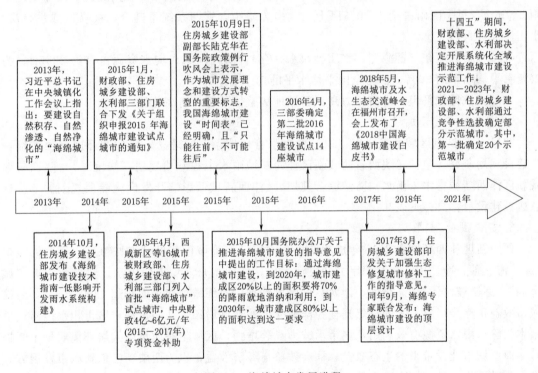

图9.5 海绵城市发展进程

2012年4月，在《2012低碳城市与区域发展科技论坛》中，"海绵城市"概念首次提出；2013年12月，习近平总书记强调要建设自然积存、自然渗透、自然净化的"海绵城市"，利用自然的力量提升城市排水能力，对雨水资源进行合理利用。2014年11月，为推进我国海绵城市的建设，住房城乡建设部发布了《海绵城市建设技术指南——低影响开发雨水系统构建（试用）》，旨在为各地新型城镇化建设中海绵城市的建设提供指导。2015年4月，迁安等16个城市经过多轮评选，被评为海绵城市建设试点城市。2016年4月，北京等14个城市经过海绵城市试点竞争性评审，进入2016年中央财政支持海绵城市建设试点范围。2017年，李克强总理的政府工作报告明确了海绵城市的发展方向，推进海绵城市建设，使城市既有"面子"、更有"里子"。2018年发布了《2018中国海绵城市建设白皮书》，2021年财政部、住房城乡建设部及水利部等决定开展系统化全域海绵

城市建设工作。

9.1.4　海绵城市建设经典案例

1. 项目基本情况

西咸新区是国家首批海绵城市建设试点城市，位于陕西省西安市和咸阳市建成区之间，东起包茂高速，西至茂陵及涝河入渭口，南起京昆高速，北达西咸环线，新区规划总面积为 $882km^2$，其中建设用地 $272km^2$。由沣东新城、沣西新城、秦汉新城、空港新城和泾河新城五个新城组成。其中沣西新城总用地为 $143km^2$，建设用地 $64km^2$。西咸新区海绵城市建设试点区域为沣西新城核心区，南起西宝高速新线，北至统一路，西至渭河大堤，东至韩非路，总面积为 $22.5km^2$。

（1）研究区存在的主要问题为降雨时空分配不均，季节性集中，积涝频发：多年平均降雨 520mm，夏季降雨占全年 50% 以上，且多为暴雨，管网系统不健全，极易造成洪、涝、水土流失等自然灾害。

（2）水资源短缺（资源型、水质型缺水并存），研究区域人均水资源占有为 $225m^3$，为陕西省平均水平的 20%，仅为全国平均水平的 10%。

（3）区域地势平坦，排涝压力高：新城地势整体平缓，南高北低。

2. 海绵城市建设规划

2011 年，试点区域率先提出"地域性雨水管理体系"的理念，并相继开展多项海绵城市建设规划研究，包括《陕西省西咸新区沣西新城雨水工程专项规划（修编）》《陕西省西咸新区沣西新城排水（雨水）防涝综合规划》《沣西新城低影响开发设施专项规划》等。试点区域建设目标具体见表 9.1。

3. 建设成效

西咸新区沣西新城自 2015 年成功获批全国首批海绵城市建设试点城市后，将海绵城市"渗、滞、蓄、净、用、排"六字方针灵活运用，使困扰众多城市的内涝、热岛效应等"城市病"，逐渐被"治愈"。目前，沣西新城已累计推广海绵城市建设面积超 1200 万 m^2，海绵城市效益正逐步彰显。水的自然迁徙为沣渭交汇的新城增添了几多灵动，城市积水内涝现象基本消除，雨水资源有效利用，城市承载力显著增强，区域生态质量与人居环境质量不断提升。海绵城市建设带来的生态效益、社会效益与经济效益，也为西咸新区创新城市发展方式带来强劲助力。海绵城市建设具有显著成效，使水生态保持良好，水环境改善显著，水资源有效利用，水安全有效保障［详见数字资源 9（9.2）］。

表 9.1　　　　　　　　　　　　试点区域建设目标汇总表

目标层次	指标	目标值
总体建设目标	年径流总量控制率	85%
	排水防涝标准	50 年一遇（工商业建筑物和居民住宅的底层不进水；道路中有一条车道积水不超过 15 cm，积水时间不超过 30 min）
	城市防洪标准	100 年一遇
水资源目标	雨水收集利用率	替代市政杂用水比例 10%～15%
	污水再生利用率	30%
	地下水保护	试点区地下水水位控制达标率 70%

续表

目标层次	指　　标	目　标　值
水环境目标	年雨水径流污染物削减率	TSS 削减率 60%
	雨污分流比例	100%
	地表水体水质标准	沣河沣峪口至沣河入口段执行地表水环境Ⅲ类标准，其余水体水质标准执行地表水环境Ⅳ～Ⅴ类标准
水生态目标	可渗透面积比例	新建城区不低于 40%，旧改项目不低于 30%
	天然水域保持率	天然水域面积不得减少
水安全目标	水系防洪标准	渭河、沣河 100 年一遇设防，新河 50 年一遇设防
	供水保障率	供水保障率不低于 95%，力求达到 100%；水质达标率达到 100%

9.2　水利工程的生态水文效应

9.2.1　概述

水利工程是人类为了改造自然、利用自然、发展生产的一项重要活动。自 20 世纪 80 年代起，我国在长江流域、黄河流域、珠江流域以及各支流流域建设了不胜枚举、规模各异的水利水电工程，如长江流域的三峡大坝、葛洲坝；黄河流域的三门峡水电站、小浪底水电站；珠江流域的龙滩水电站、飞来峡水电站等。毋庸置疑，这些工程在防洪、发电、灌溉、航运、城镇供水及改善生态环境，促进国民经济发展等方面收到了显著的效益。然而，从辩证法的角度去看，事物总是一分为二的。从生态系统的观点来讲，人类与水和自然环境在一定程度上是相互影响和相互制约的关系。人类能动地研究、预测和控制自然，修建水利工程，为其生存环境创造了有利的一面。这正是多年来从工程的规划、设计，到建设和管理，人们致力于"水利"二字而努力的目标。但同时，某些水利工程的建设，恶化了生态环境，给人类的生存和发展带来了不利的影响。这一点，在过去多年的水利工程建设中，并未引起人们的足够重视。近年来，随着气候变化和强人类活动干扰等问题的日益突出，这一问题已在世界各国政府生态环境部门及水文水生态科研机构引起高度重视。

水利工程建设对区域生态环境的影响包括许多方面。例如社会政治经济方面，大量的移民搬迁和安置，诱发地震和防震抗震对策等；水文特性方面，如河道径流情势的调节，水库的淤积，河床的冲淤变化等；生物方面，如珍稀动植物生态环境的改变，洄游性鱼类的阻隔，某些疾病的传播，某些寄生虫病的生存、繁衍和传播等；以及交通方面对航运的影响；自然保护方面对古生物和自然景观的破坏等。

水利工程的环境水文效应主要研究水利工程建设对区域生态环境在物理、化学和生物等方面造成的影响，包括有利的和不利的。不同的工程形式，不同的工程规模，所产生的环境水文效应不同。水利工程环境水文效应的研究涉及水文学、水力学、物理学、化学以及生态学、生物学和环境工程学等学科，是一项多学科交叉，多方面综合应用，系统性强，综合性强的研究工作。

9.2.2　水文物理效应

水利工程建成后，会对区域水文气象条件如降雨、蒸发、气温、风速和风向等产生影响，会改变或调节河道径流的水文特性，如洪峰流量、年径流、季（日）径流以及极值流量等，会影响天然河道的输沙特性，造成库区淤积和下游河床冲淤状态的改变，会引起河水的温度变化，对作物生长和鱼类繁殖带来影响；不合理的地下水开发利用，也会造成区域地下水位下降，引起地下水污染或地面沉降等问题。

1. 流域水文效应

流域水文气象条件一般主要受大气环流所控制，但水利工程的修建会影响流域水文气象条件。主要表现在以下几个方面：

（1）降雨。兴建水库，形成人工湖泊，水面面积增大，在太阳辐射及风的作用下，将有大量的水汽进入大气，局部成雨条件改变，可使降雨量略有增加。对三峡水库及其周边 24 个站点蓄水前和蓄水后降水数据的研究发现，蓄水前有 6 个站点呈现不显著上升趋势，17 个站点呈现不显著下降趋势，蓄水前变化趋势平稳；蓄水后有 20 个站点呈现不显著上升趋势，其余 4 个站点呈现不显著下降趋势。总的来看，蓄水前后趋势变化均不显著，但蓄水前降水变化趋势主要为不显著下降趋势，而蓄水后降水变化趋势主要为不显著上升趋势（武慧玲等，2021）。表明三峡水库蓄水对水库及周边区域的降水有微弱的影响，且影响效果主要变现为增强降水。同时，由于水库水体低温效应的影响，使库区降雨分布发生变化。一般情况下，会造成地势高的迎风面降雨增加，地势低的背风面降雨减少的现象。此外，大规模的灌溉工程，也可能使区域范围的水文气象条件发生改变。

（2）蒸发。水利工程，尤其是蓄水工程，例如大型水库的建成，使流域有效水面蒸发面积扩大，蒸发强度增高，消耗了水库的水量，减少了流域年径流量，给区域水文气象条件带来影响。我国内陆干旱半干旱区平原水库分布众多，以新疆为例，目前全疆建成已有 500 多座水库，大多数为平原水库，水库总容量约 59.3 亿 m^3。平原水库的特点是：面积大、水深浅、蒸发量大。新疆每年使用水库的水量只有 25.2 亿 m^3，占水库总容量的 42.5%，而水库的年蒸发损失量约 26.1 亿 m^3，超过水库总容量的 40%，剩余的水量也以不同的方式被消耗掉，水库的有效利用率低，影响了区域水文循环过程和水文气象条件（程阳宇等，2018）。

大型灌溉工程，同样也能使灌区的蒸发条件改变，使蒸发的水汽量（实际蒸发量）增加。蒸发到大气中的水汽量增加，将会引起云量的增加，进而会影响到降水和辐射收支状况的变化，从而引起局部水文气象条件的改变。对灌区潜在蒸发量变化特征分析研究中，人们已经发现灌溉工程的增多会影响区域潜在蒸发量。在土耳其东南部一个灌区、黄河流域景泰灌区发现潜在蒸发量和蒸发皿蒸发量随着灌溉工程的生产运行而下降（Ozdogan and Salvucci，2004）。在关中地区、海河流域随着灌溉规模的不断扩大，潜在蒸发量在持续下降（粟晓玲等，2004；罗玉峰等，2009）。在山东济宁蒸发皿蒸发量也随着灌溉的发展而不断下降（韩松俊等，2010）。在干旱半干旱地区，灌溉的发展导致潜在蒸发量下降是一个普遍现象。

（3）气温。水库建成后，由于水库水体具有巨大的热容量，能够对热量起到调节作用，使水库附近的气温日变差和年变差减小。而年平均气温比建库前有所提高。例如，我国内蒙古的红山水库在 1951—2018 年，周边的平均最低气温、平均气温、平均最高气温均呈现显著上升趋势，其中，平均最低气温上升速率＞平均气温上升速率＞平均最高气温上升速率，这与我国其他地区修建水库后气温变化趋势相一致（郭云富等，2021）。从年代均值上来看，平均最高气温年代均值呈现逐渐上升趋势，平均气温、平均最低气温在 2000 年以后有所下降，最低气温年际下降幅度最大。平均气温、最低气温、最高气温分别在 1981 年、1972 年、1994 年发生突变，突变后，最高气温升幅最大，达 2.5℃。库区温度的变化，会对动植物的生长带来一定影响。生态系统会经一段时间调整达到新的平衡，出现新的环境。

（4）风。水库的建成也会影响到局部风向、风速的变化。一般水库建成后，由于下垫面从粗糙的陆面变为光滑的水面，摩擦力显著减小，因而库区风速比建库前增大。此外，由于库区与周围气温的差异，也将易于形成风或加大风速。或者由于库区水陆面之间的热力差异，使库区沿岸形成一种昼夜交替，风向相反的地方性风，称为"湖陆风"。白天，风从水面吹向岸上，夜间，风从岸上吹向水面。例如（郑祚芳等，2017），在我国密云水库，因白天山地气温要高于平原地带和库区水体的气温，显著的温度梯度形成谷风，就形成了由水库指向陆地的湖风。在夜间山地气温比平原地区和库区下降要快，山和谷（水库）间形成与白天相反的温度梯度，伴随而来形成的是山风，就形成了由陆地吹向湖面（水库）的陆风。下垫面属性的热力差异及特殊地形条件使得水库附近同时存在山谷风和湖陆风现象，其叠加效应可导致区域内不同地理位置间风要素出现日变化、季节性的异质性。

2. 河道径流水文效应

河流的物理、化学和生物特性受到河道径流的流速、流量、极值流量大小及其变化频率等的显著影响。水利工程在河道上建成后，可滞蓄洪水，削减洪峰流量，调节径流过程，降低下游河道不同历时（年、月、日等）流量的变化幅度。例如当流量较大时，水库蓄水，出流减小；当流量较小时，水库泄水，流量增加。同时，不同功能、不同类型的水库及其不同的运行管理方式会对河道径流的水文特征产生不同的影响。一般来讲，以灌溉和航运为主的水库会增大枯水期流量；以防洪为主的水库则会削减洪峰流量，以发电为主的水库则会产生短期的泄放水流波动。但目前大多数水库都是综合运用型的，产生的河道径流水文效应将会更加复杂。

（1）削减了下游河道洪峰流量。当洪峰在河道中由上游向下游传播时，存在平移和坦化过程。水库建成后，当洪水波通过时，即使在防洪库容已经蓄满，水位超过非正常溢洪道时，这一过程将依然存在，从而在水库的调蓄作用下，洪峰流量减小，传播速度和峰现时间改变。对一般的防洪水库，水库对洪量较小而频率较高的洪峰流量削减幅度大一些，对洪量较大频率较低的稀遇洪水洪峰流量的削减幅度小一些。对一般的小水库群，削峰作用将更加明显。例如，滦河水库群（潘家口、大黑汀、桃林口等）上的防洪水库，单体水库中潘家口水库防洪库容较大削峰作用最明显，20 年一遇和 100 年一遇削峰率分别为 68.93% 和 56.31%；水库群联合调度 20 年一遇和 100 年一遇削峰率分别为 47.2% 和 31.12%（黄丹璐等，2017）。对大型综合运用型水库，其削峰作用与水库的具体运用方式有关。例如（巢方英等，2013），在刘家峡库运用后，1969—1986 年，兰州水文站实测年最大洪峰流量为 $3330 \text{m}^3/\text{s}$。经测算若未经刘家峡水库调节，这 18 年的年平均最大自然洪峰流量为 $3890 \text{m}^3/\text{s}$。这说明刘库平均削减洪峰流量为 $560 \text{ m}^3/\text{s}$。这 18 年中，测算年最大自然洪峰流量超过 $5000 \text{m}^3/\text{s}$ 有 4 次。其中最大的一次洪峰流量为 1981 年 $7090 \text{m}^3/\text{s}$，兰州站实测为 $5600 \text{m}^3/\text{s}$，削减洪峰流量 $1490 \text{m}^3/\text{s}$。刘家峡水库运行与调控有力地降低了洪水灾害损失。

水利工程对洪峰的削减作用主要与水库的规模、水库所控制的流域面积、洪水的大小、洪水前水库的蓄水状态（初始库容）、季节以及水库的控制运用方式有关。尤其是水库的运用方式，将对洪峰削减起决定性作用。实际上，水利工程对洪峰的影响不仅限于削峰作用，它取决于库区所在的地形特征。例如对于洪泛平原上的河流，修建水库也有可能增加洪峰流量。因为在天然情况下，河道与洪泛平原可临时蓄存洪水，使出流洪峰减小。但修建水库后，洪泛平原与河道的临时蓄洪库容被水库提前蓄满。因此，当洪峰通过时，水深增加，流速加快，流量增大。

（2）对年、季径流及极值流量的影响。大型综合运用型水库对区域水文特性的影响主要表现为对年径流、季径流及极大极小流量的影响。这是一种较长期的综合性的影响效应，几乎与所有的水文、气象、地理地貌等因素有关。一般情况下建库前年径流量大于建库后，且净流量变化幅度大大减小，极丰水年和极枯水年的出现都很不明显；建库前月平均流量曲线具有明显的单峰特点，且由于融雪洪水影响，峰值多发生在 5—6 月，坝建成后洪枯流量比大幅度降低，不同月份的流量几乎没有变化。此外，由于水库的调节作用，即使在极丰水年和极枯水年，年径流量也没有显著的变化。

（3）水库短期泄放水流的波动影响。由于发电、灌溉、航运或防洪等目的，水库需要经常以大幅度调节的方式泄放水流，从而使下游河道的流量和水位产生急剧的波动变化。水库这种短期泄放水流的波动变化可用于冲走下游河道淤积的泥沙和藻类，并可能从河床冲刷起大量的溶解质，使某些离子的浓度增加，也可能使水流的浑浊度大为增加，还可能冲走有害昆虫的幼虫，从而有利于河道动植物群的生长。例如（Xian et al.，2019），三峡水库在汛期定期释放高悬沙浊水可以减轻泥沙淤积，浊流泄洪排入三峡库区悬沙量的 20% 左右。2004—2016 年，三峡库区流入泥沙和悬沙通量的粒径均呈下降趋势，沉积泥沙量呈持续增加趋势，年均增加 1.17 亿 t；泄洪期泥沙中总磷（TP）含量比非蓄洪期低 2.6%～17.5%，而磷成分在床沉积物顶部 20 cm 的垂直含量分布变化并不明显。

3. 水文地质效应——诱发地震

大型水库建成蓄水后，由于坝体和水体自重及蓄水后强大的水压力通过坝体传至库基、坝基和周围岩体，超过岩层所能承受的荷载，从而诱发地震。有研究资料表明，当大型水库建成蓄水后，水通过地下断层原有的空隙和裂隙渗入深部岩层，一方面造成孔隙水压力增强，导致岩层和断层泥物质中剪切应力减少；另一方面在岩石的断层及微裂隙内起润滑作用，从而使地壳内多年积累的构造应变通过一系列滑动地震而得到释放，成为水库的诱发地震。关于这一问题据报道，世界公认的震例有几十处，其中有不少原来是"无震区"，在水库蓄水后发生了破坏性地震。但最有说服力的一些例子大都发生在历史上曾发生过地震的构造区内。迄今为止全球最大的水库诱发地震是发生在 1967 年的印度戈伊纳水库诱发的地震，在水库初次蓄水的时候就诱发了 6.3 级地震（Shashidhar et al.，2019）。我国最大的水库诱发地震是 1962 年的新丰江水库地震，在水库建成后首次蓄水就在水库下游 1.1km 处诱发了 6.2 级地震（郭凌冬，2021）。有的学者认为在水深超过 100m 和蓄水量超过 10 亿 m³ 的水库中，粗略估计约有 10% 的水库将诱发地震。

4. 灌溉、发电用水的环境效应

水库建成后，为了灌溉和发电的需要，截留或引用了河道的天然基流，往往造成水库下游河道断流，地下水位下降，致使下游的天然湖泊、池塘断绝水源。有些湖泊由于引水排水不当，水质变咸。1949 年前，我国塔河流域只有一座红海子水库，随着经济的发展为了满足农牧业生产的需要修建了大量平原水库。由于多座水库的建成不仅减少河流洪峰下泄量，造成下游水量减少，河道断流，地下水位下降，大量天然植被衰败，加速土地沙漠化，还引起了水库周边地区的土壤次生盐渍化（陈燕等，2009）。人类活动自 20 世纪 70 年代开始明显地影响塔里木河的径流量，上游来水量不断减少，下游部分河道开始断流，台特玛湖也最终于 1974 年彻底干涸。从 20 世纪 50 年代起，塔里木河大量水库的修建是造成下游 320km 河道的断流、台特玛湖和罗布泊干涸以及塔河流域下游生态环境严重退化的最根本原因。

5. 对区域水循环及水量平衡的影响

水利工程建成后，由于对河道径流过程的调节，还可能影响到区域的水循环及水量平衡过程。在我国山东省通过引黄灌溉和沟渠渗漏有效补给了浅层地下水，增加了当地地表径流系数和地表径流量；有效地缓解了浅层地下水超采的现象，减小了地下水下降漏斗的面积；增加了灌区水量和水域面积，有利于蒸发和降水，改善了区域水循环，并且对调节区域气候起着十分积极的作用（王维平等，2009）。

在我国华北平原，建国初期，首先完成了治淮工程，减轻了南部平原的洪涝灾害。20 世纪 50 年代后期，除修建地表引水工程外，还修建了不少拦蓄降水的"平原水库"，曾有人提出要实现华北平原河网化，以期"水不出田"，保证旱季灌溉用水。结果干扰和破坏了正常的区域水量平衡。由于排水不畅，又恰逢丰水年，使地下水位急剧上升，土壤次生盐渍化普遍发展，使农业生产受到损失。随后取消了"平原水库"，并停止了全部引水工程，地下水位便逐渐下降。遭遇到 1963 年的特大暴雨，造成大面积洪涝灾害，于是又大修排水工程，宣泄洪涝，地下水位随之下降，洪涝程度大为减轻，土壤次生盐渍化也基本消除。因此，如何遵循自然规律，从水循环与水量平衡的角度出发，协调蓄水、排水和用水的矛盾，合理修建水利工程，使其发挥最大效益，不仅是水文工作者，也是环境工作者的一项重要任务。

9.2.3 河流泥沙动力学效应

在河流，尤其是多沙河流上修建水利工程，最重要的环境水文效应之一就是对河道泥沙输移动力特性的改变。水库类似于一个大型沉沙池，隔断了河流向下游输移泥沙的连续过程，从而造成水库淤积和上下游河道冲淤状态的变化，引起河道形态的演变 [详见数字资源 9（9.3）]。

9.2.4 水质效应

同天然情况下的河流不一样，水利工程建成后，由于蓄（泄）水、引水和灌溉排水等，会使水流在温度，水化学组成的天然结构、状态及时空变化特性等方面发生改变，产生明显的水质效应。水库蓄水后，原天然河道的水流在状态、分层流动力特性及运动特性方面形成了十分复杂的特殊的水质变化特性，特别是水库的温度分层和化学分层，使得泄放水流的水质也具有分层的特性，从而对下游河道的水质产生影响。

1. 受水库调节河流的水质效应

水库蓄水后，起着温度调节器和营养物质沉积池的作用。天然河水的温度特性和化学特性将由于水库的调节而发生变化。一般表现为年变化幅度减小，短历时的极端情况消失，季节性的极大极小值的发生时间推迟等。

（1）温度变化。同天然河流相比，水库下游河段季节性的温度变化幅度减小，年最高、最低温度发生的日期会推迟很长时间，有时可达几个月。例如（张洪敏等，2017），安康电站建成后，距离安康水库 153km 的下游白河水文站年平均水温发生了显著变化；平均水温下降最明显的为 4—6 月，最大温降为 2.4℃，而平均水温上升最明显的为 11 月至次年 1 月，最大升温幅度为 2.2℃。安康水库建成前白河站平均水温 4 月中旬水温就达到 18℃，而建库后 5 月初才达到 18℃，建库前 5 月初水温就达到 20℃，而建库后 5 月中下旬才达到 20℃，水温上升期间简谐波相位向后推迟了半个月左右。水库不仅使紧靠坝的下游河段水温发生变化，而且从大坝向下游可能形成温度梯度。在对溪洛渡向家坝梯级水库分层取水调度对下游河段水温结构的影响研究中发现，梯级水库对坝下水温的影响，主要表现为春季低温水下泄以及冬季的高温水下泄；向家坝水库建成蓄水后，其下游河道水温达到最高温度 18℃ 的时间将推迟约 40 天；溪洛渡水库的分层取水调度使坝下泄水温提升约 0.4℃，但对几乎向家坝坝下河段的水温无影响（李雨等，2021）。此外，在枯水季节，水库泄放的低温水流成为下游河道水流的主要组成部分，从而对水温的变化产生重要影响。库容、水深较大的水库，库内水温一般会出现垂向分层现象。例如西安金盆水库水温全年呈现明显的分层现象，水库表层水温变化很大，变化幅度在 10℃ 左右，相比之下底层水温变化幅度较小；夏季水温分层现象最明显，温跃层梯度很大，表层与底层水温温差可达 20℃（周园园，2009）。

（2）化学变化。天然河水主要含有钾、钠、钙和镁四种阳离子及氯化物、硫酸盐和重碳酸盐等阴离子。水库在对河道水量和水温进行调节的同时，也对其水化学成分产生影响。类似地，主要表现为溶解质浓度的年变幅减小，极端浓度情况消失和季节性最大最小值发生的时间滞后。例如，美国怀俄明州的大角湖，上游入流的电导率具有明显的波动，而出流的电导率则非常稳定。这说明水库蓄水改变了水体的含盐度。通常情况下，由于水库分层的影响，水库泄放水流中的溶解氧含量极小，而铁、锰和氢硫化物的含量较高。同样地，由于水库下游河段温度梯度的存在，化学成分的浓度也呈梯度变化的趋势，且影响范围从 1 公里到几十公里。

2. 水库泄流的水质效应

由于水库温度分层和化学分层的影响，从不同深度泄放出的水流具有不同的温度特性和化学特性，并会对下游河道水流特性带来影响。

（1）分层泄流的水质。一般情况下，在夏季，从水库表层泄往下游的水流，含氧量丰富，温度较高，而营养物较贫乏。从深层泄放出的水流，贫氧、低温、营养物较丰富，有时还含有较高浓度的铁、锰和硫化氢，特别是铁和锰的排放浓度往往相当高，以至于能在河床上产生沉淀。由于有机质处于厌氧分解的状态，因而深层泄流时下游河道中水的 CO_2 含量明显增高。此外，浮游生物的发育与水温成正比，深层泄放的低温水流中，浮游生物的含量也很低。

水库泄流的水质还与入库的水流条件有关。当入库为大量的暴雨洪水时，使水库的水量增加，表层泄流的水量增大，则水库的蓄水期延长，从而延长了底层水流处于缺氧、低温和富营养状态的时间，当进行深层泄流时，水的质量会降低。水库中异重流的形成，将使水库泄流的水质决定于泄流孔的高度及异重流所在的部位。因此，中层泄流的水质则依赖于异重流、斜温层的相对厚度和稳定性。除此之外，上游来流的综合水质特性，泄流孔的类型、水库的水生生物学特性等都会对下游水质的变化起一定作用。

（2）分层泄流的影响。影响作物生长。由于深层水水温较之原河道水温为低，直接浇灌农田会对农作物的生长产生较大影响。特别是在作物生长期，不仅影响作物的新陈代谢和光合作用，而且还抑制土壤中微生物活动，降低土壤肥力，造成作物减产。

影响鱼类的生存。天然河道多为洄游性鱼类。修建水库后，在水库下游却由于深孔放水水温低，水中溶解氧含量极低，二氧化碳含量高，浮游生物急剧减少，从而影响到下游河道鱼类的洄游、产卵和生长，不利于鱼类生存。

影响人畜饮水及健康。从水库深层排放的低温、贫氧及含有某些有毒成分和高浓度金属含量的水流，将对河道下游地区人畜饮水造成危害。

9.2.5 水生生物效应

水利工程建成蓄水后所产生的水生生物效应，近年来逐渐引起人们的重视并开展了大量的研究工作。从生态水文学的意义来讲，这在水文学的领域内也是十分重要的研究课题。水利工程的修建不仅会影响到陆上生态系统，也会影响到水下生态系统。若以水库的建设为主，则不仅会影响到包括库区在内的坝上控制河段的生态系统，而更重要的是会对下游相当距离控制河段的生态系统带来影响；不仅会影响到由低级到高级的植物群落的生命活动，而且也会对水生动物，例如鱼类的栖息繁衍带来影响。

1. 对浮游生物的影响

浮游生物根据其生长环境，一般有静水生境浮游生物与动水生境浮游生物之分，包括浮游植物和浮游动物。水库蓄水，使原来的动水生境迅速变为静水生境，改变了浮游生物的生长条件，使浮游生物的种群和数量发生变化。新淹没库区内有机质的不断分解，营养物成分和浓度增加，有利于浮游植物的生长，并可能造成水库富营养化。再次，由于上游水库水流的补给，改变浮游生物的数量（一般情况下是增加）。

（1）静水生境对浮游生物的影响。在水库相对静止或低流速和深水的条件下，无机质悬浮颗粒沉淀，水库澄清，透明度提高，光合作用加强，水温得到改善。库内淹没的有机物腐烂分解和矿化，营养物特别是氮和磷富集。使来自库区天然河道中原生的浮游生物和上游入库水流所带来的各种外来浮游生物，得到迅速、大量的生长和繁殖。在水库静水生境中，浮游植物多以蓝绿藻和硅藻类为主。其中蓝绿藻的数量比较大，而硅藻类在生物量上占优势。例如（闫雪燕等，2021），2018 年 7 月至 2019 年 7 月整个丹江口水库，浮游植物全年总丰度范围为 $0.43 \times 10^3 \sim 4.7 \times 10^6$ cells/L，夏季最高，秋季最低；Shannon 多样性指数春季最高，秋季最低。春季群落为硅藻—绿藻型，夏季为绿藻—硅藻型，秋季为蓝藻型，冬季为蓝藻—绿藻—硅藻型，秋季蓝藻相对丰度最高。

浮游生物在静水生境中的生存与繁殖除与水体的生境状态有关外，还主要与水库的控制运用方式，例如入库水流的滞蓄时间和泄水方式，浮游生物种群的季节生长特性和水库所处的地理位置等有关。无论是浮游植物还是浮游动物都要求有一个允许其繁殖的最短滞蓄期，因此，滞蓄时间长的水库将有利于静水生境浮游生物的生长。在不同季节，不同地理位置，水库内浮游生物的发育繁殖具有不同的特性。例如在寒带，4 月底和 5 月初为藻类开始生长繁殖期，产量逐渐增加。6 月底到 8 月初，浮游生物繁殖量达最大值。而在热带，浮游生物在雨季到来之前的 3—4 月就开始增加，7 月达最高值，并一直保持到整个秋季末。由此说明，浮游生物的生存、繁衍具有时、空变化的特征。

（2）动水生境对浮游生物的影响。浮游生物在水库的不同控制运用方式下，随泄流入下游河道，生长环境由静水生境转变为动水生境，由于摩擦、沉积、机械破坏以及过滤等作用，会使生物数量和生物种类遭受很大损失。一般情况下，水库的下游浮游生物量随距离的增加而减少。由于生境条件的改变，不但生物数量，而且生物种类也受到影响。

水库不仅能为下游河道提供大量的浮游生物，而且还能为加快动水生境中浮游生物的繁殖创造条件。例如，上游水库蓄水、调节流量和水温，减缓流速、降低浑浊度，都将有利于动水生境中浮游生物的发育，使其在新的河流环境中生存下来。同时，在水库的调节下，由于水流流速相对缓慢，能够使原来数量和品种已经受到削减的静水类浮游生物得以恢复和补充。水库下泄水流中所含养料，如氮、磷酸盐和硅酸盐等，对浮游植物的生长起着一定的决定作用。水流由支流汇入下游河道，带来一些浮游生物，补充了动水生境中浮游生物的种类和数量。

2. 对水生植物的影响

由于水库蓄水后的调节作用，使流量的变化幅度减小，河床稳定性提高，水中营养物含量增加，水库澄清以及水温调节等，对由低级到高级，由水下到岸边的水生植物群落的结构和组成带来一系列不利的影响，从而对整个生态环境产生影响。

（1）对水下植物的影响。水下水生植物一般包括着生藻类和高等植物。着生藻类指可附着于水下任何物体上的水生植物，一般以硅藻和绿藻为主。着生藻类的生长变化除与水库的一般性调节作用有关外，相对稳定的水流条件是其密度增加的主要因素。如在深层泄流的水库下游，着生水藻的组成及河床覆盖面积，随水流的温度、浑浊度及河床稳定的变化而变化，同时也受支流汇入量及人为因素的影响。由于水库泄流富含营养，在紧靠大坝的下游，着生水藻大量生长。但同时，由于河流自身的净化作用，水藻的数量向下游沿程减少。此外，水库为发电或灌溉泄放的短期水流波动，对着生藻类的生长将产生严重的破坏作用。着生藻类大量繁殖对环境产生的影响主要有，会使水出现异味和难闻的气味；植被腐烂会使水中溶解氧缺乏，也可能堵塞进出水口；阻碍河流内的砾石运动，使捕鱼和划船受到限制等。

高等植物一般包括蕨类植物门和种子植物门。高等植物的空间分布与流量、水深、流速、浑浊度、河床质颗粒大小、河床稳定性，以及溶解的有机无机物等一些物理、化学因素的交互作用有关。有利于高等水生植物生长的因素是：水库蓄水，泥沙被拦蓄、沉积，清水下泄；冲刷作用减小，河床稳定性增加；支流或污水入汇的细颗粒泥沙沉积，尤其是富含营养物的淤泥沉积。但主要受流速和河床受冲程度两个因素的控制。一般地，在工业、民用及农业废水排放比例较高的河段，在富营养化水库深层泄流的河段，大型水生植物会大量生长。另外，在高纬度和高海拔地区，由于水库对温度变化的调节，从水库深层泄放的水流中没有冰块，消除了流冰的冲蚀作用，大型水生植物也有可能大量繁殖。此外，高等水生植物的大量繁殖也会对生态环境造成不利的影响，其可能破坏水生动物和两栖动物的生存环境。

（2）对岸边水生植物的影响。岸边水生植物一般以木本植物为主。水库建成后，在某些河段，例如库区、上游回水河段和下游支流入口处造成淤积，在下游河段造成冲刷，使整个水库控制河流系统的河道形态发生演变，改变了岸边水生植物的生长环境。控制岸边水生植物生长地的是水流漫滩和泥沙淤积过程。水库库区的淹没和浸没，使大量原生岸边水生植物受到损失。水库蓄水对水流的调节，会使适应在变动水流环境中生长的植物受到影响。但上游回水区泥沙淤积，下游支流汇入口淤积，下游河段冲刷，主流下切，水流条件稳定，河床变窄，均使三角洲、滩地增加，又为水生植物提供了新的生长地，使其大量生长和繁殖。

（3）对动物的影响。修建水利工程还会对鱼类、鸟类、哺乳类、爬行类、两栖类和贝类等动物的觅食和栖居地产生影响。水库建成后，拦蓄了洪水，调节了流量，减少了洪灾，限制了下游河床的摆动和新的滩地、沼泽地的形成，为下游洪泛平原上人类活动，包括农业、工业和城市的发展，提供了安全保证和足够的水源供给。但也扰乱了动物种群原有的生活习惯和繁殖方式，使其栖居地急剧减少，食物链遭到破坏，造成许多动物的数量不断减少；许多动物的不合理迁移，引起动物种群的重新分布，给整个生态环境带来影响。

水库工程的修建，使动水生境变为静水生境，会对鱼类生长的多种要素，如食料供给，洄游刺激信号，迁移和产卵，鱼卵和鱼苗的成活率，生存空间，以及种群组成等带来影响。一方面使那些适宜于在静水或缓流中生活的鱼类得到迅速繁殖；另一方面又使那些主要在动水生境中生存繁衍的鱼类遭受灾难，有些鱼种甚至可能会灭绝。对于洄游性鱼类来说，水库、闸坝等各类拦蓄性工程建设直接阻断了鱼类洄游通道，鱼类被困于工程下游，无法洄游至栖息地，对生活史过程的完成带来毁灭性影响，同时位于工程上游影响范围内的栖息地也被淹没。对于非洄游性、可在局部水域完成生活史的鱼类来说，一方面河流物质与能量交换趋于单向性，可能影响不同水域群体之间的遗传交流，种群整体遗传多样性丧失；另一方面栖息地类型转为静水型，大大减少了栖息地中的生物多样性。

水库的蓄水效应可以调节流量和水温，使浑浊度降低，分层泄水等均会对鱼类生长带来影响。调节后的水温，如果使秋末冬初的水温提高，则可加速鱼卵和鱼苗的发育，增加河道内的自产鱼类食料，如果使夏季水温降低，则可减少捕食性和竞争性鱼类的数量。此外，流量调节和浑浊度降低，可减轻鱼卵和鱼苗的损失。这些对鱼类生长都是有利的。但是，水库对水温的调节，可能使许多对温度有一定要求的鱼种，由于不能忍受强加的水温条件而消亡。即使是一些可以忍受温度调节的鱼种，其繁殖也会受到影响。水库的泄流方式不同，泄放水流的温度不同，对鱼类的生长也会产生不同的影响。一般来说，从深层泄放的水流，冬暖夏冷；从表层泄放的水流，则受气候变化的影响，因而适应于不同品种的鱼类生长。从水库深层泄放出来的水，会影响到坝下游河道一定距离内鱼类的生长，如产卵位于坝下游的鱼类，会使其产卵条件恶化，影响鱼类的繁殖量或推迟其繁殖季节。

在以发电为主的水库，造成鱼类伤亡的主要因素有低压压强损伤、机械撞击损伤、剪切力引起的压力梯度损伤和空化损伤，其流道内出现的大压力梯度区和低压区对鱼类的损伤主要表现为鱼鳃破损、眼球凸出、血管爆裂引起的内出血、鱼鳍鱼鳃等器官血管出现栓塞现象等（Brown et al.，2009；Brown et al.，2012）。此外，溢洪道、水轮机、船闸降河等均对其通过的幼鱼和某些鱼类有伤害。特别是在枯水年，当过坝的溢流量有限时，过库水流的流速减小，流过水轮机和大坝下游消力池的鱼的数量增加，将会使其受到很大损失。

9.3 城市河流生态修复

9.3.1 城市河流生态修复的含义

1. 生态及生态修复

生态系统是在一定空间中共同栖息的所有生物与其环境之间不断进行物质循环和能量流动而形成的统一整体。生态系统通过其负反馈的自我调节机制，保持自身的生态平衡。生态平衡就是生态系统通过发育和调节所达到的一种稳定状况，它包括结构上的稳定、功能上的稳定和能量输入输出上的稳定。它是一种动态的平衡，因为能量流动、物质循环总在不断地进行，生物个体也在不断地进行更新。当生态系统达到动态平衡的稳定状态时，它能够自我调节和维持自己的正常功能，并能在很大程度上克服和消除外来的干扰，保持自身的稳定性

（孙儒泳等，2002）。生态修复就是使受损生态系统的结构和功能恢复到受干扰前状态的过程（任海等，2001）。由于各个生态系统的退化程度不同，使得生态修复有着不同的含义。通常意义上的河流生态修复包括以下恢复、重建以及修复三个方面的内容。

2. 河流生态修复的目标

河流一直满足着人类各方面的需求，这就意味着河流必然长期受到人类活动的影响。而城市作为人口最为密集的区域，加上人类活动和城市化的不断加剧，使得城市河流受到的人类干预越来越强烈，与其他河流相比，城市河流的退化问题尤为突出。人类过去为了修复城市河流的各种社会功能，而对河流采取的各种工程措施，都改变了城市河流平衡状态：洪峰流量增大；污水自流排放，水质严重恶化；河流裁弯取直，加剧河岸侵蚀和泥沙输送；渠化、人造堤坝和防洪大坝，使河流与洪泛区完全隔离；水生栖息地被大坝、鱼堰和其他人造障碍物隔断；河道渠化降低河流生物多样性；岸滩人工化，大规模侵占河岸带，破坏岸边生态环境；自然生态系统明显退化，鱼虾绝迹，水草罕见（王薇等，2003）。

生态系统是在保持动态平衡时，不断发展演化的。河流生态修复的目标并不是要让河流系统完全复原到原始状态，而应该是恢复河流系统的必要功能，使其达到新的动态平衡。生态系统是一个动态的整体，生态平衡是一个动态的平衡。生态系统是在保持动态平衡时，不断发展演化的。因此，也没有必要让河流系统回到其原始状态。河流的退化正是由于河流生态系统失去了动态平衡，所以，生态修复的目标应该是让生态系统重新恢复其必要功能，达到新的动态平衡，恢复其完善的自我调节机制，实现自我维持，使河流不再需要人类的持续干预就能够保持其改良后的状况。

9.3.2　河流功能及对应修复手段

河流系统是自然界最重要的生态系统之一。河流系统具有输水、防污、景观、航运和养殖等多种功能。在不同的区域，不同的河流，其功能的重要程度也不尽相同，通常受到关注的主要有防洪、景观、自净、供水、航运、输沙和生态等功能。河流生态修复主要针对这些受到普遍关注的河流功能，结合流域、区域和城市水环境功能区划，采用工程措施和非工程措施进行，工程和非工程措施中与河流生态恢复相关的部分，称为生态修复措施。

1. 防洪功能及其生态修复

防洪问题是一个不容忽视的安全问题，我国实际的防洪状况还远没有达到相关标准的规定，防洪问题非常严峻。目前，人们往往通过各种工程和非工程措施来加强城市防洪建设。工程措施指为控制和抗御洪水以减免洪水损失而修建的各种工程和采取的措施，包括堤、防洪墙、分洪工程、河道整治工程和水库等。非工程措施指为了减少洪水灾害损失，除工程措施以及颁布实施发令政策以外，所采取的技术手段，包括洪泛区管理、避洪安全设施、洪水预报与警报、安全撤离计划和洪水保险等。

上述的这些洪水控制措施，尤其是工程措施都忽略了对河流生态系统可能造成的影响：渠化、人造堤坝和防洪大坝等人造障碍物，使河流与洪泛区完全隔离；水生栖息地被隔断；河流生物多样性降低。因此，一些生态修复措施成为国外河流洪水管理中一个新的研究热点［河流洪水管理的生态修复方法详见数字资源 9（9.4）］。

2. 景观功能及其生态修复

河流景观可以有狭义景观和广义景观之分。狭义的河流景观仅包括河道的周边区域。其功效就是其亲水功能和空间功能。亲水功能包括水滨休闲、水流、河边建筑物、河边公园等；空间功能主要指小广场、运动场等组成的空地功能（胡虎，2003）。在狭义河流景观的构成方面，一般认为，水域景观由水域、过渡域、周边陆域三部分组成（刘树坤，2003）。水域景观由水域的基本特征，如水深、流速、水质等决定。过渡域景观指岸边水位变动范围内的景，如飞鸟、湿地、滩地等。河流周边陆域景观由地理景观所决定，受人文景观影响。城市河流景观包括自然景物、人造景观、人与文化三个方面。其中，自然景物的修复是城市河流景观设计面临的重要课题。

近代以来，大多数城市河流的景观整治都普遍采用一些工程措施，即简单的河流渠化、硬化和拉直。但是这些措施事实上都没有解决城市河流景观目前存在的诸如河道干涸、水质恶化、河流空间被严重挤占等问题。反而对河流生态平衡造成了一些负面影响：洪峰流量增大，下游河岸侵蚀和泥沙输送加剧，深槽、浅滩、沙洲和河漫滩消失，河流生物多样性降低等。因此，在一些景观修复工程中，人们也在探索解决这些景观问题的有效方法。近年来，特别是在国外，生态修复措施成为解决河流景观问题的有效方法［河流景观功能的生态修复方法，详见数字资源 9 (9.5)]。

3. 自净功能及其生态修复

河流本身具有自净功能，因此具有一定的纳污能力。很长时间以来，城市河流一直是城市中最主要的排污通道。城市中的各种污染都不断地输入河流，使得污染负荷远远超过了河流的承载能力，对河流造成了非常严重的污染。河流的各种功能都与其水质密不可分。因此可以说，河流的严重污染使得人们真正开始关注河流健康，开始积极采取措施整治河流，开始重新审视人类对待河流的态度，开始思考真正合理有效的河流生态修复方法。修复河流的自净功能，主要是要进行污染控制。对于城市河流来说，污染物来源不外乎点源和非点源。相对而言，非点源污染很难确认和控制，这是城市河流水质难以达标的主要原因。城市在污染处理方面，传统的管理模式是建设大型污水处理厂，用复杂的处理系统对即将排入河流的水进行最终的排放处理。同时在城市化高度发展的今天，排污量巨大，仅仅在末端进行处理而不对污染源采取任何工程措施，对控制污染来讲远远不够。因此生态措施相较传统方法更加的环境友好且有效［河流自净功能的生态修复方法，详见数字资源 9 (9.6)]。

4. 供水功能及其生态修复

河流之所以称为人类文明的摇篮，究其原因就是因为河流为人类提供了赖以生存的重要物质基础——水。因此可以说，城市河流自古就具有非常重要的供水功能，为城市的工业、农业、生活提供水源。随着人口的增长和城市的扩张，古老的供水取水方式无法满足城市增长的需要。目前，城市供水往往通过在城市河流的上游，或在城市郊区河流上修建水库，调蓄水量，执行供水任务。谈到城市供水，必然离不开三个问题：水质、水量、供水保证率。目前，城市河流的供水功能在水质、水量方面都存在很大的问题，因此，人们大多采取各种工程措施，从水质、水量两方面对河流供水功能进行恢复。虽然人们采取了各种措施从水质、水量方面对河流的供水功能进行了恢复，但是各种恢复方法都仅仅是针对城市、人类的用水需求，而没有考虑到环境、生态、生物的用水需求。若要恢复河流健康和河流功能，就必须考虑人类和环境的水量协调。另外，废水的再生回用对于河流水量的恢复也非常重要。对废水进行再生和回用，能大大提高水的利用率，减少水的需求量，从而减少河流取水量。所以，再生水回用不但为城市用水提供了新的水源，减少了对河流的取水要求，同时还减少了对河流的污染。

5. 其他功能及其生态修复

河流的其他功能还包括航运功能、输沙功能等。

9.3.3 城市河流生态修复的实施

1. 河流生态修复规划

多数情况下，河流生态修复面临的问题错综复杂，解决方法也带有一定的不确定性，因此，河流生态修复的良好开端是进行恢复的规划设计。规划的工作内容非常丰富，包括：

（1）基本资料的收集、调查分析与评价。

（2）水环境现状调查与评价。

（3）水环境问题分析。

（4）水环境功能区划分和污染物总量控制。

（5）点、面源污染综合整治规划。

（6）城市污水治理规划。

（7）生态环境用水与水资源综合利用规划。

（8）河道整治与防洪规划。

（9）土地利用与滨河景观规划。

（10）综合可行性分析。

在上述各单项规划的基础上，综合考虑各方面的利与弊，提出河流综合治理规划方案。

1）社会和环境效益分析。对所形成的综合治理规划方案，定量或定性分别计算其社会和环境效益，计算方案实施后水环境质量目标的可达性或者是水环境质量目标的改善程度。

2）经济技术可行性分析。对综合治理规划方案，分别计算投资、效益和运行费用，分析其经济技术可行性。

3）规划方案综合评价和推荐。对规划成果进行环境影响评价，提出推荐方案，供政府决策参考。

2. 河流生态修复的一般步骤

河流生态修复可以分为12个步骤进行。这12个步骤并不是简单地从步骤1到步骤12顺序进行，而是在每个步骤之后都需要进行"真实性检验"，只有满足条件之后才能进行下一步骤。如果不满足，还需要返回到前面的步骤重新进行，如图9.6所示。

步骤1：确定河流生态修复的目标。

步骤2：确定河流生态修复的利益相关者。

步骤3：分析人类活动对河流功能的影响。

步骤4：识别河流的主要天然资产和主要问题。

步骤5：确定河流生态修复的优先次序。

步骤6：制定保护资产和改善河流的策略和措施。

步骤7：制定河流生态修复详细而可度量的目标。

步骤8：分析目标的可行性。

步骤9：制订修复工程的详细计划。

步骤10：设计修复工程的评估方案。

步骤11：组织修复工程的实施。

步骤12：实施修复工程。

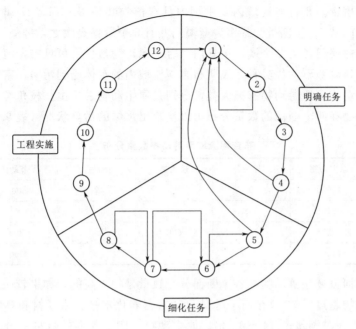

图 9.6 河流生态修复的步骤

9.3.4 案例分析

为了进一步了解河流生态修复的实施，本小节以代表快速经济发展和城市化地区的河流——深圳市布吉河为例，进行详细介绍。

1. 流域概况

布吉河是深圳河的一级支流，发源于深圳市北部的布吉镇黄竹酒，上游由水径、塘径支流在牛岭吓汇合成干流，在南门墩纳入大芬支流：中游经布吉镇穿草埔铁路桥后进入罗湖草埔工业区，中途由莲花水、大小坑水库排洪河、清水河、高涧河支流加入在泥岗桥处设有笋岗滞洪区分水口；从滞区泄流口至下游，进入罗湖南业区，有笔架山河、罗雨干渠支流汇入，最后在渔民村处汇入深圳河。布吉河上、中游为丘陵谷地带，流域地势西北高，分水岭高程多在 300m，鸡公头高程为 445.15m，是流域内最高点：东南部地势次之，分水岭高程多为 190～240m，沿河两岸谷地为南门城、穿孔桥、布吉旧城区，地面高程为 18～22.5m，布吉河下游为平原河谷，现为深圳市繁华城区，地面高程。

对布吉河流域水生生态系统现状的调查和评价，是建立在对四个断面进行水生生物取样、分析的基础上的。这四个断面分别是：水径断面、草埔断面、洪湖断面①和洪湖断面②。四个断面的位置如图 9.7 所示。

图 9.7 布吉河水生生态系统监测断面

第一，浮游植物。布吉河流域内及洪湖内具有植物共采得 6 门，27 属。在浮游植物 6 门的藻类以绿藻门共 12 属藻类为最多，蓝藻门共有 6 个属藻类次之，硅藻门 4 属为第三位，其次是隐藻门和裸藻门各为 2 个属，甲藻门只有 1 属，为最少。可见布吉河流域以绿藻、蓝藻种群最为丰富，硅藻不为优势种，表明布吉河流域内的水体受到污染，富营养化程度高。

第二，浮游动物。浮游动物有五大类，分别是原生动物、轮虫、枝角类、桡足类和无节幼体虫。浮游动物在四个断面的数量分布可以反映出水体的污染状况（表 9.2）。

表 9.2　　　　　　　　　布吉河流域浮游动物数量分布　　　　　单位：个/L

断面	原生动物	轮虫	枝角类	桡足类	无节幼体	合计
水径村	15600	605		2	600	16807
草埔	22191	598				22789
洪湖①	25274	16700	600	600	4800	47974
洪湖②	21009	16700		600	4200	42509

可见，布吉河流域浮游动物在各个断面分布数量是相当高的。如果较一般的单项生物数量指标，浮游动物超过了 3000 个/L，水体已达富营养化水平。水径村和草埔超过富营养化水平的 5～7 倍，在洪湖超过 14～15 倍。原生动物在四个断面的数量是最高的，其次是轮虫数量。一般认为原生动物分布数量所占比例越大，水体污染越严重。以上四个断面中，水径村和草埔原生动物可占浮游动物总数量的 93%～97%，洪湖两个断面原生动物可占浮游动物数量的 50% 左右。由此也说明水径村和草埔水体污染严重。同时，枝角类和桡足类只在洪湖断面才得以生存，也有力地说明洪湖的水质要优于水径和草埔两个断面。

第三，底栖动物。布吉河流域四个断面共采到的底栖动物共有四种，两种水栖寒毛类（霍甫水丝蚓和颤蚓），两种水生双翅目的摇蚊幼虫（羽摇蚊幼虫和长足摇蚊幼虫）（表 9.3）。霍甫水丝蚓和颤蚓都是典型的耐污染动物，耐水体缺氧环境。而颤蚓又比霍甫水丝蚓对污染有更高的耐污性。

表 9.3　　　　　　　　　布吉河底栖动物分布

地点	种类	数量/个	生物量/g	合计 数量/个	合计 生物量/g
水径村	霍甫水丝蚓	960	32.8	1040	32.952
	羽摇蚊虫	80	0.152		
草埔	霍甫水丝蚓	880	1.780	1480	2.408
洪湖①	颤蚓	600	0.628		
洪湖②	颤蚓	40	0.076	80	0.120
	长足摇蚊幼虫	40	0.044		

可以看出，在洪湖断面的底泥中颤蚓的存在也说明洪湖底泥由于长期沉积已有相当数量，并且污染严重。两种摇蚊幼虫均为耐污染型的摇蚊幼虫，特别是羽摇蚊幼虫是富营养化湖泊中出现的种类。这两种底栖动物的出现也基本可以说明布吉河水体污染的状况。

第四，大型水生植物及陆生植物。布吉河流域目前由于没有统一规划，各生产厂家的污水不经处理直接排放，污染河水。由于河流的支流及源头大量发展畜牧养殖业，猪、禽类便排入布吉河,因此河流从源头起已受到污染。因此,布吉河水体透明度大大降低,平均只有20cm。水生植物,特别是沉水植物无法生存。在河流两岸,只有耐污染的挺水植物,如蓼科植物,旋花科的鱼黄草在某些河段少有生长,在河流两侧没有统一规划种植的绿化带,缺少树种栽培,只有个别地带栽有小叶相思树等树种,但也很稀疏,不能成林。只有在洪湖断面才发现有较好的人工林。因为洪湖已被列入深圳市的园林计划,目前仍有游人活动,所以在洪湖周围种有果树,如荔枝、芒果和观赏树种大花紫薇、大叶相思、马占相思等树种。

2. 布吉河生态修复策略和措施

布吉河面临的主要问题,即最具优先权的问题就是其重度污染问题。因此,布吉河生态修复的总策略应为:首先进行彻底、有效的污染治理,然后考虑行洪安全;在污染治理和确保防洪的同时,修复流域植被,控制水土流失;最后考虑河岸景观的协调。可采取的措施有:

(1) 污染治理。特区外的河段,还零星存在一些未被占用的河道用地,可设置一些小型湿地:

1) 通过曝气、制造跌水、修复浅滩深塘的办法增加河水溶解氧量。

2) 适当增加河段断面,形成滞留池。

3) 完善污水管网,实行雨污分流。

4) 增强、完善目前污水处理厂的处理能力和处理工艺。

5) 集中处理和分散处理相结合。

6) 严格控制排污水质,引导废水的再生回用。

7) 建立模型对河流污染负荷和控制进行核算。

(2) 保证行洪安全:

1) 在一些仍留有部分河流用地的河段处,适当拓宽河道或留出河漫滩区。

2) 对汇水区内的不透水表面进行绿化。

3) 河道清淤。

4) 恢复生态驳岸。

5) 划定河道控制线,彻底清除河岸违章建筑。

(3) 控制水土流失:

1) 严格进行土地管理,恢复河岸和裸地植被。

2) 在上游开展水土保持工作。

(4) 景观协调:

1) 切断一切排污点,形成间歇性景观(水多水少,有水没水时形成不同的景观);或者严格控制排污水质,引导废水回用景观水。

2) 适当搭配生态驳岸植被。

3) 恢复部分河滩地。

4) 在有可能的地方适当恢复河流弯曲。

5) 对河岸建筑进行合理规划设计。

(5) 生物群落恢复:

1) 在布吉河各干支流沿岸种植先锋植物物种。

2) 在布吉河各干支流河道内种植先锋植物物种。

3. 布吉河生态修复实施

工程措施是城市河流污染治理必不可少的一步，但传统的工程修复往往带有很重的人为干预倾向，在修复部分河流功能的同时又伤害了河流的其他功能，使得总体收益很小。因此，基于应用生态工程学原理，尝试对布吉河河流系统进行生态修复。即通过符合生态学方法或原理的工程措施治理污染，减少外来干扰，初步修复河流的生态功能，使河流生态系统具有初步自我修复功能；通过人工强化工程措施，修复河流系统的自然生态，具备生物多样性和自我调节。最终成为亲水宜人环境生态景观，满足城市社会经济生活发展需要，构建和谐的生态社会。

按照上述的修复策略和目标，对修复工程进行详细的安排和计划。同样分为四个部分：污染治理、行洪安全、水土流失控制和景观协调。重度污染问题是布吉河最具优先权的问题。随着一系列污染治理工程的开展，可以带动泥沙问题的解决，从而部分解决行洪安全问题；同时，水质的改善也是景观修复中的重要部分。因此，污染治理是所有修复工程中的重点。

根据修复工程的目标，以及源头净化入水、生态修复污染水的原则，将污染治理工程期划分为截源期、修复期和自主完善期，三个时期均有不同的实施方式 [详见数字资源 9 (9.7)]。

重建河流生态系统，修复河流泄洪排沙等重要自然功能，维持河流资源的可再生循环能力，促进河流生态系统的稳定和良性循环。同时，逐步规划修复河流两岸景观，营造滨水宜人环境。在一些修复后天然河道护坡上可以种植一些爬藤类植物等形成绿茵景观带；在临河规划一定宽度的巡河路，采用多层次的乡土花灌木绿化，如牛岭吓桥—泥岗桥段主题为安居休闲的城镇滨河空间；泥岗桥铁路桥主题为水域与自然相融合的开敞生态空间；铁路桥—河口段主题为体现都市繁华的城市溪水空间。

思考题

1. 你认为城市化带来的变化是利大还是弊大？请根据你的理解阐述原因。
2. 海绵城市建设都从哪些方面给我们的城市环境带来了帮助？
3. 水利工程建设对区域水文生态环境的影响包括哪些方面？
4. 简述水利工程的环境、生态水文效应有哪些？并举例说明。
5. 城市河流生态修复都包括哪些方面的内容？
6. 城市河流生态修复有哪些功能和修复手段？

第 9 章　数字资源

参 考 文 献

[1] 敖偲成，胡建成，李先福，等. 独龙江河流生态系统健康评价 [J]. 生态学杂志，2020，39 (4)：
    1281 - 1287.

[2] 白爱民. 湖库富营养化状态的快速评价 [J]. 环境科学导刊，2014，33 (1)：80 - 83.

[3] 蔡明，李怀恩，庄咏涛，等. 改进的输出系数法在流域非点源污染负荷估算中的应用 [J]. 水利学报，
    2004 (7)：40 - 45.

[4] 蔡守华，胡欣. 河流健康的概念及指标体系和评价方法 [J]. 水利水电科技进展，2008 (1)：23 - 27.

[5] 曹卫华，郭正. 最优化技术方法及 MATLAB 的实现 [M]. 北京：化学工业出版社，2006.

[6] 曾思栋，夏军，杜鸿，等. 气候变化、土地利用/覆被变化及 CO_2 浓度升高对滦河流域径流的影响
    [J]. 水科学进展，2014，25 (1)：10 - 20.

[7] 曾思栋，夏军，杜鸿，等. 生态水文双向耦合模型的研发与应用：I 模型原理与方法 [J]. 水利学报，
    2020，51 (1)：33 - 43.

[8] 巢方英，孔令贵. 简析刘家峡、龙羊峡水库对黄河兰州段径流洪峰的影响及其与灌溉防洪防凌的关
    系 [J]. 甘肃水利水电技术，2013，49 (10)：1 - 2，33.

[9] 陈昂，王鹏远，吴淼，等. 国外生态流量政策法规及启示 [J]. 华北水利水电大学学报（自然科学
    版），2017，38 (5)：49 - 53.

[10] 陈吉宁，李广贺，王洪涛，等. 流域面源污染控制技术：以滇池流域为例 [M]. 北京：中国环境科学
     出版社，2009.

[11] 陈俊合，江涛，陈建耀，等. 环境水文学 [M]. 北京：科学出版社，2007.

[12] 陈兰洲，陶可，赵剑，等. 广水河河流水质调查及健康评价 [J]. 中南民族大学学报自然科学版，
     2019，38 (1)：56 - 62.

[13] 陈敏建，丰华丽，王立群，等. 生态标准河流和调度管理研究 [J]. 水科学进展，2006 (5)：
     631 - 636.

[14] 陈敏建，丰华丽，王立群，等. 适宜生态流量计算方法研究 [J]. 水科学进展，2007 (5)：745 - 750.

[15] 陈鸣剑. 非点源水质模型研究 [J]. 上海环境科学，1993，12 (1)：16 - 19.

[16] 陈鹏，张庭荣，刘慧. 基于 RBPs 的广东省典型中小河流生境评价 [J]. 广东水利水电，2017 (1)：
     21 - 25.

[17] 陈廷贵，张金屯. 十五个物种多样性指数的比较研究 [J]. 河南科学，1999 (S1)：62 - 64，78.

[18] 陈西平. 城市径流对河流污染的 GIS 模型与计算 [J]. 水利学报，1993 (3)：57 - 63.

[19] 陈西平. 计算降雨及农田径流污染负荷的三峡库区模型 [J]. 中国环境科学，1992 (1)：48 - 52.

[20] 陈燕，玉米提·哈力克，汪飞，等. 塔里木河下游生态退化成因分析 [J]. 新疆农业科学，2009，46
     (1)：156 - 160.

[21] 陈友媛，惠二青，金春姬，等. 非点源污染负荷的水文估算方法 [J]. 环境科学研究，2003，16 (1)：
     10 - 13.

[22] 成波. 水资源短缺地区河道生态基流的计算方法及保障补偿机制研究 [D]. 西安：西安理工大
     学，2021.

[23] 程海燕，脱友才，许维忠，等. 气候变暖对稳定分层型供水水库水温影响研究 [J]. 人民长江，2022，
     53 (10)：22 - 30.

[24] 戴雅奇，熊昀青，由文辉. 苏州河底栖动物群落恢复过程动态研究 [J]. 农村生态环境，2005 (3)：
     21 - 24.

[25] 丁隆真，廖长丹，王超，等. 不同广藿香产区土壤中重金属污染特征及风险评价 [J]. 水土保持通报，2021，41 (6)：89-97，104.

[26] 杜新忠，李叙勇，王慧亮，等. 基于贝叶斯模型平均的径流模拟及不确定性分析 [J]. 水文，2014，34 (3)：6-10.

[27] 段红东，段然. 关于生态流量的认识和思考 [J]. 水利发展研究，2017，17 (11)：1-4.

[28] 樊尔兰，李怀恩. 分层型水库的水量水质综合优化调度 [M]. 西安：陕西科学技术出版社，1996.

[29] 房明慧. 环境水文学 [M]. 合肥：中国科学技术大学出版社，2009.

[30] 房志达，王淑萍，苏静君，等. 红壤丘陵区典型小流域不同下垫面非点源磷输出特征 [J]. 环境工程学报，2021，15 (5)：1724-1734.

[31] 丰华丽，王超，李勇. 流域生态需水量的研究 [J]. 环境科学动态，2001 (1)：27-30.

[32] 冯夏清. 面向生态水权分配的大凌河生态需水量计算 [J]. 水利发展研究，2019，19 (11)：24-27.

[33] 高秋霞，李田. 国外城市非点源径流水质模型简介 [J]. 安全与环境工程，2003，10 (4)：9-12.

[34] 高万超，胡可，顾庆福，等. 湘江干流中下游河流健康评价研究 [J]. 低碳世界，2019，9 (6)：5-7.

[35] 高翔. 跨行政区水污染治理中 "公地的悲剧"：基于我国主要湖泊和水库的研究 [J]. 中国经济问题，2014 (4)：21-29.

[36] 高彦春，王长耀. 大文循环的生物圈方面（BAHC 计划）研究进展 [J]. 地理科学进展 2000，19 (2)：97-103.

[37] 高志玥，李怀恩，张倩，等. 宝鸡峡灌区农业供水效益 C-D 函数岭回归分析 [J]. 干旱地区农业研究，2018，36 (6)：33-40.

[38] 郭方，刘新仁，任立良. 以地形为基础的流域水文模型 [J]. 水科学进展，2000，11 (3)：296-301.

[39] 郭凌冬. 基于重力观测数据的雅鲁藏布江林芝段水库诱发地震研究 [D]. 北京：中国地震局地震预测研究所，2021.

[40] 郭旭阳，胡凡莹，孙启元，等. 水库影响下的河流生态需水量研究综述 [J]. 化学工程与装备，2017 (10)：209-211.

[41] 郭云富，黄晓东，曹宇隆. 红山水库 1951—2018 年气候变化及其对生态环境的影响 [J]. 内蒙古水利，2021 (5)：10-12.

[42] 韩松俊，刘群昌，胡和平，等. 灌溉对景泰灌区年潜在蒸散量的影响 [J]. 水科学进展，2010，21 (3)：364-369.

[43] 韩新荣. 如何正确区分耗氧有机物污染死鱼与缺氧死鱼 [J]. 中国水产，2003 (12)：41.

[44] 郝芳华，程红光，杨胜天. 非点源污染模型：理论、方法与应用 [M]. 北京：中国环境科学出版社，2006.

[45] 何本茂，韦蔓新，李智. 铁山港海草生态区水体自净能力与水、生、化之间的关系 [J]. 海洋环境科学，2012，31 (5)：662-666，673.

[46] 何建波，李欲如，毛江枫，等. 河流生态系统健康评价方法研究进展 [J]. 环境科技，2018，31 (6)：71-75.

[47] 何自立. 气候变化对流域径流的影响研究 [D]. 杨凌：西北农林科技大学，2012.

[48] 洪小康，李怀恩. 水质水量相关法在非点源污染负荷估算中的应用 [J]. 西安理工大学学报，2000，16 (4)：384-386.

[49] 侯婷娟，高耶. 资水河道内生态需水量研究 [J]. 水文，2019，39 (5)：40-44，60.

[50] 胡彩虹，郭生练，熊立华，等. TOPMODEL 在无 DEM 资料地区的应用 [J]. 人民黄河，2005，27 (6)：23-25.

[51] 胡方荣，侯宇光. 水文学原理 [M]. 北京：水利电力出版社，1988.

[52] 胡虎. 城市河流规划探讨 [J]. 有色冶金设计与研究，2003 (3)：43-44，51.

[53] 胡珊珊，郑红星，刘昌明，等. 气候变化和人类活动对白洋淀上游水源区径流的影响 [J]. 地理学报，2012，67 (1)：62-70.

[54] 黄彬彬,严登华,王浩.干旱对河流水生态系统影响研究与展望 [J].水资源与水工程学报,2019,30 (2):12-18.

[55] 黄丹璐,马一鸣,徐冬梅,等.水库群联合防洪优化调度研究 [J].能源与环保,2017 (1):65-70.

[56] 黄敏,吴开兴,王永航,等.母岩高铀离子型稀土矿采区的放射性污染风险浅析 [J].中国稀土学报,2020,38 (1):11-20.

[57] 黄生斌,叶芝菡,刘宝元.密云水库流域非点源污染研究概述 [J].中国生态农业学报,2008 (5):1311-1316.

[58] 黄文建,陈芳,么强,等.地下水污染现状及其修复技术研究进展 [J].水处理技术,2021,47 (7):12-18.

[59] 黄锡荃,李惠明,金伯欣.水文学 [M].北京:高等教育出版社,1998.

[60] 吉利娜.水力学方法估算河道内基本生态需水量研究 [D].杨凌:西北农林科技大学,2006.

[61] 吉小盼,蒋红.基于湿周法的西南山区河流生态需水量计算与验证 [J].水生态学杂志,2018,39 (4):1-7.

[62] 纪道斌,成再强,龙良红,等.三峡水库不同运行期库首水温分层特性及生态效应 [J].水资源保护,2022,38 (3):34-42,101.

[63] 蒋喜艳,张述习,尹西翔,等.土壤-作物系统重金属污染及防治研究进展 [J].生态毒理学报,2021,16 (6):150-160.

[64] 金鑫,郝振纯,张金良.水文模型研究进展及发展方向 [J].水土保持研究,2006,13 (4):197-199.

[65] 康玲,黄云燕,杨正祥,等.水库生态调度模型及其应用 [J].水利学报,2010,41 (2):134-141.

[66] 寇宗武.对沿渭 (河) 地下水开发问题的思考 [J].地下水,2005,27 (3):93-97.

[67] 赖昊.长江中下游环境流量计算方法及应用研究 [D].武汉:武汉大学,2017.

[68] 李宝富,陈亚宁,陈忠升,等.西北干旱区山区融雪期气候变化对径流量的影响 [J].地理学报,2012,67 (11):1461-1470.

[69] 李冰,杨桂山,万荣荣.湖泊生态系统健康评价方法研究进展 [J].水利水电科技进展,2014,34 (6):98-106.

[70] 李超,韩丽,周娜,等.北方缺水域市河流健康评价指标体系研究 [J].北京水务,2019 (6):15-21.

[71] 李芬,李文华,甄霖,等.林生态系统补偿标准的方法探讨:以海南省为例 [J].自然资源学报,2010,25 (5):735-745.

[72] 李贵才.基于 MODIS 数据和光能利用率模型的中国陆地净初级生产力估算研究 [D].北京:中国科学院研究生院 (遥感应用研究所),2004.

[73] 李怀恩,蔡明.非点源营养负荷泥沙关系的建立及其应用 [J].地理科学,2003,23 (4):460-463.

[74] 李怀恩,沈晋.非点源污染数学模型 [M].西安:西北工业大学出版社,1996.

[75] 李怀恩.估算非点源污染负荷的平均浓度法及其应用 [J].环境科学学报,2000,20 (4):397-400.

[76] 李怀恩.水文模型在非点源污染研究中的应用 [J].陕西水利,1987 (3):18-23.

[77] 李家科,李怀恩,李亚娇.偏最小二乘回归模型在非点源负荷预测中的应用 [J].西北农林科技大学学报 (自然科学版),2007,35 (4):218-222.

[78] 李家科,李怀恩,沈冰,等.基于自记忆原理的非点源污染负荷预测模型研究 [J].农业工程学报,2009,25 (3):28-32.

[79] 李家科,李怀恩,赵静.支持向量机在非点源污染负荷预测中的应用 [J].西安建筑科技大学学报 (自然科学版),2006,38 (6):754-760.

[80] 李家科,李亚娇,李怀恩,等.非点源污染负荷预测的多变量灰色神经网络模型 [J].西北农林科技大学学报 (自然科学版),2011b,39 (3):229-234.

[81] 李家科,李怀恩,沈冰,等.渭河干流典型断面非点源污染监测与负荷估算 [J].水科学进展,2011a,22 (6):818-828.

［82］ 李丽娟，郑红星．海滦河流域河流系统生态环境需水量计算［J］．海河水利，2003 (1)：6-8，70.

［83］ 李强坤，李怀恩，胡亚伟，等．基于单元分析的青铜峡灌区农业非点源污染估算［J］．生态与农村环境学报，2007，23 (4)：33-36.

［84］ 李强坤，李怀恩，胡亚伟，等．黄河干流潼关断面非点源污染负荷估算［J］．水科学进展，2008a，19 (4)：460-466.

［85］ 李强坤，李怀恩，孙娟，等．基于有限资料的水土流失区非点源污染负荷估算［J］．水土保持学报，2008b，22 (5)：181-185.

［86］ 李诗阳．北京市永定河郊野段生态修复效果评价［D］．北京：北京林业大学，2016.

［87］ 李伟，刘洋，田长涛．流域径流特征分析方法探讨［J］．科技创新与应用，2017 (34)：190-191.

［88］ 李咏红，刘旭，李盼盼，等．基于不同保护目标的河道内生态需水量分析：以琉璃河湿地为例［J］．生态学报，2018，38 (12)：4393-4403.

［89］ 李雨，邹珊，张国学，等．溪洛渡水库分层取水调度对下游河段水温结构的影响分析［J］．水文，2021，41 (3)：101-108.

［90］ 李媛媛，王华，袁伟皓，等．降雨变化对鄱阳湖区乐安河流域非点源产污影响［J/OL］．环境工程，1-10 ［2023-02-12］.

［91］ 林世泉．我国灌溉用水管理技术的发展［J］．灌溉排水，1992，11 (1)：28-30.

［92］ 林炜，褚丽．河道内生态需水量研究［J］．山西建筑，2018，44 (14)：211-212.

［93］ 林翔．浅谈生物多样性保护的重要意义和有效措施［J］．花卉，2019 (4)：283-284.

［94］ 令志强，彭尔瑞，刘青，等．石葵河流域健康评价模型建立［J］．农业工程，2019，9 (12)：66-71.

［95］ 刘爱蓉，曹万金．南京市城北地区暴雨径流污染研究［J］．水文，1990，10 (6)：15-23.

［96］ 刘昌明，门宝辉，宋进喜．河道内生态需水量估算的生态水力半径法［J］．自然科学进展，2007 (1)：42-48.

［97］ 刘昌明，王红瑞．浅析水资源与人口、经济和社会环境的关系［J］．自然资源学报，2003 (5)：635-644.

［98］ 刘昌明，张丹．中国地表潜在蒸散发敏感性的时空变化特征分析［J］．地理学报，2011，66 (5)：579-588.

［99］ 刘昌明，何希吾．中国 21 世纪水问题方略［M］．北京：科学出版社，1998：150-159.

［100］ 刘春蓁．气候变化对我国水文水资源的可能影响［J］．水科学进展，1997，8 (3)：220-225.

［101］ 刘枫，王华东，刘培桐．流域非点源污染的量化识别及其在于桥水库流域的应用［J］．地理学报，1988，43 (4)：329-339.

［102］ 刘光文．水文分析与计算［M］．北京：中国工业出版社，1963.

［103］ 刘国纬．水文科学的基本问题及当代前沿［J］．水科学进展，2020，31 (5)：685-689.

［104］ 刘剑宇，张强，陈喜，等．气候变化和人类活动对中国地表水文过程影响定量研究［J］．地理学报，2016，71 (11)：1875-1885.

［105］ 刘剑宇，张强，顾西辉．水文变异条件下鄱阳湖流域的生态流量［J］．生态学报，2015，35 (16)：5477-5485.

［106］ 刘静玲，任玉华，杨志峰，等．流域生态需水学科维度方法研究与展望［J］．农业环境科学学报，2010，29 (10)：1845-1856.

［107］ 刘麟菲，徐宗学，殷旭旺，等．基于鱼类和底栖动物生物完整性指数的济南市水体健康评价［J］．环境科学研究，2019，32 (8)：1384-1394.

［108］ 刘树根，任林，苏福家，等．磷化氢生物净化体系的微生物特性及过程强化［J］．化工进展，2021，40 (7)：4055-4063.

［109］ 刘树坤．水利建设中的景观和水文化［J］．水利水电技术，2003 (1)：30-32.

［110］ 刘贤，莫凌，陈峻峰，等．海南省文教河底栖动物群落特征及与环境因子关系分析［J］．水生态学杂志，2018，39 (6)：37-43.

[111] 刘晓涛. 城市河流治理规划若干问题的探讨 [J]. 水利规划设计, 2001 (3): 28-33.

[112] 刘悦忆, 朱金峰, 赵建世. 河流生态流量研究发展历程与前沿 [J]. 水力发电学报, 2016, 35 (12): 23-34.

[113] 刘志雨, 谢正辉. TOPKAPI 模型的改进及其在淮河流域洪水模拟中的应用研究 [J]. 水文, 2003, 23 (6): 1-7.

[114] 刘志雨. 基于 GIS 的分布 kom 式托普卡匹水文模型在洪水预报中的应用 [J]. 水利学报, 2004b (5): 70-75.

[115] 娄和震, 吴习锦, 郝芳华, 等. 近三十年中国非点源污染研究现状与未来发展方向探讨 [J]. 环境科学学报, 2020, 40 (5): 1535-1549.

[116] 陆海明, 丰华丽, 邹鹰. 美国萨凡纳河生态流量管理实践案例研究 [J]. 中国水利, 2019 (5): 25-29.

[117] 罗玉峰, 缴锡云, 彭世彰, 等. 海河流域参考作物腾发量长期变化趋势分析 [J]. 灌溉排水学报, 2009, 28 (1): 10-13.

[118] 马方凯, 江春波, 李凯. 三峡水库近坝区三维流场及温度场的数值模拟 [J]. 水利水电科技进展, 2007, 27 (3): 17-20.

[119] 马平生, 完颜华, 杨先味. 关于我国城市水资源可持续利用战略的讨论 [J]. 环境与可持续发展, 2009, 34 (4): 22-25.

[120] 马耀明, 王介民. 卫星遥感结合地面观测估算非均匀地表区域能量通量 [J]. 气象学报, 1999, 57 (2): 180-189.

[121] 马一鸣, 郝子垚, 黄泽涵, 等. 微生物在水体自净中的作用: 以清濋河为例 [J]. 环境工程, 2022, 40 (2): 20-26.

[122] 毛建忠, 赵萍萍, 李春永, 等. 我国河流健康评价指标体系研究进展 [J]. 水科学与工程技术, 2013 (3): 1-4.

[123] 毛战坡. 黑河流域非点源污染控制规划研究 [D]. 西安: 西安理工大学, 2000.

[124] 梅亚东, 杨娜, 翟丽妮. 雅砻江下游梯级水库生态友好型优化调度 [J]. 水科学进展, 2009, 20 (5): 721-725.

[125] 穆贵玲, 汪义杰, 李丽, 等. 水源地生态补偿标准动态测算模型及其应用 [J]. 中国环境科学, 2018 (7): 2658-2664.

[126] 穆民兴, 徐学选, 陈霁巍. 生态水文 [M]. 北京: 中国林业出版社, 2001.

[127] 倪晋仁, 金玲, 赵业安. 黄河下游河流最小生态环境需水量初步研究 [J]. 水利学报, 2002, 33 (10): 1-7.

[128] 倪深海, 崔广柏. 河道生态环境需水量的计算 [J]. 人民黄河, 2002, 24 (9): 37-38.

[129] 潘岳虎. 湖泊富营养化稳态转换理论与生态恢复讨论 [J]. 农家参谋, 2018 (7): 214.

[130] 庞碧剑, 覃秋荣, 蓝文陆. 生物多样性指数在生态评价中的实用性分析-以北部湾为例 [J]. 广西科学院学报, 2019, 35 (2): 91-99.

[131] 庞治国, 王世岩, 胡明罡. 河流生态系统健康评价及展望 [J]. 中国水利水电科学研究院学报, 2006 (2): 151-155.

[132] 彭定志, 徐宗学, 巩同梁. 雅鲁藏布江拉萨河流域水文模型应用研究 [J]. 北京师范大学学报 (自然科学版), 2008, 44 (1): 92-95.

[133] 任海, 彭少麟. 恢复生态学导论 [M]. 北京: 科学出版社, 2001.

[134] 任贺靖, 李娜, 宋瑞勇, 等. 北方资料短缺地区中小河流生态环境需水量估算 [J]. 水利技术监督, 2021 (12): 101-103, 134.

[135] 阮晓红, 宋世霞, 张瑛. 非点源污染模型化方法的研究进展及其应用 [J]. 人民黄河, 2002, 24 (11): 25-26, 29.

[136] 芮孝芳, 黄国如. 分布式水文模型的现状与未来 [J]. 水利水电科技进展, 2004, 24 (2): 55-58.

[137] 芮孝芳，朱庆平. 分布式流域水文模型研究中的几个问题 [J]. 水利水电科技进展，2002，22 (3)：56-58.

[138] 芮孝芳. 产汇流理论 [M]. 北京：中国水利水电出版社，1995.

[139] 芮孝芳. 径流形成原理 [M]. 南京：河海大学出版社，2004a.

[140] 芮孝芳. 水文学原理 [M]. 北京：中国水利水电出版社，2004b.

[141] 芮孝芳. 水文学原理 [M]. 北京：中国水利水电出版社，2006.

[142] 沈国舫. 生态环境建设与水资源的保护和利用 [J]. 中国水利，2000 (8)：26-30.

[143] 施为光. 城市降雨径流长期污染负荷模型的探讨 [J]. 城市环境与城市生态，1993，6 (2)：6-10.

[144] 石伟，王光谦. 黄河下游生态需水量及其估算 [J]. 地理学报，2002，57 (5)：595-602.

[145] 宋进喜，李怀恩，王伯铎. 西北开发中的水资源问题及对策 [J]. 长安大学学报，2002，22 (6)：108-112.

[146] 宋进喜，李怀恩，王伯铎. 河流生态环境需水量研究综述 [J]. 水土保持学报，2003，17 (6)：95-98.

[147] 宋进喜，李怀恩. 渭河生态环境需水量研究 [M]. 北京：中国水利水电出版社，2005.

[148] 宋世良，王香亭. 渭河鱼类区系研究 [J]. 兰州大学学报（自然科学版），1983，19 (4)：120-128.

[149] 苏凤阁，谢正辉. 气候变化对径流影响的评估模型研究 [J]. 自然科学进展，2003，13 (5)：502-507.

[150] 苏瑶，许育新，安文浩，等. 基于微生物生物完整性指数的城市河道生态系统健康评价 [J]. 环境科学，2019，40 (3)：1270-1279.

[151] 粟晓玲，曹红霞，康绍忠. 关中地区灌溉农业发展对区域蒸发的影响研究 [J]. 灌溉排水学报，2004 (3)：24-27.

[152] 孙宝刚，徐德增，刘扬扬. 生态水文学研究进展 [J]. 现代农业科技，2010 (5)：231-232.

[153] 孙甲岚，雷晓辉，蒋云钟，等. 河流生态需水量研究综述 [J]. 南水北调与水利科技，2012，10 (1)：112-115.

[154] 孙儒泳，等. 基础生物学 [M]. 北京：高等教育出版社，2002.

[155] 孙睿，朱启疆. 中国陆地植净第一性生产力及季节变化研究 [J]. 地理学报，2000，55 (1)：36-45.

[156] 孙卫国，程炳岩，李荣. 黄河源区径流量与区域气候变化的多时间尺度相关 [J]. 地理学报，2009，64 (1)：117-127.

[157] 索丽生. 闸坝与生态 [J]. 中国水利，2005 (16)：5-7.

[158] 田长彦，周宏飞，宋郁东. 以色列的水资源管理、高效利用与农业发展 [J]. 干旱区研究，2002，17 (4)：63-67.

[159] 万东辉，夏军，宋献方，等. 基于水文循环分析的雅砻江流域生态需水量计算 [J]. 水利学报，2008 (8)：994-1000.

[160] 万金保，李媛媛. 湖泊水质模型研究进展 [J]. 长江流域资源与环境，2007 (6)：805-809.

[161] 汪志农，薛建兴. 陕西关中灌区支头渠管理体制改革研究 [J]. 农业工程学报，2000，16 (4)：64-67.

[162] 王琲，肖昌虎，黄站峰. 河流生态流量研究进展 [J]. 江西水利科技，2018，44 (3)：230-234.

[163] 王芳，梁瑞驹，杨小柳，等. 中国西北地区生态需水研究 (1)：干旱半干旱地区生态需水理论分析 [J]. 自然资源学报，2002 (1)：1-8.

[164] 王根绪，程国栋. 干旱内陆流域生态环境需水量及其估算——以黑河流域为例 [J]. 中国沙漠，2002，22 (2)：129-134.

[165] 王根绪，钱鞠，程国栋. 生态水文科学研究的现状与展望 [J]. 地球科学进展，2001，6 (3)：314-323.

[166] 王慧亮，李叙勇，解莹. 多模型方法在非点源污染负荷中的应用展望 [J]. 水科学进展，2011，22 (5)：727-732.

[167] 王慧亮，吕翠美，原文林. 生态水文学 [M]. 北京：中国水利水电出版社，2021.

[168] 王慧敏. 流域可持续发展系统理论与方法 [M]. 南京：河海大学出版社，2000.

[169] 王建平，李发鹏，孙嘉. 关于河湖生态流量保障的认识与思考 [J]. 水利经济，2019，37（4）：9-12.

[170] 王进鑫，黄宝龙，王迪海. 不同地面覆盖材料对壤土浑水径流入渗规律的影响 [J]. 农业工程学报，2004（4）：68-72.

[171] 王奎超. 南渡江河口段增蓄水资源的生态影响与经济价值量研究 [D]. 天津：天津大学，2007.

[172] 王敏捷. 渭河水环境问题与治理对策 [J]. 灾害学，2000，15（1）：47-50.

[173] 王强. 山地河流生境对河流生物多样性的影响研究 [D]. 重庆：重庆大学，2011.

[174] 王全九. 降雨-地表径流-土壤溶质相互作用深度 [J]. 土壤侵蚀与水土保持学报，1998，4（2）：41-46.

[175] 王帅. 渭河流域分布式水文模拟及水循环演变规律研究 [D]. 天津：天津大学，2013.

[176] 王薇，李传奇. 城市河流景观设计之探析 [J]. 水利学报，2003（8）：117-121.

[177] 王维平，朱中竹，曲士松，等. 山东省引黄灌溉对区域水循环影响的探讨 [J]. 灌溉排水学报，2012，31（6）：111-113.

[178] 王伟萍. 湖泊水质模型研究现状及发展趋势 [J]. 江西水产科技，2011（3）：40-42.

[179] 王西琴，刘昌明，杨志峰. 生态及环境需水量研究进展与前瞻 [J]. 水科学进展，2002，13（4）：507-514.

[180] 王雪蕾，王新新，朱利，等. 巢湖流域氮磷面源污染与水华空间分布遥感解析 [J]. 中国环境科学，2015，35（5）：1511-1519.

[181] 王雁林，王文科，杨泽元. 陕西省渭河流域生态环境需水量探讨 [J]. 自然资源学报，2004，19（1）：69-78.

[182] 王懿贤. 彭门蒸发力快速表算法 [J]. 地理研究，1983，2（1）：93-107.

[183] 王幼殊. 城市地表径流有机污染特征及典型污染物在雨水渗滤介质中的迁移规律研究 [D]. 北京：北京建筑大学，2018.

[184] 王禹冰，王晓燕，庞树江，等. 水库水体热分层的水质及细菌群落分布特征 [J]. 环境科学，2019，40（6）：2745-2752.

[185] 王志伟，杨胜天，赵长森. 遥感水文模型与 EcoHAT 系统开发应用 [C] //中国水利技术信息中心. 第七届全国河湖治理与水生态文明发展论坛论文集，2015.

[186] 韦鹤平. 环境系统工程 [M]. 上海：同济大学出版社，1993.

[187] 魏复盛. 有毒有害化学品环境污染及安全防治建议 [J]. 中国工程科学，2001（9）：37-40，63.

[188] 吴函纯. 浅析我国水资源可持续发展的现状 [J]. 国土与自然资源研究，2019（3）：5-6.

[189] 吴洁珍，王莉红. 生态环境建设规划中引入生态环境需水的探讨 [J]. 水土保持，2005，12（5）：59-62.

[190] 吴腾，申孙平，李涛，等. 三盛公水库运用对下游河道输沙的影响 [J]. 河海大学学报（自然科学版），2021，49（5）：401-405，454.

[191] 吴险峰，刘昌明. 流域水文模型研究的若干进展 [J]. 地理科学进展，2002，21（4）：341-348.

[192] 夏军，宋霁云，曾思栋，等. 水文非线性与水系统科学 [A] //水利部水文局，国际水文计划（IHP）中国国家委员会，国际水文科学协会（IAHS）中国国家委员会等. 中国水文科技新发展：2012 中国水文学术讨论会论文集 [C]. 南京：河海大学出版社，2012.

[193] 夏军，谈戈. 全球变化与水文科学新的进展与挑战 [J]. 资源科学，2002，24（3）：1-7.

[194] 夏军，王纲胜，吕爱锋，等. 分布式时变增益流域水循环模拟 [J]. 地理学报，2003，58（5）：789-796.

[195] 夏军，王纲胜，谈戈，等. 水文非线性系统与分布式时变增益模型 [J]. 中国科学（D辑：地球科学），2004，34（11）：1062-1071.

[196] 夏军，朱一中. 水资源安全的度量：水资源承载力的研究与挑战 [J]. 自然资源学报，2002（3）：262－269.

[197] 夏军，左其亭，韩春辉. 生态水文学学科体系及学科发展战略 [J]. 地球科学进展，2018, 33（7）：665－674.

[198] 夏军. 水文非线性系统理论与方法 [M]. 武汉：武汉大学出版社，2002.

[199] 夏青. 城市径流污染系统分析 [J]. 环境科学学报，1982, 2（4）：17－19.

[200] 谢正辉，梁旭，曾庆存. 陆面过程模式中地下水位的参数化及初步应用 [J]. 大气科学，2004b, 28（3）：374－384.

[201] 谢正辉，刘谦，袁飞，等. 基于全国 50km×50km 网格的大尺度陆面水文模型框架 [J]. 水利学报，2004a, 5（5）：76－82.

[202] 邢大伟. 陕西渭河流域水污染与环境趋势 [J]. 西北水资源与水工程，1995（6）：53－64.

[203] 熊立华，郭生练，胡彩虹. TOPMODEL 在流域径流模拟中的应用研究 [M]. 水文，2002, 22（5）：5－8.

[204] 熊立华，郭生练. 分布式流域水文模型 [M]. 北京：中国水利水电出版社，2004.

[205] 胥彦玲. 基于土地利用/覆被变化的陕西黑河流域非点源污染研究 [D]. 西安：西安理工大学，2007.

[206] 徐宗学，刘晓婉，刘浏. 气候变化影响下的流域水循环：回顾与展望 [J]. 北京师范大学学报（自然科学版），2016, 52（6）：722－730，839.

[207] 徐宗学，彭定志，庞博，等. 河道生态基流理论基础与计算方法：以渭河关中段为例 [M]. 北京：科学出版社，2016.

[208] 徐宗学. 分布式水文模型与 GIS 技术在水资源综合管理中的应用 [M]. 南京：河海大学出版社，2004：224－229.

[209] 徐宗学，等. 水文模型 [M]. 北京：科学出版社，2009.

[210] 徐祖信，廖振良. 水质数学模型研究的发展阶段与空间层次 [J]. 上海环境科学，2003，22（2）：79－85.

[211] 许新. 建设项目水资源论证应正确合理考虑生态需水 [J]. 江西水利科技，2005（1）：34－36，42.

[212] 许正中，李连云，刘蔚. 构建水资源数联网创新国家水治理体系 [J]. 行政管理改革，2020（9）：68－77.

[213] 薛雯，朱敏，肖迪，等. 基于文献计量法的河流健康研究进展 [J]. 现代农业科技，2019（20）：169－171，175.

[214] 闫雪燕，张鋆，李玉英，等. 动态调水过程水文和理化因子共同驱动丹江口水库库湾浮游植物季节变化 [J]. 湖泊科学，2021, 33（5）：1350－1363.

[215] 严登华，何岩，邓伟，等. 东辽河流域河流系统生态需水研究 [J]. 水土保持学报，2001（1）：46－49.

[216] 杨大文，李翀，倪广恒，等. 分布式水文模型在黄河流域的应用 [J]. 地理学报，2004, 59（1）：143－154.

[217] 杨大文，徐宗学，李哲，等. 水文学研究进展与展望 [J]. 地理科学进展，2018, 37（1）：36－45.

[218] 杨访弟，张永胜. 西北季节性河流生态环境需水量研究 [J]. 水利规划与设计，2018（8）：72－74.

[219] 杨庚，曹银贵，罗古拜，等. 生态系统恢复力评价研究进展 [J]. 浙江农业科学，2019, 60（3）：508－513.

[220] 杨宏伟，谢正辉. 陆面模式中动态表示地下水位的新方法 [J]. 自然科学进展，2003, 13（6）：615－620.

[221] 杨开忠，张永生，单菁菁，等. 城市蓝皮书：中国城市发展报告 No.14 [M]. 北京：社会科学文献出版社，2021.

[222] 杨兰，胡淑恒. 基于动态测算模型的跨界生态补偿标准：以新安江流域为例 [J]. 生态学报，2020，

40 (17)：5957 - 5967.

[223] 杨丽萍. 河流健康评价关键指标的确定与验证 [D]：昆明：云南大学，2012.

[224] 杨胜天，等. 生态水文模型与应用 [M]. 北京：科学出版社，2012.

[225] 杨希，陈兴伟，方艺辉，等. 基于分段-综合评价法的闽江下游河道健康评价 [J]. 南水北调与水利科技，2019，17 (6)：148 - 155.

[226] 杨志峰，张远. 河道生态环境需水研究方法比较 [J]. 水动力学研究与进展，2003，18 (3)：294 - 301.

[227] 叶爱中，夏军，王刚胜. 黄河流域时变增益分布式水文模型（Ⅱ）——模型的校验与应用 [J]. 武汉大学学报（工学版），2006，39 (4)：29 - 32.

[228] 叶朝霞，陈亚宁，李卫红. 基于生态水文过程的塔里木河下游植被生态需水量研究 [J]. 地理学报，2007，7 (5)：451 - 461.

[229] 叶琦. 全球 32 亿人口面临水资源短缺水资源综合管理迫在眉睫 [N]. 人民日报，2020 - 12 - 07 (16).

[230] 叶守泽，夏军. 水文科学研究的世纪回眸与展望 [J]. 水科学进展，2002 (1)：93 - 104.

[231] 叶植滔，周买春. 广东丘陵区小型河流生态需水量多种方法估算 [J]. 人民长江，2016，47 (19)：6 - 11，71.

[232] 易秀. 农事活动对水资源的非点源污染问题 [J]. 西安工程学院学报，2001，23 (2)：42 - 45.

[233] 尹澄清. 城市面源污染的控制原理和技术 [M]. 北京：中国建筑工业出版社，2009.

[234] 尹炜，王超，辛小康，等. 水库型饮用水水源地保护理论与技术 [M]. 北京：科学出版社，2021.

[235] 于维忠. 水文学原理（二）[M]. 北京：水利电力出版社，1988.

[236] 余新晓，等. 生态水文学前沿 [M]. 北京：科学出版社，2015.

[237] 袁定波，刘足根，王华，等. 流域径流指标的构造与应用 [J/OL]. 水力发电，2022，48 (8)：9 - 14.

[238] 袁海英，侯磊，梁启斌，等. 滇池近岸水体微塑料污染与富营养化的相关性 [J]. 环境科学，2021，42 (7)：3166 - 3175.

[239] 袁作新，等. 流域水文模型 [M]. 北京：水利电力出版社，1990.

[240] 翟玥，尚晓，沈剑，等. SWAT 模型在洱海流域面源污染评价中的应用 [J]. 环境科学研究，2012，25 (6)：666 - 671.

[241] 张大发. 水库水温分析及估算 [J]. 水文，1984 (1)：19 - 27.

[242] 张代青，高军省. 河道内生态环境需水量计算方法的研究现状及其改进探讨 [J]. 水资源与水工程学报，2006，17 (4)：68 - 72.

[243] 张代青，沈春颖，于国荣. 基于河道内流量的河流生态系统服务价值评价模型研究 [J]. 水利经济，2019，37 (5)：16 - 20，26，77 - 78.

[244] 张洪敏. 安康水库建设对库区水生生态环境的影响 [D]. 哈尔滨：东北林业大学，2017.

[245] 张坤，王善强，李战国，等. 放射性污染土壤中铯的吸附/解吸行为研究进展 [J]. 原子能科学技术，2021，55 (3)：405 - 416.

[246] 张雷，时瑶，张佳磊，等. 大宁河水生态系统健康评价 [J]. 环境科学研究，2017，30 (7)：1041 - 1049.

[247] 张欧阳，卜惠峰，王翠平，等. 长江流域水系连通性对河流健康的影响 [J]. 人民长江，2010，41 (2)：1 - 5，17.

[248] 张倩，李怀恩，高志玥，等. 基于河道生态基流保障的灌区农业补偿机制研究：以渭河干流宝鸡段为例 [J]. 干旱地区农业研究，2019，37 (1)：51 - 57.

[249] 张倩. 渭河干流关中段河道生态基流保障补偿研究 [D]. 西安：西安理工大学，2018.

[250] 张珊，李俊奇，李小静，等. 生物滞留设施对城市雨水径流热污染的削减效应 [J]. 中国给水排水，2021，37 (3)：116 - 120.

[251] 张铁钢，李占斌，李鹏，等. 模拟降雨条件下不同种植方式的坡地氮素流失特征 [J]. 水土保持学

报，2016，30（1）：5 - 8，110.

[252] 张亚丽，李怀恩. 土地利用关系法在非点源污染负荷预测中的应用 [J]. 中国农学通报，2009，25（17）：270 - 273.

[253] 张勇，刘时银，丁永建. 中国西部冰川度日因子的空间变化特征 [J]. 地理学报，2006，61（1）：89 - 98.

[254] 张玉群，葛长字，刘丽晓. 沉积物表面磷的等温吸附/解吸行为对耗氧有机物的响应 [J]. 中国农学通报，2020，36（20）：59 - 64.

[255] 张远. 区域水循环驱动的河流健康趋势预测 [D]. 北京：北京师范大学，2018.

[256] 赵惠君，张乐. 关注大坝对流域环境的影响 [J]. 山西水利科技，2002（1）：92 - 96.

[257] 赵玲玲，刘昌明，吴潇潇，等. 水文循环模拟中下垫面参数化方法综述 [J]. 地理学报，2016，71（7）：1091 - 1104.

[258] 赵人俊. 流域水文模拟：新安江模型和陕北模型 [M]. 北京：水利电力出版社，1984.

[259] 赵文智，程国栋. 干旱区生态水文过程研究若干问题评述 [J]. 科学通报，2001（22）：1851 - 1857.

[260] 赵长森，夏军，王纲胜，等. 淮河流域水生态环境现状评价与分析 [J]. 环境工程学报，2008，12（2）：1698 - 1704.

[261] 郑保，罗文胜. 河流生态系统健康评价指标体系及权重的研究 [J]. 水电与新能源，2019，33（8）：60 - 65.

[262] 郑丙辉. 流域非点源污染负荷模型及其对湖泊生态环境影响的研究 [D]. 成都：四川联合大学，1997.

[263] 郑冬燕，夏军，黄友波. 生态需水量估算问题的探讨 [J]. 水电能源科学. 2002，20（3）：3 - 6.

[264] 郑祚芳，任国玉，王耀庭，等. 大型人工湖气候效应观测研究：以密云水库为例 [J]. 地理科学，2017，37（12）：1933 - 1941.

[265] 钟华平，刘恒，耿雷华，等. 河道内生态需水估算方法及其评述 [J]. 水科学进展，2006（3）：430 - 434.

[266] 周解. 右江油类产卵场调查研究 [N]. 电子报刊，广西水产科技，2000.

[267] 周来，李艳洁，孙玉军. 修正的通用土壤流失方程中各因子单位的确定 [J]. 水土保持通报，2018，38（1）：169 - 174.

[268] 周望军. 中国水资源及水价现状调研报告 [J]. 中国物价，2010（3）：19 - 23.

[269] 周园园. 考虑非点源影响的水库水质预测 [D]. 西安：西安理工大学，2009.

[270] 朱国锋，何元庆，蒲焘，等. 1960—2009 年横断山区潜在蒸发量时空变化 [J]. 地理学报，2011，66（7）：905 - 916.

[271] 朱康文. 多级网格下农业面源污染风险测度与可视化研究 [D]. 重庆：西南大学，2021.

[272] 朱玲玲，许全喜，鄢丽丽. 三峡水库不同类型支流河口泥沙淤积成因及趋势 [J]. 地理学报，2019，74（1）：131 - 145.

[273] 朱玉伟. 基于人工神经网络的黄河河口生态环境需水量研究 [D]. 青岛：中国海洋大学，2005.

[274] 左其亭. 人水系统演变模拟的嵌入式系统动力学模型 [J]. 自然资源学报，2007，22（2）：268 - 274.

[275] 左其亭. 水文学学科体系总结与现代水文学研究展望 [J]. 水电能源科学，2019，37（2）：1 - 4，50.

[276] ASTON AR. Rainfall interception by eight small trees [J]. Journal of Hydrology, 1979, 42 (3 - 4): 383 - 396.

[277] ABBOTT M B, BATHHURST J C, CUNGE J A et al. An introduction to the European Hydrological System - Systeme Hydrologique Europpen, "SHE", 2: Structure of a physically - based distributed modeling system [J]. Journal of Hy - drology, 1986b (87): 61 - 77.

[278] ABDULLA F A, LETTENMAIER D P, WOOD E F et al. Application of a macroscale hydrologic

model to estimate the water balance of the Arkansas - Red River basin [J]. Journal of Geophysical Research, 1996, 101 (D3): 7449 - 7459.

[279] ALMAZÁN - GÓMEZ M Á, SÁNCHEZ - CHÓLIZ J, SARASA C. Environmental flow management: An analysis applied to the Ebro River Basin [J]. Journal of Cleaner Production, 2018 (182): 838 - 851.

[280] AL - ZINATI M, AL - THEBYAN Q, JARARWEH Y. An agent - Based self - organizing model for large - scale biosurveillance systems using mobile edge computing [J]. Simulation Modelling Practice and Theory, 2019 (93): 65 - 86.

[281] AMBROISE B, BEVEN K J, FREER J. Towards a generalisation of the TOPMODEL concepts: topographic indices of hydrological similarity [J]. Water Resources Research, 1996, 32 (7): 2135 - 2145.

[282] AMOLD J G, SRINIVASAN R, MUTTIAH R S, et al. Large area hydrologic modeling and assessment part I: Model development [J]. Journal of the American Water Resources Association, 1998, 34 (1): 73 - 89.

[283] ANON. Modelling the Impacts of Climate Change on Australian Streamflow [J]. Hydrological Processes, 2010, 16 (6): 1235 - 1245.

[284] ARMAN N Z, SALMIATI S SAID M I M, et al. Development of macroinvertebrate - based multimetric index and establishment of biocriteria for river health assessment in Malaysia [J]. Ecological Indicators, 2019 (104): 449 - 458.

[285] ARMOLD J G, SRINIVASAN R, ENGEL B A. Flexible watershed configurations for simulating models [J]. Hydrological Science and Technology, 1994, 30 (14): 5 - 14.

[286] ARNELL N W. Factors controlling the effects of climate change on river flow regimes in a hurmid temperature environment [J]. Journal of Hydrology, 1992 (132): 321 - 342.

[287] ARNOLD J G, ALLEN P M, BERNHARDT G. A comprehensive surface - grown - water flow model [J]. Hydrol, 1993 (142): 47 - 69.

[288] ARNOLD J G, FOHRER N. SWAT 2000. Current capabilities and research opportunities in applied watershed modeling [J]. Hydrological Processes, 2005, 19 (3): 563 - 572.

[289] ASCOUGH II J C, BAFFAUT C, NEARING M A, et al. The WEPP watershed model: I [J]. Hydrology and Erosion, 1997, 40 (6): 921 - 933.

[290] AZIMI S ROCHER V. Influence of the water quality improvement on fish population in the Seine River (Paris, France) over the 1990—2013 period [J]. Science of the Total Environment, 2016 (542): 955 - 964.

[291] BARNETT T P, PIERCE D W, HIDALGO H G, et al. Human - induced changes in the hydrology of the western United States [J]. Science, 2008, 319 (5866): 1080 - 1083.

[292] BARRETT M E, ZUBER R D, COLLINS E R, et al. A review and evaluation of literature pertaining to the quantity and control of pollution from highway runoff and construction [J]. Austin, Tex: University of Texas at Austin, 1993.

[293] BEVEN K J, KIRKBY M J. A physically based variable contributing area model of basin bydrology [J]. Hydrological Science Bulletin, 1979, 24 (1): 43 - 69.

[294] BONACCI O, KEROVEC M, ROJEBONACCI T, et al. Ecologically acceptable flows definition for thernovnica River (Croatia) [J]. River Research & Applications, 2015, 14 (3): 245 - 256.

[295] BOURACTI F, GALBIATI L, BIDOGLIO G. Climate change impacts on nutrient loads in the Yorkshire Ouse catchment, UK [J]. Hydrology and Earth Systern Sciences, 2002, 6 (2): 197 - 209.

[296] BROWN R S, CARLSON T J, GINGERICH A J, et al. Quantifying Mortal Injury of Juvenile Chinook Salmon Exposed to Simulated Hydro - Turbine Passage [J]. Transactions of the American Fisheries Society, 2012 (141): 147 - 157.

[297] BROWN R S, CARLSON T J, WELCH A E, et al. Assessment of Barotrauma from Rapid Decom-

pression of Depth – Acclimated Juvenile Chinook Salmon Bearing Radiotelemetry Transmitters [J]. Transactions of the American Fisheries Society, 2009, 138 (6): 1285 – 1301.

[298] BROWNE F X. Non – point sources [J]. Journal WPCF, 1978, 50 (6): 1665 – 1674.

[299] BRUNEL J P. Estimation of sensible heat flux from measurements of surface radiative temperature and air temperature at two meters: Application to determine actual evaporation rate [J]. Agricultural and Forest Meteorology, 1989, 46 (3): 179 – 191.

[300] BRYSIEWICZ A, CZERNIEJEWSKI P. Assessing Hydromorphological Characteristics of Small Watercourses Using the River Habitat Survey (RHS) Method [J]. In Infrastructure and Environment, 2019: 144 – 153.

[301] BUNN S E, ARTHINGTON A H. Basic principles and ecological consequences of altered flow regimes for aquatic biodiversity [J]. Environmental Management, 2002, 30 (4) : 492 – 507.

[302] CAI M, YANG S, ZENG H, et al. A Distributed Hydrological Model Driven By Multi – source Spatial Data and Its Application in the Ili River Basin of Central Asia [J]. Water Resources Management, 2014, 28 (10): 2851 – 2866.

[303] CAISSIE D, EL – JABI N, BOURGEOIS G. Instream flow evaluation by ydrologically – based and habitat preference (hydrobiological) techniques [J]. Rev Sci Eau, 1998, 11 (3): 347 – 363.

[304] CASERO M C, VELÁZQUEZ D, MEDINA – COBO M, et al. Unmasking the identity of toxigenic cyanobacteria driving a multi – toxin bloom by high – throughput sequencing of cyanotoxins genes and 16S rRNA metabarcoding [J]. Science of The Total Environment, 2019 (665): 367 – 378.

[305] CHENG Q, ZHOU L F, WANG T L. Eco – environmental water requirements in Shuangtaizi Estuary Wetland based on multi – source remote sensing data [J]. Journal of Water and Climate Change, 2018, 9 (2): 338 – 346.

[306] COX B, OEDING S, TAFFS K. A comparison of macroinvertebrate – based indices for biological assessment of river health: A case example from the sub – tropical Richmond River Catchment in northeast New South Wales, Australia [J]. Ecological Indicators, 2019 (106): 105479.

[307] CRAWFORD N H, LINSLEY R K. Digital simulation in hydrology: Stanford Watershed Model Ⅳ [J]. Stanford California: Dept Civil Engineering Stanford University, 1996 (39): 210.

[308] DE MARSILY G. Quantitative Hydrology: Groundwater Hydrology for Engineers [M]. New York: Academic Press, 1986.

[309] DELETIC A B, MAKSIMOVIC C T. Evaluation of water quality factors in storm runoff from paved areas [J]. Envir Engrg ASCE, 1998, 124 (9): 869 – 879.

[310] DELETIC A, MAKSIMOVIC C, IVETIC M. Modelling of storm wash – off of suspended solids from impervious surfaces. [J]. Hydr Res ASCE, 1997, 35 (1): 97 – 188.

[311] DJURHUUS J, OSEN P. 1Nitrate leaching after cut grass/clover leys as affected by time of ploushing [J]. Soil Use&Manage, 1997, 13 (2): 61 – 67.

[312] DONALD L T. Instream Flow Regiments for Fish, Wildlife, Recreation and Related Environmental Resources [J]. Fisheries, 1976, 1 (4): 6 – 10.

[313] DOOGE J C I. Sensitivity of runoff to climate change: A Hortonian approach [J]. Bulletin of the American Meteorological Society, 1992, 73 (12): 2013 – 2024.

[314] DOU Z, FOX R H, TOTH J D. Seasonal soil nitrate dynamics in corn as affected by tillage and nitrogen – source [J]. Soil Science Society of America, 1995, 59 (3): 858 – 864.

[315] DOWNS P W, THOME C R. Rehabilitation of a lowland river: reconciling flood defence with habitat diversity and geomorphological sustainability [J]. Jourmnal of Environmental Management, 2000 (58): 249 – 268.

[316] DUAN J, MILLER N L. A generalised power function for the subsurface transtmissivity profile in

TOPMODEL [J]. Water Resources Research, 1997, 33 (11): 2559 – 2562.

[317] ECKHARDT K, HAVERKAMP S, FOHRER N, et al. SWAT – G a version of SWAT992 modified for application to low mountain range catchments [J]. Physics and Chemistry of the Earth, 2002, 27 (9 – 10): 641 – 644.

[318] ELLIS K V, WHITE G, WARN A E. Surface water pollution and its control [J]. England: Macmillan Publishers Ltd, 1989: 268 – 270.

[319] ELOSEGI A, SABATER S. Effects of hydromorphological impacts on river ecosystem functioning: a review and suggestions for assessing ecological impacts [J]. Hydrobiologia, 2013, 712 (1): 129 – 143.

[320] FARQUHAR G D, CAEMMERER S, BERRY J A. A biochemical model of photosynthetic CO, assimilation in leaves of C, species [J]. Planta, 1980 (149): 78 – 90 .

[321] FRANCHINI M, WENDLING J, OBLED C, et al. Physical interpretation and sensitivity analysis of the TOPMODEL [J]. Journal of Hydrology, 1996, 175 (1 – 4): 293 – 338.

[322] FRANCIS G S, HAYNES R J, WILLIAMS P H. Nitrogen mineralization nitrate leaching and crop growth after plowing – in leguminous grain crop residues [J]. Agricultural, Science, 1994, 123 (1): 81 – 87.

[323] FREEZE R A, HARLAN R L. Blueprint for a physically – based digitally – simulated hydrological response model [J]. Journal of Hydrology, 1969, 9 (3): 237 – 258.

[324] GASSMAN P W, REYES M R, GREEN C H, et al. The soil and water assessment tool: historical development, applfcations, and future research directions [J]. Transactions of the ASAE, 2007, 50 (4): 1211 – 1250.

[325] GORE J A, KING J M, HAMMAN, K C D. Application of the Instream Flow Incremental Methodology to Southern African Rivers: Protecting Endemic Fish of the Olifants River [J]. Water Sa Wasadv, 1991, 17 (3): 225 – 236.

[326] GRAHAM L P, BERGSTRIM S. Water balance modelling in the Baltic Sea drainage basin – analysis of meteorological and hydrological approaches [J]. Meteorology and Atmospheric Physics, 2001 (77): 45 – 60.

[327] GRIENSVEN A, BAUWENS W. Integral water quality modelling of catchments [J]. Water Science and Technology, 2001, 43 (7): 321 – 328.

[328] HAITH D A, MANDEL R, WU R S. GWLF (Generalized Watershed Loading Functions) : Version 2. 0. User' s Manual [K]. Ithaca N Y: Cornell University Department of Agri – cultural and Biological Engineering, 1992.

[329] HARMEL R D, COOPER R J, SLADE R M, et al. Cumulative uncertainty in measured streamflow and water quality data for small watersheds [J]. Transactions of the ASAE, 2006, 49 (3): 689 – 701.

[330] HAVERKAMP S, SRINIVASAN R, FREDE H G, et al. Subwatershed spatial analysis tool: discretization of a distributed hydrologic model by statistical criteria [J]. Journal of the American Water Resources Association, 2002, 38 (6): 1723 – 1733.

[331] HAYASHI K, LELYANA V D, YAMAMURA K. Acoustic dissimilarities between an oil palm plantation and surrounding forests: Analysis of index time series for beta – diversity in South Sumatra [J]. Indonesia. Ecological Indicators, 2020 (112): 106086.

[332] HEARNE J, JOHNSON I, ARMITAGE P. Determination of ecologically acceptable flows in rivers withseasonal changes in the density of macrophyte [J]. River Research & Applications, 2010, 9 (3): 177 – 184.

[333] HOULTON B Z, WANG Y P, VITOUSEK P M, et al . A unifying framework for dinitrogen fixation in the terrestrial biosphere [J]. Nature, 2008, 454 (7202): 327 – 330.

[334] HUANG P, DILORENZO J L, NAJARIAN T O. Mixed – layer hydrothermal reservoir model [J]. Journal of Hydraulic Engineering, 1994, 120 (7): 846 – 862.

[335] HUBER W C, HARLEMAN D R F, RYAN P J. Temperature prediction in stratified reservoirs [J]. Journal of the Hydraulics Division, 1972, 98 (4): 645 – 666.

[336] KANNAN N, WHITE S M, WORRALL F, et al. Sensitivity analysis and identification of the best evapotranspiration and runoff options for hydrological modeling in SWAT2000 [J]. Journal of Hydrology, 2007, 332 (3 – 4): 456 – 466.

[337] KILHAM P, KILHAM S S. Option Endless summer: internal loading processes dominate nutrient cycling in tropical lakes [J]. Freshwater Biology, 2006, 23 (2): 379 – 389.

[338] KING J, LOUW D. Instream flow assessments for regulated rivers in South Africa using the Building Block Methodology [J]. Aquatic Ecosystem Health & Management, 1998, 1 (2): 109 – 124.

[339] KISTENKAS F H, BOUWMA I M. Barriers for the ecosystem services concept in European water and nature conservation law [J]. Ecosystem Services, 2018, 29 (3): 223 – 227.

[340] KNISEL W G. CREAMS: A Field Scale Model for Chemical, Runoff, and Erosion from Agricultural Management Systems [J]. Conservation ResReprot USDA – SEA, 1980.

[341] KREIN A, SCHORER M. Road runoff pollution by polycyclic aromatic hydrocarbons and its contribution to river sediments [J]. Water Research, 2000, 34 (16): 4110 – 4115.

[342] KRYSANOVA V, MULLER – WOHLFEIL D I, BECKER A. Development and test of a spatially distributed hydrological/water quality model for mesoscale watersheds [J]. Ecological Modelling, 1998, 106 (2 – 3): 261 – 289.

[343] LANE L J, RENARD K Q, FOSTER G R, et al. Development and application modem soil erosion prediction [J]. Technology the USDA Experience Soil Resources, 1992 (30): 893 – 912.

[344] LEUNING R. A critical appraisal of a combined stomatal – photosynthesis model for C3 plants [J]. Plant Cell and Environment, 1995, 18 (4): 339 – 355.

[345] LI H E, LI J K. Integrated mean concentration and integrated export coefficient and their application in Hong Kong [J]. International Conference on Mechanic Automation and Control Engineering, 2010: 1655 – 1660.

[346] LIANG W, BAI D, WANG F, et al. Quantifying the impacts of climate change and ecological restoration on streamflow changes based on a Budyko hydrological model in China's Loess Plateau [J]. Water Resources Research, 2015, 51 (8): 6500 – 6519.

[347] LIANG X, LETTENMAIER D P, WOOD E F, et al. A simple hydrologically based model of land surface water and energy fluxes for general circulation models [J]. Journal of Geophysical Research, 1994, 99 (7): 14415 – 14428.

[348] LIANG X, WOOD E F, LETTENMAIER D P, et al. The Project for Intercomparison of Land surface Parameterization Schemes (PILPS) Phase 2 (c) Red – Arkansas River basin experiment: 2. Spatial and temporal analysis of energy fluxes [J]. Global and Planet Change, 1998, 19 (1 – 4): 137 – 159.

[349] LIANG X, XIE Z H, HUANG M Y. A new parameterization for groundwater and surface water interactions and its impact on water budgets with the VIC land surface model [J]. Journal of Geophysical Research, 2003, 108 (D16): 8613.

[350] LIU Z, TODINI E. Assessing the TOPKAPI non – linear reservoir cascade approximation by means of a characteristic lines solution [J]. Hydrological Processes, 2005, 19 (10): 1983 – 2006.

[351] LIU Z, TODINI E. Towards a comprehensive physically – based rainfall – runoff model [J]. Hydrology and Earth System Sciences, 2002, 6 (5): 859 – 881.

[352] LOHMANN D, RASCHKE E. Regional scale hydrology: I. formulation of the VIC – 2L model coupled to a routing model [J]. Hydrological Science Journal, 1998, 43 (1): 131 – 141.

[353] MACKAY, HCATHCR, BRIAN M. The Importancc of Instrcam Flow Rcquircmcnts for Dccision - Making in the Okavango River Basin [J]. Transboundary Rivers, Sovereignty and Development, 2003: 275 - 302.

[354] MAMUN M, AN K G. Stream health assessment using chemical and biological multi - metric models and their relationships with fish trophic and tolerance indicators [J]. Ecological Indicators, 2020 (111): 106055.

[355] MARQUES H, DIAS J H P, PERBICHE - NEVES G, et al. Importance of dam - free tributaries for conserving fish biodiversity in Neotropical reservoirs [J]. Biological Conservation, 2018 (224): 347 - 354.

[356] MATHEWS R C, BAO Y X. The Texas method of preliminary instream flow assessment [J]. Rivers, 1991, 2 (4): 295 - 310.

[357] MILTNER R, MCLAUGHLIN D. Management of headwaters based on macroinvertebrate assemblages and environmental attributes [J]. Science of The Total Environment, 2019 (650): 438 - 451.

[358] MISHRA B, BABEL M S, TRIPATHI N K. Analysis of Climatic Variability and Snow Cover in the Kaligandaki River Basin, Himalaya, Nepal [J]. Theoretical & Applied Climatology, 2014, 116 (3): 681 - 694.

[359] MOSELY M P. The effect of changing discharge on channal morphology and instream uses and in a braide river, Ohau River, New Zealand [J]. Water Resources Researches, 1982 (18): 800 - 812.

[360] MULIK J, SUKUMARAN S, DIAS H Q. Is the benthic index AMBI impervious to seasonality and data transformations while evaluating the ecological status of an anthropized monsoonal estuary [J]. Ocean & Coastal Management, 2020 (186): 105080.

[361] NIJSSEN B, LETTENMAIER D P, LIANG X, et al. Streamflow simulation for continental - scale river basins [J]. Water Resource Research, 1997, 33 (4): 711 - 724.

[362] NOVOTNY V, CHESTERS G. Handbook of non - point pollution: sources and management [J]. Van Nostrand Reinhold Company, 1981: 1 - 13.

[363] NOVOTNY V, OLEM H. Water quality: prevention identification and management of diffuse pollution [J]. New York: Van Nostrand Reinhold Company, 1993: 1 - 6.

[364] NTISLIDOU C, BOZATZIDOU M, ARGYRIOU A K, et al. Minimizing human error in macroinvertebrate samples analyses for ensuring quality precision in freshwater monitoring programs [J]. Science of the Total Environment, 2020 (703): 135496.

[365] OLIVERA F, VALENZUELA M, SRINIVASAN R, et al. ArcGIS - SWAT: a geodata model and GIS interface for SWAT [J]. Journal of the American Water Resources Association, 2006, 42 (2): 295 - 309.

[366] ONGLEY E D, ZHANG X L, YU T. Current st atus of agricultural and rural non - point source pollution assessment in China [J]. Environmental Pollution, 2010, 158 (5): 1159 - 1168.

[367] OZDOGAN M, SALVUCCI G D. Irrigation - induced changes in potential evapotranspiration in southeastern Turkey: Test and application of Bouchet's complementary hypothesis [J]. Water Resources Research, 2004, 40 (4).

[368] PAN B Z, LIU X Y. A Review of Water Ecology Problems and Restoration in the Yangtze River Basin [J]. Journal of Yangtze River Scientific Research Institute, 2021, 38 (3): 1 - 8.

[369] PANDEY R. Climate Change in the Himalaya: Implications, Adaptation Responses and Social - ecological Vulnerability in the Kaligandaki Basin, Nepal [J]. Applied Geography, 2017 (64): 74 - 86.

[370] PAVITRA S P, LOW V L, TAN T K, et al. Temporal variation in diversity and community structure of preimaginal blackflies (Diptera: Simuliidae) in a tropical forest reserve in Malaysia [J]. Acta tropica, 2020 (202): 105275.

[371] PIAO S, CIAIS P, HUANG Y, et al. The impacts of climate change on water resources and agricul-

ture in China [J]. Nature, 2010, 467 (7311): 43 – 51.

[372] PITT R, FIELD R. Water – quality effect from urban runoff [J]. Journal AWWA, 1977, 69 (8): 432 – 436.

[373] POFF N L, MATTHEWS J H. Environmental flows in the Anthropocence: past progress and future prospects [J]. Current Opinion in Environmental Sustainability, 2013, 5 (6): 667 – 675.

[374] POFF N L, PYNE M I, BLEDSOE B P, et al. Developing linkages between species traits and multi-scaled environmental variation to explore vulnerability of stream benthic communities to climate change [J]. Journal of the North American Benthological Society, 2010, 29 (4): 1441 – 1458.

[375] POFF N L, RICHTER B D, ARTHINGTON A H, et al. The ecological limits of hydrologic altera-tion (ELOHA): a new framework for developing regional environmental flow standards [J]. Fresh-water Biology, 2010, 55 (1): 147 – 170.

[376] POLITANO M, HAQUE M M, WEBER L J. A numerical study of the temperature dynamics at Mc-Nary Dam [J]. Ecological Modelling, 2007, 212 (3): 408 – 421.

[377] PRASAD R. A nonlinear hydrologic system response model Journal of Hydraulic Engineering [J]. ASCE, 1967 (4): 105 – 120.

[378] RIVAS C M, BALLESTEROS G R, WRIGHT R, et al. Quantifying the Effect of Aerial Imagery Resolution in Automated Hydromorphological River Characterisation [J]. Remote Sensing, 2016 (8): 650.

[379] ROLLS R J, HEINO J, RYDER D S, et al. Scaling biodiversity responses to hydrological regimes [J]. Biological Reviews, 2017, 93 (2): 971 – 995.

[380] SCHLADOW S G, HAMILTON D P. Prediction of water quality in lakes and reservoirs: Part II – Model calibration, sensitivity analysis and application [J]. Ecological Modelling, 1997, 96 (1 – 3): 111 – 123.

[381] SCHVEITZER, R, FONSECA, G, ORTENEY, N, et al. The role of sedimentation in the structu-ring of microbial communities in biofloc – dominated aquaculture tanks [J]. Aquaculture, 2020 (514): 734493.

[382] SHASHIDHAR D, MALLIKA K, GAHALAUT K, et al. A New Earthquake Sequence at Koyna – Warna, India, and Its Implication for Migration of the Reservoir Triggered Seismicity [J]. Bulletin of the Seismological Society of America, 2019, 109 (2): 827 – 831.

[383] SHENTON W, BOND N R, YEN J D L, et al. Putting the "ecology" into environmental flows: eco-logical dynamics and demographic modelling [J]. Environmental Management, 2012, 50 (1): 1 – 10.

[384] SIVAPALAN M, BEVEN K J, WOOD E F. On hydrological similarity 2: a scaled model of storm runoff production [J]. Water Resources Research, 1987, 23 (12): 2266 – 2278.

[385] SIVAPALAN M. Prediction in ungauged basins: A grand challenge for theoretical hydrology [J]. Hydrological Processes, 2003, 17 (15): 3163 – 3170.

[386] SOK C, CHOUP S. Climate Change and Groundwater Resources in Cambodia [J]. Journal of Groundwater Science and Engineering, 2017, 5 (1): 31 – 43.

[387] SPRINGER C, CHEN Y, WANG Y G. Variations in Basin Sediment Yield and Channel Sediment Transport in the Upper Yangtze River and Influencing Factors [J]. Journal of Hydrologic Engineer-ing, 2019, 24 (7): 05019016.

[388] STANLEY D W. Pollutant removal by a stormwater dry detention pond [J]. Water Environment Re-search, 1996, 68 (6): 1076 – 1083.

[389] SUTHERLAND R C, FIELD R. Discussion on effects of storm frequency on pollution from urban runoff [J]. Water Pollution Control Fed, 1978, 50 (5): 977 – 979.

[390] TANG X, LI R, WU M, et al. Influence of turbid flood water release on sediment deposition and phosphorus distribution in the bed sediment of the Three Gorges Reservoir, China [J]. Science of the Total Environment, 2019 (657): 36 - 45.

[391] THAME R. A global perspective on environmental flow assessment: emerging trends in the development and application of environmental flow methodologies [J]. River Research and Applications, 1999: 397 - 441.

[392] TOCKNER K, STANFORD J A. Riverine flood plains: present state and future trends [J]. Environmental Conservation, 2002, 29 (3): 308 - 330.

[393] TODINI E. Rainfall - runoff modeling - past, present and future [J]. Journal of Hydrology, 1988, 100 (1 - 3): 341 - 352.

[394] VARGAS - GASTÉLUM L, CHONG - ROBLES J, LAGO - LESTÓN A, et al. Targeted ITS1 sequencing unravels the mycodiversity of deep-sea sediments from the Gulf of Mexico [J]. Environmental Microbiology, 2019, 21 (11): 4046 - 4061.

[395] VEROL A P, BATTEMARCO B P, MERLO M L, et al. The urban river restoration index (UR-RIX) - A supportive tool to assess fluvial environment improvement in urban flood control projects [J]. Journal of Cleaner Production, 2019 (239): 118058.

[396] WANG G S, XIA J, CHEN J. Quantification of effects of climate variations and human activities on runoff by a monthly water balance model: a case study of the Chaobai River basin in northern China [J]. Water Resources Research, 2009, 45 (7): 56 - 64.

[397] WANG X B, BAILEY L D, GRANT C A. A review of fertilizer N behaviour in soils, and effective N management under conservation tillage systems [J]. Progr Soil Sci, 1995, 23 (2): 1 - 11.

[398] WANG X. Advances in separating effects of climate variability and human activity on stream discharge: An overview [J]. Advances in Water Resources, 2014 (71): 209 - 218.

[399] WANG Y P, HOULTON B Z, FIELD C B. A model of biogeochemical cycles of carbon, nitrogen and phosphorus including symbiotic nitrogen fixation and phosphatase production [J]. Clobal Biogeochemical Cycles, 2007, 21 (1): GB1018.

[400] WANG Y P, LAWR M, PAK B. A global model of carbon , nitrogen and phosphorus cycles for the terrestrial biosphere [J]. Biogeosciences, 2010 (7): 2261 - 2282.

[401] WANG Z L, JIANG Q X, FU Q, et al. Eco - environmental effects of water resources development and utilization in the Sanjiang Plain, Northeast China [J]. Water Science & Technology, 2018, 18 (3 - 4): 1051 - 106.

[402] WHIPPLE W, HUNTER J V. Effects of storm frequency on pollution from urban runoff [J]. Journal WPCF, 1977 (11): 2243 - 2248.

[403] WIRYAWAN, B, TAURUSMAN, A A, SANTOSO J, et al. Dynamics of ornamental fish catch in Bio FADs spatially and temporary at Uloulo coastal waters, Luwu District South Sulawesi Indonesia [J]. Aquaculture Aquarium Conservation & Legislation, 2019, 12 (1): 1 - 13.

[404] WISCHMEIER W H, SMITH D D. Predicting rainfall erosion losses [J]. US Dept of Agriculture Agricultural Handbook, 1978 (537): 10 - 34.

[405] WOOD E F, LETTENMAIER D P, ZATTARIAN V G. A land - surface hydrology parameterization with subgrid variability for general circulation models [J]. Journal of Geophysical Research, 1992, 97 (D3): 2717 - 2728.

[406] WU L, BAI T, HUANG Q. Tradeoff analysis between economic and ecological benefits of the inter basin water transfer project under changing environment and its operation rules [J]. Journal of Cleaner Production, 2019 (248): 119294.

[407] WU Z H, CAO Q Q, LV C M, et al. Using a three - tier model to optimize the allocation of river wa-

ter resources to meet eco – environmental water requirement targets [J]. Water Science and Technology: Water Supply, 2018, 18 (4): 1222 – 1233.

[408] WWF. The Living Planet Report 2022 [M]. 2022.

[409] XIA J, ZHAI X Y, ZENG S D, et al. Systematic solutions and modeling on eco – water and its allocation applied to urban river restoration: case study in Beijing, China [J]. Ecohydrology & Hydrobiology, 2014 (14): 39 – 54.

[410] XU X, YANG D, YANG H, et al. Attribution analysis based on the Budyko hypothesis for detecting the dominant cause of runoff decline in Haihe basin [J]. Journal of Hydrology, 2014 (510): 530 – 540.

[411] YANG H, FLOWER R J, THOMPSON J R. Sustaining China's water resources [J]. Science, 2019, 339 (6116): 141 – 141.

[412] YANG H, QI J, XU X, et al. The regional variation in climate elasticity and climate contribution to runoff across China [J]. Journal of Hydrology, 2014 (517): 607 – 616.

[413] YANG H, YANG D. Derivation of climate elasticity of runoff to assess the effects of climate change on annual runoff [J]. Water Resources Research, 2011, 47 (7): 197 – 203.

[414] YUAN F, REN L, XU J, et al. A river flow routing model based on digital river network [J]. Journal of Hydrody Narmics, 2005b, 17 (4): 483 – 488.

[415] YUAN F, XIE Z H, LIU Q, et al. An application of the VIC – 3L land surface model and remote sensing data in simulating streamflow for the Hanjiang River basin [J]. Canadian Journal of Rernote Sensing, 2004, 30 (5): 680 – 690.

[416] YUAN F, XIE Z H, LIU Q, et al. Simulating hydrologic changes with climate change scenarios in the Haihe River basin [J]. Pedosphere, 2005a, 15 (5): 595 – 600.

[417] ZHAN C S, SONG X M, XIA J, et al. An efficient integrated approach for global sensitivity analysis of hydrological model parameters [J]. Environmental Modelling & Software, 2013 (41): 39 – 52.

[418] ZHANG B, ZHANG H, JING Q, et al. Differences in species diversity, biomass, and soil properties of five types of alpine grasslands in the Northern Tibetan Plateau [J]. PloS One, 2020, 15 (2): 0228277.

[419] ZHANG J L. Eco – environment recovery of rivers and lakes in the Yellow River Basin [J]. Water Resources Protection, 2022, 38 (1): 141 – 146.

[420] ZHANG M, WEI X, SUN P, et al. The effect of forest harvesting and climatic variability on runoff in a large watershed: The case study in the Upper Minjiang River of Yangtze River basin [J]. Journal of Hydrology, 2012 (464): 1 – 11.

[421] ZHANG Q, LIU J, SINGH V P, et al. Evaluation of impacts of climate change and human activities on streamflow in the Poyang Lake basin, China [J]. Hydrological Processes, 2016, 30 (14): 2562 – 2576.

[422] ZHANG Y, CHENG L, LI K, et al. Nutrient enrichment homogenizes taxonomic and functional diversity of benthic macroinvertebrate assemblages in shallow lakes [J]. Limnology and Oceanography, 2019, 64 (3): 1047 – 1058.

[423] ZHANG Y, LU Y, ZHOU Q, et al. Optimal water allocation scheme based on trade – offs between economic and ecological water demands in the Heihe River Basin of Northwest China [J]. Science of The Total Environment, 2019 (703): 134958.

[424] ZHAO C S, LIU C M, XIA J, et al. Recognition of Key Regions for Restoration of Phytoplankton Communities in the Huai River basin, China [J]. Journal of Hydrology, 2012 (420 – 421) : 292 – 300.

[425] ZHAO C S, YANG S T, LIU C M, et al. Linking hydrologic, physical and chemical habitat environments for the potential assessment of fish community rehabilitation in a developing city [J]. Journal of Hydrology, 2015 (523): 384 – 397.

[426] ZHAO C S, ZHANG C B, YANG S T, et al. Calculating e – flow using UAV and ground monitoring [J]. Journal of Hydrology, 2017 (552): 351 – 365.

[427] ZHAO C, PAN T, DOU T, et al. Making global river ecosystem health assessments objective, quantitative and comparable [J]. Science of the Total Environment, 2019 (667): 500 – 510.

[428] ZHAO Y, ZOU X, GAO J, et al. Quantifying the anthropogenic and climatic contributions to changes in water discharge and sediment load into the sea: A case study of the Yangtze River, China [J]. Science of the Total Environment, 2015 (536): 803 – 812.

[429] ZHAO C S, SHAO N F, YANG S T, et al. Integrated assessment of ecosystem health using multiple indicator species [J]. Ecological Engineering, 2019 (130): 157 – 168.

[430] ZHENG H, ZHANG L, ZHU R, et al. Responses of streamflow to climate and land surface change in the headwaters of the Yellow River Basin [J]. Water Resources Research, 2009, 45 (7): 641 – 648.